Jetzt helfe ich mir selbst

Motor
buch
Verlag

Einbandgestaltung: Louis Dos Santos

Abbildungen: Audi AG; R. Althaus-Fichtmüller; Motor-Presse Stuttgart; AuDaCon AG; Bosch, Celestron, Dunlop, Hella, Michelin, Dr. Wack.

Text und redaktionelle Bearbeitung:
Rainer Althaus-Fichtmüller

Vielen Dank für tatkräftige Unterstützung an:
Zemke Autohaus Bernau GmbH, Kevin Schönebeck; AuDaCon AG, Martin Kreußer.

Alle Angaben und Ratschläge in diesem Ratgeber wurden nach bestem Wissen und Gewissen erteilt. Eine Haftung der Autoren oder des Verlages und seiner Beauftragten für Personen-, Sach- und Vermögensschäden ist jedoch ausgeschlossen.
Dieser Band entspricht dem Kenntnisstand zum Zeitpunkt der Drucklegung. Abweichungen durch Weiterentwicklung der beschriebenen Fahrzeuge, geänderte Anweisungen des Fahrzeugherstellers bzw. neue gesetzliche Bestimmungen sind möglich.

ISBN 978-3-613-02918-7

1. Auflage 2008

Lizenznehmer des Motorbuch Verlags, Postfach 10 37 43, 70032 Stuttgart
Ein Unternehmen der Paul Pietsch Verlage GmbH & Co.

Sie finden uns im Internet unter:
www.motorbuch-verlag.de

Herstellung: Althaus-Fichtmüller&Partner
16321 Bernau b. Berlin
Druck und Bindung: KN Digital Printforce GmbH
70565 Stuttgart
Printed in Germany

Audi A4 Benziner

Limousine ab November 2007
Avant ab April 2008

Vierzylinder 1,8 l TFSI	88 kW/120 PS
Vierzylinder 1,8 l TFSI	118 kW/160 PS
Vierzylinder 2,0 l TFSI	132 kW/180 PS
Vierzylinder 2,0 l TFSI	155 kW/211 PS
Sechszylinder 3,2 l V6 FSI	195 kW/265 PS

Inhalt

Einleitung: Arbeiten am Auto 6
Ein Ratgeber stellt sich vor 7
Rechte und Pflichten bei Kauf und Reparatur 9
In der Werkstatt 10
Lernen Sie Ihr Auto kennen 12

Modell: Audi A4/A4 Avant 14
Top Design, Dynamik und Sicherheit 15
Leistungsstarke Motoren 15
Ausstattungen in 3 Lines plus Sport-Version 17
Dimensionen wie in der Oberklasse 20
Assistenzsysteme 20
Die Geschichte des Audi A4 im Überblick 23
Modellpflege des Audi A4 26

Grundlagen: Pflege, Wartung, Reparatur 28
Arbeitsplatz und Ausrüstung 29
Mietwerkstatt und Teilekauf 29
Werkzeuge und Zubehör 30
Was der Heimwerker beachten muss 31
Vorsicht bei der Arbeit: Gefahrenhinweise 32
Werterhalt durch Pflege 32
Pflege des Innenraums 32
Richtige Außenwäsche 35
Fetten und schmieren 36
Glas- und Lackpflege 37
Kleine Lackschäden beseitigen 39
Fit durch den Winter 40
Wintereignung und elektronische Hilfen 40
Winterausrüstung an Bord 41
Startschwierigkeiten vermeiden 42
Die richtigen Winterreifen 42
Schneeketten anlegen 44
Dichtgummis pflegen 44
Winterreifen montieren 45
Heizung/Lüftung prüfen, Staubfilter wechseln 46
Frostschutz sicherstellen 47
Waschdüsen und Wischerstellung prüfen 48
Besser machen: Aktivkohle-Staubfilter einbauen 50
Checkliste Winter 51
Große Fahrt in den Urlaub 52
Vorbereitung auf die Reise: Kontrollen 53
Die Klimaanlage 54
Gefahrenhinweis: Kältemittel 55
Besser machen: Anhängevorrichtung ergänzen 56
Checkliste vor und nach großen Fahrten 57
Kleine Schäden und Pannen 58
Fahrzeug richtig heben und aufbocken 59
Fahrzeug abschleppen 60
Überhitzung durch Wasserverlust 61
Starthilfe mit Kabel und Hilfsbatterie 62
Batterie gründlich prüfen 63
Elektronik im Notlaufprogramm 63

Fahrwerk: Räder, Achsen, Servolenkung 64
Wissenswertes: Das innovative A4-Fahrwerk 65
Vorderachse und Allradantrieb »quattro« 66
Dynamiklenkung und Lenkgeometrie 68
Hinterachse und ESP 69
»Drive select« und adaptive Stoßdämpfer 70
Das Räderprogramm 72
Reifenpflege und Radwechsel 74
Zustand der Stoßdämpfer prüfen 80
Federbein vorn ausbauen 81
Stoßdämpfer hinten ausbauen 83
Besser machen: Sportfahrwerk und neue Räder 84
Störungsbeistände: Servolenkung, Fahrwerk 86

Bremsanlage: Zweikreis-Bremse und ESP 88
Wissenswertes: Wie funktioniert die Bremse? 89
A4-Bremsen im Überblick 90
Die Bremsflüssigkeit 91
Neue ESP-Funktionen 92
Funktion und Komponenten prüfen 93
Bremsanlage entlüften 97
Bremsbeläge und Bremsscheiben wechseln 98
Besser machen: An der Hydraulik arbeiten 102
Störungsbeistand Bremsanlage 104

Fahrzeugaufbau: Stabilität, Komfort, Multimedia 106
Karosserie 107
Wissenswertes: Leichtbau und Steifigkeit 107
Sicherer Überlebensraum 110
Nullfuge und ausgewogenes Design 111
Fugenmaße von Limousine und Avant 113
Gitter, Leisten und Blenden 114
Außenspiegel, Kühlergrill, Wasserkastendecke 116
Radhausschalen, Stoßfänger, Unterboden 118
Innenraum 124
Viel Platz, Komfort und Sicherheit 124
Arbeiten im Innenraum: Werkzeuge und Regeln 128

Innenspiegel, Abdeckungen, Verkleidungen ... 130
Leisten und Formhimmel ausbauen 132
Tür- und Klappenverkleidungen ausbauen 134
Handschuhkasten und Mittelkonsole ausbauen . 136
Sitze ausbauen 139
Kommunikation und Multimedia 140
Wissenswertes:AMI, MMI, Digitales 140
Radioanlage aus- und einbauen 144
CD-Wechsler aus- und einbauen 145
Audiosystem: Die Lautsprecher-Einbauorte 146
Arbeiten an Multimedia und Navigation 147
Besser machen: Aufprallträger, Dachreling 148
Störungsbeistände: Fensterheber, Verriegelung 150

Elektrik:
Licht, Wischer, Instrumente 152
Wissenswertes:
Das Bordnetz 153
Bus-Systeme CAN und MOST 153
Batterie, Generator, Anlasser 154
Beleuchtung 155
Lichttechnik für aktive Sicherheit 155
Scheibenwaschanlage 156
Funktionen der Wischeranlage 156
Diener im Netz 157
Relais, Sicherungen und Kabel 157

Arbeiten an der Elektrik
Batterie: Sichtprüfung und richtige Behandlung 158
Batterie: Säurestand und Ladezustand 159
Batterie: Abklemmen, ausbauen, laden, prüfen 160
Generator und Anlasser ausbauen 161
Spannungsregler ausbauen, Kohlebürsten prüfen 162
Einbauorte für Relais und Sicherungen 162
Scheinwerfer ausbauen, Lampen wechseln 163
Scheinwerfer provisorisch einstellen 164
Heck-, (Schluss-)leuchten ausbauen 165
Innenleuchten ausbauen 166
Signalgeber prüfen 166
Liste der Leuchten und Lampen 166
Besser Abzieher am Wischerarm,
Quetschverbindungen, Spannungsregler 167
Störungsbeistände 168

Antrieb:
Motor, Öl, Kühlung, Getriebe 172
Wissenswertes:
Die Motoren des A4 173
Effektive FSI-Technologie 173
Der Top-Benziner 3.2 V6 FSI 174
Die 2.0- und 1.8 Turbo-FSI 176
Schmiersystem 179
Ölkreislauf, Ölfilter, Öldruck 179
Das Motoröl 180
Kühlsystem 181
Kleiner und großer Kühlkreislauf 181
Das Kühlmittel 182
Motormanagement 183
Das Motorsteuergerät 183
FSI-Steuerung, Sensoren 184
Das CAN-Datenbus-System 185
Kraftstoff, Einspritzung, Zündung 186
Die Einspritzanlage 186
Zündung, Verbrennung, Zündzeitpunkt 187
Zündspulen und Zündkerzen 188
Abgassystem 189
Aufbau der Auspuffanlage 189
Kraftübertragung 190
Kupplung, Getriebe, Achsantrieb 190
Die Getriebe des Audi A4 191

Arbeiten am Antrieb
Motorabdeckungen demontieren 192
Sichtprüfungen an Motor und Getriebe 192
Keilrippenriemen prüfen 192
Keilrippenriemen aus- und einbauen 193
Ölstandskontrolle mit Peilstab und Bordgerät .. 193
Öl- und Filterwechsel, Öldruck prüfen 194
Kühlflüssigkeit ablassen 194
Kühlsystem auf Dichtheit prüfen 194
Thermostat prüfen 194
Luftfilter wechseln 195
Zündspulen aus- und einbauen 195
Zündkerzen wechseln 196
Abgasrohr trennen, Abgasanlage einrichten ... 196
Besser machen: Ölstand-Prüfgerät verwenden,
Motorsteuergerät auswechseln, Kraftstofffilter
und Thermostat ausbauen 197
Störungsbeistände: Motor, Kraftübertragung,
Getriebe 198

Technische Daten
Listen der technischen Daten 200

Wartungsplan
Wartungsarbeiten nach Herstellervorschrift 206

Techniklexikon
Fachbegriffe rund ums Auto 208
Spezielle Begriffe beim Audi A4 224

Einleitung: Arbeiten am Auto

»An den neuen Autos kann ich ja doch nichts mehr selber machen.« Diesen Satz hören wir häufig, aber wir stimmen ihm ebenso wenig zu wie Sie. Wir denken, dass der Fortschritt durch Elektronik und Vernetzung, auch wenn er einem ab und zu einen Streich spielt, eine sehr gute Sache ist, die immer noch genügend Spielraum für richtig angepackte Selbsthilfe bietet. Wir möchten Ihnen zeigen, wie das geht.

Ein Ratgeber stellt sich vor

Wahr ist natürlich, dass durch den wachsenden Anteil von Elektronik und durch die Vernetzung der Systeme im Fahrzeug mancher Fehler nicht mehr so leicht zu orten ist wie früher. Wahr ist aber auch, dass moderne Autos gerade durch diesen Einsatz der Elektronik wesentlich zuverlässiger, sicherer und umweltfreundlicher sind als die einfacher aufgebauten, aber wartungsintensiven Fahrzeuge früherer Tage.

Hilfe zur Selbsthilfe

Was Sie tun können, wenn das Auto den Dienst verweigert, oder besser noch: was Sie tun sollten, damit es gar nicht erst soweit kommt, ist Gegenstand dieses Ratgebers. Selbst wenn Sie den Fehler vielleicht nicht selbst beheben können, ist es doch viel Wert, die Ursache präzise einzukreisen. So können Sie der Werkstatt wichtige Informationen liefern und kostbare Arbeitszeit für die Fehlersuche einsparen.

Tipps und Wissenswertes

Wir wollen Einblicke in die Autotechnik geben, Fachbegriffe im umfangreichen Techniklexikon erläutern und Sie über Wissenswertes aus der Welt der Technik informieren. Darüber hinaus erhalten Sie Tipps, die zum Teil bares Geld wert sind.
So können Sie zum Beispiel die Lebensdauer Ihrer Scheibenwischer erheblich verlängern. Wie das geht, erfahren Sie im Unterkapitel »Fit durch den Winter« des Hauptkapitels »Reparatur, Wartung und Pflege«. Dem Thema Winter widmen wir deshalb ein ganzes Unterkapitel, weil in der dunklen Jahreszeit besonders viel zu beachten ist. Das fängt bei der Wahl der richtigen Bereifung an und umfasst auch das Paar robuster Schuhe im Kofferraum.
Denn immer noch wagen sich zum Beispiel zu viele Autofahrer in dem festen Glauben, es werde schon gut gehen, mit Sommerreifen auf die Piste. Damit jedoch wirklich alles gut geht, präsentieren wir in diesem Buch alle nützlichen Hinweise und Tipps.

Sicherheit hat Vorrang

Natürlich wollen wir Sie mit diesem Ratgeber auch durch die übrigen Jahreszeiten begleiten. Sicherheit und Zufriedenheit stehen dabei an erster Stelle. Wichtiger als das Reparieren von sicherheitsrelevanten Baugruppen ist das frühzeitige Erkennen eines Schadens. Dabei wollen wir Sie unterstützen. Ein »Störungsbeistand« ist daher fester Bestandteil der meisten Kapitel. Ein Diagnose-Schema soll ganz allgemein eventuelle Unzulänglichkeiten am Auto offenlegen, bevor etwas schief läuft, und auch helfen, bei einer Hauptuntersuchung jede Menge Ärger und Geld zu sparen. Regelmäßig wiederkehrende Überprüfungsarbeiten haben wir zusammengefasst. Diese Übersicht können Sie kopieren und für sich abheften.

Reparaturen in der heimischen Garage

Sollten Sie bereits im Umgang mit Werkzeug geübt sein, werden wir Sie Schritt für Schritt durch die einzelnen Arbeitsgänge führen. Dabei beschränken wir uns in der Reihe »Jetzt helfe ich mir selbst« auf leichte Wartungs-, Pflege- und Reparaturmaßnahmen, die Sie ohne Weiteres in der heimischen Garage durchführen können. Welche Grundausstattung Sie dafür benötigen und wie das Ganze ideal in Ihre Garage passt, haben wir hier zusammengefasst. Für alle weiter führenden Arbeiten möchten wir auf den entsprechenden Band »Reparaturanleitung« des Bucheli-Verlages hinweisen. Dort wird mit gewohnter Präzision das Zerlegen komplizierter Baugruppen beschrieben.

Für mehr Spaß am Auto

Hinweisen möchten wir Sie noch darauf, dass wir in vielen Kapiteln einen Überblick zum Thema »besser machen« bieten. In diesem Abschnitt stellen wir eine Auswahl von empfehlenswerten Zubehör- und Anbauteilen vor, die Sie in Eigenregie montieren können. Dadurch sollen Sie in Zukunft noch mehr Freude an Ihrem Auto haben.

Damit Sie sich besser zurechtfinden

Wenn Sie etwas Bestimmtes in diesem Buch suchen, haben Sie verschiedene Möglichkeiten. Natürlich können Sie auf das vertraute Inhaltsverzeichnis zurückgreifen. Aber auch beim schnellen Durchblättern werden Sie sich leicht zurechtfinden. Den Hinweis, in welchem Kapitel Sie sich bewegen, finden Sie oben links. Dazu die Information, ob es sich in diesem Abschnitt um theoretisches Wissen, konkrete Arbeitsanleitungen oder Vorschläge zur Optimierung handelt. Rechts oben auf jeder Seite haben wir den Bereich dargestellt, der im jeweiligen Abschnitt behandelt wird. Damit können Sie auf der Suche nach bestimmten Inhalten auch durchaus einmal ohne Inhaltsverzeichnis auskommen.

INFORMATION

Bevor man Teile ausbaut oder etwas auseinander nimmt, ist es immer besser, die technischen Zusammenhänge zu kennen. Wenn Sie dieses Zeichen sehen, erklären wir die Funktion der Technik, deren Bedeutung für das gesamte Auto und den richtigen Umgang damit. Oder wir informieren ganz einfach über den historischen Hintergrund der Entwicklung. Dieser Abschnitt soll Sie also mit der Technik Ihres Autos vertraut machen. Mit dem nötigen Wissen im Hinterkopf schraubt es sich oft leichter.

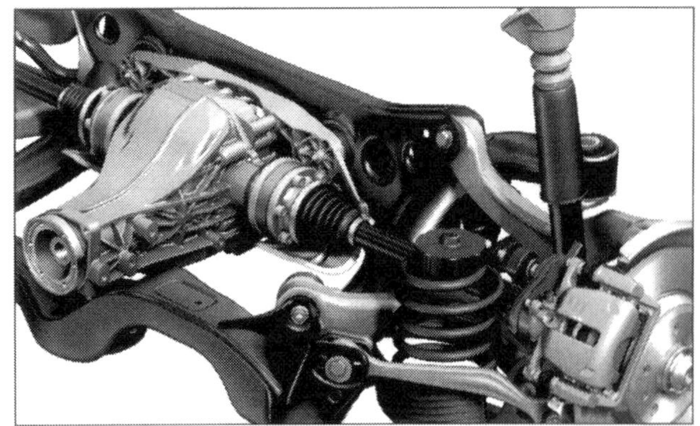

ARBEITSSCHRITTE

Sobald am Auto gearbeitet wird, werden Sie dieses Symbol sehen. Dann erhalten Sie Schritt für Schritt Anleitungen zum Aus- und Einbau von Teilen. Bei der Auswahl haben wir uns daran gehalten, was in der heimischen Garage noch machbar ist und was nicht. Bei unserer Arbeit für Sie haben wir gebrauchtes Werkzeug benutzt und uns nicht ständig die Hände gewaschen. Wir hoffen, dass die Fotos Ihnen gerade deshalb Appetit auf das Schrauben machen.

BESSER MACHEN

Nicht alles muss serienmäßig bleiben. In der Praxis wird tiefer gelegt, werden Karosserieteile verändert oder die Innenausstattung individualisiert. Verbessern Sie mit Hilfe dieses Buches also auch gezielt Ihr Auto.
Wir wollen damit keine Tuninganleitung sein. Aber wir stellen Ihnen verschiedenste zusätzliche Teile vor und erläutern Ihnen, worauf Sie beim Einkauf von Zubehörteilen achten sollten.

Rechte und Pflichten

Wir möchten Sie als Käufer eines gebrauchten oder neuen Kraftfahrzeugs hier auch in gebotener Kürze darüber informieren, mit welchen Rechten und Pflichten im Hintergrund Sie eine nötige Reklamation auf den Weg bringen können. Denn wenn Sie Fehler reklamieren wollen, müssen Sie Ihre Rechte kennen und sicherstellen, dass Sie wirklich keinem Irrtum unterliegen. Nach § 434 BGB ist eine Sache frei von Mängeln, wenn sie sich für die Verwendung eignet, für die sie gemäß Kaufvertrag gedacht war. Liegt nach dieser Definition tatsächlich ein Mangel vor, sollten Sie im Gespräch mit dem Kundendiensttechniker Ihr Recht auf der Basis der folgenden Kriterien einfordern.

Die Garantie

Garantie ist eine freiwillige zusätzliche Leistung des Herstellers oder Verkäufers. Sie kann nach Belieben ausgestaltet oder befristet sein und folgt aus einer eigenständigen Vereinbarung im Rahmen des Kaufvertrages oder in Verbindung mit ihm. Auf Verlangen müssen Ihnen Garantiebestimmungen schriftlich ausgehändigt werden. Verwirken Sie später nicht das Ihnen Zugestandene durch Falschverhalten!
Die Garantie kann an bestimmte Voraussetzungen geknüpft sein, bestimmte Kosten ausschließen und auch die Leistungen einschränken. Sie ist meist nur gegeben, wenn Sie das Fahrzeug regelmäßig in der dem Händler angegliederten Werkstatt warten lassen und gesteht Ihnen bei einem Schaden häufig nur die Materialkosten, aber nicht die Arbeitskosten zu.

Die Gewährleistung

Eine Gewährleistung folgt aus den gesetzlichen Regelungen zum gültigen Kaufvertrag. Diese »Sachmangelhaftung« kann im Rahmen eines Kaufvertrags zwischen einem Unternehmer (Kfz-Händler) als Verkäufer und einer Privatperson als Käufer nicht wirksam ausgeschlossen werden. Zwischen Privatpersonen hingegen ist das möglich, wenn es ausdrücklich und individuell im Kaufvertrag geregelt wird.
Seit 2007 beträgt die Gewährleistungsfrist bei neuen Sachen grundsätzlich zwei Jahre ab Datum der Übergabe. Bei gebrauchten Autos (älter als ein Jahr ab Erstzulassung) kann eine Frist von 1 Jahr vereinbart werden.
Innerhalb der ersten sechs Monate hat bei einer Reklamation der Händler zu beweisen, dass die Sache zum Zeitpunkt der Übergabe dem Vertrag entsprach und keinen Mangel hatte. Nach sechs Monaten hat der Kunde die Beweispflicht. Ratsam sind ein Musterkaufvertrag für Gebrauchtwagen und ein Zustandsprüfbericht.

Farbabweichung als Sachmangel

Farbabweichung kann ein Sachmangel sein. Nach einer Entscheidung des Oberlandesgerichts Köln gehört die Farbe eines Neufahrzeugs zu den Beschaffenheitsmerkmalen und stellt ein äußerliches Merkmal dar, das für den Käufer im Rahmen der Kaufentscheidung maßgeblich ist. Gibt es beim tatsächlich gelieferten Fahrzeug Abweichungen vom Farbton des bestellten, kann der Käufer grundsätzlich Gewährleistungsansprüche geltend machen.

Nachbesserung oder Nacherfüllung

Seit Anfang 2002 haben Käufer und Verkäufer einen Anspruch auf Beseitigung eines Mangels. Anstatt von Nachbesserung spricht das Gesetz jetzt von Nacherfüllung. Grundsätzlich hat der Händler das Recht, bis zu dreimal nachzuerfüllen. Er muss dann die erforderlichen Aufwendungen wie Transport-, Wege-, Arbeits- und Materialkosten tragen. Der Verkäufer behält auch dann sein Recht, einen Mangel nachzubessern, wenn in einer fremden Werkstatt bereits erfolglos Reparaturen vorgenommen wurden. Er kann auf Nacherfüllung im eigenen Firmensitz bestehen.

Wandlung und Preisnachlass

Hat sich ein erheblicher Mangel nach drei Nacherfüllungsversuchen immer noch nicht beseitigen lassen oder fehlen zugesicherte Eigenschaften, haben Sie das Recht auf Wandlung oder Preisnachlass. Dies ist dann auch der Zeitpunkt, an dem sie einen Rechtsanwalt zu Rate ziehen sollten. Sie werden sich auf jeden Fall eine Nutzungspauschale anrechnen lassen müssen, die von der genutzten Laufleistung des Fahrzeugs abhängig ist. Eine Wandlung ist grundsätzlich nur dann möglich, wenn sich das Fahrzeug noch im Originalzustand befindet.

Der Kulanzantrag

Nach Ablauf von Gewährleistungszeit und Garantiezeit bleibt immer noch die Möglichkeit der Kulanzregelung beim Händler. Die Kulanz bezeichnet ein Entgegenkommen der Vertragspartner nach Vertragsabschluss. Sie regelt als Maßnahme zur Kundenbindung den Umfang freiwilliger Reparatur- und Serviceleistungen nach Ablauf der Gewährleistungsfrist.

Hinweis: Unsere Darlegungen zu den Rechten und Pflichten können nur als erste wesentliche Informationen verstanden werden. Sie erheben keinen Anspruch auf Vollständigkeit. Obwohl mit größtmöglicher Sorgfalt erstellt, kann eine Haftung für die inhaltliche Richtigkeit nicht übernommen werden.

In der Werkstatt

Wenn Sie trotz aller Selbsthilfe eine Werkstatt aufzusuchen haben, sollten Sie alle Papiere wie Serviceheft, Radiocode, ABEs und Zubehörunterlagen mitnehmen. Gebraucht werden auch Adapter oder Schlüssel für Felgenschlösser und bei Arbeiten an Wegfahrsperre oder Schließsystemen meist alle Fahrzeugschlüssel. Ansonsten räumen Sie Ihr Auto aus und entfernen alle privaten Sachen und auch die Musik-CDs.

Klare Auftragserteilung

Geben Sie der Werkstatt ein Kostenlimit vor und vereinbaren Sie Kontaktaufnahme, falls es zu unerwarteten Mehrarbeiten kommt. Achten Sie darauf, dass der Arbeitsauftrag immer schriftlich abgefasst wird, denn mündliche Absprachen sind schwer beweisbar. Die Kopie des schriftlichen Arbeitsauftrags in Ihrer Tasche gibt Ihnen Rechtssicherheit.
Per Computer ist es auch oft kein Problem, auf die Schnelle einen schriftlichen Kostenvoranschlag zu erhalten. Dieser ist ebenfalls verbindlich und in der Regel noch detaillierter als der Arbeitsauftrag. Der tatsächliche Rechnungsbetrag darf bis zu 10% über den geschätzten Kosten liegen, ohne dass es erneut Ihrer Zustimmung bedarf. Anzumerken bleibt noch, dass termingerechte Fertigstellung einer Standardreparatur heutzutage üblich ist.

Die Fehlerbeschreibung

Voraussetzung für ein gutes Arbeitsergebnis in der Werkstatt zu passablem Preis ist eine exakte Fehlerbeschreibung mit Angabe des Reparaturziels. Machen Sie möglichst präzise Angaben. Der vorhandene Fehler muss reproduzierbar sein. Beantworten Sie am besten die »W-Fragen«, die mit leichten Abwandlungen auf nahezu alle Mängel anwendbar sind:
Wann tritt das Problem immer auf? Wie gelingt es Ihnen, Einfluss auf die Störung zu nehmen? Woher kommt die Störung, z. B. ein Klapper-Geräusch? Wann haben Sie die Störung erstmals bemerkt? Wer hatte zuletzt an dem Wagen Hand angelegt? Was haben Sie eventuell schon gegen die Störung unternommen?
Bei präziser Fehlerbeschreibung kann der Mechaniker die Störung schneller eingrenzen. Das Reparaturergebnis ist dann für alle Beteiligten einfach und schnell überprüfbar.

Im Falle von Differenzen

Gibt es Meinungsverschiedenheiten zum Ergebnis, sollten Sie das mit den Verantwortlichen sachlich durchgehen, auch unter Beteiligung des Mechanikers oder Meisters. Dieses Gespräch sollte in einem separaten Raum stattfinden und nicht vor weiteren Kunden.
Nehmen Sie sachkundige Verstärkung mit, Ihr Gegenüber wird auch nicht alleine sein. Ein Zeuge ist später oft sehr wichtig. Kommt es

nicht zur Einigung, haben Sie noch die Möglichkeit, ein Schlichtungsverfahren in Regie der jeweils zuständigen Handwerkskammer einzuleiten. Das Schlichtungsverfahren stellt ein Angebot dar, sich außergerichtlich schnell und unbürokratisch zu einigen. Erst wenn das nicht gelingt, sollten Sie den teilweise langwierigen und möglicherweise auch kostspieligen juristischen Weg einschlagen.

Schiedsstellen nutzen

Wenn sich Unstimmigkeiten wirklich nicht ausräumen lassen, helfen oft die Schiedsstellen der Kfz-Innung kostenlos weiter. Ihre Werkstatt muss dazu aber Mitglied der Innung sein.
Der strittige Vorgang soll unmittelbar nach Bekanntwerden der Streitursache bei der zuständigen Schiedsstelle eingereicht werden. Die Zuständigkeit richtet sich nach dem Geschäftssitz des betroffenen Kfz-Betriebes. Als neutrale Institution soll dann die Schiedsstelle helfen, Streitigkeiten aus Werkstattaufträgen und aus Kaufverträgen über gebrauchte Kraftfahrzeuge ohne gerichtliche Auseinandersetzung beizulegen. Bereits vor Gericht anhängige Streitigkeiten werden von den Schiedsstellen nicht bearbeitet!
Die Schiedsstelle wird nur dann tätig, wenn Uneinigkeit zwischen Käufer und Kfz-Betrieb besteht und einer von beiden sich an die Schiedsstelle wendet. Das muss schriftlich mit einer »Anrufungsschrift« erfolgen. Sie sollte folgende Angaben enthalten:

- Name oder Firma mit genauer Anschrift;
- Bezeichnung des Fahrzeugs;
- Kurze Schilderung der Beanstandung und des sie begründenden Sachverhalts;
- Beweismittel wie Kaufvertrag, Reparaturrechnungen, Gutachten, Kostenvoranschläge.

Hinweis: Wenn Sie bei der Abholung Ihres Fahrzeugs Grund zur Reklamation haben, kann die Werkstatt trotzdem darauf bestehen, dass Sie die Reparatur zunächst in voller Höhe bezahlen. Auf der Rechnung notieren, dass Ihre Zahlung unter Vorbehalt erfolgt! Ansonsten können Sie Fehler in der Rechnung innerhalb von sechs Wochen nach deren Ausstellung reklamieren. Arbeitslohn und Material müssen stets getrennt aufgeführt werden.

WISSENSWERTES

Die Kfz-Schiedsstellen

Zahl der Beschwerden wächst
Die Beschwerden von Werkstattkunden und Gebrauchtwagenkäufern bei den Schiedsstellen des Kraftfahrzeuggewerbes nehmen von Jahr zu Jahr zu. Das deutet aber nicht auf schlechtere Arbeit in den Kfz-Meisterbetrieben hin. Die Mehrzahl der Kundenaufträge wird nach wie vor beschwerdefrei ausgeführt. Die wachsende Beschwerdezahl resultiert aus der stärkeren Aufklärung der Kunden über ihre Rechte aufgrund von Sachmangelhaftungsrecht (Gewährleistung) und Garantie.

Gründe für Beschwerden
Rund 80 Prozent der Beanstandungen betreffen Werkstattleistungen und 20 Prozent den Gebrauchtwagenhandel. Die häufigsten Beschwerdegründe sind vermeintlich unsachgemäße Ausführung der Werkstattarbeiten, die Rechnungshöhe und technische Mängel.

Auf Innungsschild unf Zusatzzeichen achten
Der Kunde sollte beim Werkstattbesuch oder Gebrauchtwagenkauf auf das Meisterschild der Kfz-Innung und das Zusatzzeichen zum Meisterschild »Gebrauchtwagen mit Qualität und Sicherheit« achten. Nur dann kann im Streitfall die Schiedsstelle der Kfz-Innung tätig werden.
Die Kfz-Schiedsstellen schaffen es in den meisten Fällen, Meinungsverschiedenheiten zwischen Kunden und Kfz-Meisterbetrieben schnell, unbürokratisch und für den Verbraucher kostenlos zu beseitigen. Der Spruch der Schiedsstelle ist für den Kfz-Betrieb verbindlich. Dem Kunden steht in jedem Fall der Rechtsweg weiterhin offen.

Adressen im Internet
Die Kfz-Schiedsstellen setzen sich aus je einem Vertreter der regional zuständigen Kraftfahrzeuginnung, eines Automobilclubs und einer technischen Überwachungsorganisation zusammen. Zudem führt stets ein zum Richteramt befähigter Jurist den Vorsitz. Informationen über das Schiedsstellenverfahren vermitteln die regional zuständigen Kraftfahrzeuginnungen. Die Adressen der bundesweit rund 130 Schiedsstellen sind im Internet zu finden. Nutzen Sie dazu die Adresse:
www.kfzschiedsstelle.de

Lernen Sie Ihr Auto kennen

Erkunden Sie Ihr Fahrzeug gründlich in allen seinen Details. Das ist schon deshalb wichtig, weil Kennzeichnungen des jeweiligen Fahrzeugmodells beim Bestellen von Ersatzteilen oder Austauschteilen unbedingt anzugeben sind. Viele Teile eignen sich einfach nur speziell für den von Ihnen ausgewählten Typ, obwohl sie durchaus Ähnlichkeiten mit Teilen anderer Fahrzeuge haben können.

Die Fahrgestellnummer

Die Fahrzeug-Identifizierungsnummer, die auch als Fahrgestellnummer bezeichnet wird, ist beim Audi A4 Benziner in das Blech rechts neben dem rechten Federbeindom eingeschlagen. Sie findet sich ferner auf dem Typschild und auf dem Fahrzeugdatenträger. Die Nummer (siehe Beispiele auf den Bildern rechts) ist wie folgt aufgebaut:

- WAU = Weltcode des Herstellers;
- ZZZ = Füllzeichen;
- 8 = Typ;
- I = Füllzeichen;
- 8 = Modelljahr 2008;
- A = Produktionsstätte;
- 000342 = Laufende Nummer.

Datenträger und Fahrzeugschein

Typ, Motorisierung, Identifikationsnummern und andere Daten, die das Fahrzeug eindeutig bestimmen, sind auf dem Fahrzeug-Datenträger zu finden (Bild rechts). Er befindet sich im Serviceplan für den Kunden und als Aufkleber rechts in der Reserveradmulde oder auf dem Gepäckraumboden. Der Aufkleber enthält folgende Angaben:

(1) Fahrzeug-Identifizierungsnummer;
(2) Typ-Kennnummer und Produktionssteuerungsnummer;
(3) Typerklärung;
(4) Motorleistung / Abgasnorm / Getriebe;
(5) Motor- und Getriebekennbuchstaben (müssen, wie in der Abbildung, nicht vor handen sein);
(6) Lacknummer (-kennzeichnung) und Innenausstattungs-Kennzeichen;
(7) Mehrausstattungs-Kennnummer;
(8) Leergewicht und Verbrauch.

Die Buchstaben »A« und »B« im (unten) abgebildeten Fahrzeug-Datenträger verweisen auf die spezifischen Angaben für die Bremsen; sie sind wichtig beim Werkstattbesuch.

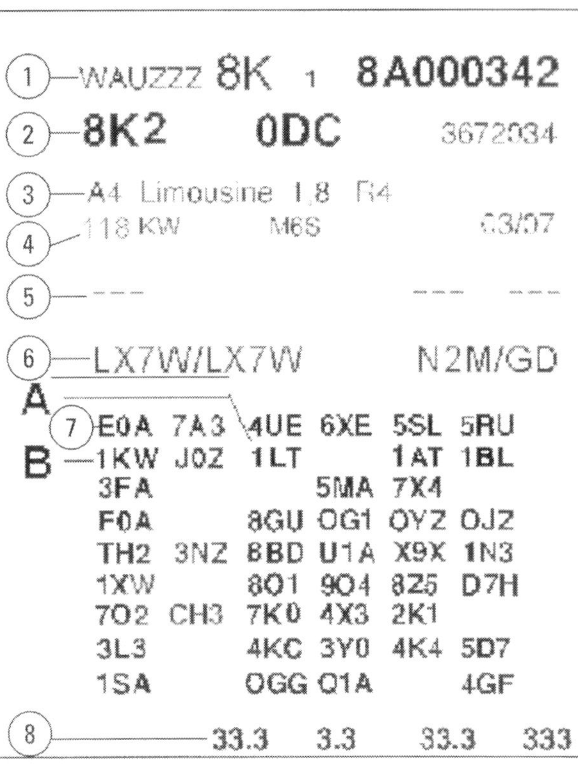
1 WAUZZZ 8K 1 8A000342
2 8K2 0DC 3672034
3 A4 Limousine 1,8 R4
4 118 KW M6S 03/07
5 --- --- ---
6 LX7W/LX7W N2M/GD
A
7 E0A 7A3 4UE 6XE 5SL 5RU
B 1KW J0Z 1LT 1AT 1BL
3FA 5MA 7X4
F0A 8GU OG1 OYZ OJZ
TH2 3NZ 8BD U1A X9X 1N3
1XW 8O1 9O4 8Z5 D7H
7O2 CH3 7K0 4X3 2K1
3L3 4KC 3Y0 4K4 5D7
1SA OGG Q1A 4GF
8 33.3 3.3 33.3 333

Die Fahrzeug-Identifizierungsnummer: Sie ist rechts am Federbeindom und auf dem Typschild rechts daneben (Bild ganz oben) sowie auf dem Fahrzeugdatenträger (unteres Bild) zu finden.

Ebenfalls eine umfassende Informationsquelle zum Auto ist die Zulassungsbescheinigung Teil 1 (Fahrzeugschein). Sie enthält neben Herstellercode, Fahrgestellnummer (Fahrzeug-ID), Typ- sowie Ausführungsbeschreibung und Datum der Erstzulassung auch Angaben von Motor und Abgasklasse bis zu den Reifengrößen.

Das Typenschild

In den Fahrzeugen ist ferner ein Typ(en)schild zu finden. Es ist beim Audi A4 Benziner rechts neben der eingeschlagenen Fahrgestellnummer zu finden (Foto Seite 12) und bei geöffneter Motorhaube von der rechten Fahrzeugseite aus zu lesen. Auf diesem Schild finden sich neben der Fahrgestellnummer (Fahrzeug-Identifizierungsnummer) Angaben zu Gesamtgewicht, Anhängelast und Achslasten.

Die Motornummer

Die jeweilige Motorisierung wird durch eine Motornummer aus Kennbuchstaben und Zahlen genau ausgewiesen. In ganz ähnlicher Weise sind übrigens die Getriebe mit Buchstaben und Zahlen codiert.
Die Kennbuchstaben für die in diesem Ratgeber behandelten Benzinmotoren sind für die Vierzylinder CABA (120 PS), CABB/CABD (160/170 PS), CAEA (180 PS) und CAEB (211 PS). Der V6-Motor mit 3,2 Liter Hubraum und 265 PS Leistung hat die Kennbuchstaben CALA. Die Buchstaben plus laufender Nummer sind zumeist an der Trennfuge Motor/Getriebe eingeschlagen. Sie finden sich ferner auf Steuerketten- oder Keilriemenschutz und vorn links am Zylinderblock (Aufkleber) sowie auf dem Fahrzeugdatenträger (Reserveradmulde, Service-Unterlagen).

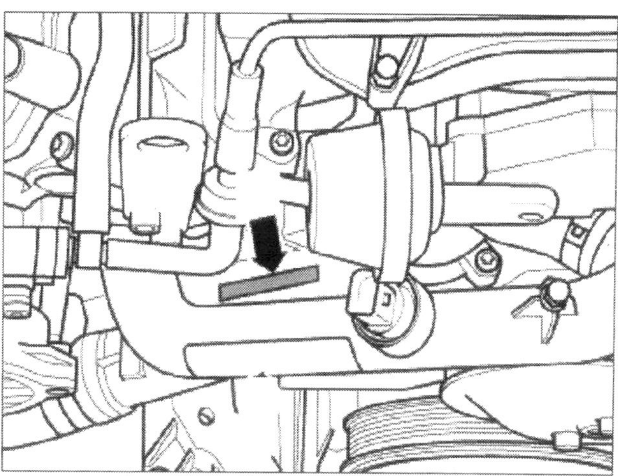

Motornummer der Sechszylinder: Der Pfeil zeigt die Stelle für die Nummer links vorn am Zylinderblock.

Motornummer der Vierzylinder: Das Bild zeigt den Aufkleber auf der Steuerketten-Abdeckung.

Der Funkschlüssel

Neu bei der jüngsten A4-Generation ist auch der bartlose Funkschlüssel. Zum Starten des Motors wird er bei Handschalt-Getriebe mit getretener Kupplung und bei Automatik-Getriebe mit gehaltener Bremse ins Zündschloss gedrückt. Er kann Serviceinformationen und Fehlermeldungen speichern, die für die Werkstatt wichtig sind. Das erleichtert und beschleunigt die Annahme des Fahrzeugs beim Kundendienst. Optional ist der »advanced key«, der in der Tasche bleiben kann, da es den Start-/Stopp-Knopf gibt.

Der Funkschlüssel: Neben seiner Funktion als Start- und Öffnungsschlüssel ist er auch Datenspeicher.

Modell: Audi A4/A4 Avant

Mit dem Ende November 2007 als Limousine und Anfang 2008 als Avant auf den Markt gebrachten A4 stieß Audi in der Mittelklasse in eine neue Dimension vor. Hocheffiziente Antriebe, ein dynamisches Fahrwerk und zahlreiche Technologien unmittelbar aus der Oberklasse zeugen von herausragender Technik-Kompetenz der Ingolstädter Autobauer.

Eindrucksvolles Gesicht: Der dominierende große Kühlergrill »Audi Single Frame«.

Top-Design, Dynamik und Sicherheit

Unter dem Slogan »Der neue Audi A4 – das neue Fahren« kam 2007/2008 die neue Generation dieses beliebten Mittelklasse-Fahrzeugs auf den Markt. Die siebente Modellauflage, wenn man die Vorgänger ab Audi 80 der Jahre 1973-1980 zählt, besticht sofort durch spannungsreiches und dynamisches Design. Mit dieser »technoiden Präzision der Linienführung« soll das Fahrzeug die Führungsrolle verdeutlichen, die Audi auf diesem Gebiet für sich beansprucht.

Die Wagenfront wird dominiert vom großen Kühlergrill, »Audi Single Frame« (Bild 1) genannt. Im Vergleich zum Vorgängermodell ist der A4 breiter und niedriger geworden. Bei Vierzylinder-Motorisierungen ist sein Schutzgitter steingrau lackiert, beim starken V6-Motor, dem 3.2 FSI, in hochglänzendem Schwarz.

Die Limousine (Bild 2) kam im November 2007 zu den Händlern. Sie wirkt stattlich und kraftvoll, ihre Karosserie bezeugt technischen Fortschritt. Erheblich steifer und sicherer als beim Vorgängermodell, nahm sie dank intelligenten Leichtbaus doch noch entscheidend an Gewicht ab. Mit einem c_W-Wert von 0,27 gleitet sie äußerst günstig durch den Wind, mit 480 Liter Volumen bietet sie den größten Kofferraum im direkten Wettbewerbsumfeld.

Der neue Benziner-A4 startete unter der Zielstellung »mehr Leistung bei geringerem Verbrauch« mit fünf starken, kultivierten Motoren. Sämtliche Aggregate sind Direkteinspritzer. Sie nutzen die FSI-Technologie, wobei die Vierzylinder mit Turboaufladung arbeiten. Der 3.2 FSI ist ein V6 mit 195 kW (265 PS) Leistung, die Vierzylinder 2.0 TFSI und 1.8 TFSI geben 155 kW bzw. 132 kW (211 bzw. 180 PS) sowie 118 kW bzw. 88 kW (160 bzw. 120 PS) ab.

Das Fahrzeug ist für höchste Insassensicherheit konzipiert. Beim Frontalaufprall schützt ein präziser Ablauf von Maßnahmen die Passagiere. Bereits beim Beginn eines Crashs werden zwei Beschleunigungssensoren unter den Scheinwerfern aktiv und geben Meldung ans zentrale Steuergerät. Zum anspruchsvollen Sicherheitskonzept gehört auch die neue Auslegung von Airbags und Gurtkraftbegrenzern.

Auch der A4 Avant überzeugt

Fahrspaß, überlegene Technologie, aufregende Linienführung und Oberklasse-Ausstattung charakterisieren auch die Kombiversion A4 Avant. Kraftvolle Fahrdynamik, hohe Sicherheit und viel flexibler Raum machen den Avant zu einem Fahrzeug für individuelle Wün-

Großes Fahrzeug: Beim »Neuen« wurde der vordere Überhang verkürzt, Motorhaube und Radstand wuchsen deutlich. Mit 4703 mm Länge, 1826 mm Breite und 1427 mm Höhe ist der A4 eine große Limousine. Farblich sind die Uni-Lackierungen Ibisweiß und Brillantrot (Bilder) sowie Brillantschwarz und zwölf Metallic- und Perleffekt-Lacke erhältlich.

sche. Schon bisher erfolgreichster Premium-Kombi seiner Klasse, bietet er seit Jahren bewährte Qualität und einen hohen Nutzwert für Sport und Freizeit. Die im Frühjahr 2008 auf den Markt gebrachte Neuausgabe baut den Technikvorsprung noch aus.

Wie auch bei der Limousine, liegt die neu entwickelte Fünflenker-Vorderachse sehr weit vorn. So werden die Achslasten ideal verteilt und höchste Präzision und Agilität im Handling erreicht. Der Avant bietet auf diese Weise das gleiche Fahrverhalten, mit dem die Limousine im Urteil der Fachmedien 2007 zum besten Automobil der Mittelklasse avancierte. Motorhaube und Radstand legten deutlich in der Länge zu. Die flach stehenden D-Säulen verleihen dem A4 Avant eine dynamische, Coupé-hafte Silhouette, das Design des Hecks betont mit kraftvollen horizontalen Linien die Breite. Der neue A4 Avant misst 4,70 Meter in der Länge, fast zwölf Zentimeter mehr als sein Vorgänger. Seine Karosserie ist erheblich steifer und sicherer als

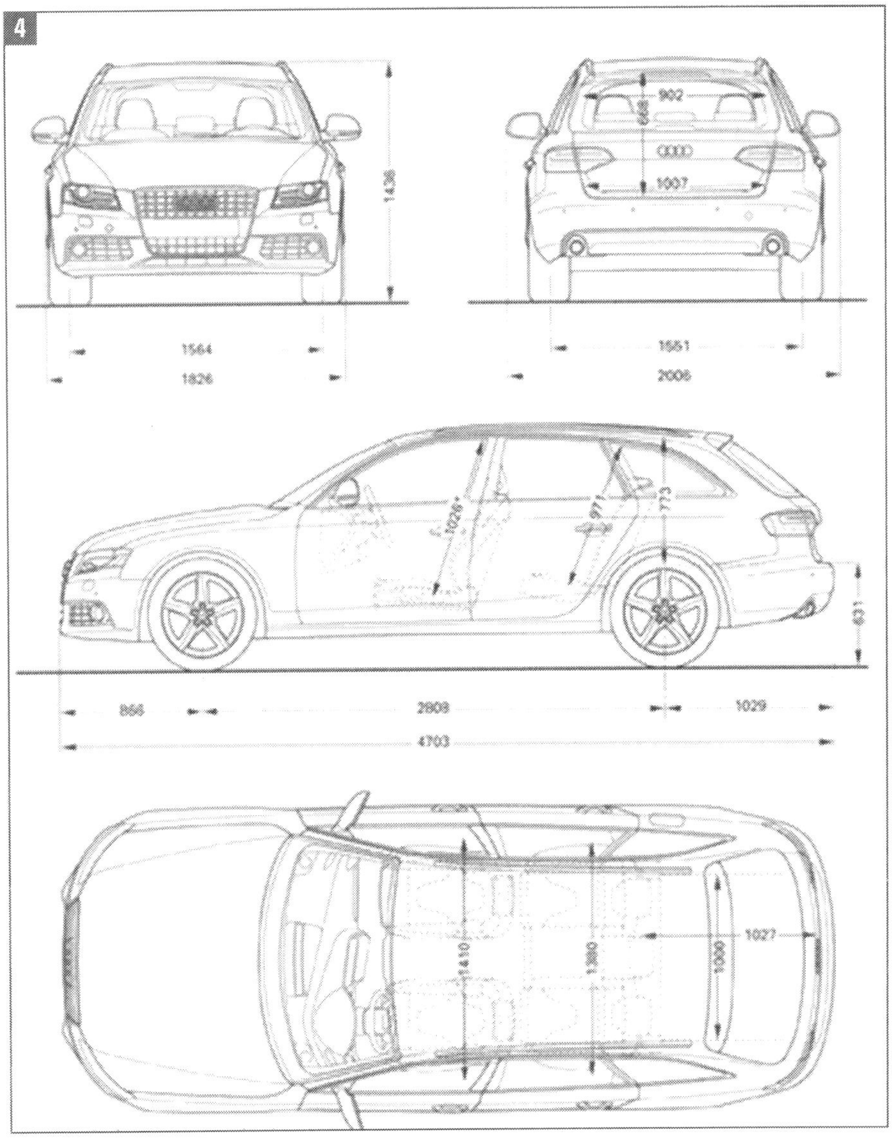

Raumwunder: Nur 673 mm hohe Ladekante, niedrige Einladestufe, gerade Seitenwände und ebener Boden machen den Gepäckraum des Avant sehr gut nutzbar. Er bietet 1.000 mm Einladebreite sowie 1.067 mm Länge (Bild 3).

Eleganz: Der Avant wirkt trotz aller Sportlichkeit und Dynamik mit seiner abfallenden Dachlinie und Schulterkante ebenfalls sehr elegant. Die lange Motorhaube geht schön geschwungen in die Kotflügel über, Dachspoiler und schwungvolles Heck verleihen dem Wagen eindrucksvolle Proportionen.

Dabei ist der Avant ebenso lang wie die Limousine, auch ebenso breit von Spiegel zu Spiegel. Mit 1436 mm Außenhöhe ist er kaum sichtbare 9 mm höher als die Limousine (Bild 4).

beim Vorgängermodell, nahm aber trotzdem noch 10% Gewicht ab.
Das aktuelle A4-Cabriolet ist bereits seit 2005 am Markt. Es lädt in den Worten seiner Schöpfer »mit sportlichem Exterieur bei edler Ausstattung im Innern zum schnellen Kurvenritt« ein. Neben den im neuen A4/A4 Avant verbauten Motoren, die wir in diesem Buch behandeln, finden sich im älteren Cabrio auch die Vierzylinder-Motoren der A4-Vorgängermodelle: 1,6 l MPI, 75 kW/102 PS; 1,8 l Turbo MPI, 120 kW/163 PS und 2,0 l MPI, 96 kW/130 PS.

Ausstattungen in 3 + 1 Lines

»Der Neue« wird in drei Ausstattungslinien ausgeliefert: Attraction, Ambition und Ambiente. Jede der drei Linien lässt sich mit allen Motoren kombinieren. Sämtliche Versionen zeichnen sich durch großzügige Umfänge einschließlich automatischer Klimaanlage,

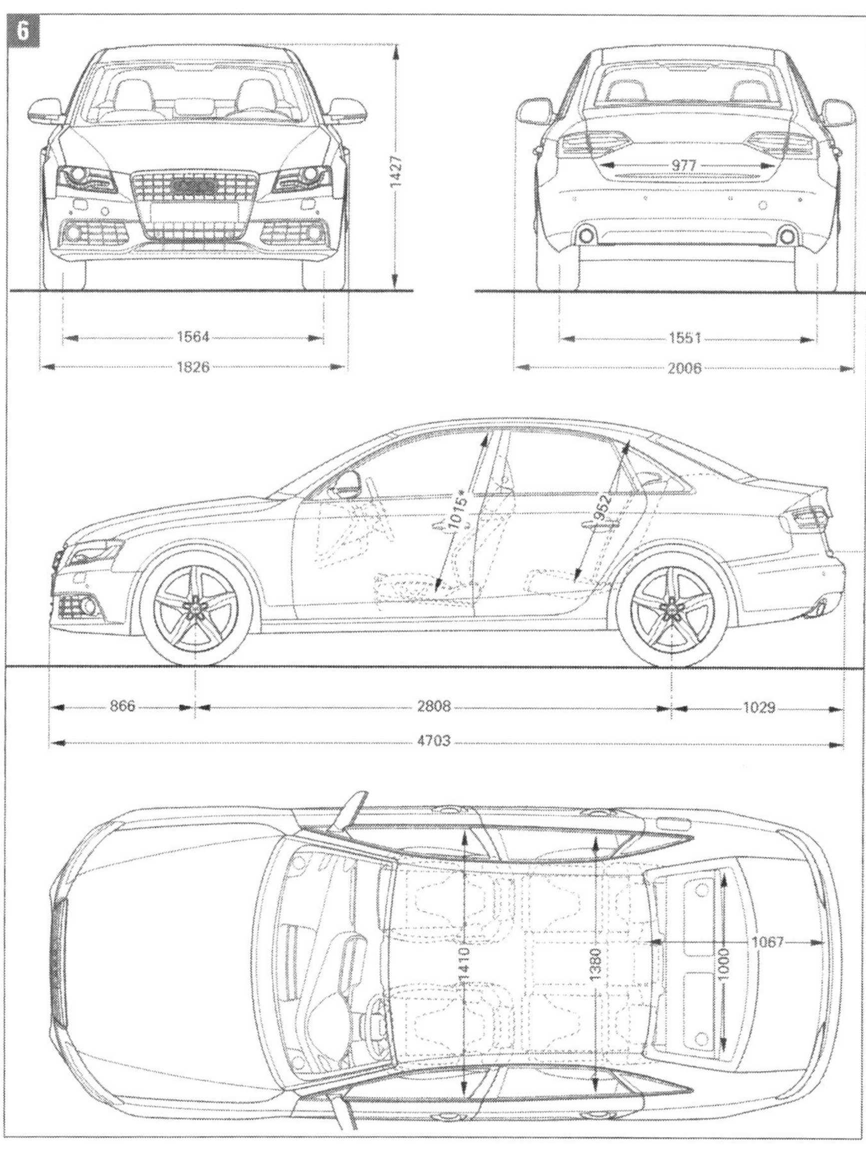

Gestaltete Energie: Die hochelegante neue Audi A4-Limousine (Bild 5: Schriftzug am Heck) bietet das Bild gespannter, vorwärts drängender Power. Ihre ***Dimensionen*** können gut mit den üblichen Abmessungen von Fahrzeugen dieser Klasse mithalten. Die Außenlänge über alles beträgt 4703 mm, die Breite von Spiegelkante bis Spiegelkante 2006 mm. Die Sitzhöhen von 1015 mm vorn und 952 mm hinten lassen genügend Raum über dem Kopf. Die Außenhöhe beläuft sich auf 1427 mm (Bild 6).

Audiosystem, Tagfahrlicht und selbsttätig öffnendem Kofferraumdeckel aus. Auf Wunsch lässt sich die jeweilige Wagenlinie mit einem reichen Angebot an Luxus-Extras weiter verfeinern.

Line Attraction

Die Basis-Line »Attraction« ist bereits eine hochwertige und großzügige Ausstattung. Elektrisch einstell- und beheizbare Außenspiegel, Zentralverriegelung mit Funkfernbedienung, höheneinstellbare Vordersitze, vier elektrische Fensterheber, Außentemperaturanzeige und beleuchtete Make-up-Spiegel sind Serie. 16-Zoll-Leichtmetall-Räder kennzeichnen den Vierzylinder-Wagen, die Sechszylinder sind mit 17-Zoll-Aluminium-Rädern ausgestattet.

Attraction hat sechs Airbags an Bord: je zwei Frontbags mit adaptiver Arbeitsweise, dazu Sidebags vorn und Windowbags. Isofix-Bügel für Kindersitze sind als kostenlose Sonderausstattung zu haben. Alle Sitzplätze haben Dreipunktgurte; die vorderen Gurte sind mit

Perfekt durchdacht: Oben: Befestigungshilfen im Gepäckraum. Unten: Das Cockpit orientiert sich ausgeprägt zum Fahrer, die Mittelkonsole steht 8° nach links geneigt.

Die beliebtesten A4-Modelle

Zulassungsanteile (in Deutschland):

Audi A4 Avant:	58%
Audi A4 Limousine:	34%
Audi A4 Cabriolet:	8%

Reihenfolge gewählter Benzin-Motorisierungen:

Audi A4 Limousine	Audi A4 Avant
1,8 Liter TFSI / 118 kW	2,0 Liter TFSI / 132 kW
2,0 Liter TFSI / 132 kW	3,2 Liter FSI / 195 kW
3,2 Liter FSI / 195 kW	1,8 Liter TFSI / 88 kW

Quelle: Audi AG, Kommunikation Produkt und Technik.

Straffern und Kraftbegrenzern versehen.

Tagfahrlicht und Klimaautomatik sind ebenso selbstverständlich. Für die Sechszylinder-Varianten ist die Hightech-Reifendruckkontrollanzeige Serie. Die Gepäckraumklappe öffnet auf Knopfdruck selbsttätig, und die elektromechanische Parkbremse bietet einen großen Bedien-Fortschritt.

Serien-Radio ist das »chorus« mit CD-Player, acht Lautsprechern und 6,5-Zoll-Monitor. Der Wagenschlüssel hat einen Speicherchip für persönliche Einstellungen und Fahrzeugdaten.

Line Ambition

Die Ausstattungslinie »Ambition« bedient die sportlichen A4-Fahrer. Ihre exklusiven Aluminium-Gussräder mit 17 Zoll Durchmesser haben Reifen-Format 225/45. Ein Sportfahrwerk legt die Karosserie tiefer und macht das ohnehin agile Handling noch dynami-

Europa-Auto 1: in Europa, wo Audi rund 70 Prozent seiner Fahrzeuge absetzt, erreicht der Avant einen Anteil von 60 Prozent der volumenstärksten Modellreihe A4.

scher. Im Ambition-Innenraum leuchten Aluminiumdekore im Hologramm-Look. Das Fahrerinformationssystem sitzt zwischen großen Rundinstrumenten. Sportsitze mit dem Bezug »Empore« und ein Dreispeichen-Lederlenkrad runden diese Line ab.

Line Ambiente

Auf Komfort und Stil zielt die Ausstattungslinie »Ambiente«. Mit ihr rollt der A4 auf 16-Zoll-Gussrädern im Sieben-Arm-Design beim Vierzylinder (Reifen 225/55) und beim Sechs-Zylinder auf 17-Zoll-Rädern. Die Sitze sind mit dem besonders eleganten Stoff Arkana bezogen, die vorderen Sitze lassen sich beheizen. Das akustische Audi parking system erleichtert das Rangieren nach hinten, eine Geschwindigkeitsregelanlage (GRA) hält das Tempo konstant, Multifunktions-Lederlenkrad mit vier Speichen und Komfort-Mittelarmlehne vorn mit zwei 12-Volt-Steckdosen erhöhen den Komfort. Ein »Glanzpaket« setzt der Karosserie und das »Lichtpaket« dem Innenraum zusätzliche Highlights auf.

Für Extrawünsche: Die S-Line

Anfang 2008 kam für Kunden mit ausgeprägtem Hang zur Dynamik noch die S-Line auf den Markt. Sie bietet neben anderen kleinen Extras ein Exterieurpaket, das sich auf kleine, aber markante optische Retuschen konzentriert. Das Sportpaket dieser Linie enthält z. B. auch Verkleidungsteile aus Aluminium im Innenraum.

Die Sitz-Ausbaustufen

Gutes Sitzen ist nicht nur in einem A4 die Grundlage jeden Komforts. Aber auch am perfekten Sessel lässt sich die Bequemlichkeit noch weiter steigern. Audi bietet im neuen A4 die Beheizung und die elektrische Einstellung der vorderen Sessel, auf Wunsch mit Memoryfunktion, die Sportsitze und die belüftbaren Klimakomfortsitze. Als weitere Optionen führt Audi eine elektrische Lordosenstütze, die Luxus-Armlehne vorn und eine Beheizung für die Außenplätze der Rücksitzanlage im Programm.

Das »valvelift system«

Im Jahr 2006 stellte Audi erstmals eine neue Technologie vor, die dazu dient, den Ventilhub der Motoren in zwei Stufen variabel zu steuern. Herkömmliche Lösungen hierfür setzen zusätzliche schaltbare oder verschiebbare Komponenten ein. Audi verlegt beim »valvelift system« die Betätigung direkt auf die Nocken-

Für sportliche Fahrer: Zum Ausstattungspaket der »S-Line« gehören 7-Speichen-Leichtmetallräder (oben) und Aluminium-Applikationen im Innenraum (unten).

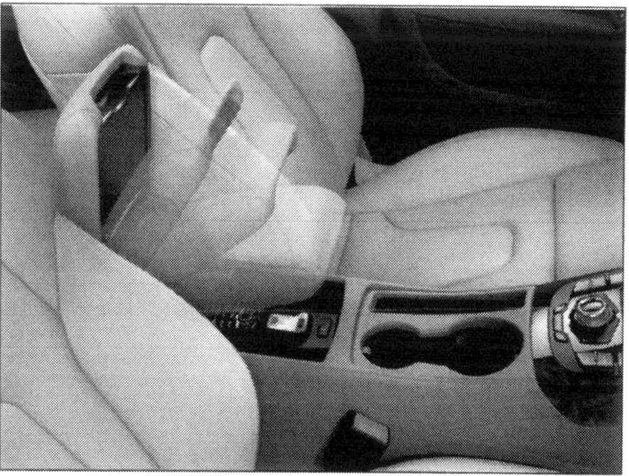

Luxus zum Aufklappen: Die vordere Armlehne verbirgt ein Staufach mit Steckdose zum Anschluss der verschiedensten bordtauglichen Gerätschaften.

welle, was die Ventilhubkurven verbessert. In den A4-Motoren gibt es nun dafür auf den Einlass-Grundnockenwellen so genannte Nockenstücke, die sich axial (in Längsrichtung) verschieben lassen. Sie tragen nebeneinander zwei Nockenkonturen für kleine und große Ventilerhebungen. Je nach Position werden die Einlass-Ventile per Rollenschlepphebel entsprechend der aktuellen Lastanforderung geöffnet.

Hightech-Getriebe

Typisch für das hohe technische Niveau der Baureihe sind auch die Getriebetechniken. Im A4 gibt es Schaltgetriebe mit fünf und sechs Gängen, die stufenlose »multitronic« und die »tiptronic« mit sechs Fahrstufen. Die A4-Modelle laufen mit Frontantrieb oder mit einem permanenten Allradantrieb vom Band, den Audi »quattro« nennt. Beim quattro verteilt ein selbstsperrendes Mittendifferenzial die Kräfte. Der quattro-Antrieb ist für den 3.2 V6 FSI (wie für den 3,0-Liter-TDI) Serie.

Dynamisches Fahrwerk

Schon im Stand soll der neue Audi A4 in den Worten seiner Schöpfer »seinen wichtigsten Charakterzug« ausdrücken: Die breite Spur mit 1.564 mm vorn und 1.551 mm hinten, die großen Räder und die kurzen Überhänge vermitteln das Bild sportlicher Dynamik. Auf der Straße erlebt der Fahrer den A4 als sportlichste Limousine der Mittelklasse, als Auto, das sich agil und spielerisch leicht bewegen lässt.
Der Wagen lenkt spontan und willig ein und verhält sich im Grenzbereich annähernd neutral. Er untersteuert nur geringfügig und findet am Kurvenausgang starke Traktion.

Viele Assistenzsysteme

Einer Studie des Gesamtverbands der deutschen Versicherungswirtschaft zufolge gehen 25 Prozent aller Unfälle auf Unaufmerksamkeit (Müdigkeit, Ablenkung und Unkonzentriertheit) der Fahrer zurück. Auf diesem Problemfeld setzen neue Audi-Systeme an, die für Entspannung und Sicherheit sorgen. Mit Hilfe von Sensortechniken und mit schnellen Steuergeräten wurden neuartige Assistenzsysteme realisiert. Ähnlich wie der Mensch sind sie in der Lage, Teile des Fahrzeugumfelds zu erfassen und aus ihren Erkenntnissen die richtigen Entscheidungen und Handlungen abzuleiten.
Die Assistenzsysteme bringen Hightech-Luxus ins Auto: Die Regelung »adaptive cruise control« hält die Geschwindigkeit und den Abstand zum Vordermann konstant; das in drei Ausbaustufen lieferbare »Audi parking system« erleichtert das Einparken; der Spurhalteassistent »Audi lane assist« kontrolliert spurtreues Fahren und »Audi side assist« warnt vor gefährlichen Spurwechseln.
Die radargestützte automatische Abstandsregelung adaptive cruise control (ACC) regelt die vorgewählte Geschwindigkeit unter Berücksichtigung der Distanz zu einem vorausfahrenden Fahrzeug von 30 bis 200 km/h. Das System reagiert auf Fahrzeuge in einem Abstand bis zu 180 Metern. Der Radarsensor erkennt, ob und wie sich der Abstand zum vorausfahrenden Fahrzeug ändert.
Möchte der Fahrer zügiger überholen, kann ACC

Neues dynamisches Fahrwerk: Rädermontage im Audi-Werk Neckarsulm.

Schnellstart: Wenn es den Start-Stop-Knopf auf der Mittelkonsole gibt, kann der Schlüssel in der Tasche bleiben.

durch Gasgeben jederzeit übersteuert werden. ACC bleibt aktiv und regelt danach wieder das gewählte Wunschtempo oder den eingestellten Abstand ein. Durch einen Tritt auf das Bremspedal wird das System deaktiviert. Es muss dann durch den Bedienhebel (Wiederaufnahme) neu eingeschaltet werden. Dabei ist die letzte zuvor gewählte Einstellung aktiv.

Einparken leicht mit APS

Für spielend leichtes Einparken hat Audi drei verschiedene Parkassistenzsysteme ins Programm des neuen A4 aufgenommen. Bekannt und bewährt ist das Audi parking system APS, das den Abstand nach hinten akustisch signalisiert. Bei der zweiten Version APS plus kommen optische Anzeigen nach vorne und hinten dazu, hier sind insgesamt acht Ultraschallsensoren in den Stoßfängern im Einsatz.
Die Hightech-Lösung ist das Audi parking system advanced mit Rückfahr-Kamera. Die extrem lichtempfindliche Kamera ist in die Heckklappe integriert. Sie verfügt über eine Fischaugen-Optik mit extrem kurzer Brennweite und bildet mit ihrem 130 Grad weiten Erfassungswinkel einen breiten Bereich hinter dem Fahrzeug ab. Mit dieser Hilfe sollte das Einparken nun buchstäblich ein Kinderspiel sein.

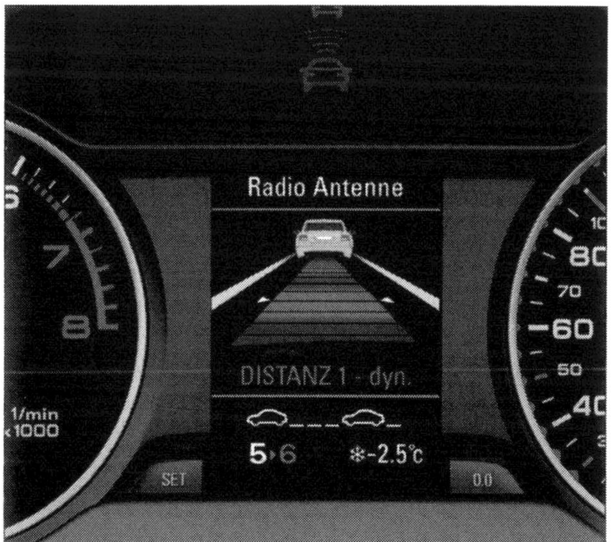

Aktive Sicherheit: Das Radarsystem »Adaptive Cruise Control« (oben) und seine Anzeige auf dem Display.

Kamerabilder auf dem Monitor

Die Bilder der Rückfahr-Kamera werden mit entzerrter Optik auf dem Monitor des MMI-Bediensystems dargestellt. Das System weist dem Fahrer mit Hilfslinien und -feldern den Weg. Beim Rückwärtsparken quer zur Fahrtrichtung (Standardmodus) markieren orangefarbene Linien den Kurs. Beim Längseinparken rückwärts zeigen blau unterlegte Flächen den Platzbedarf des Wagens. Sie machen klar, ob die Parklücke groß genug ist. Blaue Linien helfen beim Lenken und Gegenlenken. Das Kamerabild zeigt auch die (optionale) Anhängerkupplung, damit sich der A4 punktgenau an die Hängerdeichsel heranrangieren lässt.
Neben diesem Echtbild-Modus bietet APS advanced auch die klassischen Funktionen der optischen und akustischen Einparkhilfe. Im Bediensystem MMI kann der Fahrer zwischen dem Videobild, einer grafischen Darstellung und einer automatischen Umschaltung beider Anzeigen wählen.

Spurwechsel ohne Risiko

Im neuen A4 ist noch ein weiteres Hightech-Assistenzsystem aus der Luxusklasse zu haben: der »Audi lane assist«. Dieses System warnt den Fahrer ab etwa 65 km/h Geschwindigkeit vor dem unbeabsichtigten Verlassen der Fahrspur. Eine kleine Schwarz-Weiß-Kamera, die oberhalb des Innenspiegels an der Wind-

Wiege des Hightech-Fahrzeugs: Eine Produktionslinie für den A4 Avant im Audi-Werk Ingolstadt.

schutzscheibe sitzt, beobachtet die Straße vor dem Auto, ihre Optik ist auf 60 m Sichtweite und etwa 40 Grad Öffnungswinkel ausgelegt. Ein schneller Rechner, der im selben Gehäuse untergebracht ist, erkennt die Begrenzungslinien und setzt das eigene Fahrzeug in Bezug zu ihnen.

Einstellbare Lenkradvibration warnt

Wenn der Fahrer auf eine solche Linie zufährt, ohne zu blinken, warnt ihn lane assist durch eine Vibration im Lenkrad. Sie lässt sich in ihrer Intensität über das MMI in drei Stufen konfigurieren. Der Zeitpunkt, zu dem sie erfolgt, ist ebenfalls auf drei Ebenen einstellbar. Der Impuls kann schon vor dem Berühren der Linie durch das Rad, erst beim Überfahren oder auch nach flexibler Einschätzung des Systems ausgelöst werden. Lane assist lässt sich ausschalten. Eine Anzeige im Kombiinstrument weist darauf hin, wenn er zwar aktiviert, aber nicht warnbereit ist. Das geschieht, wenn die Begrenzungslinien zu schlecht erkennbar sind oder die gefahrene Geschwindigkeit zu niedrig liegt.

Komponenten für Multimedia

Für Kommunikation und Infotainment hält Audi ein ganzes System an Bausteinen bereit. Auf der Audio-Ebene beginnt es mit den Radioanlagen concert und symphony und reicht über das Audi-Soundsystem bis zur High-End-Soundanlage von Bang & Olufsen. Features wie das digitale Radio DAB, das Audi Music Interface als Schnittstelle zum mobilen iPod und ein Sprachdialogsystem runden das Programm ab.
Mit zwei Navigationssystemen, einem TV-Tuner und verschiedenen Handy-Schnittstellen, darunter einer eleganten, vollintegrierten Bluetooth-Lösung, erfüllt der neue A4 bei den Multimedia-Fähigkeiten höchste Ansprüche. Viele Aufgaben lassen sich über die Multifunktionslenkräder steuern, die mit drei oder vier Speichen zur Wahl stehen. Das Dreispeichen-Sportlenkrad ist zudem auf Wunsch mit Schaltwippen für die Automatikgetriebe ausgestattet.

Lichtdesign durch Leuchtdioden

Zum Abschluss noch ein Wort zum Außenlicht: Die Tagfahrleuchten mit Leuchtdioden sind ein konsequent eingesetztes Gestaltungsmerkmal. Sie verleihen dem Gesicht des A4 einen unverwechselbaren Ausdruck. Xenon-Licht ist optional, ebenso wie die Xenon-plus-Scheinwerfer, die sich mit dem Kurvenlicht »adaptive light« kombinieren lassen.Die serienmäßigen Halogen-Nebelscheinwerfer liegen in den beiden großen, dreidimensional ausgeformten Lufteinlässen, die zu den prägenden Elementen an der Front gehören.

Schräger Zuschnitt am Heck

Die schlanken, horizontal ausgerichteten Heckleuchten sind nach nach innen schräg angeschnitten. Sie sollen einen sichtbaren Bezug zur Straße herstellen. Ihre Reflektoren sorgen für optische Tiefenwirkung. Ein schmaler Streifen für die Blink- und Rückfahrleuchte am unteren Rand unterstreicht die Breitenwirkung der Leuchten noch einmal.
Im beleuchteten Zustand erzeugen bandförmige Rückstrahler flache Lichtkränze. Die Heckleuchten sind in der Mitte vertikal geteilt, wodurch eine breite Kofferraumklappe möglich wird.

Scheinwerfer: Tagfahrlicht-LED und (optional) Xenonlampen.

Geteilte Heckleuchten: Sie ermöglichen eine breite Klappe.

Die Geschichte des Audi A4

1972 Der Audi 80

Am Erfolg der Marke mit den vier Ringen hatte der Audi 80 großen Anteil. Er war vier Modellgenerationen lang ein Bestseller des Unternehmens in Ingolstadt, dessen weltbekanntes Zeichen die vier Marken Audi, DKW, Horch und Wanderer symbolisiert, die 1932 in der Auto Union zusammengefasst wurden. 1969 fusionierten dann Auto Union und NSU, und 1985 entstand aus der Audi NSU Auto Union AG die AUDI AG.

Die Produktion des Audi 80 lief im August 1972 an. Fortschrittliche Technik, moderne Leichtbauweise, zeitloses Design und moderate Preise zeichneten das Produkt aus. Von Audis attraktivem ersten Mittelklassewagen mit Limousine, Coupé, Kombi und Cabriolet sowie deren Ableitungen (z. B. Audi 90) wurden weltweit über fünf Millionen Einheiten verkauft. Leichtbau und kompakte Abmessungen, Komfort und Platzangebot, Motoren und Fahrwerk setzen einen hohen Standard auf dem Markt.

1974 Erfolgreich im Rallye-Sport

Als der Audi 80 GT für Tourenwagen-Rennen und wenig später auch für den Rallyeeinsatz homologiert wurde, begann die sportliche Karriere des Modells. Das war die Basis für den Aufbau der Audi Sportabteilung im Jahr 1978 und die motorsportlichen Erfolge von Audi im internationalen Rallyesport der 80er wie auch im Rundstreckenrennsport der 90er Jahre.

1980 Debüt für den quattro

Im Oktober 1980 erprobt der »fliegende Finne« Hannu Mikkola bei der Algarve Rallye zum ersten Mal öffentlich einen Rallye Audi quattro. Das ist der Auftakt zu 25 Rallye-Meisterschaftstiteln, die Audi zwischen 1981 und 1985 weltweit gewann. Zum ersten Mal seit jener Testfahrt in Portugal vor 25 Jahren fuhr Mikkola dann beim »Goodwood Festival of Speed« im Juni 2005 wieder einen Audi quattro, der ehedem den Motorsport revolutioniert hatte.

Fest verbunden: Die bekannten vier Ringe symbolisieren die vereinigten Marken Audi, DKW, Horch und Wanderer.

Früher Vertreter der Modellreihe: Ein Audi 80 GLS mit vier Zylindern, 1.6 Litern Hubraum und 75 PS aus dem Jahr 1977.

Direkter Vorgänger: Audi 80 Avant vor Premiere des A4.

Die Geschichte des Audi A4

Der Allradantrieb bewährt sich auf trockenem oder nassem Asphalt, auf Schnee und Eis oder auf völlig verschlammten Waldstrecken. Er wird für Rallyefahrzeuge weltweit zur Norm und beherrscht noch heute den Sport.

1994 Die Geburt des Audi A4

Im November 1994 kommt der A4 als Nachfolger des Audi 80 heraus, der seit 1992 auch als Audi 80 Avant gebaut wird. Auf äußeres Größenwachstum wurde verzichtet.
Dennoch ist es dank geschickter Raumausnutzung und der maßvollen Vergrößerung von Spur und Radstand gelungen, die Platzverhältnisse im Innenraum spürbar zu verbessern. Nach vier Generationen Audi 80 setzt die A4-Modellreihe die Tradition fort.

2000–2001 Die FSI-Direkteinspritzung

Im März 2000 gibt der Audi R8 sein Motorsportdebüt. Der viermalige Gewinner der 24 Stunden von Le Mans hat bei 66 Starts 54 Gewinne zu verbuchen. Unglaublich: Nie musste ein Audi R8 ein Rennen wegen Mechanikproblemen aufgeben!
2001 präsentiert der R8 eine ebenso bedeutende technische Innovation von Audi wie den permanenten Allradantrieb quattro: die FSI-Direkteinspritzung. Durch diese Technologie für die Benzinmotoren kann der Kraftstoff-Verbrauch drastisch gesenkt werden.

2001 Die sechste Generation

Zwischen Oktober 2001 und März 2002 kommt die nächste Generation des Audi A4 auf den Markt. Zwei völlig neue Benzinmotoren (2,0 und 3,0 Liter) sowie der bewährte 1,8 Liter Turbo stehen als Triebwerke zur Verfügung. Der neue Star der automobilen Mittelklasse wird als Quintessenz des Audi-Werbeslogans »Vorsprung durch Technik« gefeiert.
Im Laufe des Jahres 2002 schließt die A4-Limousine mit dem 1,6 Liter-Motor eine Lücke bei den Motorisierungsvarianten. Damit ist die Ein-

Ebenfalls Vorläufer: Ein NSU Ro 80.

Meilenstein: FSI-Brennraum des R8-Motors.

Das Cabriolet: Der offene A4 kam 2005 auf den Markt.

Die Geschichte des Audi A4

stiegsmotorisierung für diese Baureihe gegeben, die mit der in alle Richtungen gewachsenen Karosserie für ein deutliches Plus an Raum sorgt.
Der neue A4 Avant wird präsentiert. Er bietet mehr Raum und Funktionalität. Der Slogan für das beispielhaft gestylte Fahrzeug lautet: »Schöne Kombis heißen Avant«.

2007 - 2008 7. Generation: Der neue A4

Als »sportlich und souverän, progressiv und emotional« präsentiert Audi die aktuelle Generation des A4. Damit soll »in der Mittelklasse in eine neue Dimension vorgestoßen« werden. Er wird unter dem Slogan »Der neue Audi A4 – das neue Fahren« auf den Markt gebracht.
Die Triebwerke sind nun durchgängig direkteinspritzende Motoren: Für Dieselkraftstoff die bewährten TDI, für Benzin die neuen FSI, im Falle der Vierzylinder mit integrierten Turboladern. Sie bieten souveräne Performance bei einem Kraftstoffverbrauch, der durchschnittlich um 9% unter dem der Vorgänger liegt.
Die hocheffizienten Antriebe sind Ausdruck der hervorragenden Technik-Kompetenz von Audi. Diese zeigt sich auch im dynamischen Fahrwerk und in zahlreichen Technologien, die sich bereits in der Oberklasse bewährt haben.
Nach der Limousine, die im November 2007 auf den Markt kam, wird im Frühjahr 2008 der Avant ausgeliefert. Seine Deutschlandpremiere wurde auf der AMI Anfang April in Leipzig gefeiert. »Zur hohen Fahrdynamik und zum faszinierenden Qualitätsgefühl des Audi A4 liefert der Avant ein Plus an Nutzwert für Sport und Freizeit«, wird er dabei gerühmt. Das sind keine leeren Worte, denn sein dynamisch-elegantes Blechkleid birgt einen Gepäckraum von maximal 1.430 Liter Volumen und viele durchdachte Detaillösungen.
In der Technik folgt der A4 Avant dem Layout der Limousine. Seine weit vorn liegende, neu entwickelte Fünflenker-Vorderachse sorgt für ausgewogene Verteilung der Achslasten, für höchste Präzision und Agilität im Handling.

Cockpit im Freien: Der Innenraum des A4 Cabriolets.

Motoren erprobt: Im 2005 präsentierten A4 Cabriolet wurden später bereits FSI-Motoren eingebaut.

Gleiches Gesicht: Die Cabrio-Linien finden sich im Avant des neuen A4 ebenso wieder wie bei der Limousine.

Modellpflege zwischen 2002 und 2007

Die beharrliche Arbeit von Audi am hohen gestalterischen, technologischen und umweltfreundlichen Niveau der A4-Baureihe wird detailliert in den einzelnen Kapiteln dieses Buchs deutlich gemacht. Hier möchten wir nur auf drei Aspekte eingehen, die exemplarisch für diesen beständigen Fortschritt stehen: Das Cabriolet-Verdeck, den Turbo-FSI-Motor und das Dynamik-Fahrwerk.

2005–2006 Das A4 Cabriolet

Audi nennt in den Jahren der 6. Generation der Baureihe Audi 80/Audi A4 als deren vorrangige Eigenschaften: »Hochwertiges Finish, emotionales Design und sportlicher Charakter«. Diese Eigenschaften sollen nachhaltig auch das A4 Cabriolet prägen.

Tatsächlich macht der Viersitzer offen und geschlossen eine bildschöne Figur. Dank Glasheckscheibe und guter Wärmeisolierung des Stoffdachs ist das A4 Cabriolet ein echtes Ganzjahresauto. Im Jahre 2006 wird für das 2005 präsentierte Fahrzeug ein Akustikverdeck entwickelt, welches selbst bei schneller Autobahnfahrt im Innenraum ein Geräuschniveau schafft, das kaum über dem der Limousine liegt. Dieses vollautomatische elektrohydraulische Verdeck kann bis zu einer Geschwindigkeit von 30 km/h betätigt werden.

Was die Benziner angeht, ist das Cabrio mit drei Motoren lieferbar: dem 1.8 T mit 120 kW (163 PS), dem 2.0 TFSI (147 kW/200 PS) und dem 3.2 FSI mit 188 kW (255 PS). Die Kraftstoff-Verbrauchswerte liegen bei 8,5 l/100 km für den 1.8 T; 8,4 l/100 km für den 2.0 TFSI und 11,1 l/100 km für den 3.2 FSI (jeweils kombiniert).

2006–2007 Die TFSI-Motoren

Für den Start von Limousine und Avant werden in den Jahren 2006/2007 die Turbo-FSI-Motoren noch weiter entwickelt (mehr Leistung, weniger Verbrauch), auf den MPI-Turbomotor (1.8 T mit 163 PS) wird ganz verzichtet.

Gut unter die Haube zu bringen: Variabler Verdeckkasten des Cabriolets.

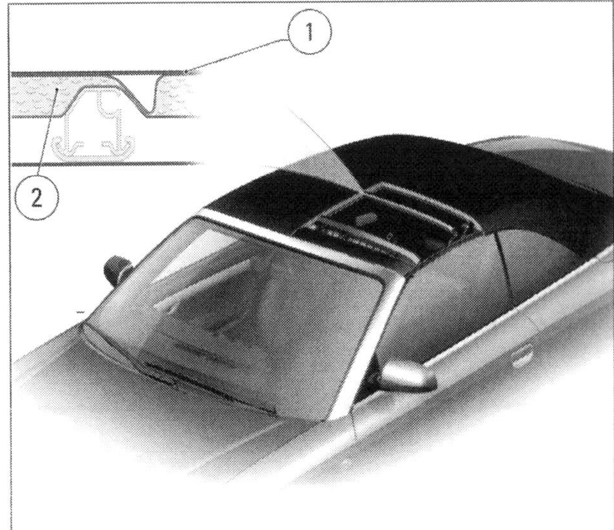

Akustisch optimiert: (1) Verdeckbezug von 1,4 (+ 0,3) mm Stärke, (2) Dämmatte von 20 (+ 5) mm Stärke.

Modellpflege zwischen 2002 und 2007

Bei der FSI-Technologie von Audi wird der Treibstoff unter hohem Druck direkt in die Brennräume eingespritzt und dabei intensiv verwirbelt. Das verbessert die Effizienz der Verbrennung, erhöht die Leistung und senkt den Verbrauch. Ideal harmoniert die FSI-Benzindirekteinspritzung mit der Aufladung per Turbolader: Der TFSI-Vierzylinder realisiert Leistungs- und Drehmomentwerte, die zuvor nur hubraumgroßen Sechszylindern vorbehalten waren.
Der 1.8 TFSI mit 118 kW (160 PS) zog ganz neu in den A4 Avant ein. Als Mitglied der hocheffizienten Motorenfamilie mit dem Code 888 ist er ein Paradebeispiel für moderne Benziner. Der Vierzylinder ist auf maximale Effizienz ausgelegt. Er ist kompakt und leicht, spricht dank seines integrierten Laders innig auf das Gas an und dreht freudig hoch. Zwei Ausgleichswellen sorgen für schwingungsarmen Lauf. Im Drehzahlbereich 1.500 bis 4.500 1/min stemmt er satte 250 Nm Drehmoment auf die Kurbelwelle.

Ganz neu: der 1,8 Liter Turbo-FSI-Motor »Code 888« ist ein Paradebeispiel für neuzeitliche Benzinmotoren.

2007–2008 Das Dynamik-Fahrwerk

Für die Limousine völlig neu wird bis 2007 das Dynamik-Fahrwerk des neuen Audi A4 entwickelt und bis 2008 für den A4 Avant optimiert. Die Schwenklager und die fünf Lenker pro Rad, die die vordere Aufhängung bilden, sind ebenso aus Aluminium gefertigt wie der Träger, der den Vorderwagen versteift. Der Lenkimpuls wird über die Spurstangen direkt in die Räder eingeleitet, weil das Lenkgetriebe tief und weit vorn platziert ist. Die Zahnstangenlenkung vermittelt engen Fahrbahnkontakt, und ihre effizient arbeitende Servo-Pumpe senkt den ohnehin schon niedrigen Kraftstoffverbrauch um etwa 0,1 Liter/100 km.
Der Aufbau der Hinterachse folgt dem spurgesteuerten Trapezlenker-Prinzip aus den großen Baureihen A6 und A8. Die Hauptkomponenten der Aufhängung bestehen aus Aluminium, die separate Anordnung der Federn und Dämpfer sorgt für sensibles Ansprechverhalten.

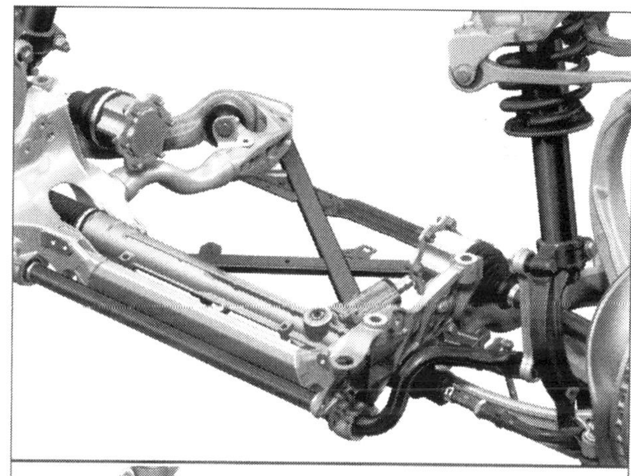

Dynamikfahrwerk: Die Fünflenker-Vorderachse (oben) und die Trapezlenker-Hinterachse (unten; Ausschnitte).

Grundlagen: Pflege, Wartung, Reparatur

Wenn der Arbeitsplatz geeignet ist, das nötige Material zur Verfügung steht und die Ausrüstung stimmt, haben Sie am Reparieren auch Spaß. Als Arbeitsplatz taugt eine breite und gut beleuchtete Garage mit Stromanschluss. Sie wird anfangs noch eher so schlicht eingerichtet sein wie die Garagenwerkstatt im Bild. Aber mit der Zeit kommt immer mehr dazu. Und das rentiert sich.

Arbeitsplatz und Ausrüstung

Nach DEKRA-Ermittlungen liegt das Durchschnittsalter der in Deutschland rollenden Autos bei acht Jahren. Gerade bei solchen älteren Wagen sinkt die Lust, Arbeiten in der Werkstatt erledigen zu lassen. Garantieansprüche gibt es nicht mehr zu verlieren, und bei Stundensätzen weit über 50 Euro lässt sich für denjenigen, der handwerklich geschickt ist, eine ganze Menge Geld sparen. Aber auch an neueren Fahrzeugen lassen sich, wie schon betont, viele Arbeiten von der gründlichen Aufbereitung bis zum kleinen Unfallschaden selbst erledigen.

Was tun, wenn der Arbeitsplatz fehlt?

Nicht jeder hat die eingangs erwähnte Garage. Natürlich können Sie auch im Freien zum Werkzeug greifen, wenn eine ebene und befestigte Fläche verfügbar ist. Das kann aber nur ein Notbehelf sein. Die beste Empfehlung für Selbstschrauber sind Mietwerkstätten. Sie bieten meist mehrere Arbeitsplätze, die allerdings während der Woche eher frei sind als am Wochenende, wenn alle Autobastler zum Werkzeug greifen.
Adressen finden Sie in den Gelben Seiten, in Zeitungsanzeigen oder in den von Automobilverbänden empfohlenen Reparatur- und Verleihführern. Im Internet werden Sie auch fündig: Allein der Anbieter
www.geldsparen.de
hält in der Rubrik Auto / Reparatur / Mietwerkstätten deutschlandweit rund 50 Adressen vor, zu denen man einfach über Links gelangt. In Mietwerkstätten ist es möglich, für 5 bis 15 Euro pro Stunde eine Hebebühne zu mieten. Meist ist im Entgelt für die Werkstattbenutzung auch ein Werkzeugsatz inklusive. Gelegentlich muss Werkzeug aber extra gemietet werden, wenn Sie nicht Ihre eigene Werkzeugkiste mitbringen können. Gemietet werden kann auch Gerät zum Schweißen oder Lackieren und Spezialwerkzeug wie Kolbenrücksetzer für Scheibenbremsen. Oft steht auch ein Fachmann mit gutem Rat und Praxistipps zur Verfügung.

Welche Vorbereitung ist nötig?

Arbeit in der Mietwerkstatt lohnt sich nur, wenn die Reparatur flott von der Hand geht und eine angefangene Arbeit auch direkt zu Ende geführt werden kann. Das zwingt zu akribischer Vorbereitung. Die benötigten Ersatzteile sollten spätestens am Tag der Arbeit parat sein, denn jede Werkstattstunde kostet ja. Kaufen Sie nach Liste und denken Sie an Zubehör wie Dichtungen, Sicherungsringe, Schlauchschellen, Clipselemente oder selbstsichernde Muttern. Sie müssen um die 10 Euro Kosten einplanen, wenn die Arbeiten abends nicht fertig werden und das Auto über Nacht in der Werkstatt stehen bleibt.
Reparaturen, die man nicht genau abschätzen kann, sollten auf einen Termin gelegt werden, der einen außerplanmäßigen Besuch beim Händler erlaubt. Nehmen Sie den Fahrzeugschein (Zulassungsbescheinigung Teil II) und die Angaben von Fahrzeugdatenträger und Karosserieschild mit, dann kann der Ersatzteilverkäufer das passende Teil aus dem Katalog oder von der CD-ROM des Herstellers ermitteln.

Was ist beim Teilekauf zu beachten?

Achten Sie beim Ersatzteilkauf auf den Preis, denn Unterschiede bis zu 35 Prozent sind die Regel. Bei typenoffenen Serviceketten kann der Kunde manchmal bis zu 60 Prozent sparen, 20 Prozent sind jedenfalls immer drin – und zwar für dieselbe Qualität, meist sogar für die exakt gleichen Ersatzteile.
Auf No-name-Produkte sollten Sie beim Ersatzteilkauf allerdings verzichten. Solche Käufe machen die eventuell fehlende Beratung beim Kauf von Verschleißteilen nicht wett, und zweitens könnte die Garantie auf das betreffende Teil und von ihm in Mitleidenschaft gezogene Teile in Gefahr geraten. Bei sicherheitsrelevanten Ersatzteilen ist Sparsamkeit ohnehin fehl am Platz. Bremsbeläge, Bremsscheiben, Radlager, Antriebswellen und Gelenke sollte man grundsätzlich in Originalqualität kaufen. Die meisten Billig-Produkte entsprechen nicht der Mindestqualität.
Bei Schäden an Kurbeltrieb, Kolben und Ölwanne lohnt sich der Kauf eines Teilmotors. Zylinderkopf und Nebenaggregate übernimmt man vom alten Motor. Bei gut erhaltenen Fahrzeugen macht ein Austauschmotor Sinn. Firmen, die auf die Überholung von Motoren spezialisiert sind und Reparaturen nach Qualitätsrichtlinien garantieren, finden Sie im Internet unter
www.vmi-ev.de
oder beim Verband der Motoren-
instandsetzungsbetriebe
Christinenstr. 3 / 40880 Ratingen
Tel.: 0 21 02/ 44 72 22 / Fax: 0 21 02/ 44 72 25
E-mail: info@vmi-ev.de

Welches Werkzeug brauche ich?

Nur vollständiges und gutes Werkzeug garantiert Ihnen das gewünschte Ergebnis. Überprüfen Sie daher Ihre Ausrüstung, bevor Sie mit der Arbeit beginnen. Schlechtes Werkzeug, das sich schon bei der ersten verrosteten Schraube verbiegt oder ausbricht, bringt Probleme und verdirbt den Spaß an der Bastelei. Achten Sie also beim Kauf auf Qualität!

Gute Werkzeuge werden aus einwandfreiem Material hergestellt und arbeiten stets maßgenau. Sie haben natürlich ihren Preis, der für einen 10er-Satz wirklich guter Ring-/Maulschlüssel bei 80 Euro liegen kann. Ein Steckschlüssel-Kasten mit knapp 20 Teilen - Umschaltknarre, Stecknüsse und Verlängerungen - kostet durchaus 200 Euro. Für die komplette Werkstattausrüstung in Profiqualität sind 8000 Euro nicht zu hoch gegriffen. So etwas rentiert sich allerdings nur bei häufigem Einsatz über 10 bis 20 Jahre hinweg.

Grundwerkzeuge:

- Schraubendreher, Ring-, Maul- und Inbusschlüssel (oft sind gekröpfte Schlüssel nötig!).
- Seitenschneider, Kombizange und Wasserpumpenzange mit mindestens 240 mm Länge. Damit trennen, biegen, halten und drehen Sie so ziemlich alle Werkstoffe und -stücke.
- Kunststoff- oder Gummihammer für empfindliche Bauteile wie Lager, gegossene oder gehärtete Teile. Damit vermeiden Sie etwaige Schäden.
- Der Schlosserhammer wird benutzt, um z. B. mit einem Durchschlag festsitzende Bolzen zu lösen.
- Durchschläge (Durchmesser 3 und 6 mm) sind bei Montage- und Demontagearbeiten an Fahrwerk, Motor und Bremsen universell einsetzbar.
- Ein Körner hilft bei Bohrarbeiten an Metallen.
- Flachmeißel mit gehärteter Schneide werden oft an deformierten oder festgerosteten Schraubverbindungen gebraucht.
- Quetschzange, isolierte Kombizange, Phasenprüflampe mit Nadelspitze und Massekabel sowie isolierte Schraubendreher sind für die Elektrik nötig.
- Für Motorraum und unterm Fahrzeug brauchen Sie einen Steckschlüsselsatz mit den Größen 10 bis 32 mm und Umschaltknarre mit 1/2-Zoll-Antrieb.
- Für den Innenraum ist der Schlüsselsatz 6 bis 13 mm, 1/4-Zoll erforderlich.
- Gripzange und Schraubzwingen: Die Maulweite der Gripzange kann am Griffteil exakt eingestellt werden. Eine Schraubzwinge, erhältlich in vielen Größen, ist beim Montieren Ihre dritte Hand.

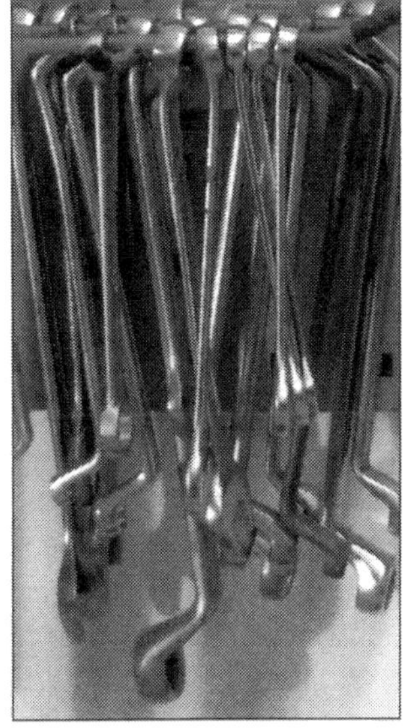
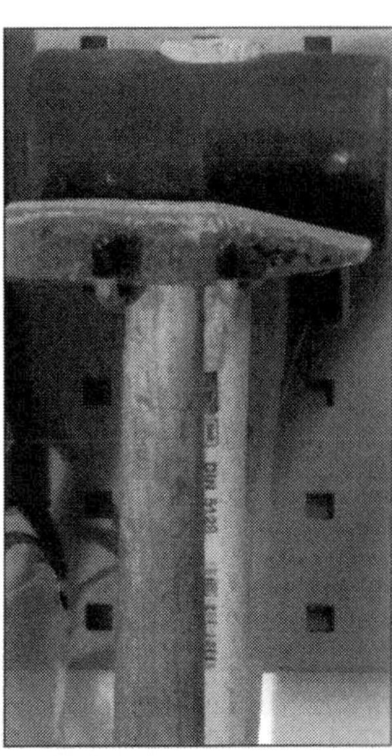
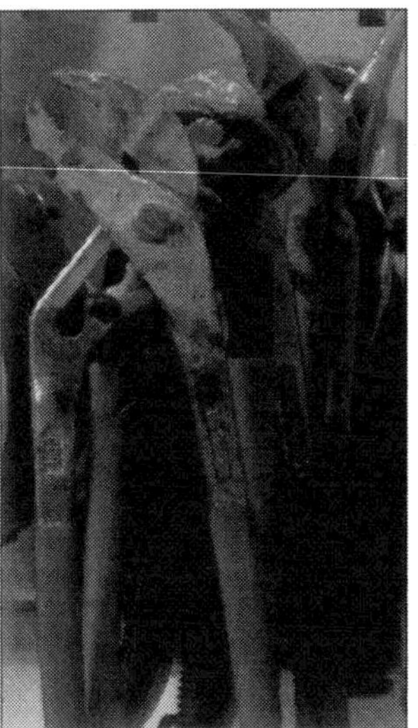
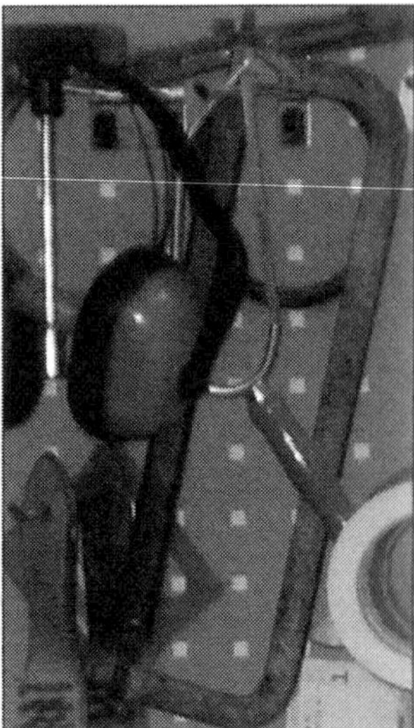

Grundwerkzeuge: Maul- und Gabelschlüssel, darunter gekröpfte, Schlosser- und Gummihammer, diverse Zangen sowie Metall- und Kunststoffsägen werden immer gebraucht.

Bordwerkzeug im Kofferraum: Wagenheber, Radschraubenschlüssel und Radkappen-Haken nur zum Radwechsel.

■ Abzieher gehören zur Grundausstattung jeder Autowerkstatt. Auch für Heimwerker lohnt sich die Anschaffung dieses Werkzeugs: Radnaben lösen, Achsgelenke aus der Führung pressen o. Ä..

Spezialwerkzeuge:

Mit der Grundausstattung können Sie viele Wartungen und Reparaturen selbst erledigen. Sie ist unentbehrlich für vernünftige Arbeit. Aber sie reicht für viele Fälle nicht aus. Dann brauchen Sie spezielles Werkzeug. Sinnvolle Anschaffungen sind:

■ Handstablampe: Gut fürs Schrauben unter dem Auto oder im Motorraum, im Innenraum und in weniger gut beleuchteten Garagen. Wasserdicht, mit Blendschutz, ölresistentem Kabel und schlagsicherem Kunststoffgehäuse.

■ Drehmomentschlüssel (Automatikschlüssel): Zur präzisen Beachtung von Anzugsdrehmomenten.

■ Ölfilterschlüssel: Wichtig für den Ölwechsel. Günstig ist ein Universalschlüssel.

■ Fühlerblattlehre zum Prüfen das Ventilspiels oder des Spaltmaßes von Gebern (Drehzahlgeber etc.).

■ Messinstrument (Multimeter): Unerlässlich für genaue Messungen an elektronischen Bauteilen. Es gibt auf die Autoelektrik abgestimmte Geräte.

■ Ein Batterieladegerät mit automatischer Ladestromanpassung ist vor allem im Winter wichtig, wenn häufig nur kurze Strecken gefahren werden.

■ Durchgangsprüfer und Abisolierzange sind weitere wichtige Geräte für Arbeiten an der Fahrzeugelektrik. Die Prüferlampe liefert eine zuverlässige Aussage, ob Spannung an den Prüfspitzen anliegt.

Nützliches Zubehör:

■ Unterstellböcke und hydraulischer Wagenheber (»Rangierwagenheber«) mit nicht zu kleinen Rollen.

■ Akkuladegerät mit elektronischer Steuerung.

■ Felgenbaum mit Abdeckhusse aus Nylongewebe.

■ Teilereiniger, Sprühfett, Kupferpaste und andere »chemische Helfer«.

■ Auffahrrampen und zum Hocker faltbares Rollbrett sind außerordentlich nützlich, aber schon fast Luxus.

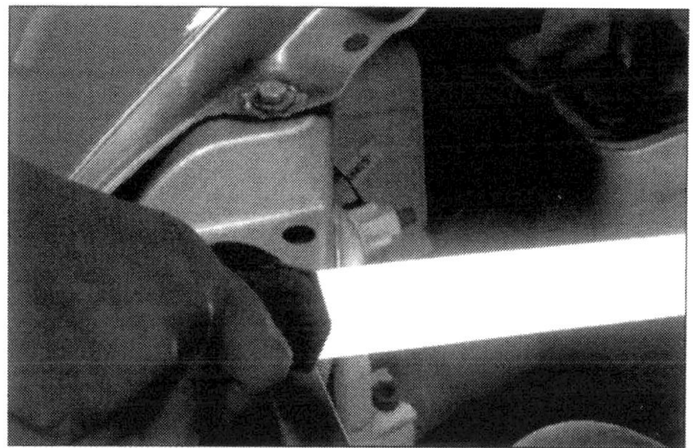

Handstablampe: Für viele Fälle nützlich, oft gar unentbehrlich.

Felgenbaum: Nützliches Zubehör für die Radeinlagerung.

Ladegerät und Rangierwagenheber: Für jede gute Hobbywerkstatt zu empfehlen.

Was muss ich unbedingt beachten?

Sicherheit hat beim Heimwerken absolute Priorität. Wagen Sie sich nur an Arbeiten, die Sie sich wirklich zutrauen können. Nehmen Sie handwerkliche Aufgaben, mit denen Sie in der Praxis wenig oder gar keine Erfahrung haben, nicht auf die leichte Schulter. Mangelhaft ausgeführte Arbeiten können im Straßenverkehr fatale Folgen haben, für Sie und für Dritte.

Vorsicht bei der Arbeit!

GEFAHRHINWEISE

■ Tragen Sie beim Blechtrennen oder bei Arbeiten mit laufendem Motor Ohrenschützer und beim Bohren, Schleifen, Meißeln und Arbeiten unter dem Fahrzeug stets eine Schutzbrille.

■ Arbeitshandschuhe sind gut gegen Schmutz oder Abschürfungen an scharfem Blech. Wenn Sie mit der Handbohrmaschine arbeiten, sollten Sie wegen der Gefahr durch das rotierende Bohrfutter aber besser keine Handschuhe tragen.

■ Achten Sie in Montagegruben und beim Lackieren größerer Flächen am Fahrzeug auf gute Belüftung. Beim Lackieren Schutzmaske tragen!

■ Oberste Vorsicht an Zündanlagen! Prüfungen nur bei Motorstillstand durchführen. Prüfaufbau so einrichten, dass Sie bei doch nötigem Motorlauf nicht die Hand anlegen müssen, denn der Primärstromkreis hat Spannung bis 30.000 Volt.

■ Durchgebrannte Sicherungen müssen Sie immer durch neue Sicherungen desselben Typs und identischer Stromstärke in Ampere (A) ersetzen. Niemals Drahtbrücken einbauen! Die Folge solcher Behelfsmaßnahmen können Schäden an Bauteilen im betreffenden Stromkreis oder sogar Kabelbrände sein.

■ Sprühdosen, Altöl, Bremsflüssigkeit, alte Bremsbeläge oder Farbdosen sind Sondermüll. Sie müssen entsprechend entsorgt werden.

■ Bei allen Wartungs- und Reparaturarbeiten sollte das Rauchen strikt unterbleiben.

Werterhalt durch Pflege

Jeder Wagen braucht sorgfältige Pflege. Das bringt mehr Geld beim Wiederverkauf und sichert bessere Chancen bei den Prüfern von TÜV und DEKRA. In diesem Unterkapitel beantworten wir die wichtigsten Fragen zu Innen- und Außenreinigung, Lack- und Glaspflege sowie Beseitigung kleinerer Karosserieschäden. Ausführlicher behandeln wir dieses Thema in unserem Sonderband 175 »Die Autokarosserie«.

Die Pflege des Innenraums

Den Innenraum sollten Sie bei Pflegeaktionen zuerst in Angriff nehmen. Wenn Sie sich diese Arbeit bis zuletzt aufheben, verschmutzen die Staubwolken aus Polstern

Mit Schwamm und Pinsel: Polster reinigen und Felgen von Bremsstaub säubern macht wenig Spaß. Aber für das Fahrzeug bedeutet es Werterhalt und -steigerung.

und Fußmatten nämlich wieder die frisch gewaschene Außenseite.
Für die Säuberung verwenden Sie am besten spezielle Autopflegemittel. Scheiben, Polster und Kunststoffoberflächen sind durch Witterung, Staub, Schmutz und Feuchtigkeit extremen Belastungen ausgesetzt, denen nur besondere Pflegesubstanzen wirklich gewachsen sind. Spezialreiniger sind daher allemal ihr Geld wert.
Zur gründlichen Innenreinigung brauchen Sie:

- Nicht flusende Lappen zum feuchten und trockenen Ab- und Auswischen;
- Kleider- oder Polsterbürste;
- Staubsauger mit verschiedenen Düsen;
- Handfeger und Kehrschaufel;
- ein Fensterleder und einen
- feinporigen Kunststoffschwamm.

Und so gehen Sie am besten vor:

- Wagen ausräumen, Ascher leeren und auswischen. Fußmatten nach innen zusammenschlagen und herausnehmen, ausschütteln, ausklopfen und staubsaugen. Gummimatten feucht abwischen und trocknen lassen. Eine feuchte Matte kann üblen Geruch und Stockflecken im Textilbelag verursachen.
- Grobschmutz im Innenraum mit Staubsauger entfernen. Für weiche Textilbeläge eignen sich starre Düsenaufsätze, für harte Kunststoffe sind Borstenaufsätze besser. Sitzpolster abbürsten oder staubsaugen, Kunststoffoberflächen abwischen. Staub in Ecken mit Pinsel entfernen.
- Bei stark verschmutzten Sicherheitsgurten kann das Aufrollen des Automatikgurts beeinträchtigt werden. Deshalb Gurte trocken abbürsten oder bei starker Verschmutzung mit milder Seifenlauge abwaschen, dazu aber niemals ausbauen. Chemische Reinigungsmittel und ätzende Flüssigkeiten können das Gewebe zerstören. Vor dem Aufrollen müssen die gereinigten Gurte trocken sein.
- Zum Reinigen von Kunststoffteilen, Lederverkleidungen, Dachhimmel, Leuchtengläsern, mattschwarz gespritzten Teilen und Armaturenbrett ein mit klarem Wasser angefeuchtetes Tuch verwenden. Sollte das für die Grundreinigung nicht ausreichen: lösungsmittelfreie Reiniger und Pfleger sowie Kunststoffreiniger verwenden. Die besprühten Stellen mit klarem Wasser nachwischen und mit einem Tuch trockenreiben. Empfehlenswert ist auch Cockpitpflege-Spray, das gut riecht und antistatisch ist.

Beachten Sie: Lösungsmittelhaltige Reiniger sind gefährlich für Instrumententafel und Oberflächen von Airbagmodulen, die porös werden können. Bei einer

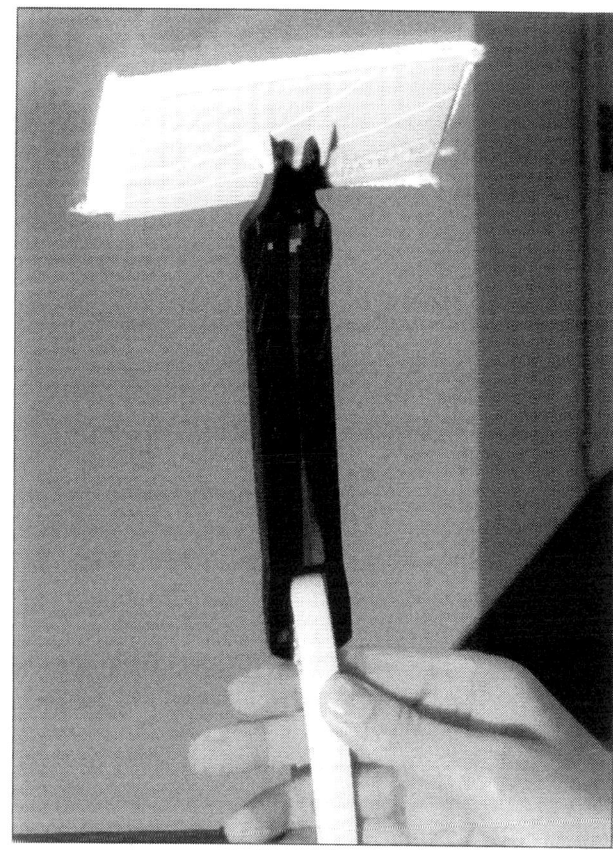

Innenfenster-Reinigungswerkzeug: Es werden immer wieder Neuerungen angeboten, mit denen die Arbeit erleichtert werden soll. Einen Versuch sind sie sicher wert, aber oft genug erweist sich die »konservative« Art mit dem Ledertuch als effektiver.

Cockpitpflege: Damit werden Kunststoffoberflächen sauber, glänzender und auch antistatisch.

Airbagauslösung sind dann Verletzungen durch sich lösende Kunststoffteile möglich!

■ Den Dachhimmel nur bei starker Verschmutzung reinigen und auf keinen Fall durchfeuchten. Himmel mit Reiniger großflächig einsprühen. Mit Schwamm und Frottierhandtuch nachwischen. Behandlung bei Bedarf wiederholen. Nicht auf die verschmutzten Stellen beschränken, weil hässliche Platten mit Rändern entstehen können.

■ Polsterstoffe und Stoffverkleidungen werden mit speziellen Reinigungsmitteln oder mit Trockenschaum und feuchtem Schwamm behandelt. Die Polster noch feucht gründlich absaugen. Der Schmutz löst sich so am besten.

■ Leder von Sitzbezügen und Verkleidungen reagiert empfindlich schon auf Sonneneinstrahlung, vor allem aber auf Öle, Fette und Verschmutzungen. Staub und Schmutzpartikel in Poren, Falten und Nähten können scheuern und die Lederoberfläche beschädigen. Das gilt auch für Mikrofaserfabrikate, womit die Sitze bei vielen Audi-Modellen bezogen sind. Saugen Sie also regelmäßig die Sitze ab.

■ Zur Lederreinigung einen Baumwoll- oder Wolllappen mit Wasser, bei stärkerer Verschmutzung mit einer Seifenlösung leicht anfeuchten und die verschmutzten Stellen wischen. Das Leder soll aber nicht durchfeuchtet werden! Fett- und Ölflecke oder anderen hartnäckigen Schmutz vorsichtig mit Schwamm und Spezialreiniger behandeln. Mit weichem, trockenem Tuch nachwischen und trocknen lassen.

■ Regelmäßig alle zwei, mindestens aber alle sechs Monate ein Lederpflegemittel anwenden. Nur spezielle Lederpflegemittel nehmen, die auch die Nähte flexibel und geschmeidig halten. Die versiegelnde Pflege-Lotion sparsam auftragen und nach Einwirkung mit weichem Lappen (Microfasertuch) nachwischen. Das Leder wird geschmeidiger, die Farben wirken frischer. Für Alcantara aber niemals Lederpflegemittel, sondern nur Wasser oder verdünnten Spiritus verwenden!

■ Die Türdichtungen mit Gummipflegemittel geschmeidig halten. So werden auch Quietschen und Knarren beim Türenschließen vermieden. Regelmäßige Pflege mit dem Hirschtalgstift oder mit einem silikonhaltigen Pflegemittel verlängert die Lebensdauer.

■ Innenseiten der Fenster mit feuchtem Waschleder oder sauberem weichem Lappen reinigen. Der Fachhandel bietet ein Reinigungswerkzeug mit auswechselbarem Vliesbelag an, mit dem man besser in alle Ecken kommt. Bei starker Verschmutzung mit Spiritus oder Salmiakgeist und warmem Wasser oder mit Glasreiniger behandeln. Trocken nachpolieren.

■ Gegen Rauchgeruch im Innenraum und in den Polstern helfen Markenprodukte aus Zubehör- oder Tankstellenshops. Vor dem Verkauf eines Raucher-Autos wird eine Behandlung mit neutralisierendem Ozon empfohlen, die allerdings zwei Tage dauern und allerhand Geld kosten kann. Im Auto mit Klimaanlage sollten Sie bei Umluftbetrieb gar nicht rauchen. Der angesaugte Rauch setzt sich auf dem Verdampfer ab und verursacht dauerhafte Geruchsbelästigung.

Leder und Gummi: Reinigen mit Seifenwasser und Pflegemittel. Dichtungen mit Hirschtalg oder Silikon pflegen.

Die richtige Außenwäsche

Ein Waschplatz auf der Straße ist heute so gut wie überall verboten. Denn mit dem Schmutzwasser der Wagenreinigung könnten Ölrückstände und andere die Umwelt schädigende Substanzen in die Kanalisation und ins Grundwasser geraten.
Eine saubere Sache ist dagegen die Wagenwäsche in einer automatischen Waschanlage. Die verwendeten Wassermengen sind in der Regel großzügig, die Wäsche ist relativ schonend. Ölabscheider und Wasseraufbereitungsanlagen sorgen für Umweltschutz. Sie können meist zwischen mehreren Reinigungs- und Pflegeprogrammen wählen. Nutzen Sie auf jeden Fall Programme mit Vorwäsche.
Unabhängig davon, ob mit Bürsten, Textilstreifen oder Schaumstoff gewaschen wird: Beansprucht wird der Lack immer. Man kann nach neuesten Untersuchungen durchaus des Guten zuviel tun, wenn man zu häufig wäscht. Wenn der Lack keine Vorschädigungen hat, gibt es keinen technisch zwingenden Grund, das Auto ständig zu waschen. Mit Ausnahme von aggressivem Vogelkot oder Säuren werden die meisten Schmutzangriffe vom hervorragenden Lack eines Skoda-Fahrzeugs mühelos verkraftet.
Nach dem Waschgang müssen Sie den Wagen auf Sauberkeit kontrollieren und an manchen Stellen nachputzen. Die Bürsten behandeln Radhäuser und Radläufe oder die Unterkanten der Türschweller oft nachlässig. Auch bei Türrahmen und Ritzen ist bisweilen nachträgliche Handarbeit mit Schwamm und Putztuch angesagt.

Selbstwaschanlagen benutzen

Ihren Wagen selbst zu waschen, ist durchaus empfehlenswert. Die Waschplätze an der Tankstelle (SB-Wäsche) bieten gute Möglichkeiten. Dort stehen Ihnen alle Hilfsmittel zur Verfügung.
Vor Arbeitsbeginn den Zustand der Waschbürsten prüfen. Eventuellen groben Dreck vom Vorgänger beseitigen, wenn Sie keine Kratzer riskieren möchten. Waschen Sie Ihr Fahrzeug nicht in der prallen Sonne, weil das dem Lack schaden kann.
Zur wirksamen Außenwäsche brauchen Sie:
■ Jede Menge Wasser. Wird der Schmutz mit zu wenig Wasser abgewischt, schmirgeln Staub- und Sandkörnchen über den Lack und zerkratzen ihn.
■ Einen Schlauch, wenn möglich mit Sprühdüse aus Kunststoff. Steht kein Wasserschlauch zur Verfügung, brauchen Sie mindestens zwei Eimer, um immer frisches Nachspülwasser parat zu haben.
■ Eine Schlauchbürste, bei der das durchfließende Wasser den Schmutz wegschwemmt.
■ Waschhandschuh oder Schwamm. Nach jedem zweiten oder dritten Waschstrich in den vollen Wassereimer tauchen und ausdrücken.
■ Fensterleder in einem anderen Eimer auswaschen, damit es sauber bleibt.
■ Eine langstielige Waschbürste, die sich besonders für Felgen und Radkästen eignet.
■ Einen großporigen Viskoseschwamm und einen Fliegenschwamm für Insektenrückstände.
■ Großflächiges echtes Leder zum Trockenreiben.

⚠ Vorsicht mit Dampfstrahlern

GEFAHRHINWEISE

■ Wird der Dampfstrahler eingesetzt, dann Wassertemperatur maximal 60 Grad (zu heißes Wasser greift Gummi und Versiegelungen an) und Druckregler auf maximal 30 bar einstellen. Abstand zum Auto 60 bis 80, wenigstens jedoch 50 Zentimeter. Den Hochdruckreiniger auch vom Kühler fernhalten, weil der scharfe Strahl die feinen Lamellen deformieren könnte. Gut geeignet ist das Gerät zur Felgensäuberung. Hier aber gilt: Nicht den Reifen zu nahe kommen! Die Reifenflanken selbst der stabilen modernen Pneus können durch den hohen Druck des Wasserstrahls Schaden nehmen.

■ Heißes Wasser aus Druckdüsen löst fast jede verhärtete Schmutzschicht, natürlich auch dicke Ölkrusten an Motor und Getriebe. Von Druckwäsche am Motor müssen wir aber abraten: Eindringende Nässe kann die Elektronik lahm legen oder über den Ansaugtrakt in den Motor gelangen. Ein kapitaler Schaden mit hohen Kosten z. B. für ein neues Motorsteuergerät wäre die Folge. Motorwäsche daher nur mit Kaltreinigern in Handarbeit vornehmen.

Taugt Motorwäsche in Eigenregie?

Motorraumwäsche ist nicht nur Schönheitskur für den Motor, sondern auch eine wichtige Pflegemaßnahme zur Aufrechterhaltung ungestörter Funktion. Die Motorwäsche darf allerdings nur dort erfolgen, wo es einen Ölabscheider gibt. In einer Selbstwaschanlage oder auf einem Waschplatz geht das also. Wenn Sie diese Arbeit nicht einem Profi überlassen wollen, dann verwenden Sie auf jeden Fall als Fettlösemittel einen Kaltreiniger aus der nachfüllbaren Pumpflasche. Damit können Sie den Schmutz in allen Ecken und Winkeln gut aufweichen, vor allem, wenn Sie den Reiniger noch mit einem alten Lappen gut verteilen. Dann das Reinigungsmittel mit viel Wasser abspülen - aber das muss sehr vorsichtig geschehen, um keine Schäden an der Elektronik anzurichten.

Kontrollieren Sie nach getaner Arbeit, ob noch genug Schmierfett an neuralgischen Punkten vorhanden ist. Bei Bedarf sollten Sie maßvoll nachfetten. Gut geeignet sind Festschmierstoffpasten oder Spezialfette. Damit sich der Schmutz auf dem Motor nicht zu schnell wieder festsetzt, können Sie Motorblock und Anbauteile mit einem besonders hitzefesten Motorschutzlack versiegeln. Für die Umgebung reichen ein Konservierungsspray oder Konservierungswachs.

Motorschutzlack versiegelt auf der Basis hochwertiger Acryllacke, bringt neuen Glanz auf Motor, Aggregate oder Schläuche und bildet einen hoch elastischen Schutzfilm gegen Nässe und Schmutz. Gute Produkte sind hochglänzend, haften zuverlässig und sind temperaturbeständig bis 100 °C. Sie werden auf die gründlich gereinigten und getrockneten Flächen bei ausgeschalteter Zündung gleichmäßig aufgetragen. Derartige Sonderlacke sind hitze- und gilbfest. Normale Klarlacke aus Spraydosen würden verbrennen oder zumindest reißen.

PRAXISTIPP

Schmierfette für Fahrzeuge

Schmierfette sind nach ihrer Beständigkeit gegenüber Knetbelastung eingeteilt. Je höher der »Walkpenetrationswert« (zwischen 100 und 500), desto niedriger ist die »NLGI-Konsistenz-Nummer« (zwischen 6 und 000) und desto weicher also ist das Fett.

Abschmierfette: Calciumseifen-Fette, NLGI-Kl. 1. Wasserbeständig, wasserabweisend. Für Fahrgestellbauteile.

Blattfederfette: Mit Graphitzusätzen. Gutes Haftvermögen, Wasser abweisend, gut bei Notlauf.

Fließfette: Lithium-12-OH-Stearat-Fette, NLGI-Klasse 00/000. Halbfließende Schmierfette mit gutem Korrosionsschutz.

Komplexfette: Calcium-Komplexseifen-Fette, NLGI-Kl. 2. Hochgradig walkstabil, wasserbeständig und druckaufnahmefähig.

Langzeitschmierfette: Li-Seifen-Fette mit Molybdändisulfid. Zur Hochdruck- und Langzeitschmierung.

Mehrzweckfette: Li-Seifen-Fette, NLGI-Kl. 2. Für alle Schmierstellen, die keine Spezialfette brauchen. Gute Gesamteigenschaften, guter Korrosionsschutz.

Wälzlagerfette: Li-Komplexseifen-Fette, NLGI-Kl. 2. Speziell für Pkw-Vorderradlager. Hoher Tropfpunkt, ausgezeichnete Walkstabilität.

Alle Fette zwischen -10 und +90 °C, meist zwischen -30 und +130 °C (Extremfall: +170 °C) einsetzbar.

Fetten und Schmieren

Schmierfette sollen Reibung und Verschleiß verringern, Korrosion verhindern, Schmierstellen abdichten und gegenüber den Betriebstemperaturen beständig sein. Für Scharniere und Gelenke mit engen Durchgängen, in die kein Fett eindringen kann, sind Öl oder Schmierspray gut geeignet. Gegeneinander reibende Flächen werden günstiger gefettet oder mit einer Schmierpaste bzw. mit Sprühfett in Gelform behandelt. Paste und Gel haften besser an vertikalen Flächen, Öl herabrinnen lassen.

Schmierfette bestehen aus Mineral- oder Syntheseöl mit Verdickungsmittel und Additiven, die Oxidation und Korrosion aufhalten, Haftung verbessern und Reibwert verändern (Graphit und Molybdändisulfid). Hochwertige Schmierfette zeichnen sich durch optimale Kombination von Grundölen, Verdickungsmitteln und Additiven aus.

Hersteller und Verbraucher bezeichnen die Schmierfette unterschiedlich. Die Produzenten unterscheiden nach den verwendeten Verdickungsmitteln (Calcium-, Natrium und Lithiumseifenfette), die Anwender nach

Schmierfett und Öl: Die Aufhängungen an den Türen brauchen Behandlung vor allem nach der Wäsche. Fett ist gut auf den Feststeller-Flächen, Öl für Scharniere und Gelenke.

dem praktischen Einsatz: Wälzlagerfette, Abschmierfette oder Wasserpumpenfette.

Vorgehensweise beim Fetten und Schmieren:

- Scharniere an Türen und Klappen gelegentlich mit einem Spritzer Öl (Mehrzweckfett) versorgen.
- Nach der Wagenwäsche ist ein knapp dosierter Einsatz von Öl (Fließfett) für das Türschloss gut. Schließzapfen und -ösen mit Fließfett behandeln.
- Türfeststeller am unteren Scharnier mit Mehrzweckfett, Vorderradnaben mit Hochtemperatur-Wälzlagerfett bestreichen.
- Schlüsselschlitz der Schließzylinder: Im Herbst Rostlöser-Isolierspray einsprühen. Schmiert, verdrängt Feuchtigkeit, schützt vor Rost und Einfrieren. Spezielles Schlossöl bewahrt vor Zufrieren und taut zugefrorene Schlösser auf.
- Kupplungsteile mit Langzeitschmierfett, Schmierstellen außer Radnaben mit Abschmierfett behandeln.

Scheiben und Scheinwerferglas

Saubere Scheiben und Scheinwerfergläser sind eine wichtige Voraussetzung für die Sicherheit beim Fahren. Um bei Staub, Regen und Schnee den Durchblick zu erhalten, ist das Fahrzeug mit einer Waschanlage ausgestattet, die Front- und Heckscheiben sowie das Abdeckglas der Hauptscheinwerfer reinigt.

Wir gehen auf diese Anlage und den Wechsel von Wischerblättern, Wischerarmen und Wischermotoren ausführlich im Kapitel »Elektrik - Licht, Wischer und Instrumente« ein und erwähnen hier nur kurz die Spritzdüsen für Scheiben und Scheinwerfer, weil sie für die Pflege immer einsatzbereit sein müssen.

Beste Wischresultate werden nämlich nur dann erzielt, wenn die Strahlen der Spritzdüsen das Waschwasser präzise auf die definierten Bereiche der Windschutzscheibe und der Heckscheibe sprühen. Verstopfte Scheibenwaschdüsen müssen daher mit einer geeigneten Nadel von außen gereinigt oder besser mit Druckluft durchgeblasen werden. Die Düsen dabei niemals entgegen Spritzrichtung reinigen! Hilft Reinigen nicht, muss die Düse ausgewechselt werden.

Lackpflege nach dem Waschen

Dem besten Lack haben nach zwei, drei Jahren Sonne, Regen, Schmutz und Wagenwäschen so zugesetzt, dass er eine sanfte Grundreinigung nötig hat. Wenn Wassertropfen auf dem sauberen Lack mit unscharfen

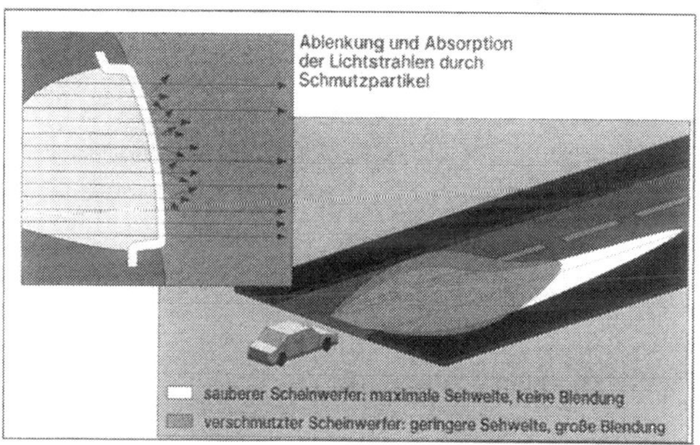

Waschwasser-Zusatz: Etwas Reinigungsmittel, im Winter plus Frostschutz, gehört ins Wasser der Scheibenwaschanlage. Reiniger/Frostschutz-Mischung wird oft als Konzentrat angeboten. Erst das Mittel, dann Wasser einfüllen.

Scheinwerfer reinigen: Licht ist ein Sicherheitsfaktor, deshalb muss das Glas stets durchlässig sein. Für Kunststoffscheiben in Klarglasoptik ist ein Insektenschwamm mit kratzfreier Reinigungs- und saugstarker Viskoseseite sehr gut.

Rändern zerfließen, ist es Zeit für die Lackpflege. Dabei genügt für gut erhaltenen Lack eine milde Politur. Sie glättet die aufgeraute Lackierung, indem sie die mikroskopisch kleinen Furchen in der oberen Schicht behutsam abschmirgelt. Eine Politur enthält Wachskomponenten, die das Blechkleid konservieren. Bevor Sie einem ins Alter gekommenen Wagen eine Neulackierung spendieren, sollten Sie es mit einem Lackreiniger versuchen. Wenn der verwendete Reiniger keine konservierenden Komponenten enthält, müssen Sie den aufbereiteten Lack in einem neuen Arbeitsgang mit einem Autowachs versiegeln. Lackreiniger funktioniert wie eine Politur. Er enthält jedoch gröbere Schleifmittel, die auch mit stärkeren Verschmutzungen fertig werden.

Bestimmte Pflegemittel frischen gleichzeitig Farben auf und bringen Glanz. Solche Produkte enthalten Farbpigmente, die in ähnlichen Tönen wie die Wagenfarbe gewählt werden können. Die Pigmente überdecken kleine Kratzer, die Wachskomponente bietet Langzeitschutz für mehrere Monate.

Während der Fahrt verüben aufwirbelnde Steine immer wieder Anschläge auf die Karosserie. Bei hohem Tempo schlagen selbst winzige Sandkörner wie Meteoriten im Lack ein. Im Winter sind vor allem

Lackpflege: Bei Kombimitteln aus Politur und Wachs ist ein mehrmaliger dünner und gründlicher Auftrag empfehlenswert. Neuere Mittel (im Bild von Sonax) enthalten dazu noch Farbpigmente, wodurch kleine Kratzer kaschiert werden können. Diese Mittel in kreisenden Bewegungen mit Watte, Schwamm oder weichem Tuch auftragen. Dann nicht antrocknen lassen, sondern sofort auspolieren.

Frontpartie und Motorhaube durch Rollsplitt gefährdet. Derartige Schäden sollen möglichst schnell ausgebessert werden. Auch ein Parkrempler mit Kratzern und Schrammen bietet keinen Anlass zur Panik. Solche Stellen lassen sich ebenso wie Fremdlack mit Lakkreiniger oder Schleifpolitur oft einfach auspolieren. Lackbezeichnung und Code für die Farbe Ihres Wagens finden Sie in Ihren Fahrzeugpapieren.

Viele Hersteller bieten für Lackschäden durch Steinschlag (etwa in der Größe eines Stecknadelkopfes) Reparatursets an, die sich leicht handhaben lassen. Eine Alternative ist Tupflack, bei dem der Krater mit einem Pinsel in mehreren Lackschichten aufgefüllt wird. Kosmetisch helfen kurz auch Wachsstifte in Wagenfarbe.

Und so gehen Sie richtig vor:

■ Fahrzeug gründlich waschen und trocknen. An unauffälliger Stelle prüfen, ob der Autolack die Politur verträgt. Bei Lackreinigern immer nur dünne Schichten in mehreren Durchgängen auftragen.

■ Politur oder Lackreiniger mit Baumwoll- oder Synthesewatte (handballengroße Stücke) oder weichem Schwamm oder Tuch (kein Kunstfaserlappen) auftragen. Mit sanftem Druck in kreisförmigen Bewegungen einreiben. Immer nur kleine Flächen vornehmen. Nach kurzer Einwirkzeit bildet sich ein trockener weißer Belag, der mit einem Watteballen in kreisenden Bewegungen auspoliert wird. Vorsicht an Kanten bei verwittertem Lack: Nicht zu lange dieselbe Stelle bearbeiten und Watteballen oft wenden oder erneuern. Abschließend mit sauberem Baumwolllappen Poliermittelreste und Watteflusen entfernen.

■ Autowachs mit Watte auftragen. Die Größe der zu bearbeitenden Fläche hängt vom verwendeten Produkt ab. Am besten geeignet sind lösungsmittelfreie Konservierer auf Wasserbasis.

■ Die Flüssigkeit mit Watteballen in kreisenden Bewegungen gleichmäßig und druckvoll einreiben. So erzeugt man den besten Tiefenglanz! Die Watte muss mit nur wenig Widerstand über den Lack gleiten können. Häufig die Watte wenden und wechseln.

■ Weist der Lack nach dem Konservieren Streifen oder Wolken auf, liegt das meist an verschmierten Farbpartikeln einer früheren Politur. An diesen Stellen nochmals mit einer Politur beginnen.

Kleine Lackschäden beseitigen

Wenn Politur und Wachs nicht mehr ausreichen, muss eine vorsichtige Lackreparatur versucht werden. Wenn Sie vorsichtig vorgehen und etwas Erfahrung haben, brauchen Sie dafür noch keinen Profi.

■ Stehen rund um den Lackkrater (Steinschlag) Ränder ab: Mit Nadel abheben. Stelle mit Waschbenzin oder Verdünnung reinigen, gründlich trocknen. Haftgrund in den Sprühdosendeckel spritzen und mit Tupfpinsel oder Fingerkuppe dünn auftragen. Haftgrund trocknen lassen.

■ Abgeriebene Fremdfarbe mit Polierwatte, Schleifpolitur oder Lackreiniger in mehreren Arbeitsgängen aus dem Decklack reiben. Polierfläche klein halten. Wenig Spachtel bündig zur Umgebung in den Krater drücken und trocknen lassen. Mit Lappen und Verdünnung die Spachtelflecken vom Lack wischen.

■ Raue Ränder mit feinstem Nassschleifpapier (mindestens Körnung 600) behutsam glatt schleifen. Schleifpapier immer wieder anfeuchten.

■ Lack in Dosendeckel sprühen, kurz ablüften, mit Fingerkuppe oder spitzem Pinsel auftragen. Lack vollständig trocknen lassen, im Sommer etwa zwei, im Winter fünf Tage. Die Stelle mit Politur, die Übergänge bei Bedarf mit einem Lackreiniger bearbeiten.

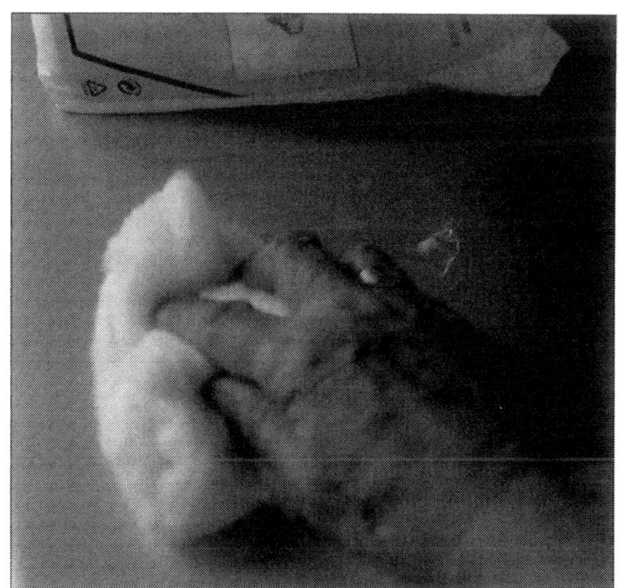

Polierwatte: Damit der Wattebausch immer mit wenig Widerstand über das lackierte Blech gleitet, sind häufiges Wenden und rechtzeiger Wechsel erforderlich.

Hilfreiche Nanotechnologie

WISSENSWERTES

Einige Hersteller bieten Fahrzeuge mit einer so genannten Nanoschicht im Klarlack an. Sie sorgt für höhere Resistenz gegen mechanische Beanspruchung und Korrosion, also für mehr Kratzfestigkeit der Autolackierung.

Auch Pflegefachbetriebe bieten Nanobeschichtung an, die bei ähnlichen Kosten länger halten soll als eine Wachsschicht – nämlich bis zu drei Jahre. Der Sammelbegriff »Nano« gründet auf Größenordnungen vom Einzelatom bis zu 100 nm. 1 nm (Nanometer) ist 1 Milliardstel Meter.

■ Bei tiefen Schrammen an Stoßfänger oder Kotflügel das Karosserieteil ausbauen. Fläche mit Schleifpapier (Körnung 80 oder 100) eben schleifen. Sollte Rost vorhanden sein, bis aufs blanke Blech schleifen, Rostumwandler auftragen, eine Stunde wirken lassen. Mit Waschbenzin oder Verdünnung reinigen und entfetten, trocknen lassen.

■ Spachtel und Härter mischen. Immer nur kleine Mengen gleichmäßig und zügig in mehreren dünnen Schichten auftragen. Riefen mit Spritzspachtel ausgleichen.
Nach etwa einer Stunde Aushärtung Unebenheiten mit Trockenschleifpapier (Körnung 240) vorsichtig abschmirgeln. Feinschliff mit Nassschleifpapier (Körnung 400) und wenig Druck. Schleifstaub sorgfältig abwischen.

■ Die Schadstelle mit wasserfestem und dehnbarem Lackierer-Klebeband sowie einer Folie abkleben. Haftgrund (Füller) sprühen und trocknen lassen, mit Nassschleifpapier (Körnung 600) plan schleifen. Decklack aus der Sprühdose (Abstand 20 bis 30 Zentimeter) gleichmäßig in mehreren Schichten auftragen.

■ Die Ränder des Klebebandes an der Reparaturstelle lösen, umknicken und diese Stellen nachsprühen. Das macht den Übergang zum Originallack unscharf.

■ Trocknen lassen, ausgebesserte Stelle mit Politur, die Übergänge mit Lackreiniger bearbeiten.

■ Abschließend mit Wachs konservieren und das Fahrzeug polieren.

Fit durch den Winter

Ein gutes und gepflegtes Fahrzeug wie Ihr kraftvoller Audi A4 ist gut für den Winter und bereitet Fahrspaß selbst bei heftigem Schnee. Voraussetzung dafür ist allerdings, dass der Wagen entsprechend vorbereitet worden ist. Denn auf den Winter und seine diversen Tücken muss man sich umsichtig einstellen.

Antrieb und Fahrwerk gut geeignet

Mit seinem Frontantrieb hat der A4 im Schnee schon von vornherein gute Karten. Die Antriebskraft wird vorn dank Motorgewicht in Traktion umgesetzt. Dieses Konzept mit dem Gewicht auf der Antriebsachse bewährt sich ja inzwischen bei Fahrzeugen fast aller Hersteller. Gut beherrschbar bleibt der Wagen auch wegen seines tendenziell untersteuernd ausgelegten Fahrwerks, das in schnellen Kurven über die Vorderachse schiebt.
Als Allradversion fährt der A4 natürlich erst recht vortrefflich bei Glätte und Schnee. Beim quattro wird der Vortrieb auch auf stark rutschigem Terrain und an Steigungen, an denen es besonders im Moment des Anfahrens zur dynamischen Achslastverlagerung auf die Hinterräder kommt, durch die Verteilung auf alle vier Räder gewährleistet.

Wirksame elektronische Hilfen

Ein Übriges tut natürlich die Steuerelektronik. Zusammen mit serienmäßigen ASR und ABS genügte schon das A4-Vorgängermodell der Selbstverpflichtung der europäischen Automobilindustrie (ACEA) vom 1. Juli 2004, nach welcher Fahrzeuge mit weniger als 2,5 t zulässigem Gesamtgewicht serienmäßig zumindest mit ABS ausgestattet sein sollen. Längst gibt es dazu noch das Elektronische Stabilitätsprogramm ESP, das

Winter-Training: Sehr gute Wintervorbereitung ist spezielles Fahrtraining. Audi bietet dazu Kurse an unter dem Motto »Audi ice experience« (s. a. Bild unten).

auch beim A4 erhebliche Vorteile in Sachen Fahrsicherheit bringt.
Die Notwendigkeit zum serienmäßigen Einbau der Stabilitätskontrolle war nach den vielen Erfahrungen mit Fahrzeugen aus dem VW-Konzern und vor allem auch mit den Audi-Modellen im Gegensatz zu anderen Herstellern nicht unbedingt zwingend. Das Fahrverhalten gab nie Grund zur Sorge, so lange man sich innerhalb der physikalischen Grenzen bewegt. Diese können ohnehin auch durch das beste Regelsystem im Fahrzeug nicht außer Kraft gesetzt werden. Aber das immer stärker optimierte ESP kann natürlich gerade im Schnee eine hervorragende Fahrhilfe sein.

Winterausrüstung dabei haben!

Damit Sie darüber hinaus für alle wetterbedingten Fälle gut gerüstet sind, empfehlen wir Ihnen, in einer »Winterbox« möglichst die folgenden Utensilien mitzuführen (siehe Fotos): Eine fertige Mischung Frostschutz für die Scheibenwaschanlage oder zumindest Konzentrat als Zusatz zum Wasser; damit Benzin oder Diesel nicht ausgehen können, einen Reservekanister; unbedingt eine warme Decke, falls Sie festsitzen und der Sprit doch ausgeht; eine kleine Schaufel für eine immer mögliche Tiefschneehavarie, um den Schnee

Frostschutzzusatz für Kühlmittel: Messen Sie regelmäßig den Frostschutzanteil und füllen Sie wenn nötig nach.

Winter-Grundausrüstung: Immer dabei haben sollten Sie (von links) ein Starthilfekabel mit Klemmen, Frostschutz für die Waschanlage (fertig mit Wasser gemischt oder Konzentrat), Eiskratzer und Lampe, Gummipflegemittel, Decke, kleine Schaufel, Sicherheitsweste und Abschleppseil. Weiterhin empfehlenswert: Reservekanister mit Kraftstoff.

vor den Rädern wegschaufeln zu können; eine Handlampe auf jeden Fall, aber viel besser noch eine Kopflampe, mit der Sie im früh einsetzenden und lang anhaltenden Winterdunkel die Hände frei haben; unbedingt ein Starthilfekabel und schließlich ein kräftiges Abschleppseil. Besser noch als das Seil ist ein langer Schwerlast-Spanngurt, um andere Autofahrer aus dem Graben ziehen oder selbst geborgen werden zu können. Mit Hilfe der Rätsche und eines Baumes können Sie sich sogar selbst helfen.

Startschwierigkeiten vermeiden

Der Motorstart wird unter winterlichen Bedingungen schnell mal zu einem Problemfall. Das Motoröl wird bei niedrigen Temparaturen dickflüssiger, und die Batterie gibt bei Frost weniger Leistung ab. Gerade im Winter aber brauchen Anlasser und Motor mehr Leistung, um die erhöhten Reibwiderstände zu überwinden. Machen Sie es daher der Batterie so leicht wie möglich, indem Sie auf stromfressende Funktion bei stehendem Motor verzichten (Radio, Innenbeleuchtung, etc.).
Obgleich das im Augenblick des Startens automatisch geschieht, schalten Sie vor dem Start besser alle unnötigen Verbraucher wie Lüftung, Radio, Licht oder Sitzheizung ab. So wird die Batterie am wenigsten in Anspruch genommen, was das Risiko von Startschwierigkeiten mindert.

Spezielle Reifen im Winter

Grundvoraussetzung für sicheres Vorankommen bei Minusgraden sowie Eis und Schnee ist die richtige Bereifung Ihres Fahrzeugs. Denn die vier handtellergroßen Gummiflächen zwischen Auto und Fahrbahnoberfläche sind das wichtigste Bindeglied zur Straße.
Seit 2006 schreibt selbst die Straßenverkehrsordnung eine »geeignete Bereifung« (§2 Abs.3a) für den Winter vor. Wie diese aber auszusehen hat oder welche Spezifikationen sie erfüllen muss, ist nicht näher definiert. Ganzjahresreifen können für unkritsche Wetterlagen mit milden Temperaturen ausreichend sein. Bei einem plötzlichen Einbruch von Kälte und Schnee sind sie aber ungeeignet.
Weder die geübte Hand noch die Elektronik können bei unzureichender Bereifung und damit Bodenhaftung das Fahrzeug noch kontrollieren. Gehen Sie also auf Nummer sicher und verwenden Sie einen vernünftigen Satz Winterreifen.

WISSENSWERTES

Das Schneeflockensymbol

Nach den Empfehlungen des Deutschen Verkehrssicherheitsrats ist der Winterreifen mit Schneeflockensymbol Favorit für die sichere Fahrt. Die Schneeflocke auf der Reifenflanke hat sich im Jahr 2002 europaweit als freiwilliges Hersteller-Kennzeichen von Winterreifen zusätzlich zur M+S-Markierung durchgesetzt. Sie darf nur an Reifen eingeprägt sein, die auch streng den vorgegebenen Spezifikationen entsprechen. Diese müssen im Vergleich mit einem Standard-Referenzreifen mindestens sieben Prozent mehr Traktion auf Schnee bieten und einen ebenfalls sieben Prozent kürzeren Bremsweg ermöglichen. M+S-Reifen hingegen müssen nur ein besonders grobes Profil haben. Eine bestimmte Schnee-Performance ist nicht gefordert.

Das Schneeflocken-Symbol ist als Antwort auf den zum Teil betriebenen Missbrauch mit der M+S-Kennung (engl.: Mud and Snow = Matsch und Schnee) entstanden. Nicht alle mit M+S gekennzeichneten Reifen weisen die Lamelleneinschnitte in den Profilblöcken auf, die für gute Traktion auf Schnee sorgen. Daher tragen etwa auch Reifen für den Geländeeinsatz dieses Symbol. Doch gerade gröbere Allradreifen sind für den Einsatz im Winter höchst ungeeignet.

Garant für Wintertauglichkeit: Reifen mit der Schneeflocke zusätzlich zur M+S Kennung.

Wann und wofür Winterreifen?

Wie die so genannte 7-Grad-Empfehlung entstanden ist, können wir nicht genau sagen. Die pauschale Behauptung jedenfalls, dass Winterreifen bei Temperaturen unter 7 Grad Celsius bessere Eigenschaften als Sommerreifen hätten, ist durch verschiedene Tests widerlegt worden. Auch bei Temperaturen knapp über dem Gefrierpunkt können mit Sommerreifen sowohl auf nasser als auch auf trockener Fahrbahn kürzere Bremswege erzielt werden als mit vergleichbaren Winterreifen.
Aber Winterreifen sind ganz eindeutig die bessere Wahl für winterliche Straßenverhältnisse. Ihre kälteresistente Gummimischung verhärtet bei Minustemperaturen weniger und ermöglicht damit eine bessere Verzahnung mit dem Untergrund, was bessere Kraftübertragung bedeutet.

Gute Haftung dank Lamellen

Winterreifen sind mit dem M+S-Symbol (englisch: Mud and Snow, deutsch: Matsch und Schnee) und einer stilisierten Schneeflocke gekennzeichnet (siehe die Bilder auf Seite 42). Anders als bei Sommerreifen ist es bei Winterreifen erlaubt, Reifen mit niedrigerem Geschwindigkeitsindex einzusetzen als im Fahrzeugschein ausgewiesen.
Dafür muss dann allerdings ein Aufkleber »XXX km/h« zur ständigen Erinnerung und Mahnung im Sichtbereich des Fahrers angebracht werden.

Winterreifen-Profil: Die Blöcke sind verschieden groß und haben Lamellen. Folge: Besserer Grip, ruhigeres Abrollen.

PRAXISTIPP: Gebrauchte Winterreifen

Seit Januar 2006 sind Autofahrer verpflichtet, im Winter ihr Fahrzeug mit »geeigneter Bereifung« auszurüsten. Ohne Winterreifen riskieren Sie ein Bußgeld und bei Unfall sogar Verlust des Versicherungsschutzes. Der Erwerb eines Komplettsatzes von Reifen und Felgen ist natürlich eine Kostenfrage. Sparen lässt sich mit gebrauchten Winterrädern, die Sie zum Beispiel bei speziellen Börsen, meist Anfang November, finden können. Achten Sie auf Zeitungsanzeigen oder Internet-Hinweise (Seiten des ADAC).

Notieren Sie sich vor dem Kauf die für Ihr Fahrzeug passenden Reifengrößen (Fahrzeugschein). Der Reifenhersteller Continental schafft zudem auf seinen Internetseiten mit dem »Reifenkonfigurator« Klarheit. Nach Eingabe der Schlüsselnummer laut Fahrzeugschein werden auch alternative Reifengrößen aufgeführt. Wenn Sie einen passenden Satz gefunden haben, untersuchen Sie ihn nach den Prüfkriterien Profiltiefe, Reifenalter und Erscheinungsbild (Beschädigungen etc.), bevor Sie zugreifen.

Ergebnis von Forschung und Entwicklung der Reifenhersteller sind neben der kälteresistenten Gummimischung das Gliedern der einzelnen Profilblöcke mit feinen Lamellen-Einschnitten und vielen Rillen. Diese dienen als scharfe Greifkanten beim Abrollen des Rades. Der dynamische Prozess an der Auflagefläche erhöht die Verzahnungskräfte besonders mit losem Untergrund wie Schnee. Der lammellierte Reifen krallt sich in den Untergrund, er hat viel mehr »Grip«.
Die Lamellen sind andererseits auch ein guter Verschleißindikator: Bei Abnutzung verschwinden sie allmählich, ihre Wirkung nimmt ab. Unter 4 mm Profildicke verlieren Winterreifen auf Schnee ihren Nutzen und sollten durch neue ersetzt werden. Es spricht allerdings wenig dagegen, sie im Frühjahr noch bis auf eine Profiltiefe von rund 3 mm aufzubrauchen.
Die Lamellenprofile gestatten eine geringere Höhe der einzelnen Blöcke. Dadurch werden die Eigenschwingungen reduziert, was die Reifen leiser macht. Zum anderen wurden die Profilblöcke unterschiedlich groß gestaltet, so dass die nach dem Abrollen nachschwingenden Blöcke verschiedene Eigenschwingfrequenzen haben. Eigendynamisches und geräuschvolles

Schwingen bei einer bestimmten Geschwindigkeit wird so unterbunden.

Welche Reifen sind richtig?

Die Wahl der richtigen Winterreifen für den Audi A4 fällt infolge eines breiten Angebots vom teuren High-Performance-Pneu bis zum günstigen No-Name-Fabrikat nicht leicht. Internet-Anbieter wie »www.reifendirekt.de/Winterreifen« warten mit einem halben Hundert Felgen-Reifen-Kombinationen für diesen Wagen auf. Bei »www.reifentiefpreis.de« finden Sie Reifen wenig bekannter Firmen wie EP Tyres, Fate, Avon, Matador oder Debica zu Preisen, die bis zu 80% unter denen von Markenfabrikaten (für Audi A4 zwischen 120,00 und mehr als 200,00 Euro) liegen können. Audi empfiehlt vorrangig folgende Marken und Typen:

- Continental: Winter Contact TS 790 V und 810 S;
- Goodyear: Ultra Grip Performance;
- Michelin: Pilot Alpin PA 3;
- Dunlop: SP Winter Sport 3 D;
- Vredestein: Wintrac xtreme.

Aber in jeder neuen Saison sind neue Modelle verfügbar. Orientieren Sie sich an den gründlichen Tests zum Beispiel des ADAC. Sie geben meist verlässliche Hinweise, welche Winterreifen auch in den großen A4-Dimensionen (Reifen: 225/55 R 16; 225/50 R 17. Räder: 7,5 J x 16; 7,5 J x 17) empfehlenswert und welche weniger geeignet sind.
Solche Tests gehen auf unterschiedliche Parameter wie z. B. die Bremseigenschaften auch bei trockener, unbeschneiter Fahrbahn ein. Bei Ihrer Kaufentscheidung sollte in jedem Fall die Fahrsicherheit vor Sparsamkeit gehen. Wenn die Sicherheit von Fahrer und allen anderen Insassen betroffen ist, ist Feilschen nicht mehr angebracht.

Schneeketten anlegen

Schneeketten für den A4 gibt's im Audi-Autohaus wie auch im Zubehörhandel. Das Set umfasst zwei Ketten im wasserfesten Transportbeutel, der problemlos im Kofferraum verstaubar ist und sich auch als Unterlage bei der Montage verwenden lässt. Die Ketten können aber auch beim ADAC ausgeliehen werden, wenn Sie sie nur mal für eine Fahrt in Regionen brauchen, wo Schneeketten Vorschrift sind.
Es empfiehlt sich, die Gebrauchsanleitung in einer Klarsichthülle immer bei den Ketten zu haben. Schneeketten gehören auf die angetriebenen Räder, beim A4 also nach vorn. Üben Sie einmal ganz unabhängig von Schnee und Eis das Anlegen, damit es schnell genug geht, wenn Sie es bei Frost tun müssen. Arbeitshandschuhe sollten beim Anlegen Ihre Finger schützen.

Dichtgummis pflegen

Die Dichtungsgummis sind bei Minustemperaturen besonderen Anforderungen ausgesetzt. Kaputte Gummidichtungen sind nicht nur optisch ein Problem, sondern können im Extremfall zu Wassereinbruch und übermäßigem Scheibenbeschlag führen.
Sparen Sie also nicht bei der Pflege, denn das Auswechseln defekter Dichtungen ist aufwändig und insofern auch nicht billig. Verwenden Sie lieber regelmäßig

Gummipflege: Von Audi gibt es hauseigene Silikonpfleger, die aber auch von anderen Firmen angeboten werden.

Schlossöl: Gegen das Einfrieren und zum Auftauen, falls es doch passiert ist, einige Tropfen in den Schließzylinder.

einen Gummipflegestift (Hirschtalg oder Silikon). Dieser verhindert im Winter das Festfrieren von Gummidichtungen an Türen, Scheiben und Kofferraumdeckeln. Zusätzlich wird das Gummi geschmeidig gehalten, was vor dem Brüchigwerden schützt.

Türschlossenteiser

Auch die Verwendung eines Türschlossenteisers kann nicht schaden, wenngleich Sie die Türen Ihres Audi A4 so gut wie immer per Funkschlüssel öffnen. Beachten Sie aber, dass der Enteiser, ein spezielles Schlossöl, nicht ins Fahrzeug gehört. Dort nutzt er im Fall der Fälle nämlich nichts.
Das Feuerzeug ist im Übrigen keine Alternative. Denn durch die Erhitzung des Schlüssels riskieren Sie einen Schaden an dem im Schlüssel integrierten Speicherchip, u. a. mit den Daten der Wegfahrsperre. Falls Sie das Schloss »mit heißem Schlüssel« geöffnet haben, kommen Sie womöglich erst recht nicht vom Fleck.
Abschließend noch ein Tipp: Waschen Sie häufig die Scheinwerfer, wie wir es schon im Unterkapitel zur Wagenpflege nachdrücklich angeraten haben. Bei Fahrt auf nasser Straße können die Abdeckscheiben schon nach einer halben Stunde zu 60% verschmutzt sein. Die geringere Lichtausbeute gefährdet Sie und

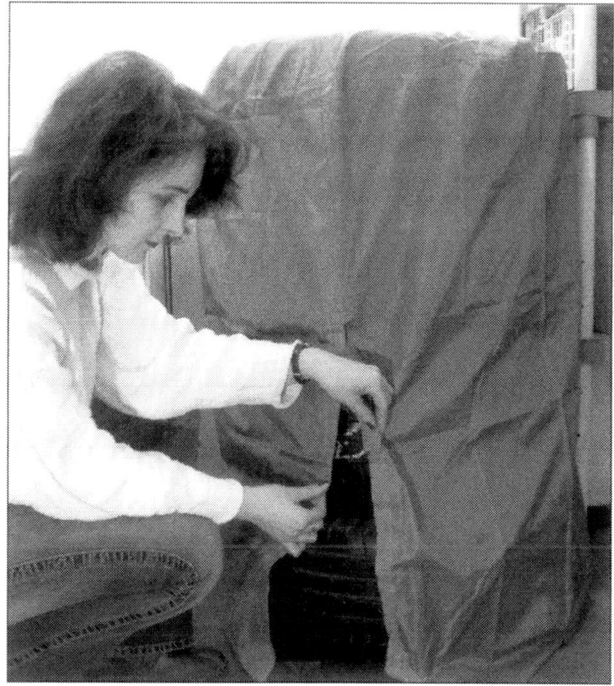

Radwechsel: Die auf dem Felgenbaum eingelagerten Sommerräder werden mit der verschließbaren Hülle vor Verschmutzung geschützt.

Winterreifen richtig montieren

Das Montieren von Winterreifen können Sie schnell und sicher erledigen. Beachten Sie aber beim Anheben des Fahrzeugs die Sicherheitsbestimmung im Abschnitt »Fahrzeug richtig aufbocken« des Unterkapitels »Was tun bei Pannen?«.
Nach der Demontage der Sommerreifen müssen diese eingelagert werden. Empfehlenswert ist hierzu der schon früher erwähnte Felgenbaum, der verhindert, dass Flanken oder Laufflächen während der Einlagerung belastet werden.
Das Anzugsdrehmoment für die Radschrauben liegt bei 110 bis 120 Nm. Ziehen Sie sicherheitshalber nach 50 km alle Schrauben nochmals nach!

Werkzeug, Materialien, Arbeitsschritte:

Für den profimäßigen Räderwechsel werden gebraucht:
- Stecknuss mit Verlängerung,
- Drehmomentschlüssel,
- Wagenheber mit ausreichend Hub, z. B. Rangierwagenheber,
- Unterstellböcke und
- eventuell eine Drahtbürste sowie etwas Kupferpaste.

Gehen Sie dann am besten wie folgt vor:
- Suchen Sie eine ebene Stelle mit festem Untergrund für den sicheren Radwechsel.
- Ziehen Sie die Handbremse fest an und lösen Sie alle Radbolzen zunächst um eine viertel Umdrehung.
- Heben Sie nun das Fahrzeug so weit an, bis das Rad ein paar Zentimeter über dem Boden hängt. (Hinweise aus dem Abschnitt »Fahrzeug richtig aufbocken« beachten).
- Die fünf Radbolzen herausdrehen und das Rad abnehmen. Wechseln Sie immer ein Rad nach dem anderen!
- Kontrollieren Sie den Zustand der Radnabe. Säubern Sie diese gegebenenfalls mit der Drahtbürste und tragen Sie eine hauchdünne Schicht Kupferpaste auf. Das schützt vor weiterer Korrosion.
- Setzen Sie jetzt das Rad mit den Winterreifen an. Drehen Sie alle Radbolzen so fest wie möglich ein und achten Sie darauf, dass das Rad gerade an der Nabe anliegt.
- Ziehen Sie die Radbolzen mit einem Drehmoment von 110 bis 120 Nm an. Wichtig: Ziehen Sie die Räder nach rund 50 Kilometern nochmals nach!
- Die Sommerräder sollten kühl und trocken möglichst auf einem Felgenbaum gelagert werden (Bild links).

Heizung prüfen / Staubfilter wechseln

Damit im Winter die Scheiben auch von innen möglichst schnell und zuverlässig frei werden, müssen Heizung, Lüftung und Klimaanlage in tadellosem Zustand sein.
Die Klimaanlage kann auch im Winter wertvolle Dienste leisten: Sie trocknet die Luft im Fahrzeug und vermindert dadurch das Beschlagen der Scheiben. Beachten Sie, dass aber der im Frischluftkanal integrierte Wärmetauscher der Klimaanlage die Frischluftzufuhr von außen behindert, weshalb das Gebläse im Winter immer mindestens auf Stufe 1 mitlaufen muss.

Arbeitsschritte beim Prüfen:

- Prüfen Sie, ob das Gebläse in allen Stufen wirkungsvoll arbeitet, indem Sie die Luft auf die mittleren Ausströmer lenken und alle Schalterstellungen durchprobieren. Eventuell den Reinluftfilter wechseln (Anleitung folgt).
- Ab einer Motortemperatur von 60 Grad oder nach ca. 5 km Fahrt muss aus den Ausströmern (Bild unten: Mittenausströmer in der Mittelkonsole) warme Luft kommen, sobald Sie den Temperaturregler ganz öffnen.
- Prüfen Sie zum Abschluss noch, ob der Einsteller für die Luftverteilung (Hand oder automatisch) funktioniert. Sie können das an den jeweiligen Düsen erfühlen und auch hören.

Aus- und Einbau des Reinluftfilters:

- Stellen Sie den Beifahrersitz in die hinterste Position. Bauen Sie dann entsprechend Bild 1 die drei Schraubclipse [1] aus und nehmen Sie die Dämmatte [2] ab.
- Decken Sie die Bodenmatte im Bereich unter dem Staub- und Pollenfilter (Reinluftfilter) mit Papier ab.
- Lösen Sie entsprechend Bild 2 die Verrastungen (Pfeile), schieben Sie den Deckel [1] nach rechts und nehmen Sie ihn ab. Falls die Verrastungen nicht mehr halten, kann der Deckel mit den Schrauben [2] an den Befestigungspunkten [3] gesichert werden (oder bereits so gesichert sein).
- Jetzt kann der Reinluftfilter [1] entsprechend Bild 3 nach

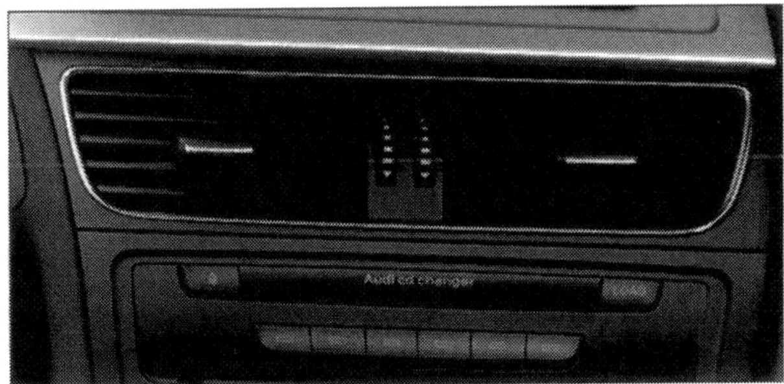

Heizung/Lüftung: Die Luftausströmer mit ihren Stellrädern in der Mittelkonsole vorn.

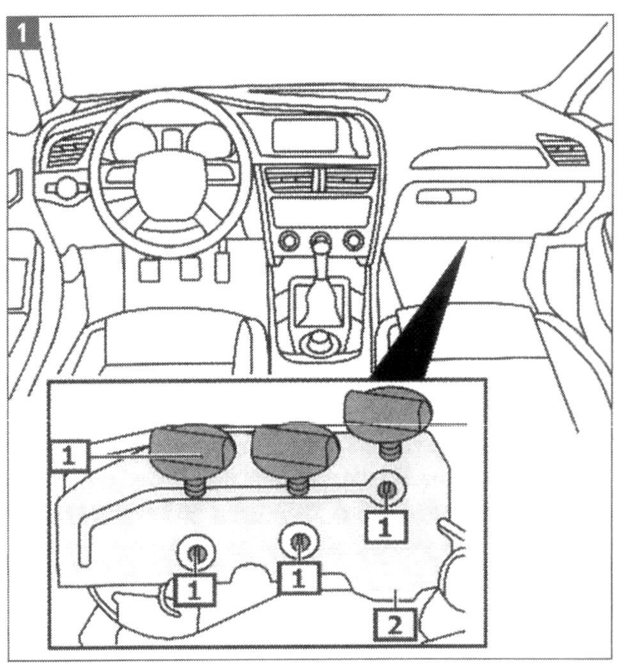

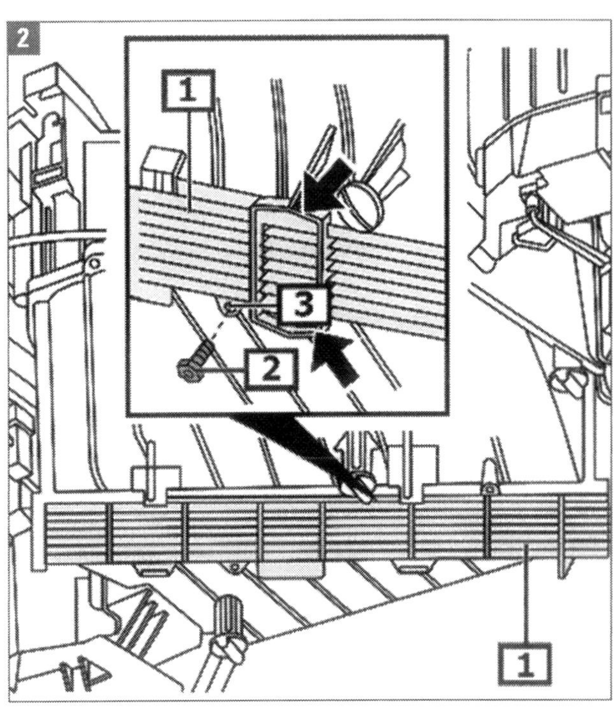

unten aus dem Schacht [2] des Klimagerätes herausgenommen werden.

■ Nach Filterausbau über den Schacht [2] das Klimagerät mit einem Staubsauger reinigen. Der Einbau des neuen Filters erfolgt in umgekehrter Reihenfolge, wobei die vorgegebene Einbaulage zu beachten ist: Die Schräge am Filtereinsatz zeigt zum Frischluftgebläse (oben rechts im Bild 3).

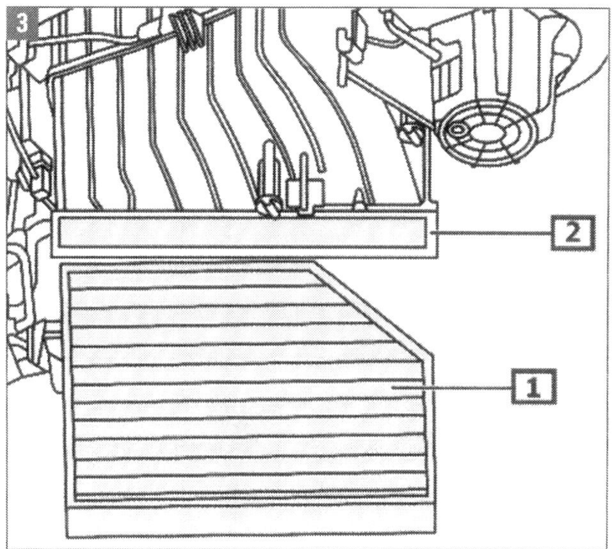

Frostschutz sichern

Dem Scheibenwasch- und dem Kühlwasser werden Frostschutzmittel beigemischt. Für das Scheibenwaschwasser genügt in Zeiten ohne Frost ein Waschzusatz. Der Kühlmittelzusatz dagegen sorgt auch für Korrosionsschutz im Motor und muss daher im Sommer im Kühlsystem verbleiben. Bringen Sie die Mittel nicht durcheinander! Frostschutzmittel für die Scheibe im Kühlkreislauf oder umgekehrt: Das kann fatale Folgen haben.

■ Der Vorratsbehälter für Waschwasser (1 in Bild 1) sitzt beim Audi A4 im Wasserkasten links.

■ Der konische Ausgleichsbehälter für das Kühlmittel (1 in Bild 2) befindet sich davor, links im Motorraum, vor dem Einfüllstutzen für das Scheibenwaschwasser.

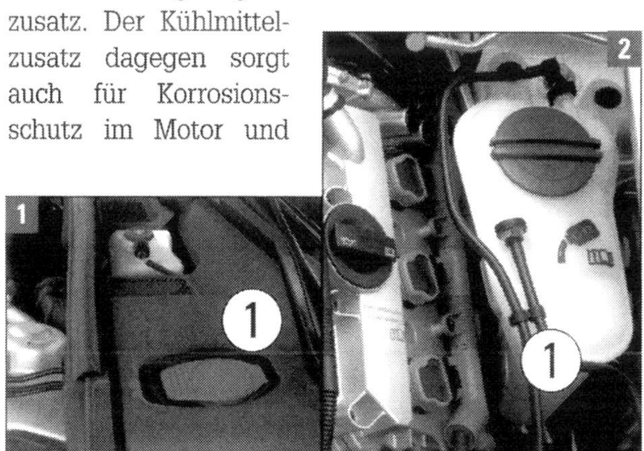

Behälter: (1)/Bild 1 Wasserbehälter für die Scheibenwaschanlage. Ins Wasser gehört ein Schuss Reinigungsmittel, im Winter auf jeden Fall Frostschutz.
(1/Bild 2 Kühlmittel-Ausgleichsbehälter (Wasser und Zusatz).

Vorgehen: Richtige Sorte und Menge

■ **Waschwasser** mischen Sie mit Frostschutzmittel-Konzentrat in dem für die maximale Minus-Temperatur angegebenen Verhältnis.

■ Je nach angegebenem Temperaturbereich kann für die Scheibenwaschanlage auch ein fertiges Wasser-Frostschutz-Gemisch verwendet werden. Menge zwischen 3 und 5 Litern je nach Vorhandensein einer Scheinwerferreinigungsanlage.

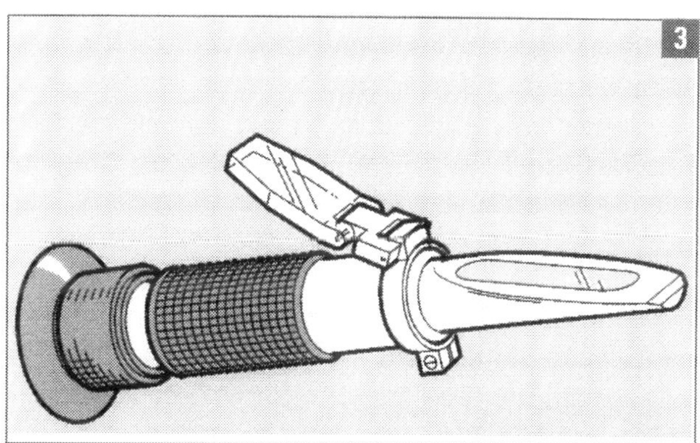

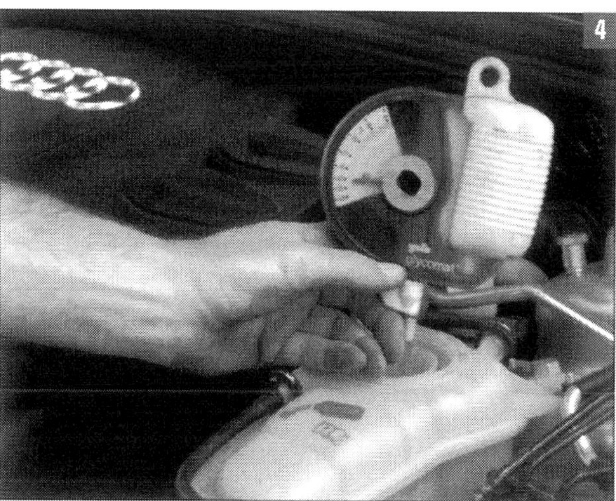

Kühlwasser-Frostschutz: Der Anteil Zusatzmittel wird mit dem Refraktometer (Bild 3) oder einem Prüfer (Bild 4) gemessen. Das Refraktometer (Audi: Spezialwerkzeug T10007) ist häufig in Fachwerkstätten üblich.

■ Verfügt das Fahrzeug über eine Scheinwerferreinigungsanlage und haben die Scheinwerfer Abdeckungen (Streuscheiben) aus Kunststoff, dürfen nur Frostschutzzusätze verwendet werden, die diese Polykarbonat-Streuscheiben nicht angreifen. Polykarbonat-Scheiben sind inzwischen Standard.

■ **Kühlmittelzusätze** verhindern Frost- und Korrosionsschäden sowie Kalkansatz und erhöhen den Siedepunkt des Kühlmittels. In Ländern mit tropischem Klima trägt das Kühlmittel dadurch bei hoher Belastung des Motors zur Betriebssicherheit bei. Kühlmittelzusätze sind unbedingt ganzjährig zu benutzen. Die Kühlmittelzusätze aus dem Originalteile-Katalog von Audi entsprechen der Norm TL VW 774 F.

■ Diese Kühlmittelzusätze vom Typ G12 Plus sind untereinander sowie mit den Vorgängersubstanzen G12 und G11 mischbar.

■ Der Anteil Zusatz im Kühlwasser wird mit einem Refraktometer (Katalog: T10007) oder einem Kühlmittel-Prüfgerät festgestellt. Beim Refraktometer (Bild 3) wird Kühlmittel mit einer Pipette auf das Messprisma getropft. Gerät gegen eine Lichtquelle halten und auf der Skala für Äthylenglycol ablesen, bis zu welcher Temperatur der Frostschutz gegeben ist.

■ Beim Prüfer (Bild 4; Zubehörhandel) wird durch Betätigen des Balges Flüssigkeit eingesaugt. Die Skala zeigt, wie weit der Frostschutz reicht. Minus 30 Grad Celsius genügen vollauf.

■ Der Frostschutz muss bis etwa -25 °C, in Ländern mit arktischem Klima bis etwa -35 °C gewahrleistet sein. Ist stärkerer Frostschutz erforderlich, kann der Anteil bis zu 60% Konzentrat erhöht werden (Frostschutz bis -40 °C). Eine weitere Konzentrationserhöhung würde den Frostschutz verringern und die Kühlwirkung sogar verschlechtern. Sie ist also unsinnig.

Waschdüsen und Wischereinstellung prüfen

Wenn man keinen Garagenstellplatz und auch keinen ebenfalls recht gut schützenden Carport besitzt, gehören zugefrorene Scheiben im Winter zum alltäglichen morgendlichen Graus. Wer jedoch, egal ob morgens oder spätabends, aus Faulheit oder Unvernunft, nur ein kleines Guckloch freilegt und dann losfährt, begibt sich und bringt andere in höchste Gefahr. Zudem nimmt er das Risiko in Kauf, bei einem Unfall haftbar gemacht zu werden und ein saftiges Bußgeld zahlen zu müssen. Der Gesetzgeber schreibt dem Fahrzeughalter laut §23 StVO vor, dafür zu sorgen, dass die Sicht weder durch Beladung noch durch den Zustand des Fahrzeugs beeinträchtigt ist.

Eine gute, die Scheiben auch vor Zerkratzen bewahrende Möglichkeit ist die Verwendung von Scheiben-Enteiser, den es in Spray- oder Pumpdosen zu kaufen gibt. Dieser sorgt mit einer konzentrierten alkoholischen Formel dafür, dass die Eisschicht abtaut. Qualitätsunterschiede der Produkte lassen sich schon am Sprühbild erkennen: Wird die Scheibe gleichmäßig benetzt, ist die Wirkung effektiver. Besonders kratzempfindliche Stellen wie Außenspiegel oder Gummiteile profitieren durch kaum erforderliche mechanische Beanspruchung. Die Kontrolle der Wischerblätter auf Rillen und Risse sowie ihr Austausch (s. a. weiter vorn im Unterkapitel »Werterhalt« und später im Kapitel »Elektrik - Licht, Wischer und Instrumente«) sind gerade im Winter öfters nötig. Vereiste Scheiben können dem bei niedrigen Temperaturen härteren Gummi ganz erheblich zusetzen!

Arbeitsabläufe:

■ Für freie Sicht und gegen Beschlagen hilft das Waschkonzentrat. Füllstand im Behälter prüfen! Vor langen Fahrten immer vollständig auffüllen.

■ Die widrigen Verhältnisse erfordern häufiges Waschen der Scheiben. Sicht nach hinten wird bei schnee- oder regennasser Fahrbahn durch aufgewirbeltes, meist schlammiges Wasser schnell beeinträchtigt. Vernachlässigen Sie daher auch die Kontrolle des Heckwischers nicht! Die Waschdüsen vorn und hinten müssen funktionieren, sonst säubern oder/und einstellen.

■ **Waschdüsen vorn:** Achten Sie auf korrekte Höhe und Verteilung der Sprühstrahlen! Sind die Düsen richtig eingestellt (wie ab Werk), ergibt sich das unten in Bild 1 gezeigte Strahlbild. Ansonsten Düsen nachstellen:

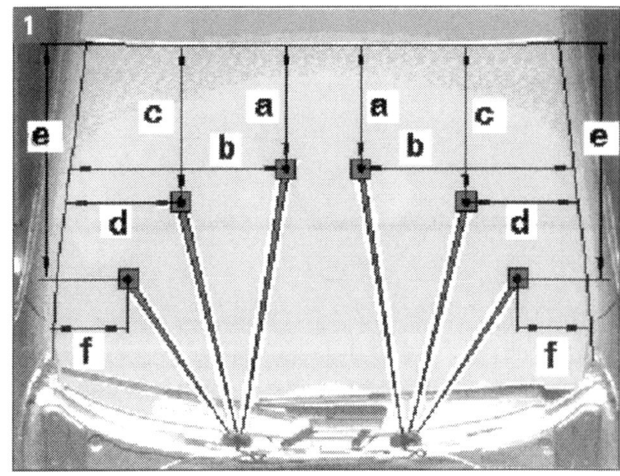

■ Einstellwerkzeug T10127 mit Audi-Spezialwerkzeug Nadel 3125/5A oder eine andere geeignete Nadel verwenden. Folgende sechs Punkte auf der Frontscheibe markieren:

a = 310 mm b = 580 mm c = 360 mm
d = 360 mm e = 550 mm f = 180 mm

Das sind die Auftreffpunkte der Waschdüsenstrahlen. Sie sind auf Fahrer- und Beifahrerseite gleich.

■ **Waschdüse hinten:** An der Heckscheibe müssen die beiden Spritzstrahlen im Abstand »a« von der Düse bei Höhe »b« sowie im Abstand »c« von der Düse auf Wischerniveau auftreffen (siehe Bild 2, unten). Die Maße sind:

a = 160 mm b = 10 mm c = 410 mm

Falls erforderlich, mit Werkzeug T10127 (Nadel) einstellen.

■ **Waschdüsen reinigen:** Ausbauen, entgegen Spritzrichtung mit klarem Wasser spülen, mit Druckluft durchblasen. Treten die Spritzstrahlen weiterhin ungleichmäßig aus, muss die jeweilige Waschdüse ersetzt werden.

■ **Ruhestellung Frontwischer:** Nach Wischerwechsel ist es erforderlich, die Scheibenwischerarme richtig in Ruhestellung zu bringen. Scheibenwischer ein- und ausschalten und in Endstellung laufen lassen. Dabei nicht die »Überhub-Endstellung« benutzen, wie sie nach jedem zweiten Ausschalten des Wischermotors eingenommen wird (Motor läuft nach Erreichen der Endstellung wieder ein kleines Stück nach oben), sondern Motor direkt in die Endstellung laufen lassen. Ggf. ein weiteres Mal »Tippwischen« betätigen.

Zündung ausschalten. Scheibenwischerarm mit montiertem Wischerblatt an der Wischerachse ansetzen. Das Blatt an der Frontscheibe so ausrichten, dass die Wischerblattspitzen in folgendem Abstand zum schwarzen Windlaufgrill des Wasserkastens an der Scheibenunterkante stehen (Bild 3, rechts unten):

Maß a = 0 bis 10 mm Maß b = 7 bis 17 mm

Scheibenwischerarme mit 17 Nm an den Muttern festziehen.

PRAXISTIPP: Kaltstart mit Vorsicht angehen

Eine frühere Faustregel besagte: Jeder Kaltstart bringt so viel Verschleiß wie 300 Kilometer bei Vollgas auf der Autobahn. Ganz so schlimm ist das heute nicht mehr, aber ein Kaltstart belastet den Motor nach wie vor sehr stark. Für die Motoren ist hochwertiges Synthetic-Öl vorgeschrieben. Dessen Viscositätsklasse »0« gewährleistet, dass es auch bei strengen Minusgraden dünnflüssig genug bleibt, um schnell an die wichtigen Schmierstellen wie Nockenwellen, Hydrostößel, Zylinderlaufbahnen oder Turbolader zu kommen.

■ Nach dem Anlassen den Motor zunächst ein paar Sekunden im Leerlauf belassen, ohne Gas zu geben.

■ Langsam losfahren und während der ersten Kilometer auf die Unterstützung des Turboladers verzichten.

■ Während der Warmlaufphase stets die Gänge so wählen, dass die Drehzahl nicht über 2000 bis 3500 Umdrehungen ansteigt. Das schont den Motor und verlängert seine Lebensdauer erheblich.

■ **Ruhestellung Heckwischer:** Scheibenwischer in Endstellung laufen lassen. Zündung ausschalten. Scheibenwischerarm mit montiertem Wischerblatt an der Wischerachse ansetzen. Die Spitze des Scheibenwischerblattes auf einen Abstand von

Maß a = 19 + 5 mm

zur Scheibenunterkante ausrichten. Dann den Arm mit 12 Nm an der Scheibenwischermutter festziehen..

■ **Sichtprüfung Wasserkasten und Schneesieb:** Durch die Abdeckung hindurch kontrollieren. Die Wasserablauföffnungen dürfen nicht durch Schmutz, Wachs oder Unterbodenschutz verklebt sein. Für die eventuell nötige Reinigung muss die Abdeckung ausgebaut werden. Ebenso das Schneesieb in der Ansaugluftführung des Staubfilters prüfen.

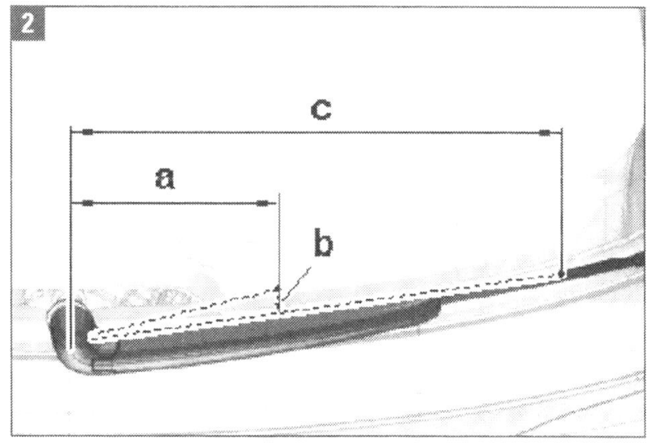

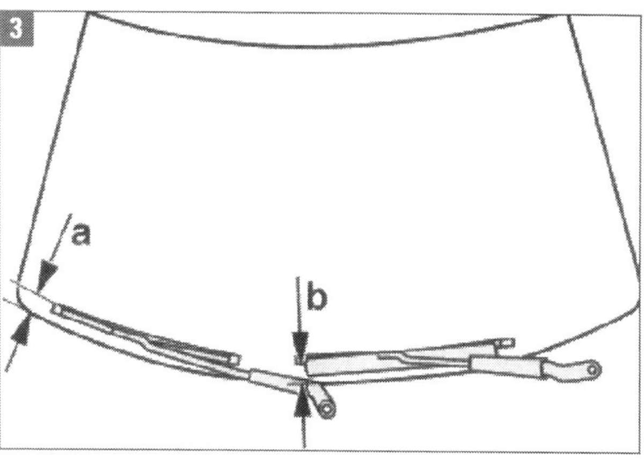

Filter mit Aktivkohle einbauen / wechseln

Den Staub- und Pollenfilter, dessen Aus- und Einbau wir auf den Seiten 46/47 beschrieben haben, gibt es in hochwertiger Ausführung mit einer Einlage aus Aktivkohle. Solche Reinluftfilter mit Aktivkohleeinlage werden serienmäßig bei Klimaanlagen der Ausführung »Komfort« eingebaut. Bei Fahrzeugen mit Klimagerät »Basis« wird serienmäßig das normale Filter ohne Aktivkohle eingebaut.

Da der Filter mit Aktivkohleeinlage zusätzlich auch gasförmige Schadstoffe wie Ozon, Benzol oder Stickstoffdioxid und andere gasförmige Verunreinigungen aus der durchströmenden Luft herausfiltern kann, empfehlen wir den Einbau eines solchen Filters. Die Aktivkohleschicht hält nämlich Belastungsspitzen aus dem Fahrgastraum fern.

Aus- und Einbau haben wir an den Zeichnungen (Seiten 46 und 47) demonstriert. Die Fotos auf dieser Seite zeigen den Ausbau der Dämmmatte im Beifahrerfußraum (Bild 1) sowie den Luftschachtdeckel und den Reinluftfilter im ausgebauten Zustand (Bild 2).

Die Verwendung des Reinluftfilters mit Aktivkohleeinlage empfiehlt sich vor allem in Gebieten mit dauernder starker Luftbelastung. Bei zusätzlichem Einbau eines Luftgüte-Sensors (Audi-Bauteil G238) wird der Filter durch automatisches Umschalten auf Umluftbetrieb bei Schadstoffspitzen geschont. Sonst ist er recht bald gesättigt und muss öfter gewechselt werden.

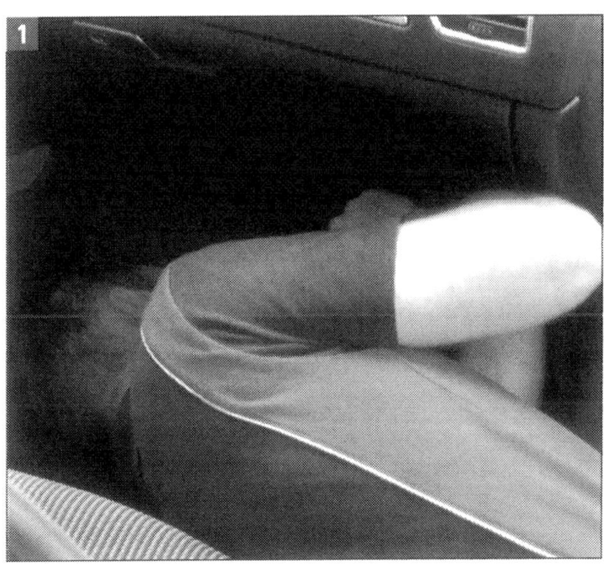
1

2

Starthilfebooster

Bei Fahrten in entlegene Wintergebiete ist ein Starthelfer an Bord sehr ratsam. Er springt ein, wenn die Starterbatterie infolge extremer Kälte oder schlechten Ladezustands den Dienst versagt. Der Starthilfebooster (Bild 3) lässt Ihren Audi A4 auch bei müdester Batterie starten.

3

CHECKLISTE

✔ Fit für den Winter

Bereich	Worauf Sie achten sollten	Was zu tun ist
A Motor	**1** Motoröl.	Das Motoröl wird durch extreme Kaltstarts und die großen Temperaturschwankungen stärker belastet als im Sommer. Kürzere Intervalle fahren und ein gutes Öl mit niedriger Viskosität verwenden. (Hinweise im Kapitel »Antrieb«, Unterkapitel »Das Schmiersystem« beachten!)
	2 Kühlmittel	Ist der Frostschutzgehalt zu niedrig und das Kühlwasser friert ein, kann das Eis den Motor sprengen. Also rechtzeitig messen und einen ohnehin bevorstehenden Kühlmittelwechsel auf den Herbst legen.
	3 Thermostat	Wenn im Winter der Thermostat nicht vollständig schließt, braucht der Motor lange, um warm zu werden. Beobachten und bei langer Warmlaufphase den Thermostat wechseln.
B Räder und Reifen	**1** Winterreifen	Winterreifen funktionieren auf Schnee nur dann gut, wenn noch mindestens 4 mm Profiltiefe übrig ist. Reifen im Oktober montieren. Falls Sie neue Reifen brauchen: Nicht auf die ersten Schneeflocken warten, denn dann hat der Reifenhändler garantiert keine Zeit.
C Licht und Sicht	**1** Beleuchtung	Kontrollieren Sie regelmäßig die Beleuchtungsanlage und reinigen Sie die Klarglasabdeckungen der Scheinwerfer. Im Winter sind einwandfrei funktionierende Scheinwerfer unentbehrlich.
	2 Verglasung	Scheiben frei von Kratzern und Steinschlägen halten
	3 Scheibenwischer	Neue Wischerblätter und genügend Frostschutz
D Karosserie	**1** Türen und Hauben	Sprühen Sie gegen Festfrieren die Dichtungen mit Silikonspray ein oder nehmen Sie den Hirschtalgstift.
	2 Schlösser und Scharniere	Öl oder Fett gegen Quietschen und Korrosion.
	3 Lack	Jetzt sollte der Wagen häufiger gewaschen werden, damit sich erst gar keine Salzkruste festsetzt.
E Elektrik	**1** Batterie	Batterie-Kurzschlussprüfung um festzustellen, wie viel Kapazität noch vorhanden ist. Batterien leiden unter Kälte, was auch für den Funkschlüssel gilt.
	2 Heizung und Lüftung	Eventuell den Reinluftfilter wechseln.

Große Fahrt in den Urlaub

Gut für lange Fahrten: Avant (ganz oben) und Limousine sind prächtige Reisewagen. Für kraftvolles Fahren unter freiem Himmel ist das A4-2.0 T-Cabriolet (oben und links unten) eine gute Wahl.

Natürlich macht der A4 nicht nur bei der Fahrt durch den Winter eine gute Figur. Sowohl Limousine und Avant als auch das Cabriolet sind hervorragende Reisefahrzeuge. Große Gepäckräume und hoher Komfort im Innenraum, sparsame und starke Motoren sowie optimierte Fahrwerke machen diese Wagen fit und geeignet für lange Strecken. Der Avant mit 1430 Litern Fassungsvermögen bei dachhoher Beladung und auch die Limousine mit Gepäckraum zwischen 480 und 962 Litern schleppen dabei viel weg.
Allerdings ist ebenso wie für die Winterfahrten ein gründlicher technischer Check-up vor jeder langen Reise angeraten. Ist das häufig eine Sache der Werkstatt, so sind Ihnen doch zahlreiche Wartungsarbeiten und kleine Reparaturen möglich, auf die wir im Folgenden eingehen wollen.

Fit für die Reise

Erste Regel, die Sie befolgen müssen, ist die Anpassung des Reifenfülldrucks an die Beladung. Mit zwei Personen an Bord und wenig Gepäck reichen 2 bar Reifendruck vorn wie hinten aus. Ist der Wagen voll besetzt und voll beladen, genügen für alle Reifengrößen im Sommer vorn 2,2 und hinten 2,4 bar. Bei Winterbereifung (M + S) können vorn 2,3 und hinten 2,5 bar geboten sein, bei XL M + S-Reifen sind auch schon mal vorn 2,6 und hinten 2,9 bar verlangt. Sie finden auf der Türzarge Fahrerseite eine Tabelle mit den vorgeschriebenen Druckwerten.

Kontrollieren Sie alle wichtigen Betriebsstoffe, vor allem Kühlmittelstand, Ölstand, Bremsflüssigkeit und Füllung der Scheibenwaschanlage. Für alle unvorhergesehenen Fälle ist ein Reservetank mit einigen Litern Kraftstoff an Bord empfehlenswert.
Vergewissern Sie sich ferner, ob die (Sommer-)Reifen noch mindestens die gesetzlich vorgeschriebenen 1,6 mm Profiltiefe haben.

Profiltiefe genau ermitteln

Verschlissene Reifen sind an den Abnutzungsanzeigern (TWI - Tread Wear Indikator) in den Hauptprofilrillen der Reifenschulter zu erkennen (Bilder 1 und 2 folgende Seite). Wenn aber das Profil bis auf diese Anzeiger abgefahren ist, muss unbedingt neue Bereifung her. TWI zeigen die gesetzliche Mindestvorgabe von 1,6 mm an. Besser ist es, frühzeitig zu messen und rechtzeitig zu wechseln. Die Experten der Kfz-Innung

WISSENSWERTES

Was ist »geeignete Bereifung«?

Seit Anfang 2006 ist es Gesetz, dass laut Straßenverkehrsordnung (§2 Abs. 3a) bei Kraftfahrzeugen die Ausrüstung an die Wetterverhältnisse anzupassen ist. Hierzu gehört eine »geeignete Bereifung«, also die für Sommer und Winter hinsichtlich Profil und Gummimischung passenden Reifen. Auf der Fahrt in den Urlaub sollte der Bereifung ganz besondere Aufmerksamkeit geschenkt werden.

Moderne Reifen (bis zu 16 verschiedene Gummimischungen sind möglich) müssen folgenden Anforderungen genügen: Geringst möglicher Abrieb, Rissfestigkeit, Rutschwiderstand, geringer Rollwiderstand, dynamische Beständigkeit, Luftdichtigkeit, Laufruhe sowie Alterungsbeständigkeit. Wichtig wie die Leistungsdaten sind die Profiltiefen. Das Gesetz gestattet zwar Mindestwerte von nur 1,6 mm (Sommer) und 4 mm (Winter); die Praxis aber fordert für Sommerreifen ein Minimum von 3 mm.

Neue Reifen haben 8 mm Profil. Bei nur noch 1,6 mm verlängert sich bei Nässe der Bremsweg eines 100 km/h schnellen Wagens von 70 auf fast 100 m, bei noch 3 mm Profil aber auf immerhin »nur« 87 m. Bei nasser Fahrbahn müssen die Drainagerillen pro Sekunde bei 80 km/h bis zu 25 und bei 140 km/h bis zu 43 Liter Wasser kanalisieren.

Gehen Sie beim einzigen Bindeglied zwischen Ihnen und dem Straßenbelag keine unnötigen Risiken ein und kontrollieren Sie regelmäßig Ihre Fahrzeugbereifung!Gerade vor der Urlaubsreise bei höheren Temperaturen mit erhöhtem Fahrzeuggewicht und sportlicher Geschwindigkeit tut detaillierte Reifenkontrolle not. Beachten Sie Reifendruck, Beschädigungen an Lauffläche, Seitenwand und Ventilabdichtung sowie die Profiltiefe!

raten auf jeden Fall für die Sommerreifen zu mindestens 3 mm statt 1,6 mm Profil.
Ist nichts zum genauen Messen zur Hand, reicht für grobe Abschätzung eine 1-Euro-Münze. Deren silberheller Rand ist 4 mm breit. Messen Sie in den Hauptprofilrillen der abgefahrensten Stellen. Bleibt der Münzenrand noch bedeckt, ist alles in Ordnung. Genauer ermitteln Sie die Daten mit einem Profiltiefenmesser (Bild 2), der anzusetzen ist wie die »Testmünze«.

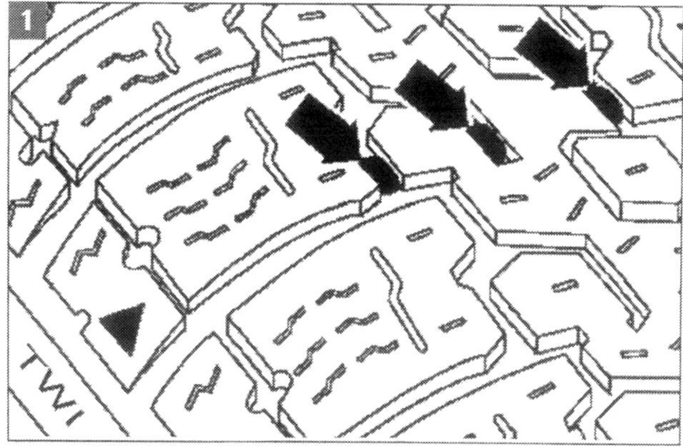

Reifenverschleiß: Die Pfeile in der Zeichnung weisen auf die TWI-Anzeiger in den Hauptprofillinien.

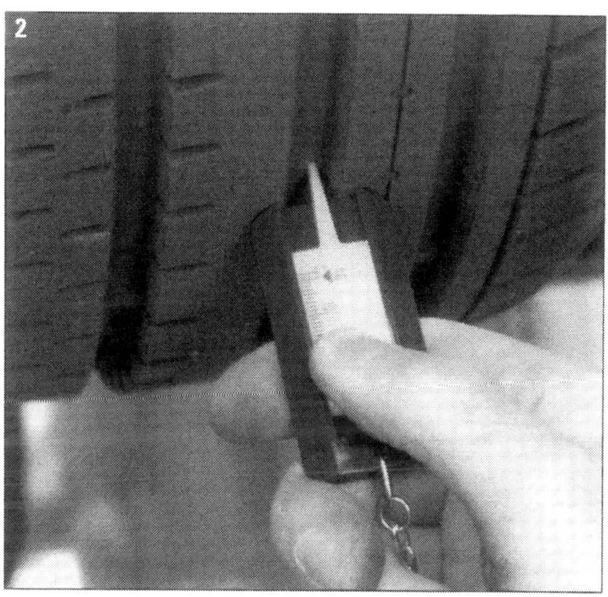

Profiltiefemesser: So ist eine genaue Messung möglich.

Flüssigkeits-Füllstände prüfen

Für das Scheibenwaschwasser gilt ja, möglichst immer mit voller Füllung loszufahren, jedenfalls zu längeren Reisen. Füllen Sie etwas Reinigungszusatz ein und dann mit Wasser auf bis fast zum Überlaufen. Für den Ölstand gibt es bei den meisten A4-Modellen die Anzeige im Display, nur in wenigen Fällen findet sich am Motor noch der bekannte Ölmessstab. Im Kapitel »Antrieb: Motor und Getriebe» (»Das Schmiersystem«) erläutern wir den Gebrauch von Messstab und Prüfgerät für Ölstandsanzeige.
Am Kühlmittelausgleichsbehälter lässt sich von außen der Stand im Verhältnis zu Minimum- und Maximum-

Markierungen ablesen (2 in Bild 1). Bei Erfordernis vorsichtig den Deckel (1) zunächst leicht aufdrehen und vor dem vollständigen Öffnen Druck ablassen. Vorsichtshalber sollten Sie ein genügend großes Tuch auf den Verschlussdeckel legen, ehe Sie ihn aufdrehen. Dann den Deckel ganz herausschrauben und Wasser auffüllen. Zum Kühlmittelzusatz (Audi-Vorgabe beachten!) siehe entsprechende Passagen in »Fit durch den Winter« und »Das Kühlsystem«.
Auffüllen oder Erneuern der (aggressiven und giftigen) Bremsflüssigkeit ist Serviceauftrag der Fachwerkstatt. Nach beanspruchenden Touren mit häufigem starkem Bremsen (Bergfahrt) ist Kontrolle aber durchaus ratsam. Der hinten im Wasserkasten gut zugängliche Bremsflüssigkeitsbehälter (Bild 2) hat Markierungen. Der Flüssigkeitsstand ist abhängig vom Verschleißgrad der Bremsbeläge. Sind diese neu, sollte er bei der MAX-Markierung, aber auch nicht darüber liegen. Normal ist Füllstand zwischen MAX und MIN. Bei stark verschlissenen Bremsbelägen darf er bei MIN oder leicht darüber liegen. Bei Flüssigkeitsstand unter MIN muss vor Nachfüllen das Bremssystem in der Werkstatt überprüft werden.

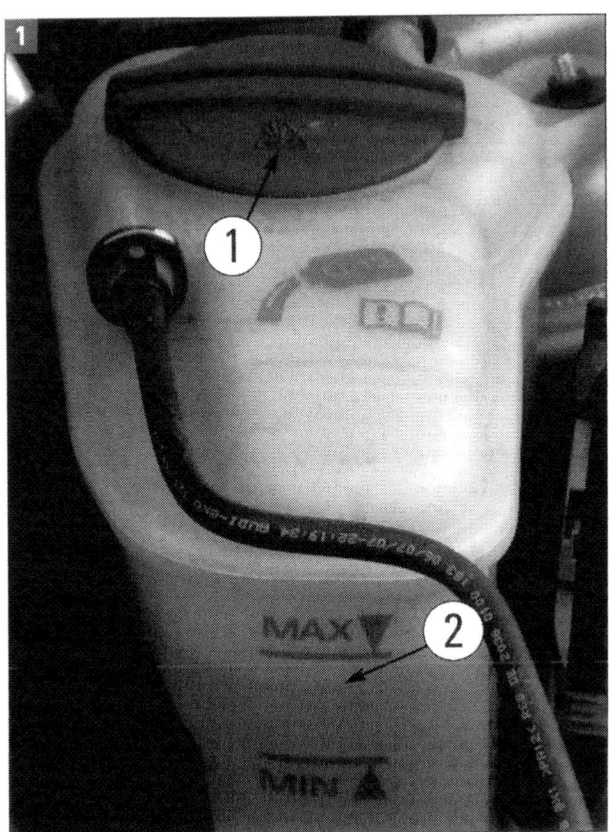

Kühlmittel: (1) Behälter-Verschlussdeckel. Füllstand (2) zwischen MIN und MAX, bei kaltem Motor nicht unter MIN.

Auf Undichtigkeiten prüfen

Eine wichtige Kontrolle ist die Sichtprüfung des Motors und seiner Umgebung. Dazu müssen die Motorabdeckungen abgenommen werden. Sie sind vorsichtig und keinesfalls ruckartig sowie an allen Seiten gleichmäßig nach oben von den Haltebolzen abzuziehen. Prüfen Sie dann den Motor und den Motorraum auf Undichtigkeiten und Beschädigungen.
Vor allem müssen Leitungen, Schläuche und Anschlüsse der Kraftstoffanlage, des Kühl- und Heizsystems und der Bremsanlage auf Undichtigkeiten, Scheuerstellen, Porosität und Brüchigkeit untersucht werden. Die gleiche Prüfung sollte möglichst auch von unten vorgenommen werden, was gründlich nur nach Anheben des Fahrzeugs mit einer Hebebühne und Abbau der Geräuschdämmung möglich ist.
Beim Wiedereinbau der (oberen) Motorabdeckungen folgendes beachten:

- Um Beschädigungen zu vermeiden, sollte nicht mit der Faust oder mit einem Werkzeug auf die Kunststoffabdeckung geschlagen werden.
- Die Abdeckung genau auf dem Motor positionieren. Bei den Vierzylindern ist dabei der Öleinfüllstutzen zu beachten.
- Die Abdeckung mit beiden Händen in die Gummitüllen drücken, bei den Sechszylindern erst hinten und dann vorn.

Die Klimaanlage

In der Klimaanlage Ihres Audi A4 verdichtet ein vom Motor angetriebener Kompressor das dampfförmige Kältemittel, das sich dabei erhitzt. Im Kondensator vor

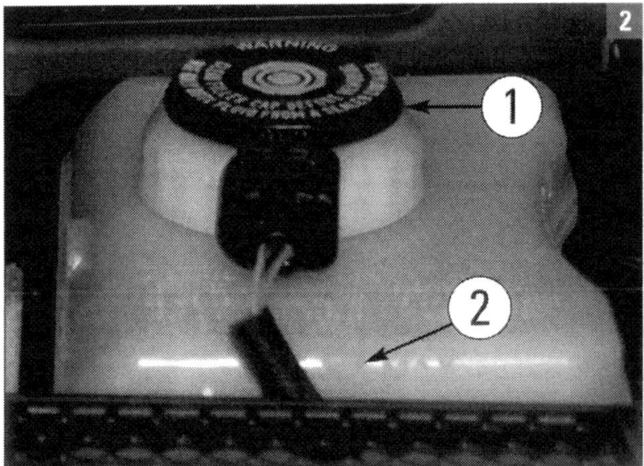

Bremsflüssigkeit: (1) Behälter-Verschlussdeckel, (2) MAX-Markierung am Behälter (nicht überschreiten!).

dem Kühlergrill wird das Mittel abgekühlt und wieder flüssig und dann per Ventil in den Verdampfer eingespritzt. Beim Verdampfen wird der am Waben- und Röhrensystem vorbeiströmenden Luft aus dem Fahrgastraum Wärme und Feuchtigkeit entzogen. Die abgekühlte Luft wird wieder in den Innenraum geleitet. Geregelt wird der Prozess über den Luftdurchsatz und die eingestellte Temperatur: Je höher die Gebläsestufe und je niedriger die gewählte Temperatur, desto kälter wird es.

Vollautomatische Regelung

Die serienmäßige Klimaautomatik des A4 ist von Grund auf neu. Sie bringt 10% mehr Kühlleistung, arbeitet jedoch effizienter als das bisherige Aggregat und spart etwa 0,2 Liter Kraftstoff pro 100 km. Diese Komfortklima-Automatik hat für linke und rechte Fahrzeugseite getrennt regelbare Kreise.
Über Sensoren und Stellmotoren hält die Anlage die gewählte Fahrzeuginnentemperatur. Sie berücksichtigt auch starke Sonneneinstrahlung. Nachregeln von Hand ist überflüssig. Bei Temperatureinstellung 22 °C und Drücken der Taste AUTO wird am schnellsten ein behagliches Klima erreicht.
Beachten: Der Lufteinlass vor der Windschutzscheibe muss frei von Eis, Schnee und Blättern sein. Bei Umluftbetrieb sollte man im Fahrzeug nicht rauchen, da sich der angesaugte Rauch auf dem Verdampfer absetzt, was zu dauerhafter Geruchsbelästigung führt. Gründe für Fehlfunktion: Außentemperatur liegt unter +5 °C, der Klimakompressor hat wegen zu warmem Fahrzeugmotor vorübergehend abgeschaltet oder eine Sicherung ist durchgebrannt.

PRAXISTIPP: Klimaanlage richtig benutzen

Bei Sonne und großer Wärme heizt sich der Innenraum Ihres Fahrzeugs bis zu 60 °C oder sogar noch stärker auf. Deshalb vor dem Losfahren erst einmal alle Türen öffnen und die heiße Luft genügend lange entweichen lassen.

Dann die Fahrt antreten und zum zügigen Herunterkühlen zunächst die volle Gebläsestufe wählen. Dann rasch zurückschalten, um Zugluft zu vermeiden. Auf Automatik schalten: Temperatur, Gebläse und Luftverteilung werden dann selbsttätig geregelt.

Ob Automatik oder Regelung von Hand: Die günstigste Innenraum-Temperatur beträgt im Sommer 22 °C. Bei extremer Hitze kann 3 bis 4 °C höher eingestellt werden. Im Winter wird übrigens eine Idealtemperatur von 21 °C empfohlen.

GEFAHRENHINWEIS: Vorsicht beim Kältemittel!

Die Bauteile des Klimasystems sowie die Kältemittelschläuche und -leitungen befinden sich neben und vor dem Motor. Arbeiten dürfen Sie allerdings auch als erfahrener Schrauber nicht daran! Die Komponenten bergen gesundheitliche Risiken und könnten durch Reparaturversuche Schaden nehmen. Kältemittel können bei Berührung Erfrierungen verursachen. Weil sie schwerer als Luft sind, können sie am Boden oder in Montagegruben zum Ersticken führen.

Riskieren Sie keine gesundheitlichen Schäden oder teure Nachreparaturen! Öffnen Sie keinesfalls den Kältemittelkreislauf der Klimaanlage. Das Neubefüllen ist Werkstatt-Sache. Bei unsachgemäßer Handhabung könnten Sie sich auch strafbar machen: Das Ablassen von Kältemittel in die Umwelt ist eine strafbare Handlung. Klimaanlagen des A4 dürfen nur von Audi oder in Service-Stützpunktwerkstätten instand gesetzt bzw. gewartet oder ersetzt werden. .

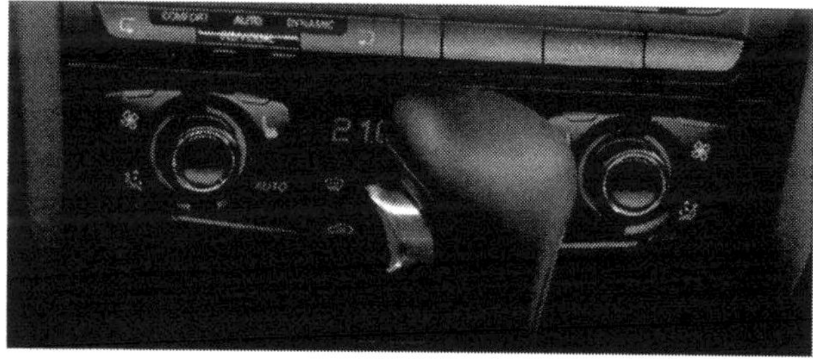

Zweigeteilt geregelt: Die Fahrerseite wird mit 19,5 °C, die Beifahrerseite mit 21,5 °C Wunschtemperatur klimatisiert.

Anhängerkupplung zusätzlich anbauen

Nützliche Verbesserung ist der nachträgliche Einbau einer Anhängevorrichtung, was allerdings eine recht anspruchsvolle Aufgabe ist. Nötig sind Montagearbeiten an tragenden Teilen, nämlich den hinteren Längsträgern. Dazu müssen die Stoßfängerabdeckung und der Aufprallträger demontiert werden. Stattdessen wird an den Längsträgern der anders geformte Aufprallträger mit der Anhängerkupplung montiert. Für die Elektrik des Anhängers (Beleuchtung und Aggregate) müssen Leitungen verlegt und eine Zusatz-Steckdose angebracht werden.

Nur zugelassene Teile verwenden

Anhängevorrichtungen sind Sicherheitsteile. Es dürfen nur für den Audi A4 entwickelte und bauartgenehmigte Vorrichtungen verwendet werden, zum Beispiel Produkte der Zulieferfirma Oris. Die Anhängerkupplung sollte nicht nur abschließbar, sondern auch abnehmbar sein, damit sie lediglich bei Bedarf angebracht werden kann. So bleibt das Heck Ihres Wagens optisch schöner, und beim Rangieren in engen Parklücken müssen Sie nicht befürchten, durch unbeabsichtigte Rempler den Stoßfänger eines anderen Fahrzeugs zu beschädigen. Die abgenommene Anhängevorrichtung kann in der Reserveradmulde verstaut werden.

Auch im Anhängerbetrieb kommt Ihr A4 ohne zusätzliche Motorkühlung aus. Begünstigend wirkt es sich dabei aus, wenn das zulässige Gespanngewicht erheblich unterschritten wird und keine hohen Außentemperaturen herrschen. Gut ist es ferner, keine langen, starken Steigungen und keine Fahrten in großer Höhe bewältigen zu müssen.

Audi liefert den Nachrüstsatz mit kompletter Elektrikausstattung. Die 13-polige Steckdose kann durch Schwenken hinter die Stoßfängerschürze unsichtbar gemacht werden. Ferner erforderlich: 12-adriger Leitungssatz, Dichtung der Steckdose, Durchführungstülle, Steuergerät und passendes Befestigungsmaterial (Schrauben, Muttern, Kabelbinder). Wird der Anbausatz eines anderen Anbieters gekauft, müssen Sie auf diese Details unbedingt achten. Mit dem Originalsatz von Audi erfolgt z. B. auch eine Gespannstabilisierung über ESP.

Die originale 13-polige Anhängersteckdose ist wesentlich vorteilhafter als im Zubehörhandel auch erhältliche 7-polige. Über die 13 Anschlusskontakte können zum Beispiel Rückfahrscheinwerfer oder Dauerstrom- und Ladeleitung am Anhänger genutzt werden. Wenn ein Fahrradträger auf der Anhängerkupplung montiert oder ein ganzer Wohnwagen gezogen werden sollen, wird eine 13-polige Anhängersteckdose immer empfohlen. Die Steckerbelegung ist übrigens vereinheitlicht (siehe Tabelle).

ⓘ Steckerbelegung 13-polig

WISSENSWERTES

Die Belegung der Stecker ist nach DIN ISO 11 446 wie nachfolgend aufgeführt genormt:

Steckerpol	Belegung	Kabelfarbe
1	Blinker links	gelb
2	Nebelschlussleuchte	blau
3	Masse Stromkreis 1–8	weiß
4	Blinker rechts	grün
5	Schlussleuchte rechts	braun
6	Bremsleuchten	rot
7	Schlussleuchte links	schwarz
8	Rückfahrleuchte	pink
9	Stromversorgung (Dauerplus)	orange
10	Klemme 15 (Batterieladen Anhänger)	grau
11 und 12	frei	
13	Masse für Kontakt Nummer 9 – 12	weiß/rot

Die Nachrüstsätze sind in den Abmessungen der Anhängerkupplung leicht unterschiedlich für Limousine und Avant, worauf beim Kauf zu achten ist.

Wir beschreiben den Einbau der originalen Audi-Anhängevorrichtung im Kapitel »Fahrzeugaufbau - Stabilität, Komfort und Kommunikation«, Unterkapitel »Karosserie«.

Für den A4 Avant ist übrigens eine stabile, aerodynamisch geformte Dachreling serienmäßig. Sie gestattet sichere Transporte.

CHECKLISTE

Vor und nach jeder großen Fahrt kontrollieren

Bereich	Worauf Sie achten sollten	Was zu tun ist
A Motor	1 Motorölstand	Wurde der Motor lange auf Kurzstrecken betrieben, sammeln sich flüchtige Substanzen. Deshalb kann es sein, dass der Ölstand bei heißem Motor schlagartig absinkt. Nach den ersten 100 Kilometern nachmessen.
	2 Kühlmittelstand	Kühlmittel im Ausgleichsbehälter im kalten Zustand auf Maximum auffüllen.
	3 Zustand der Schläuche	Alle Wasserschläuche müssen dicht und elastisch sein. Schläuche kräftig kneten. Kalkablagerungen an den Anschlüssen und harte oder poröse Schläuche sind kein gutes Zeichen. Im Zweifel: austauschen.
	4 Kühlerventilator prüfen	Lassen Sie den Motor im Leerlauf drehen, bis sich der Kühlerventilator ein- und später wieder ausschaltet. Sie werden ihn brauchen, wenn Sie im Stau stehen!
B Räder und Reifen	1 Luftdruck	Der Luftdruck in den Reifen muss an die Beladung angepasst werden. Nach der Reise nicht vergessen, den Druck wieder abzusenken.
	2 Zustand	Die Reifen sollten natürlich auch am Ende der Reise noch genügend Profil haben. Nachmessen!
C Fahrwerk	1 Stoßdämpfer	Wird das Auto richtig vollgeladen, sind die Stoßdämpfer besonders gefordert. Fahnden Sie nach Ölspuren und lassen Sie beim kleinsten Verdacht einen Stoßdämpfertest durchführen. Mit Wippen an der Karosserie lassen sich schwache Dämpfer nicht erkennen.
	2 Manschetten und Gelenke	Sind Achsmanschetten oder die Gummis der Gelenke rissig und porös, werden die Teile bei hoher Belastung rasant verschleißen. Besser vorher austauschen.
D Sonstiges	1 Beleuchtung	Schalten Sie alle Lichter durch und nehmen Sie Ersatzlampen für Scheinwerfer und Rückleuchten mit.
	2 Scheibenwaschanlage	Prüfen Sie die Einstellung der Spritzdüsen und füllen Sie den Vorratsbehälter mit geeignetem Gemisch bis zum Maximum auf.
	3 Zubehör	Einen 5-Liter-Reservekanister, einen Liter Motoröl und eine Rolle starkes Textilklebeband mit auf die Reise nehmen!

Kleine Schäden und Pannen

Es ist Winter, ungemütlich kalt und dunkel. Sie müssen zur Arbeit und sind spät dran. Schnell den Schlüssel ins Zündschloss oder die Starttaste gedrückt - aber nichts passiert. Das Startproblem geht mit großer Sicherheit auf Ihr Konto. Es wäre mit etwas mehr Pflege und Aufmerksamkeit durchaus zu vermeiden gewesen, doch die leere Batterie ist ein Klassiker unter den kleinen Pannen. Für die gelben Engel vom ADAC ist es Winter für Winter langweilige Routine.

Auf mögliche Gefahren achten

Auf den folgenden Seiten wollen wir Ihnen zeigen, was in einem solchen Fall zu tun ist. Genauso wie bei der ebenso unbeliebten Reifenpanne, die allerdings ziemlich eindeutig Pech ist. Denn statistisch gesehen erlebt jeder Autofahrer nur etwa alle 70.000 km dieses Malheur, bei dem man richtig reagieren und umsichtig handeln muss.

Schätzen Sie immer die Situation hinsichtlich eventueller Gefahren ein: Können Sie an dieser Stelle einen Radwechsel oder eine andere Schnellreparatur vornehmen, ohne sich zu gefährden? Auf einer zweispurigen Autobahn ohne Standstreifen sollten Sie besser sofort Hilfe per Handy oder Notrufsäule holen und sich zum nächsten Rastplatz schleppen lassen.

Der Audi A4 gilt als zuverlässig. Falls er mal nicht fährt, ist er meist richtig kaputt. In den Graubereichen dazwischen müssen Sie selbst entscheiden. Für solche Fälle können wir nur Ratschläge geben oder Empfehlungen aussprechen. Verzichten Sie im Zweifelsfall lieber auf einen Reparaturversuch vor Ort.

Weiterfahren oder warten?

Man sollte auch unbedingt wissen, wann es besser ist, nicht mehr weiter zu fahren. Sie ersparen sich damit nicht nur teure Folgeschäden, sondern setzen auch nicht Ihre Gesundheit und die Ihrer Mitmenschen aufs Spiel. Wir haben in unseren Störungsbeiständen die wichtigsten Symptome aufgeführt, die auf einen schlimmen Schaden hindeuten, und weisen auch auf Dinge hin, die einen schlimmen Schaden verursachen können.

Lässt sich ein Abschleppen zur Werkstatt nicht vermeiden, sollten Sie unbedingt folgende Dinge beachten: Mitgliedschaft in einem Automobilclub und spezieller Schutzbrief sind immer von Vorteil. Lesen Sie sich rechtzeitig und in Ruhe das Kleingedruckte durch und legen Sie die in Ihren Papieren angegebene Notrufnummer ins Handschuhfach. Bestellen Sie einen Abschleppwagen nur über diese Nummer und lassen

Gründlich untersucht: Kontrollen wie im Bild ganz oben auf dem Audi-Prüfstand in Neckarsulm sichern hohe Fahrzeugqualität. Die aber ist nur von Bestand bei regelmäßiger Prüfung vieler Details durch Fahrzeughalter und Werkstatt.

Sie sich vom Fahrer eine Bestätigung über seinen Auftraggeber zeigen. Es wäre nicht das erste Mal, dass der Abschleppwagen »rein zufällig« des Weges kam... Schildern Sie der Werkstatt in Ruhe und chronologisch den Schadenshergang. Je mehr man dort weiß, umso kürzer ist die Zeit für die Fehlersuche. Wichtige Informationen sind zum Beispiel: In welchem Betriebszustand hinsichtlich Temperatur, Geschwindigkeit oder Drehzahl trat der Schaden auf? Haben Sie vorher ungewohnte Geräusche oder ein ungewöhnliches Fahrverhalten bemerkt? Wie ist die Vorgeschichte des Wagens bezüglich Reparaturen oder Inspektionen? Denken Sie an den schriftlichen Auftrag und an einen Kostenvoranschlag. Ziehen Sie vor Reparaturbeginn die finanzielle Grenze, über der die Werkstatt ihr Einverständnis braucht.

Fahrzeug richtig heben und aufbocken

Im Bordwerkzeug Ihres A4 finden Sie wie schon erwähnt den Spindelwagenheber. Damit lässt sich der Wagen für die meisten Arbeiten hoch genug anheben. Zur Vergrößerung der Hubhöhe können Sie einen Holzklotz unterstellen. Zur Sicherheit sollten Sie ein kleines Brett mit 30 cm x 30 cm Seitenlänge und 2 cm Dicke unterlegen. Das verringert die Gefahr, dass der Heberfuß in den Boden einsinken kann.

Wenn Sie ernsthaft unter dem Fahrzeug arbeiten wollen, raten wir dringend zur Verwendung von Unterstellböcken. Nur so können Sie Ihren angehobenen Audi sichern. Arbeiten Sie nicht unter dem angehobenen Fahrzeug, wenn es nicht durch Unterstellböcke gesichert ist, Sie begeben sich sonst in Lebensgefahr!

Benötigtes Werkzeug und Materialien:

- Holz- oder Kunststoffkeil zum Absichern der Räder gegen unbeabsichtigtes Rollen;
- Wagenheber aus dem Bordwerkzeug oder Rangierwagenheber;
- Holzklötze, Unterlegbrett;
- Unterstellböcke.

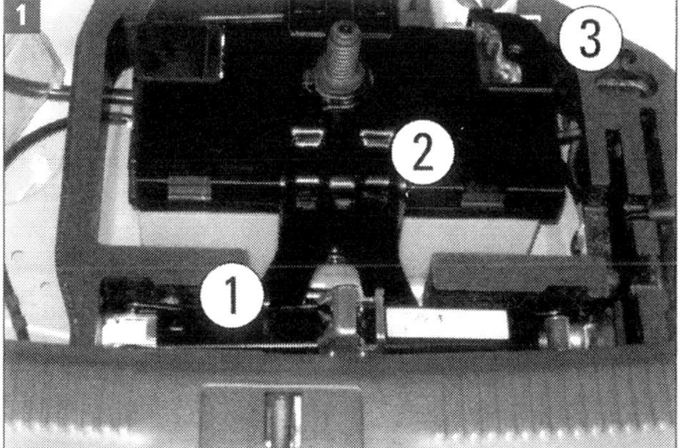

Unter dem Kofferraumboden: (1) Spindelwagenheber, (2) Batterie mit Abdeckung und Halter, (3) Abschleppöse..

Der Wagen muss sicher auf festem, ebenem Untergrund stehen.

Arbeitsschritte:

- Handbremse anziehen und zumindest eines der Räder gegenüber der Anhebestelle mit Holzkeilen, notfalls mit geeigneten Steinen gegen Wegrollen sichern. Ausschließlich auf die angezogene Handbremse dürfen Sie sich nicht verlassen! Bei manchen Arbeiten muss sie sogar gelöst werden.

- Der Wagenheber ist zusammen mit anderem Bordwerkzeug leicht zugänglich unter der Abdeckung in der Reserveradmulde zu finden. Schwenken Sie die Kurbel durch Verdrehen heraus und öffnen Sie den Heber um etwa fünf Umdrehungen.

- Den Wagenheber senkrecht zum gekennzeichneten Aufnahmepunkt am Schweller heben. Der Schlitz des Wagenheberkopfes muss waagerecht in den Schwelleraufnahmepunkt greifen.

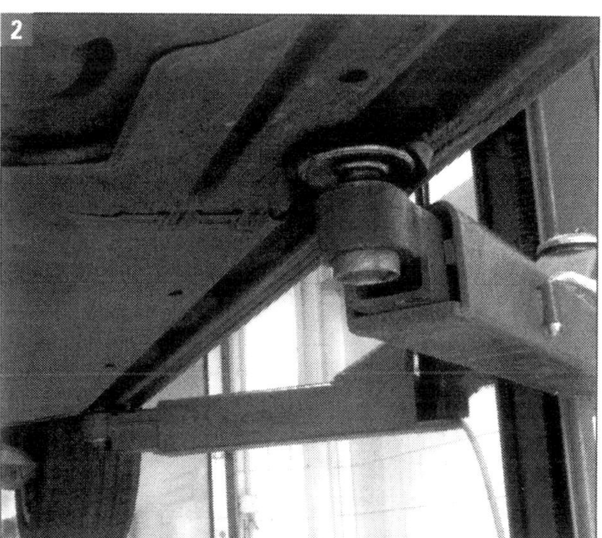

Hebebühne: Die Aufnahmeteller müssen an den vorgeschriebenen Aufnahmepunkten platziert werden..

Das Fahrzeug nur an diesen Aufnahmestellen anheben, wo die Schweller extra hierfür verstärkt sind!

■ Wagenheberkopf mit der linken Hand gegen die Aufnahme drücken. Mit der rechten Hand die Kurbel im Uhrzeigersinn drehen und den Wagenheberfuß gegen den Boden drücken. Darauf achten, dass der Wagenheber senkrecht steht und nicht nach einer Seite abkippt! Ist der senkrechte Stand nicht gewährleistet, den Wagenheber nochmals neu ansetzen. Erst dann auf nötige Höhe kurbeln.

■ Auch ein Unterstellbock darf nur an den Bodenverstärkungen angesetzt werden. Zwischen Auflage des Bocks und Fahrzeugboden einen Gummi- oder Hartholzklotz legen, der die Last verteilt. Kontrollieren Sie vor dem Ansetzen des Bockes, ob eventuell ein Blechfalz im Weg ist, der eingedrückt werden könnte, oder ob die Bremsleitung eingeklemmt werden kann.

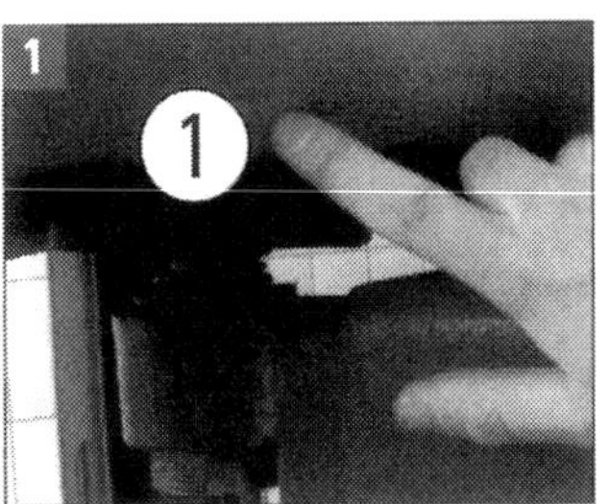

Aufnahmepunkte: Die Markierungen (1) am Unterholm sind schwer zu erkennen (Bild 1).
Die Zeichnungen zeigen die Aufnahmestellen vorn (Bild 2) und hinten (Bild 3).

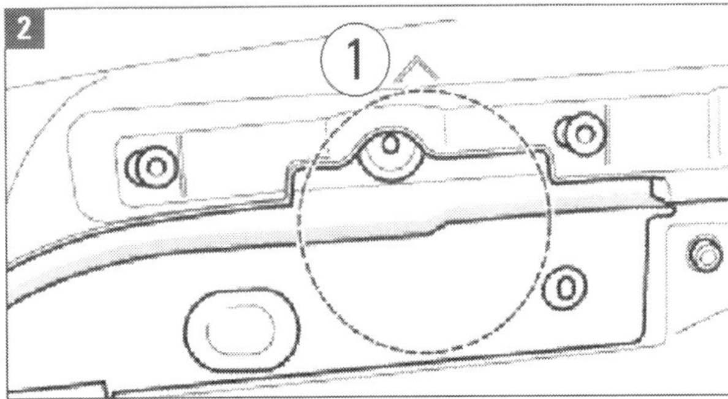

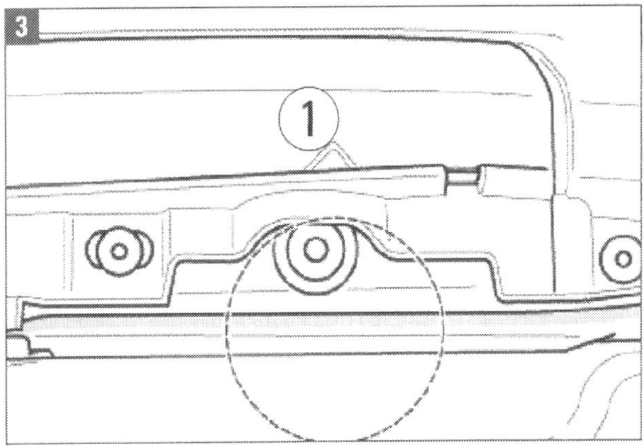

■ Der Dreibein-Unterstellbock steht am sichersten, wenn eines seiner Beine nach außen und zwei zur Wagenmitte hin zeigen. Achten Sie auf diese Stellung, wenn Sie das Fahrzeug aufbocken. Sonst kann es passieren, dass beim Anheben des Wagens der auf der anderen Seite bereits angesetzte Unterstellbock seitlich weggedrückt wird.

Fahrzeug abschleppen

Wenn sich Ihr A4 nicht mehr aus eigener Kraft fortbewegen lässt, muss er abgeschleppt werden, zumeist bis zur nächsten Werkstatt. Die Aufnahme für die Abschleppöse ist hinter einer kleinen Abdeckung im Stoßfänger versteckt (Bild 1). Die Abschleppöse finden Sie in der Reserveradmulde beim Bordwerkzeug. Sie wird von Hand eingeschraubt (Bild 2).
Wenn Sie selbst mit Ihrem Wagen ein Fahrzeug abschleppen müssen: Die Öse hinten einschrauben. Auch dort ist das Einschraubgewinde unter einer Abdeckung im Stoßfänger (Bild 3). Fester Sitz der einge-

schraubten Öse wird mit Hilfe eines starken Schraubendrehers als Hebel hergestellt (Bild 4).

Beachten Sie beim Abschleppen unbedingt die folgenden Grundsätze:

- Nie weiter als 50 km schleppen;
- Nicht schneller als mit 50 km/h schleppen;
- Fahrzeuge mit Automatikgetriebe sollen nicht über längere Strecken abgeschleppt werden, 50 km können schon zu viel sein. Ohne laufenden Motor arbeitet die Getriebeölpumpe nicht, weshalb es schlimmstenfalls zu einem Getriebeschaden kommen kann. Am besten mit angehobener Vorderachse abschleppen. Bei Fahrzeugen mit Allradantrieb quattro ist das aber nicht möglich, sie dürfen nicht auf einer Achse geschleppt werden. Generell bleibt das Abschleppen eines Automatik-Fahrzeugs stets ein riskantes Unternehmen.
- Für nötiges Abschleppen gibt es verschiedene Ursachen, vom »Schwächeln« der Batterie bis zum Motorschaden. Auf Batterieprobleme gehen wir gleich noch genauer ein.

3

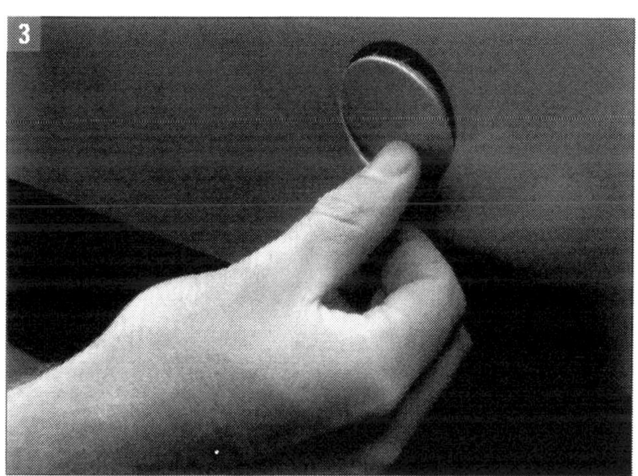

4

WISSENSWERTES

Vorschriften beim Abschleppen

Beachten Sie nach einer Havarie beim Abschleppen die nach § 15a der Straßenverkehrsordnung geltenden Grundsätze:

- Beim Abschleppen eines auf der Autobahn liegengebliebenen Fahrzeugs ist die Autobahn bei der nächsten Ausfahrt zu verlassen. Ist Ihr Fahrzeug außerhalb der Autobahn liegengeblieben, dürfen Sie nicht auf die Autobahn auffahren.
- Während des Abschleppens müssen beide Fahrzeuge das Warnblinklicht einschalten. Der Nothilfegedanke steht im Vordergrund, also ein abzuschleppendes Fahrzeug nicht über weite Strecken, sondern nur bis zur nächsten geeigneten Werkstatt, zum Fahrzeugverwerter, zum Schrottplatz oder zum nächsten Verladebahnhof schleppen. In Deutschland werden Entfernungen auch unter 50 km teilweise schon als zu weit gesehen, weil es am Notgesichtspunkt fehlen könnte. Jedenfalls muss das Kfz bei mehr als 50 km Entfernung zum Zielort verladen werden.
- Der Fahrzeugführer des abschleppenden Kfz benötigt eine Fahrerlaubnis mindestens der Klasse B, jedenfalls der Klasse, zu dem das ziehende Kfz gehört. Der Lenker des abgeschleppten Fahrzeugs benötigt keine Fahrerlaubnis, muss aber mit der sicheren Bedienung des Fahrzeugs vertraut sein.
- Sonderfall des Abschleppens ist das Anschleppen, bei dem unter Ausnutzung der Triebkraft des ziehenden Fahrzeugs der Motor des gezogenen Fahrzeuges zum Anspringen gebracht werden soll.

Wasserverlust

Wenn der Motor überhitzt, droht ein Schaden an der Zylinderkopfdichtung, irgendwann sogar ein kapitaler Motorschaden. In den meisten Fällen fehlt dem Motor Kühlwasser. Vor dem auf jeden Fall nötigen Auffüllen von Kühlwasser sollten Sie aber besser die genaue Ursache der Überhitzung ergründen:

- Wenn der Ventilator streikt und der Motor nur im Stand zu heiß wird, können Sie die Fahrt bei freier Strecke fortsetzen. Im Stand und an roten Ampeln den Motor abstellen. Nachsehen, ob die betreffende Sicherung noch in Ordnung ist. Brennt auch eine neue Sicherung sofort wieder durch, liegt ein Kurzschluss vor oder der Elektromotor des Lüfters ist durchgebrannt.

■ Klemmt der Thermostat, können Sie diesen eventuell ausbauen und die Fahrt ohne fortsetzen. Allerdings muss so schnell wie möglich ein neues Teil eingebaut werden.

■ Ist ein Kühlerschlauch nur leicht undicht, zum Beispiel durch einen Marderbiss, können Sie ihn provisorisch mit festem Gewebeklebeband umwickeln. Der Schlauch muss dazu fettfrei, trocken und am besten kalt sein. Wickeln Sie ein paar Lagen um die schadhafte Stelle.

■ Ist der Schlauch gerissen oder geplatzt oder hat das Gummi ein größeres Loch, dann können Sie die schadhafte Stelle mit einem passenden Rohrstück und zwei Schlauchschellen überbrücken. Schlauch durchschneiden und Rohrstück beidseitig einschieben. Der Rohrdurchmesser sollte ungefähr 4 mm geringer sein als der Außendurchmesser des Schlauches, da die Gummischläuche meist rund 2 mm Materialstärke haben.

■ Wenn Sie Kühlwasser auffüllen, müssen Sie beim Öffnen des Ausgleichsbehälters vorsichtig sein. Heißes oder sogar kochendes Kühlwasser steht unter Druck und sprudelt aus der Öffnung.

■ Füllen Sie in einen sehr heißen Motor das Wasser nur in kleinen Schlucken und bei laufendem Motor ein. Das kalte Wasser kann sonst zu Spannungsrissen innerhalb des Motors führen.

Starthilfekabel

Wenn der Anlasser (Starter) Ihres A4 keine Anstalten macht sich zu drehen, sind Anschieben oder Anschleppen, besser aber Starthilfe über Kabel angesagt. Anschieben oder Anschleppen über eine Strecke von mehr als 50 Metern kann nämlich den Katalysator ernsthaft schädigen. Und wenn der Motor wegen einer defekten Zündanlage nicht startet, sollte man aufs Anschieben oder Anschleppen am besten ganz und gar verzichten.

Falls Ihr Wagen nach mehrmaligen Startversuchen von 10 bis 20 Sekunden nicht anspringt, ist Starthilfe durch ein Fahrzeug mit funktionstüchtigem Akku nötig. Elektrische Verbindung zwischen beiden Fahrzeugen wird mit einem Starthilfekabel hergestellt, wie es im Pannenset-Bild auf Seite 41 gezeigt wird.

Wie folgt vorgehen:

■ Hilfsfahrzeug dicht an das Fahrzeug mit der leeren Batterie heran fahren, damit die Kabel bequem angeschlossen werden können. Die Karosserien beider Fahrzeuge dürfen sich während der Starthilfe nicht berühren. Ihre Motoren sind abzustellen.

■ Warnblinkanlage des »Spenderautos« einschalten. Üblicherweise werden dann die Batterien beider Fahrzeuge miteinander verbunden. Beim A4 wie auch bei einigen anderen Fahrzeugen geschieht das aber nicht direkt. Die Batterie Ihres Audi befindet sich im Kofferraum, nicht im Motorraum. Im Kofferraum wiederum weist Sie ein Aufkleber darauf hin, dass laut Betriebsanleitung für Ihr Fahrzeug die Anschlussklemmen für ein Starthilfekabel im Motorraum zu finden sind (Bild 1).

■ Öffnen Sie den Motorraum (Bilder 2 und 3). Die Pluspole mit dem roten Starthilfekabel verbinden. Zuerst die leere, dann die volle Batterie anklemmen. In Ihrem Audi A4 befindet sich der rot gekennzeichnete Pluspol unter einer klappbaren Abdeckung im

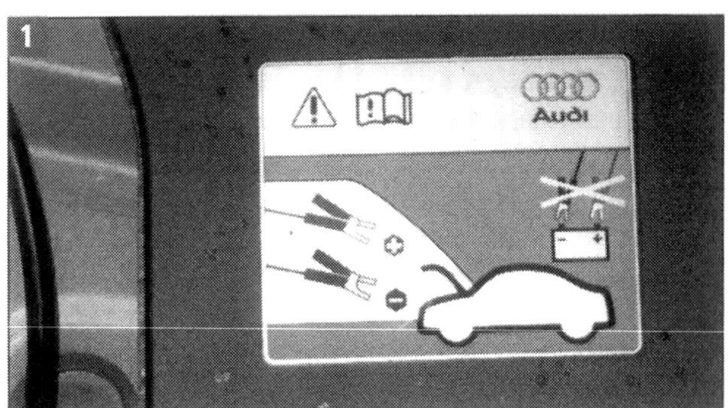

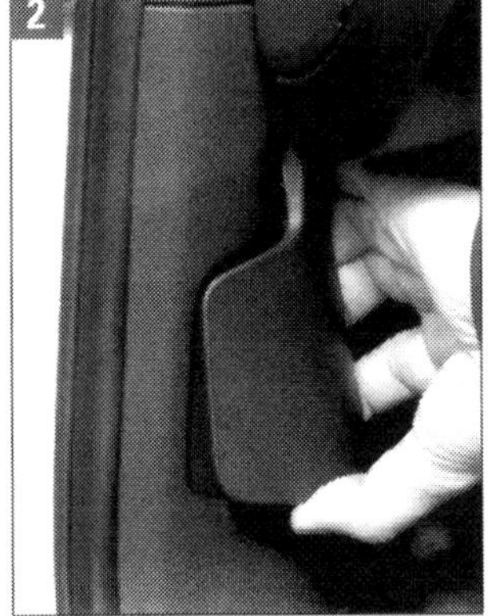

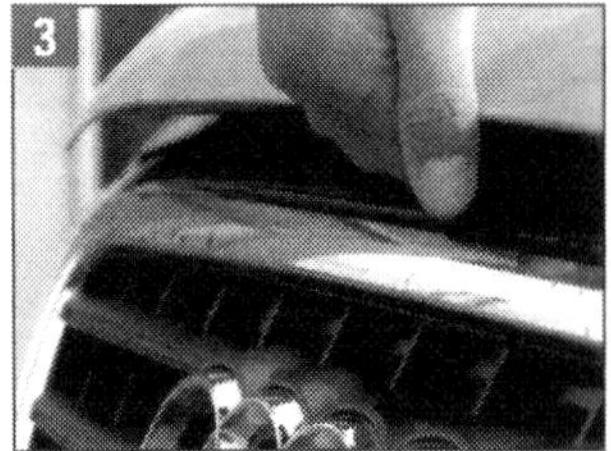

Starthilfekabel einsetzen

Bild 1: Aufkleber im Kofferraum mit Hinweis auf die Anschlüsse im Motorraum.

Bild 2: Zum Entriegeln der Motorhaube erst innen den sehr straff arbeitenden Hebel ziehen. Der Hebel befindet sich ganz links unter der Armaturentafel.

Bild 3: Außen mittig unter der jetzt leicht gehobenen Motorhaube den Sicherungshebel drücken und Haube anheben.

Bild 4: Kabelklemmen an (1) Pluspol und (2) Minuspol anschließen.

Bild 5: Die Batterie befindet sich unter dem Kofferraumboden. Kabel hier nicht anschließen. (1) Batterie, (2) große Kunststoffmutter, (3) Stehbolzen, (4) Polabdeckung.

Wasserkasten Mitte. Dort wird das rote Kabel angeklemmt (1 in Bild 4).

■ Die eine Polzange des schwarzen Starthilfekabels erst am Minuspol der vollen Batterie des Hilfsfahrzeugs anklemmen, die andere an einen blanken Massepunkt des Fahrzeugs mit entladener Batterie. In Ihrem Audi A4 befindet sich der Minuspol rechts vom linken Federbeindom (2 in Bild 4).

■ Motor des Hilfswagens starten und mit erhöhter Drehzahl laufen lassen, aber möglichst nicht mehr als 15 Sekunden. Fahrzeug, dem geholfen wird, starten. Wenn der Motor nicht gleich anspringt, nach weiteren Versuchen immer wieder eine Pause von mindestens einer Minute einlegen, damit der Anlasser abkühlen kann.

■ Zum Abnehmen der Kabel umgekehrt vorgehen:
Zuerst den Minuspol der Batterie im Fahrzeug, dem geholfen wurde, von Masse abklemmen, dann den Minuspol der Fremdbatterie abklemmen. Anschließend Kabel von den Pluspolen abnehmen: erst von der vollen Batterie, dann von der Leerbatterie.

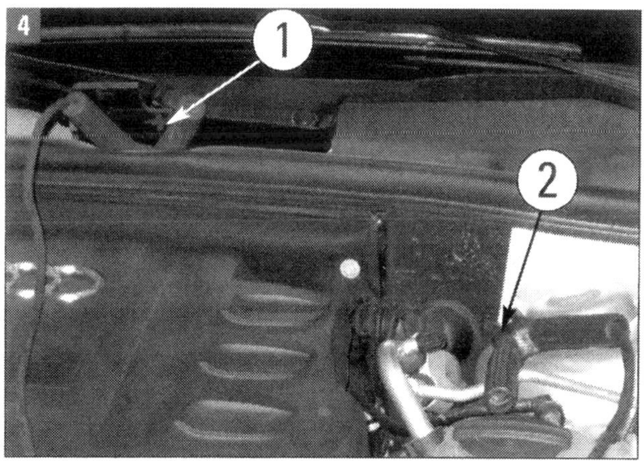

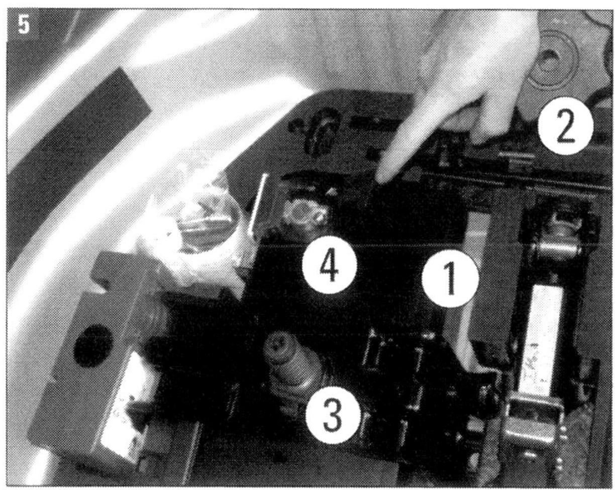

■ Nach dem Start längere Zeit mit höheren Drehzahlen fahren, damit die Lichtmaschine die Batterie rasch aufladen kann.

Batterie prüfen

Um Probleme durch Ausfall der Batterie zu vermeiden, sollte sie regelmäßig überprüft werden. Dazu im Kofferraum die Abdeckung der Batterie (1) nach Abschrauben der großen Mutter (2) vom Stehbolzen (3) am Batteriehalter abnehmen und Anschlusspol-Abdeckungen (4) zurückklappen (Bild 5).
In der Werkstatt kann der Batteriezustand über die geführte Fehlersuche mit dem Diagnosesystem VAS 5051/5052 ausgelesen werden. Marke und Modell eingeben, im Menü die Servicearbeiten wählen und den Anweisungen zur Batterieprüfung folgen.
Prüf- und Messarbeiten an der Batterie, die Sie ausführen können und sollten, beschreiben wir im Kapitel »Elektrik - Bordnetz mit CAN-Bus«.

Elektronik im Notlaufprogramm

Bestimmte Pannen und Fehlfunktionen führen dazu, dass die Motorsteuerung nur noch im Notlaufprogramm arbeitet. Wir gehen im »Elektrik«-Kapitel nochmals darauf ein. Hier möchten wir nur sagen, dass Sie im Notlauf noch einen sicheren Ort erreichen können, dann allerdings der Sache auf den Grund gehen müssen.
Der Fehler kann mit einem Diagnosegerät aus dem Speicher abgefragt werden. Deshalb sollten Sie sich unbedingt merken, in welchem Betriebszustand er aufgetreten ist. Sie können den Fehlerspeicher nämlich durch längeres Abklemmen der Batterie (zirka eine halbe Stunde) löschen und die Fahrt eventuell unter Vermeidung dieses Betriebszustandes fortsetzen. Oft sind nur ein Massepunkt, ein Stecker mit Kontaktschwierigkeiten oder ein undichter Unterdruckschlauch schuld. Finden Sie die Ursache nicht und tritt der Fehler nach kurzer Zeit erneut auf, sollten Sie so schnell wie möglich den Fehlerspeicher auslesen lassen (Werkstattsystem VAS 5051/5052).

Fahrwerk: Räder, Achsen, Servolenkung

Was den A4 so agil, präzise und spielerisch beweglich macht, sind von Grund auf neue Entwicklungen: Dynamik-Fahrwerk, Regelsystem »drive select«, dynamische Lenkung, Allradantrieb »quattro«, Fünflenker-Vorderachse und noch einige andere Innovationen. Sportlicher Fahrspaß und hohe Fahrsicherheit wurden in optimaler Weise kombiniert.

Sportlichster Mittelklasse-Wagen

Beim Pariser Automobilsalon Anfang Oktober 2008 wurde dem Audi A4 der »Auto Bild Design Award« zuteil. Die Leser des Automagazins hatten das Fahrzeug als Limousine wie als Avant zum »schönsten Auto des Jahres« gewählt. Aber der Fahrer erlebt diesen Wagen auch und vor allem als sportlichste Limousine der Mittelklasse, als Auto, das sich agil, präzise und spielerisch leicht bewegen lässt.

Das Dynamik-Fahrwerk (Bild 1) wurde von Grund auf neu entwickelt. Die Aufhängungen, die Lenkung, die Räder und die Bremsen sind dank zahlreicher Aluminium-Komponenten ungewöhnlich leicht. Im Antriebsstrang tauschte das Differenzial seinen Platz mit Kupplung bzw. Drehmomentwandler. So konnte die Vorderachse um 154 Millimeter nach vorn verlagert werden. Diese Lösung sorgt dafür, dass die Achslasten ideal austariert sind, zumal die Batterie im Kofferraum platziert wurde.

Das Dynamikfahrwerk

Dieses Fahrwerk setzt neue Maßstäbe in der Einheit von Präzision, Dynamik und hoher Stabilität. Zwei innovative Technologien verleihen dem Fahrerlebnis regelrechte Faszination:

- Das Regelsystem »Audi drive select«, mit dem der Fahrer die Charakteristik des Motors, des Automatikgetriebes, der Lenkung und der adaptiv ausgelegten Dämpfung ganz nach Wunsch einstellen kann, und
- die Audi Dynamiklenkung, die mit einem Überlagerungsgetriebe arbeitet. Sie verändert die Lenkübersetzung je nach gefahrener Geschwindigkeit. Im Grenzbereich stabilisiert sie den neuen A4 in Zusammenarbeit mit dem ESP (siehe Kasten) durch blitzschnelle kleine Lenkeingriffe. So vereint sie sportlichen Fahrspaß mit hoher Fahrsicherheit.

Viele Teile aus Aluminium

Das größte und aufwändigste Bauteil des gesamten Fahrwerks ist der Aluminium-Träger für Motor und Vorderachse. Er ist starr mit dem Vorderwagen verschraubt, also Bestandteil der Karosserie. Durch seine hohe Steifigkeit bauen sich die Lenkkräfte verzögerungsfrei auf.

Aus Aluminium sind auch der Lagerbock (1) in Bild 2, der die oberen Achslenker (2) mit der Karosserie verbindet, und das Schwenklager. Es entsteht in einem kombinierten Verfahren aus Guss- und Schmiedetechnik, das ihm höchste Festigkeit verleiht.

Die Vorderachse setzt sich aus fünf Lenkern pro Rad zusammen. Je ein Trag- und Führungslenker bilden

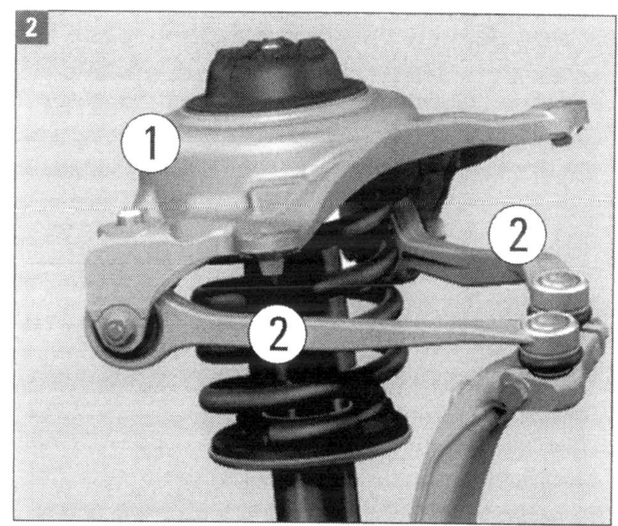

Optimale Gewichtsverteilung: Das dynamische Fahrwerk mit der gut 15 Zentimeter nach vorn gerückten Vorderachse.

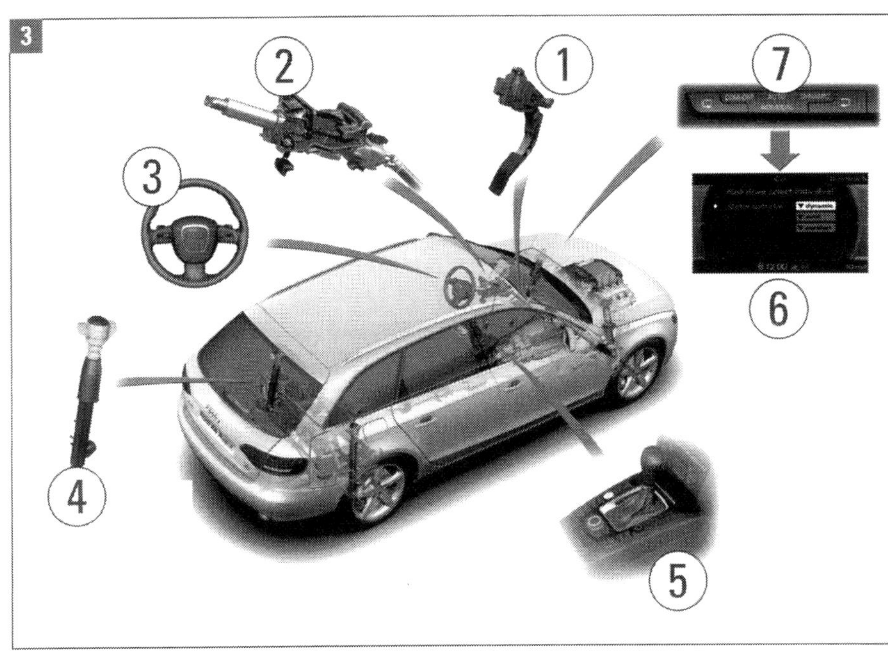

Audi drive select: Alle Einflussgrößen des Fahrwerks sind variabel und dem individuellen Fahrstil anzupassen:
(1) Fahrpedal/Motor - variable Kennlinie,
(2) Dynamiklenkung - variable Lenkübersetzung,
(3) Servotronic - variables Lenkmoment,
(4) Dämpferregelung - variable Dämpferrate,
(5) Getriebeautomatik - variable Schaltcharakteristik,
(6) Konfiguration - individueller Modus,
(7) Zentrale Bedieneinheit.

die untere Ebene, zwei Führungslenker die obere. Die Spurstange als fünfter Lenker verbindet Lenkgetriebe und Schwenklager. Alle Achslenker sind Aluminium-Schmiedeteile, was geringe ungefederte Massen, eine äußerst präzise Radführung und ein sehr sicheres Crashverhalten garantiert. Leicht ist auch der aus hochfestem Rohr gefertigte Stabilisator.

Vorteilhafte Vorderachse

Die Anordnung der Lenker in der unteren und oberen Ebene (Bild 4) gibt die Möglichkeit, die virtuelle Lenkachse nahe an die Radmitte zu holen. Die »virtuelle Lenkachse« ist eine Größe, die sich ergibt, wenn man die Lenker gedanklich verlängert und die Schnittpunkte der Linien betrachtet. Die Antriebs- und Störkräfte können dann nur an einem sehr kurzen Hebelarm angreifen, für den Fahrer nicht spürbar.

Vorderachse: (1) untere Lenkerebene, (2) obere Lenkerebene.

Die Kinematik der Vorderachse ermöglicht auch eine Auslegung der Spreizungs- und Nachlaufwinkel (siehe Kasten), die die Lenkung bei Geradeausfahrt exakt zentriert, was ein präzises Lenkgefühl aus der Mittenlage gewährleistet. Die Spurwinkeländerungen unter Seitenkraft wurden so definiert, dass das Anlenkverhalten auch bei hohem Tempo harmonisch wirkt. Ein großer Radlagerdurchmesser von 102 mm erhöht die Lebensdauer des Radlagers.
Die Fünflenkerachse mit ihren gepfeilten Lenkern kann die Längs- und Querkräfte während der Fahrt getrennt verarbeiten. In Querrichtung sind ihre Lager steif ausgelegt, das fördert die sportliche Präzision und die Kurvengeschwindigkeiten. In Längsrichtung agieren sie geschmeidig weich.

Überlegener Allradantrieb

Bei den starken Motorisierungen (3.2 FSI und 3.0 TDI) werden die Kräfte grundsätzlich über den permanenten Allradantrieb quattro auf die Straße übertragen. Seit seinem Debüt vor fast 30 Jahren sind seine Vorzüge für die Marke Audi charakteristisch geworden: Plus an Traktion, Fahrdynamik, Fahrsicherheit und Geradeauslauf. Die quattro-Modelle des neuen Audi A4 sind dynamische Fahrzeuge, die unter allen Witterungsbedingungen souverän stabil fahren. Sie eignen

sich auch ideal als Zugfahrzeuge. Ein schlagendes Beispiel sind die Übungskurse »Audi driving experience« mit quattro-Fahrzeugen (Bild 5: A4 3.2 TFSI), womit Audi eine weltweit führende Stellung als Veranstalter von Winterfahrtrainings einnimmt. Bei 220 solchen Winter-Kursen allein in der Saison 2007/2008 schulten 15 Instruktoren etwa 4.800 Teilnehmer auf Eis und Schnee.

Herzstück des quattro-Antriebs ist ein Mittendifferenzial, ein selbstsperrendes Schneckenradgetriebe. Es arbeitet rein mechanisch und damit verzögerungsfrei. Seine Sperrwirkung setzt nur unter Last ein, beim Bremsen und in Kurven lässt es Drehzahlunterschiede zu. Im normalen Fahrbetrieb beträgt die Kraftverteilung auf die Vorderachse 40 und an die Hinterachse 60%. Das erlaubt sportliches, heckbetontes Handling. Wenn die Räder einer Achse durchzudrehen beginnen, schickt das Differenzial den Großteil der Kraft an die Achse mit den niedrigeren Drehzahlen, also der besseren Traktion. Die Bilder 2 und 3 zeigen die verschiedenen Situationen:

- Bild 6 (1): Vorn und hinten gleiche Bedingungen; Drehmoment und Achsumdrehungen werden gleich verteilt;
- Bild 6 (2): Vorderachse auf Eis; Drehmoment vorn bis 3,5-mal weniger als hinten, Drehzahl vorn größer als hinten;
- Bild 7 (1): Kurvenfahrt; Drehmoment vorn bis zu 3,5-mal geringer als hinten; Achsumdrehungen vorn höher als hinten;
- Bild 7 (2): Hinterachse auf Eis; Drehmoment vorn bis 3,5-mal größer als hinten; Achsumdrehungen vorn geringer als hinten.

Das Mittendifferenzial kann bis zu 65 Prozent der Kräfte nach vorne und bis zu 85 Prozent nach hinten leiten. Dadurch kommt der neue A4 im Grenzbereich oft ohne Bremseingriffe des Stabilitätssystems ESP (siehe

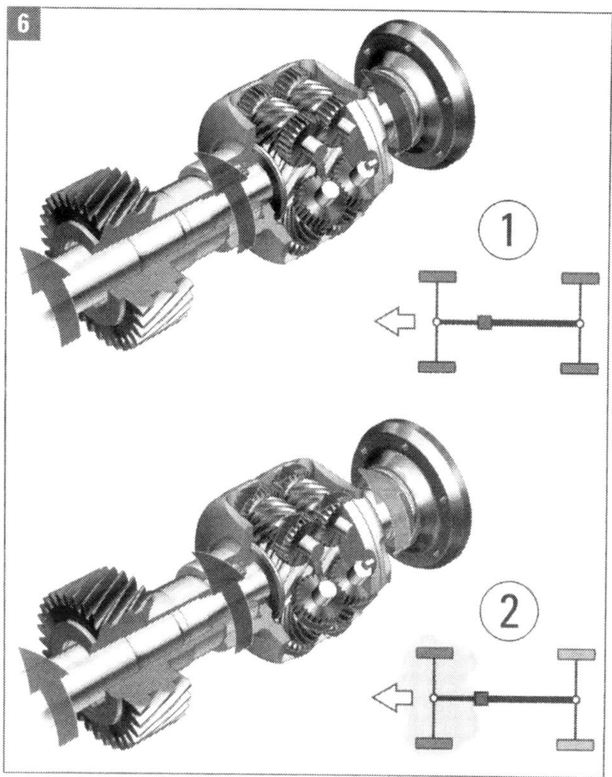

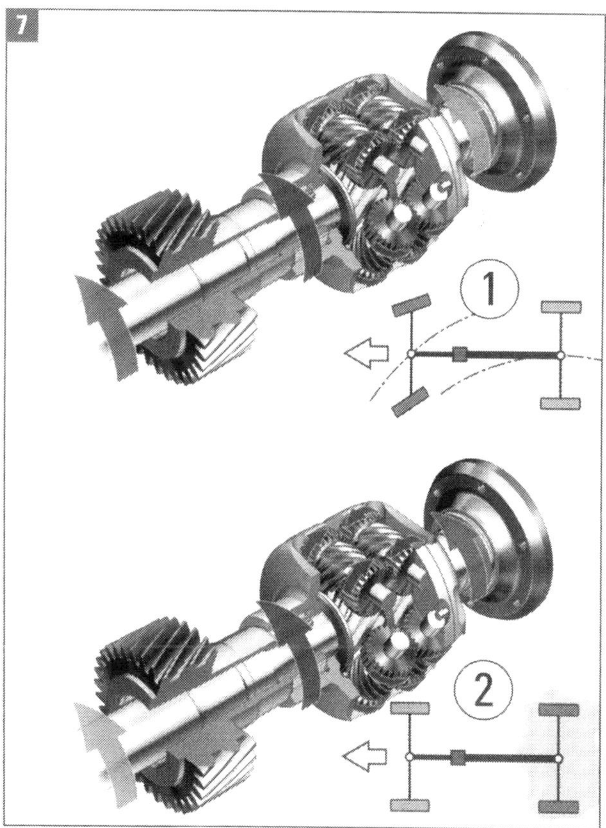

Das Torsen-Differenzial des quattro: Drehmoment und Achsrotation vorn und hinten je nach Situation verschieden.

Kasten) aus. Falls aber doch einmal ein Rad einer Achse durchdrehen sollte, regelt es die Elektronische Differenzialsperre EDS, die auch als Anfahrhilfe dient, durch Bremseneingriffe ab. Das ist jedoch normalerweise sehr selten nötig.

WISSENSWERTES

Begriffe der Lenkgeometrie

Nachlauf: Abstand (in Fahrtrichtung) zwischen der gedachten Verlängerungslinie der Lenkdrehachse zum Boden und dem Mittelpunkt der Reifenaufstandsfläche. Durch den Nachlauf werden die Räder gezogen (und nicht geschoben). Sie neigen deshalb dazu, sich von selbst geradeaus zu stellen und diese Stellung auch beizubehalten.

Spreizung: Die Neigung der Lenkungsdrehachse zu einer Senkrechten. Denkt man sich eine Linie dieser Achse zum Boden und misst den Abstand zur Mittellinie durch das Rad (Mittelpunkt der Reifenaufstandsfläche), erhält man den Lenkrollradius. Dieser soll möglichst klein sein, um die Störkräfte in der Lenkung zu verringern. Die Spreizung bewirkt zusammen mit dem Nachlauf, dass sich bei eingeschlagenen Rädern das Fahrzeug etwas anhebt. Lässt man das Lenkrad los, stellen sich die Räder selbst in die Mittelstellung zurück (Rückstellmoment).

Sturz: Die Neigung des Rades zu einer Senkrechten. Vermindert Fahrbahnstöße auf die Teile der Lenkung, reduziert Lenkkräfte und Reibung der Räder auf der Fahrbahn. Die Vorderräder haben positiven Sturz. Sie stehen oben im Radkasten geringfügig weiter auseinander als unten am Boden.

Spurdifferenzwinkel: Für die Vorderradaufhängung festgelegte Abweichung zwischen den Radeinschlagwinkeln bei Stellung eines Rades auf 20°.

Vorspur: Die Vorderräder stehen vorn enger zusammen als hinten (rollen aufeinander zu). Das gleicht die Reibung zwischen Rad und Straße aus, die das linke Rad nach links und das rechte nach rechts drücken will. Die Vorspur verhindert Flattern der Räder und Radieren der Reifen. Bei der Fahrt durch eine Kurve schwenkt das kurveninnere Rad zur Unterstützung der Lenkbewegung und der Lenkkräfte stärker ein als das kurvenäußere. Die Vorspur geht in Nachspur über (Räder stehen hinten enger zusammen als vorn).

Tief montiertes Lenkgetriebe

Auch das A4-Lenksystem (Bild 8) wurde im Vergleich zum Vorgängermodell grundlegend überarbeitet. Neu ist, dass die Lenksäule verdrehfest mit dem Querträger unterhalb des Scheibenrahmens und dem Lagerbock der Stirnwand verschraubt wurde. Entsprechend präzise spricht die Lenkung an.

Das Getriebe der serienmäßigen Servolenkung, eine Zahnstangenkonstruktion, ist in einem Gehäuse aus Aluminium untergebracht. Mit einer Übersetzung von 16,1:1 wirkt die Lenkung sportlich-direkt. Die geregelte Flügelzellenpumpe (1) in Bild 8 versorgt das System mit hydraulischer Energie. Anders als konventionelle Servopumpen, die große Volumenströme intern umwälzen, fördert sie nur so viel Öl, wie im jeweiligen Betriebspunkt erforderlich ist, was den Kraftstoffverbrauch um 0,1 Liter/100 km senkt.

Der entscheidende Fortschritt ist die neue Position des Lenkgetriebes (1) in Bild 9. Bislang war es hoch und weit hinten am Boden des Wasserkastens befestigt. Jetzt ist es weit vorn und tief, knapp unterhalb der Vorderachse am Hilfsträger platziert (Bild 8).

Weil der Lenkimpuls des Fahrers über die Spurstan-

Dynamiklenkung: (1) systemeigene Flügelzellenpumpe zur Versorgung mit dem Hydrauliköl.

Lenkgetriebe: (1) tiefliegende Zahnstangenlenkung.

gen sehr direkt in die Räder eingeleitet wird, ergibt sich eine sehr spontane Lenkansprache. Zugleich vermittelt die Lenkung eine präzise, fein differenzierte »Rückmeldung« von der Straße. Reibungsoptimierte Spurstangengelenke, die von einem speziellen Fett geschmiert werden, unterstützen diese feinfühlige Charakteristik.
Neben dieser Servolenkung bietet Audi für A4 3.2 FSI, A4 2.7 TDI und A4 3.0 TDI die geschwindigkeitsabhängige Lenkung »servotronic« an. Sie passt die Unterstützung an die gefahrene Geschwindigkeit an. Beim Einparken sorgt sie für komfortables Lenken mit geringem Kraftaufwand, bei hohem Tempo vermittelt sie ein Höchstmaß an Präzision.

Hinterachse fest am Boden

Die Konstruktion der Hinterachse ist am spurgesteuerten Trapezlenker-Prinzip der großen Baureihen A8 und A6 orientiert. Die Kinematik ist jedoch von Grund auf neu. Das Rückgrat bildet ein biege- und torsionssteifer Achsträger, der aus je zwei Längs- und Querrohren aus höherfestem Stahl zusammengeschweißt ist (1) im Bild unten. Seine Längsrohre entstehen per Innenhochdruckumformung.
Der Träger ist mit der Karosserie über vier große Gummilager (2) verbunden, die für dynamisches Handling in Querrichtung besonders steif, dem Komfort zuliebe in Hoch- und Längsrichtung jedoch weich abgestimmt sind. Alle Lenker sind akustisch entkoppelt über Elastomerlager am Achsträger gelagert.
Um sportliches Handling mit hohem Komfort zu vereinen, müssen die ungefederten Massen so gering wie möglich sein. Die beiden Trapezlenker sind deshalb aus warmausgehärtetem Aluminium gegossen, die

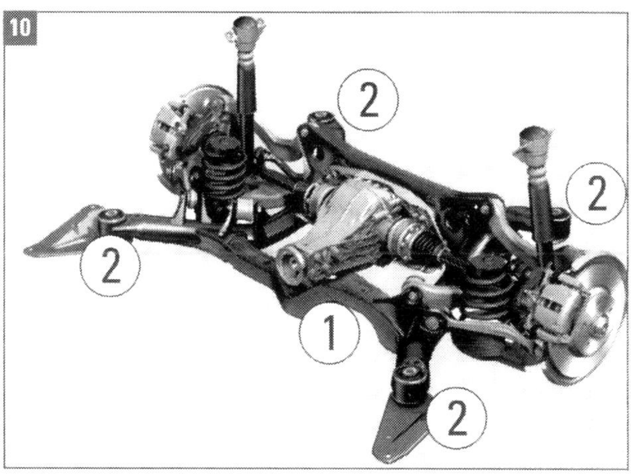

Trapezlenker-Hinterachse: (1) Achsträger, (2) Gummilager.

Stabilisierung durch ESP

WISSENSWERTES

Durch das von Audi und anderen Herstellern als »Elektronisches Stabilitätsprogramm - ESP« bezeichnete System wird ein Fahrzeug bis an die physikalische Grenze stabil gegen Ausbrechen. Das Anti-Schleuderprogramm soll nicht etwa Fahrwerksschwächen kompensieren. ESP erhöht die aktive Fahrsicherheit: Der Wagen bleibt damit selbst in schwierigen und unerwarteten Situationen noch besser beherrschbar. ESP bewirkt in kritischen Fahrsituationen gezielte Bremseingriffe an einzelnen Rädern und eine bedarfsgerechte Anpassung der Motorleistung zur Stabilisierung des Fahrzeugs. Das gilt besonders in Kurven und bei plötzlichen Ausweichmanövern.

ESP erkennt eine fahrdynamisch kritische Situation beispielsweise an einem durchdrehenden Rad. Sofort wird ESP aktiv und bremst je nach Situation und Bedarf eins oder mehrere Räder gezielt ab. Zusätzlich wird, falls vom System als notwendig erkannt, automatisch das Motordrehmoment angepasst. So unterstützt ESP den Fahrer dabei, das Fahrzeug wieder zu stabilisieren. Natürlich kann aber auch ESP nur im Rahmen der fahrphysikalischen Gesetze helfend eingreifen.

Herzstück des Stabilitäts-Programms ist ein Geschwindigkeitsmesser. Er verfolgt ständig die Bewegung des Fahrzeugs um seine Hochachse und vergleicht den gemessenen Ist-Wert mit dem Sollwert, der sich aus der Lenkvorgabe des Fahrers und der Geschwindigkeit ergibt. Sobald das Fahrzeug von dieser Ideallinie abweicht, greift ESP ein und beeinflusst Schleuderbewegungen schon beim Entstehen. ESP verbindet die Funktionen von Anti-Blockier-System ABS und Antriebs-Schlupf-Regelung ASR bei gleichzeitiger Erweiterung um eine wirksame Fahrstabilitätshilfe.

Anhängerstabilisierung ist eine neue, serienmäßige Zusatzfunktion des ESP. Im Rahmen der physikalischen Möglichkeiten kann sie den Pendelschwingungen eines Anhängers bereits im Ansatz entgegenwirken. Erst wenn ein zusätzliches Abbremsen zur Stabilisierung unumgänglich wird, passt die ESP-Anhängerstabilisierung auch automatisch die Fahrgeschwindigkeit an.

Radträger entstehen im Aluminium-Kokillenguss. Die oben liegenden Querlenker und die Spurstangen sind Aluminium-Schmiedeteile. Mit ihren hohen Steifigkeiten sorgen sie dafür, dass sich Spur und Sturz (vergl. Kasten) nur wenig ändern, wenn dynamische Kräfte auf die Räder einwirken. Auch der Stabilisator, wie an der Vorderachse als Rohr gestaltet, kombiniert geringes Gewicht mit hoher Steifigkeit.

Neue Art des Federeinbaus

Völlig neu präsentiert sich die Einbaulage der Federn (1), Bilder 11 und 12. Sie stützen sich nicht mehr wie beim Vorgängermodell auf die Trapezlenker, sondern direkt auf die Radträger (2) ab. So konnte der Federungskomfort des neuen A4 auf das Niveau der Oberklasse und die Fahrdynamik auf das Level einer Sportlimousine verbessert werden.
Auch die getrennte Anordnung der Federn und Dämpfer verbessert das Ansprechverhalten. Der Federweg wurde für höheren Komfort um 20 mm verlängert. Die Achslager sind aus speziellen Gummimischungen gefertigt, die den Komfort noch weiter verbessern.
Ein neuartiges Elastomer-Element im Radträger dämpft Drehschwingungen des Rades. Die Kinematik der Hinterachse hält das Nicken beim Bremsen in engen Grenzen und erhöht so den Eindruck sportlicher Dynamik.

Hintere Feder:
(1) linkeFeder. Sie stützt sich direkt auf die (2) Radträger ab.

Hintere Feder:
(1) rechte Feder. Sie stützt sich direkt auf die (2) Radträger ab.

Das Sportfahrwerk

Auf Wunsch liefert Audi den neuen A4 mit einem Sportfahrwerk aus. Das operiert mit strafferen Federn und Dämpfern und senkt die Karosserie um 20 mm ab. Die niedrigere Schwerpunktlage schärft die Optik und erhöht die Dynamik. Wer noch mehr Sportlichkeit sucht, findet sie beim S line-Sportfahrwerk. Die Dämpfung fällt hier noch straffer aus, der Aufbau wird um weitere 10 mm tiefer gelegt.
Mit ihrer kompakten Bauweise erzielt die Trapezlenkerachse im Packaging große Vorteile: Der Laderaumboden des neuen Audi A4 liegt tief, ist eben und offeriert 100 cm Durchladebreite. Die frontgetriebenen Modelle und die quattro-Varianten haben nahezu baugleiche Achsen an Bord, die sich nur in kleinen Details unterscheiden. Der Achsträger bei den quattro-Modellen beispielsweise besitzt eine zusätzliche Aufnahme für das Hinterachsgetriebe.

Audi drive select

Dieses bereits erwähnte System ist neu in der automobilen Mittelklasse. Drive select integriert alle Technik-Komponenten, die das Fahrerlebnis bestimmen. Motor, Automatikgetriebe, Lenkung und adaptive Regelung der Stoßdämpfer sind in das System eingebunden. Alle Bausteine lassen sich einzeln bestellen.
Über Tasten auf der Mittelkonsole (Bild 3 Seite 66) kann der Fahrer die Arbeitsweise der Komponenten ganz nach Belieben in drei Hauptmodi von komfortabel bis sportlich beeinflussen. In der Vollversion kann er sich darüber hinaus ein spezielles Profil komponieren, das seinen persönlichen Idealvorstellungen entspricht. Vier Autos in einem sind sozusagen auf diese Weise möglich.
Audi drive select steht in verschiedenen Ausführungen zur Wahl. In der ersten Stufe integriert es drei Systeme. Die Charakteristik der Gasannahme im Motor, die geschwindigkeitsabhängige Lenkkraftunterstützung der servotronic und die Schaltpunkte der Auto-

matik sowie die Dynamiklenkung und/oder die Dämpferregelung lassen sich in drei deutlich unterschiedenen Hauptkennfeldern festlegen. Der Modus

- »comfort« ist die ideale Stellung für entspanntes Fahren auf langen Strecken oder holprigen Straßen,
- »auto« ist die ausgewogene Stellung und
- »dynamic« die knackig-straffe Stufe.

Zum Wechsel zwischen den Kennfeldern dienen zwei Pfeil-Tasten an der Mittelkonsole. Der jeweils aktive Modus wird beleuchtet dargestellt. Alle Umschaltungen erfolgen sicher und harmonisch, sie teilen sich für den Fahrer klar mit, stören ihn aber nicht.

Wenn der A4 auch mit dem Bediensystem MMI ausgestattet ist, also ein Navigationssystem an Bord hat, steht dem Fahrer eine vierte Setup-Ebene mit der Bezeichnung

- »individual« zur Verfügung. Er kann sie über das Bedienterminal selbst konfigurieren und danach jederzeit aktivieren. Dieses persönliche Profil lässt sich aus zahlreichen Einstellmöglichkeiten frei komponieren und intuitiv bedienen.

Adaptive Stoßdämpfer

WISSENSWERTES

Die so genannten CDC-Dämpfer (CDC = continuous damping control) sind hydraulische Gasdruckdämpfer nach dem Zwei-Rohr-Prinzip. Sie haben ein zusätzliches externes Ventil samt Verbindungsrohr. Ihre Arbeitsweise lässt sich kontinuierlich beeinflussen.

Das elektromagnetisch angesteuerte Proportionalventil, das gegen die Kraft einer Feder ausgelenkt wird, managt den Durchfluss der Hydraulikflüssigkeit zwischen dem inneren und dem äußeren Dämpferrohr. Ein kleiner Fließquerschnitt schafft eine harte, ein großer eine weiche Dämpfungscharakteristik.

Innerhalb des Modus, den der Fahrer vorgibt (beim Audi A4 über »drive select«), operiert das Steuergerät mit adaptiven Kennlinien. Es passt sich dem Stil des Fahrers und den Gegebenheiten der Straße an. Auch aus dem Komfortmodus heraus schalten die Dämpfer, wenn gewünscht, blitzschnell auf eine straffe Arbeitsweise um, wobei sie jedoch nicht bis an die Grenzen des Möglichen gehen. Sie sind mit sportlichen Federn kombiniert, die die Karosserie um 20 mm tiefer legen, aber noch immer guten Abrollkomfort vermitteln.

Gesteuerte Stoßdämpfer

Die CDC-Stoßdämpfer des A4 sind kontinuierlich gesteuerte hydraulische Gasdruckdämpfer (siehe Kasten). Als Herzstück der elektronischen Dämpferregelung dient ein neuartiges High-Performance-Steuergerät. Es offeriert eine imposante Datenbreite von 32 bit und arbeitet mit hoher Geschwindigkeit. Der Rechner analysiert pausenlos die Signale, die er von 14 Sensoren geliefert bekommt, und berechnet 1000 Mal pro Sekunde den Strom für die elektrisch gesteuerten Stoßdämpfer individuell pro Rad.

Das Steuergerät stellt die optimale Dämpfkraft für die jeweilige Fahrsituation ein. Das können hohe Kräfte für die Abstützung der Karosserie bei zügiger Kurvenfahrt oder Bremsung, niedrige Kräfte bei harten Unebenheiten sowie auf der Autobahn oder mittlere Kräfte auf schlechten Landstraßen sein.

Premiere für Dynamiklenkung

Mit der Dynamiklenkung schlägt Audi im A4 ein neues Kapitel auf. Ein spielfreies Überlagerungsgetriebe verändert die Lenkübersetzung je nach gefahrener Geschwindigkeit. Diese Lenkung stabilisiert im Zusammenwirken mit dem ESP den Wagen durch blitzschnelle kleine Lenkeingriffe.

Das Überlagerungsgetriebe ist in die Lenksäule integriert und mit einem Elektromotor kombiniert. Beim Getriebe handelt es sich um ein Wellgetriebe, das auch unter der Bezeichnung »Harmonic Drive« bekannt ist und sich in der Robotik und in der Raumfahrt bewährt hat. Das Getriebe ist extrem kompakt, leicht und torsionssteif. Es arbeitet spielfrei, höchst exakt und reibungsarm, kann große Drehmomente übertragen und erreicht hohe Wirkungsgrade. Audi macht nun diese brillanten Eigenschaften in der Automobiltechnik nutzbar.

Die Dynamiklenkung variiert, abhängig von Geschwindigkeit und eingestelltem Modus, ihre Übersetzung um fast 100%. Die Übergänge verlaufen kontinuierlich und unmerklich. Beim Einparken agiert sie extrem direkt: zwei leichte Lenkradumdrehungen genügen von Anschlag zu Anschlag. Bei Landstraßengeschwindigkeit gehen die Direktheit und die Servokraft schon leicht zurück, dennoch muss der Fahrer auch in Spitzkehren nicht umgreifen. Bei hohem Autobahntempo fördern eine indirekte Übersetzung und eine geringe Kraftunterstützung den souveränen, gelassenen Geradeauslauf.

Die Dynamiklenkung wirkt eng mit dem ESP zusammen. Sie entlastet das Stabilisierungsprogramm, weil sie eine Lenkkorrektur etwa dreimal schneller ausfüh-

ren kann, als die Bremsanlage zum Druckaufbau braucht. Diese raschen Eingriffe machen viele Bremsimpulse überflüssig. Der Fahrer bemerkt die auch völlig geräuschlosen Korrekturen überhaupt nicht.
Zu den Vorzügen der neuen Lenkung (siehe Kasten) gehört z. B. die Meisterung einer so kritischen Situation wie Bremsen auf Oberflächen mit unterschiedlichen Reibwerten. Die Seite mit den höheren Reibwerten zieht das Fahrzeug wegen der höheren Bremskräfte in ihre Richtung. Dynamiklenkung greift hier voll regulierend ein, der Fahrer muss das Lenkrad nur in die gewünschte Richtung drehen.

13

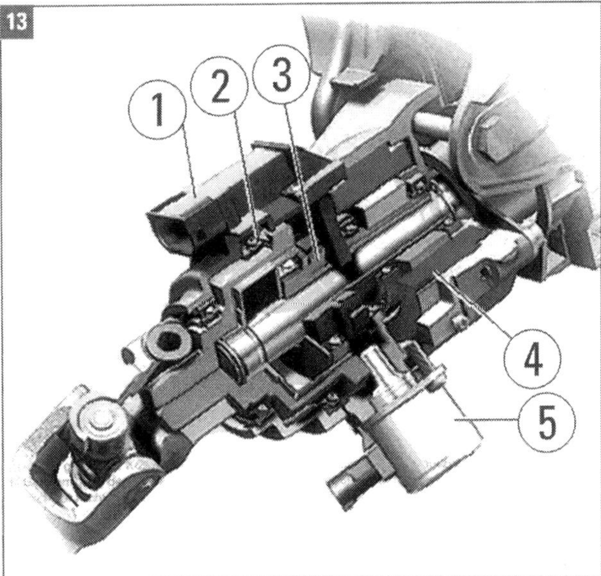

Aktuator der Dynamik-Lenksäule: (1) Anschlussstecker, (2) Initialisierungssensor, (3) Positionssensor, (4) Elektromotor, (5) Sperre für Dynamiklenkung.

Funktion der Dynamiklenkung:

- Durch den Aktuator (Steller) aus Wellgetriebe und Elektromotor wird die Verdrehung des Lenkritzels für den notwendigen Überlagerungswinkel realisiert.
- Der Elektromotor ist ein permanent erregter Synchronmotor, dessen Läufer (acht Dauermagneten) fest mit der Hohlwelle verbunden ist. Stator sind sechs Spulenpaare, Ansteuerung durch das Steuergerät (J792).
- Die Sperre für Dynamiklenkung verriegelt im Notfall und nach Abstellen des Fahrzeugmotors mechanisch das Dynamiklenkgetriebe. Sie gewährleistet eine sichere Rükkfallebene bei Systemstörung.
- Der Positionssensor gibt die aktuelle Position der Hohlwelle (Exzentrizität des Lagers) an.
- Der Initialisierungssensor erfasst mit einem Signal pro Lenkradumdrehung die Mittellage des Lenkgetriebes.

Vorzüge der Dynamiklenkung

WISSENSWERTES

Bei konventionellen Lenksystemen besteht eine direkte mechanische Verbindung von Lenkrad und Lenkgetriebe. Einschlagwinkel des Lenkrades und Einschlagwinkel der gelenkten Räder sind fest zugeordnet. Aber nur jeweils ein Übersetzungsverhältnis kann in einem Fahrzeug umgesetzt werden. Das gewählte Übersetzungsverhältnis ist dabei immer nur ein Kompromiss.

Eine optimale Lösung kann nur durch ein variables Übersetzungsverhältnis geboten werden, das den tatsächlichen Lenkeinschlag der Räder in Abhängigkeit von Fahrgeschwindigkeit und Lenkwinkel bewirkt. Bei der Dynamiklenkung realisiert ein zusätzlicher elektromechanischer Antrieb des Lenkritzels, der die Lenkbewegung des Fahrers überlagert, das variable Übersetzungsverhältnis. Bei Ausfall dieses Antriebes funktioniert die Lenkung genau so wie eine konventionelle Lenkung.

Eine kritische Situation wie das Übersteuern durch Lastwechsel nach jähen Ausweichmanövern kann die Dynamiklenkung durch Gegenlenken ganz allein korrigieren. Erst ab größeren »Schwimmwinkeln« kommen auch die Bremseingriffe ins Spiel.
Beim Untersteuern, dem Schieben des Autos zum Kurvenaußenrand, greift die Dynamiklenkung ebenfalls hilfreich ein. Die Lenkung wird kurzfristig indirekter, so dass der Fahrer den Bereich, in dem die Reifen noch guten Kraftschluss mit der Fahrbahn haben, sehr wahrscheinlich nicht überlenkt. Der Lenkwinkel bleibt beherrschbar klein und das Untersteuern gering.

Das Räderprogramm

Die A4-Räder in den Formaten 16 bis 18 Zoll füllen mit ihren großen Durchmessern die Radhäuser souverän aus. Nach Normvorschrift gibt man ja die Felgengröße in Zoll an. Der neue A4 ging mit eleganten und hochwertigen Rädern in den Größen 7,5 J x 16; 7,5 J x 17; 8 J x 17 und 8 J x 18 an den Start. Es handelt sich also um Tiefbettfelgen (dafür steht das »x«) mit Breiten von 7,5 oder 8 Zoll und Durchmessern von 16, 17 oder 18 Zoll. Der Buchstabe »J« bezeichnet die Form des Felgenhorns. Die quattro GmbH liefert darüber hinaus

19-Zoll-Räder. Für den Winter sind drei Radtypen von 16 bis 18 Zoll Durchmesser zu haben.
Die gängigen Reifenformate sind, diesen Felgengrößen entsprechend, 225/55 R16, 225/50 und 245/45 R17 sowie 245/40 R18. Für die kalte Jahreszeit findet sich ein kettentauglicher Winterreifen in der Dimension 225/50 R17 im Programm.
Auf Wunsch liefert Audi die Räder im Format 8 J x 17 auch mit Notlaufreifen in der Dimension 245/45 aus. Sie entsprechen dem »Runflat«-Standard, bei dem spezielle Gummielemente in ihrem Inneren selbst bei totalem Druckverlust noch eine sichere Weiterfahrt über mindestens 80 km ermöglichen.
Dann darf allerdings nur mit maximal 80 km/h gefahren werden. Für den Fahrer erscheint eine Warnanzeige, weil die Notlaufbereifung grundsätzlich mit einer Drucküberwachungsfunktion gekoppelt wird.

Beispiel mit fünf Speichen: Optional werden Räder des Formats 8 J x 17 auch mit Notlaufreifen geliefert. Dann darf nur mit maximal 80 km/h gefahren werden.

Beispiel mit sechs Speichen: Der A4 hat elegante und hochwertige Räder im Programm.

Zuverlässige Druckanzeige

Die innovative Reifendruckkontrollanzeige der zweiten Generation setzt Audi im neuen A4 bei den V6-Motorisierungen in Serie, sonst optional ein. Dies ist eine zuverlässige und intelligente Lösung. Wie ein herkömmliches indirekt messendes System erkennt sie den schnellen Druckverlust bei einer Reifenpanne, erfasst aber auch, an welchem Rad er auftritt.
Das neue System vergleicht nicht nur auf übliche Weise die Drehzahlen der vier Räder miteinander, sondern beobachtet darüber hinaus die Torsionsschwingungen, die durch die Anregungen von der Straße entstehen.
Im Fall eines Druckverlusts ändert sich die Steifigkeit des Reifens und damit seine charakteristische Eigenfrequenz. Daher kann die Reifendruckkontrollanzeige auch registrieren, wenn alle vier Reifen gleichmäßig schleichend Luft verlieren. Dieser Effekt, der durch Diffusion verursacht wird, kann bis zu 0,1 bar pro Monat betragen und bei Nichterkennen am Ende zu einem massiven Schaden führen.
Ins ESP integriert, lässt sich die Reifendruckkontrollanzeige von wechselnden Bedingungen (beladener Kofferraum, Schneeketten oder Schotterpisten) nicht irritieren, weil sie die Frequenzmuster immer wieder neu analysiert und Störgrößen herausrechnen kann. Der Fahrer hat lediglich die kleine Aufgabe zu erfüllen, nach dem Aufpumpen der Reifen das System nach Betriebsanleitung neu zu kalibrieren. Im Gegensatz zu direkt messenden Techniken, die mit Batteriegespeisten Sensoren an den Rädern operieren, benötigt die Reifendruckkontrollanzeige auf Lebenszeit keine Wartung oder Ersatzteile.

⚠ Risikofaktor Reifeninnendruck

GEFAHRHINWEIS

Ein schlecht oder gar nicht gewarteter Reifen kann sich zum Risikofaktor für Fahrer und Auto entwickeln. Fahren Sie zum Beispiel einen Reifen mit zu geringem Luftdruck unter sehr hoher Last, kann dies zu teilweisen Ablösungen an der Reifenlauffläche führen.

Solche Schäden bleiben jedoch oft längere Zeit verborgen. Wird der vorher geschädigte Reifen dann bei einer längeren Fahrt stark beansprucht, ist die Katastrophe nicht mehr ausgeschlossen. Durch die enormen Fliehkräfte bei hohen Geschwindigkeiten können dann sogar einzelne Reifenteile abreißen.

Aufbau und Bestimmungsgrößen

Mit ihrem Unterbau, ihrer Gummimischung und ihrem ausgefeilten Profil (Bild 16) leisten moderne Reifen wie die des Audi A4 einen wesentlichen Beitrag zur passiven Sicherheit. Sie tragen das Gewicht des Fahrzeugs, fangen kleinere Stöße der Fahrbahn ab und übertragen die Kräfte, die bei Antrieb, Bremsen und Kurvenfahrt entstehen.

Die Ziffern und Buchstaben auf der Flanke eines Reifens stehen für die Reifendaten. Wichtig ist vor allem das Format des Reifens. Die Serienreifen für den A4 haben die bereits genannten Abmessungen. Die Reifenquerschnitte betragen demnach 225 oder 245 mm. Die zweite Zahl bei der Formatangabe bestimmt das Verhältnis von Höhe und Breite. Es kann bei den A4-Reifen also 40, 45, 50 oder 55 Prozent betragen. Je kleiner dieses Verhältnis, umso flacher und breiter der Reifen. »R« steht für die Radialbauart von Gürtelreifen, die Zahl dahinter nennt den Durchmesser der Felge in Zoll, bei den A4-Reifen also 16 bis 18 Zoll. Welche Reifengrößen und Felgen für Ihr Fahrzeug zugelassen sind, steht übrigens auch in den Kfz-Papieren. Ein weiterer Kennbuchstabe auf der Reifenflanke gibt die zulässige Höchstgeschwindigkeit an: »Q« steht für 160 km/h (Winterreifen), »S« für 180 km/h, »T« für 190 km/h, »H« für 210 km/h und »V« für 240 km/h Spitze. Für maximal 300 km/h gilt das Geschwindigkeitssymbol »Y«.

16

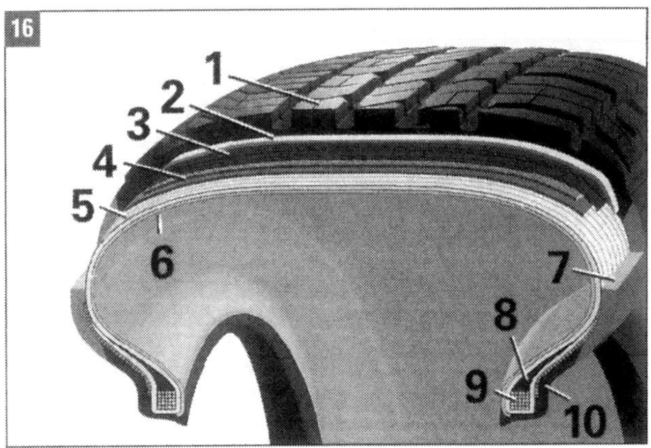

Schichtenstruktur eines schlauchlosen Gürtelreifens:

1 Laufstreifen: Profil und Mischung beeinflussen entscheidend die Eigenschaften.
2 Base: Senkt den Rollwiderstand.
3 Nylon-Spulbandagen und
4 Stahlcord-Gürtellagen steigern die Fahrstabilität.
5 Karkasse: Form- und Festigkeitsträger des Reifens.
6 Innenseele: Gasdichte Schicht, ersetzt den früher üblich gewesenen Schlauch.
7 Seitenteil: Schützt die Karkasse vor Beschädigungen.
8 Kernprofil: Unterstützt die Lenk- und Fahrpräzision.
9 Kern: Sorgt für den festen Sitz des Reifens auf der Felge.
10 Wulstverstärker: Fördert präzises Lenkverhalten und Fahrstabilität.

Datum und ECE-Prüfnummer

Auf Reifen, die seit Januar 2000 hergestellt wurden und werden, sind Herstellungswoche und Jahr mit einer 4-stelligen Zahl angegeben. So bedeutet 0907, dass der Reifen in der 9. Produktionswoche des Jahres 2007 hergestellt wurde.

Bis Ende 1999 war das Datum der Herstellung mit einer dreistelligen »DOT«-Nummer angegeben. Auf Reifen ab Produktionsjahr 1990 steht hinter dieser Zahl ein kleines Dreieck.

Reifen, die nach dem 1. Oktober 1998 hergestellt wurden, tragen eine ECE-Prüfnummer auf der Reifenflanke (Bild 17). Diese Nummer (»E« und eine Zahl für das Herkunftsland) besagt, dass der Pneu typgeprüft entsprechend europäischem Qualitäts-Standard ist. Fehlt die Prüfnummer auf den Pneus, erlischt die Allgemeine Betriebserlaubnis für Ihren Wagen.

17

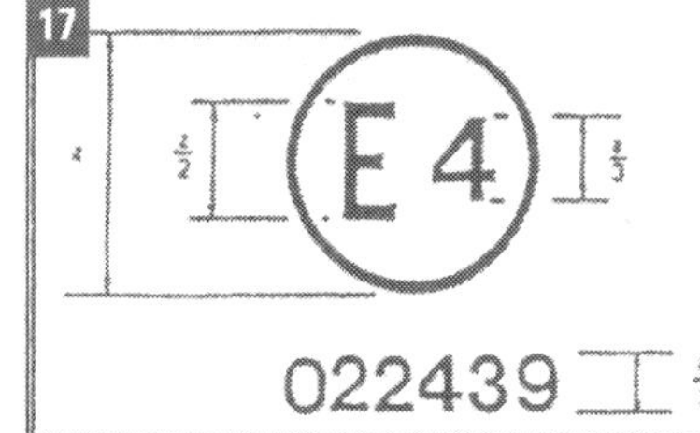

Prüfnummer: Diese Kennzeichnung bestätigt dem Reifen die Typprüfung nach europäischem Qualitätsstandard.

Begrenzte Laufleistung

Verbindliche Angaben über die Kilometer-Laufleistung sind von Reifenherstellern kaum zu erwarten. Der Reifenverschleiß hängt wesentlich von Motorisierung, Straßenbeschaffenheit und Fahrweise ab. Die Reifen der angetriebenen Räder bringen es bei mittlerer Motorisierung und normaler Straßenbeschaffenheit auf eine durchschnittliche Laufleistung von 50.000 bis 60.000 Kilometer. Aber auch bei nur seltener Fahrt sind die Reifen spätestens nach acht Jahren am Ende. Denn die Mischung des Gummis löst sich mit der Zeit auf, der Pneu versprödet und verhärtet.

Ursachen für Reifenverschleiß

Heftiges Aufprallen auf die Bordsteinkanten ist gefährlich. Dabei können Schäden an der Reifenstruktur auftreten, die zunächst unsichtbar sind. Die Gefahr solcher Schäden besteht auch beim Parken, wenn der Reifen an die Bordsteinkante gequetscht oder nur mit einem Teil der Aufstandsfläche auf einer Kante abgestellt wird. Vollbremsungen mit blockierenden Rädern können durch Abschleifen infolge Erhitzung zu »Bremsplatten« führen. Reifen mit solchen Platten erzeugen beim Fahren gefährliche Vibrationen.

Das Reifenlaufbild

Es gibt diverse Erscheinungsformen für abgenutzte Reifen, auf die Sie achten sollten. Wir möchten die augenfälligsten hier kurz auflisten.

Häufige Abnutzungserscheinungen

- Außenseite (vorn) abgefahren: Zu flotte Fahrweise in Kurven. Evtl. gegen Hinterräder tauschen.
- Außenseiten stärker abgenutzt als Profilmitte: Reifen wurde lange mit niedrigem Luftdruck gefahren.
- Einseitig abgefahrene Laufflächen: Sind meist auf Sturzfehler zurückzuführen (Achsvermessung!).
- Gratbildung am Reifenprofil: Spurfehler, Achsvermessung angeraten.
- Abnutzung in Profilmitte (Bild 18): Reifen bauchen durch Fliehkraft aus, nutzen in der Mitte stärker ab.
- Schräges Profil (Bild 19): Falsche Radeinstellung.
- Starke Abnutzung: Bremsung mit blockiertem Rad führt oft zu diesen schon erwähnten »Bremsplatten«.
- Ungleiche Abnutzung: Meist durch Unwucht im Rad. Auswuchten erforderlich.

Die Unwucht

So genannte Unwucht macht sich durch Vibrationen am Lenkrad oder Schütteln im Vorderwagen bemerkbar. Ursache ist ungleichmäßige Gewichtsverteilung am Rad, die auch den Reifenverschleiß erhöht.

- Dynamische Unwucht kommt beim schnellen Drehen des Rades zur Wirkung. Die übergewichtige Stelle sitzt nicht in der Mittelebene des Rades, sondern etwas nach außen bzw. innen versetzt. Das Rad flattert und wackelt bei schneller Fahrt.
- Statische Unwucht zeigt sich, wenn man das Rad am aufgebockten Wagen frei auspendeln lässt: Der Schwerpunkt wird sich ganz von selbst nach unten begeben. Ein Rad mit einer statischen Unwucht hüpft beim Fahren, die Stoßdämpfer verschleißen schneller.

Das Auswuchten

Diese Arbeit ist Sache der Werkstatt. Eine Auswuchtmaschine zeigt die Unwuchten am Rad. An die entsprechenden Stellen der Felgen werden Gewichte montiert, die den unrunden Lauf ausgleichen.

Räder richtig tauschen

Der Kauf neuer Reifen ist hinaus zu schieben, indem die Räder je einer Fahrzeugseite gegeneinander ausgetauscht werden. Der Abrieb der Reifen erfolgt so gleichmäßiger. Beim Ersatz sind dann aber vier Reifen auf einmal fällig, und beim Wechsel in kurzen Kilometerabständen lassen auch am Reifenprofil mögliche Fehler von Radaufhängung, Lenkung und Stoßdämpfer nicht mehr deutlich erkennen. Beim Reifentausch auf jeder Achse Reifen des gleichen Fabrikats, mit gleichem Profil und Alter montieren!

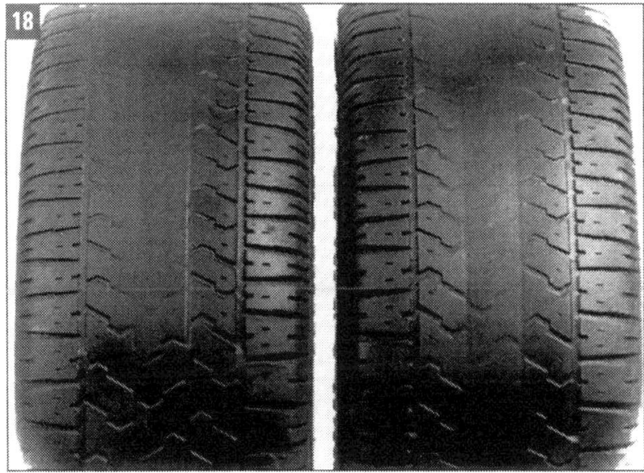

Abnutzung in Profilmitte: Bei häufigem Fahren mit Höchstgeschwindigkeit und bei zu hohem Reifendruck.

Schräg abgefahren: Falsche Radstellung wird manchmal durch zu geringe Einpresstiefe von Felgen begünstigt.

Zustand der Reifen kontrollieren

Die Vorderräder treiben das Fahrzeug an, lenken es und müssen die Hauptbelastung beim Bremsen aushalten. Sie sind schneller verschlissen als die hinteren Pneus. Schonen Sie Reifen durch Einhalten folgender **Grundregeln:**

■ Reifen müssen zur Höchstgeschwindigkeit passen. Zu hohes Tempo bewirkt mehr Abrieb.

■ Nach längerer Fahrt die »Wärmeprobe« machen: Ist der Reifen handwarm, steht es gut um ihn. Ein heißer Gummi ist ein Alarmzeichen, das auf zu niedrigen Luftdruck oder beschädigten Unterbau hinweist.

■ Bei häufiger Autobahnfahrt mit Höchsttempo am besten Reifen montieren, deren Geschwindigkeitsindex eine Klasse höher liegt als laut Fahrzeugschein.

■ Nicht mit der Reifenflanke am Bordstein schrammen! Über Bordsteine und Schwellen nur langsam und immer im rechten Winkel rollen.

Reifen auf Zustand kontrollieren:

■ Wagen aufbocken. Jedes Rad komplett durchdrehen. Steinchen und andere Fremdkörper vorsichtig mit Schraubendreher aus den Profillamellen entfernen. Bei Glasscherben oder Nägeln in der Reifendecke kann Luft entweichen!

■ Auf Unregelmäßigkeiten wie Einstiche, Schnitte, Risse und herausgebrochene Profilstücke achten. Bei Schäden kann Feuchtigkeit ins Reifeninnere dringen. Von außen ist aber nicht zu erkennen, ob der stabilisierende Stahlgürtel schon von Rost angefressen ist. Lassen Sie beschädigte Reifen zur Sicherheit vom Fachmann prüfen. Das gilt übrigens auch bei auffälligem Reifenabrieb.

■ Das Reifenprofil muss über die gesamte Lauffläche mindestens 1,6 mm tief sein. Die meisten Reifentypen haben in den Hauptprofilrillen »Verschleißanzeiger«. Die Buchstaben »TWI« für »Tread Wear Indicator« auf der Reifenflanke zeigen, wo sich diese Erhebungen befinden, welche die minimale Profiltiefe anzeigen (Bild 1).
Das Fahrverhalten wird mit abnehmendem Profil schlechter, vor allem bei Nässe. Sommerreifen sollte man daher besser bereits bei einer Profiltiefe von 2 bis 3 mm, Winterreifen sogar bei 4 mm tauschen.

■ Kontrollieren Sie, ob alle Reifen gleichmäßig abgefahren sind und ob es Auswaschungen gibt.

■ Seitenwände (Flanken) genau ansehen. Beulen deuten auf eine Beschädigung des Reifenunterbaus hin.

Durch Kontrolle das Schlimmste verhindern: Ein Profiltiefemesser wie in Bild 1 ist sehr empfehlenswert. Ist das Profil bis auf TWI-Niveau (Pfeile) abgefahren, muss der Pneu gewechselt werden. Bild 2 zeigt die durch falschen Luftdruck mögliche, lebensgefährliche Abplatzung der Lauffläche.

Radeinstellung prüfen

Die richtige Stellung der Vorderräder entscheidet darüber, ob Ihr Fahrzeug auf ebener Strecke und in Kurven ruhig und sicher auf der Straße liegt. Nach harter Berührung des Bordsteins kann die Geometrie der Vorderradaufhängung bereits empfindlich gestört sein. Auch verschlissene Gelenke und Gummilager oder unsachgemäße Reparaturen wirken negativ. Unternehmen Sie eine kurze Probefahrt zur Überprüfung der Lenkgeometrie. Dazu müssen beide Vorderreifen dieselbe Reifensorte und Profiltiefe aufweisen und den vorgeschriebenen Luftdruck haben.

Lenkgeometrie überprüfen

■ Kontrollieren Sie genau, ob die Lenkradspeichen bei Geradeausfahrt symmetrisch stehen. Ein schief sitzendes Lenkrad ist ein Zeichen für Spurfehler.

■ Läuft das Auto auf ebener Fahrbahn und bei losgelassenem Lenkrad geradeaus? Zieht es zur Seite? Stellt sich die Lenkung nach Kurven von selbst geradeaus?

■ Prüfen Sie im Stand: Stehen die Vorderräder symmetrisch zueinander? Ist das Reifenprofil gleichmäßig abgenutzt? Zeigen die Außenkanten stärkere Verschleißspuren als die Innenseiten? Das sind Anzeichen für falsche Radeinstellung.

■ Wenn Sie Anlass zum Zweifel an der Radeinstellung haben, wenden Sie sich unverzüglich an die Werkstatt zur präzisen Vermessung und ggf. Reparatur. Immer Vorder- und Hinterachse zusammen vermessen, vorgegebene Sollwerte einhalten.
Am geeignetsten für die Vermessung ist die Audi-Werkstatt. Autohersteller bestehen zumeist auf dem Einsatz von ihnen freigegebener Achsmessgeräte.

Radialspiel am Radlager prüfen

Laute Laufgeräusche, vor allem bei Kurvenfahrt, signalisieren oftmals Schäden am Radlager. Treten die Geräusche zum Beispiel in Rechtskurven auf, ist das linke Radlager defekt.
Radlager können nicht eingestellt werden, sie müssen bei Schäden ausgetauscht werden. Das ist auf jeden Fall für die Lager der Vorderachse eine Sache für die Werkstatt. Lager, Laufringe, Nabe und Lenk-Schwenklager sind in engen Toleranzen gefertigt, die bei der Montage Spezialwerkzeuge erforderlich machen.

Radlagerspiel prüfen

■ Gut prüfen können Sie die Radlager auf etwaiges Spiel, wenn das Fahrzeug wie auf unserem Bild leicht angehoben wird. Dazu das Rad kräftig in Querrichtung rütteln.

■ Die Kontrolle funktioniert aber auch im Stand. Stellen Sie den Wagen auf festem Boden ab. Packen Sie das Rad im oberen Bereich und versuchen Sie, es quer zum Wagen zu bewegen. Bei einwandfreien Lagern darf kein Spiel vorhanden sein.

■ Gibt es Spiel an den vorderen Radlagern, lassen Sie einen Helfer die Bremse treten. Wiederholen Sie die Kontrolle! Wenn immer noch Spiel festgestellt wird, ist das Achsgelenk defekt. Reparieren und austauschen!

Lenkung auf Spiel, Lenksäule auf Schäden prüfen

Die hydraulische Servolenkung des A4, besonders die Dynamik-Lenkung, schließt Lenkungsspiel praktisch völlig aus. Im Fahrbetrieb können sich jedoch durch höchste Beanspruchung derartige Fehler einstellen. Kontrollieren Sie in bestimmten Abständen, ob die Lenkung einwandfrei und ohne Spiel reagiert.

Lenkungsspiel überprüfen

■ Die Räder geradeaus stellen. Greifen Sie von außen durchs geöffnete Fenster und drehen Sie das Lenkrad kurz hin und her.

■ Achten Sie auf die Felge, ob sich das Vorderrad wie erforderlich sofort mitbewegt. Der elastische Reifen ist für diese Kontrolle weniger gut geeignet, da er einen Teil des Einschlags schlukken kann, ehe er sich bewegt.

■ Falls Spiel bemerkt wird, muss Nachstellen in der Werkstatt erfolgen. Wenn die Lenkung um die Geradeausstellung kein Spiel hat, aber bei stärkerem Einschlag spürbar klemmt, ist die Zahnstange verschlissen. Dann muss das Lenkgetriebe ausgetauscht werden.

Im ausgebauten Zustand muss die Lenksäule mit großer Vorsicht behandelt und transportiert werden. Laut Vorschrift ist sie mit zwei Händen zu tragen und dabei am Lenkstangenrohr oben und im Bereich des oberen Kreuzgelenks anzufassen. Wenn am Klemmhebel, an den Gewichtsausgleichfedern oder am Deformationselement getragen wird, erleidet die Lenksäule Schäden. Es ist nicht auszuschließen, dass so etwas in der Werkstatt geschieht.

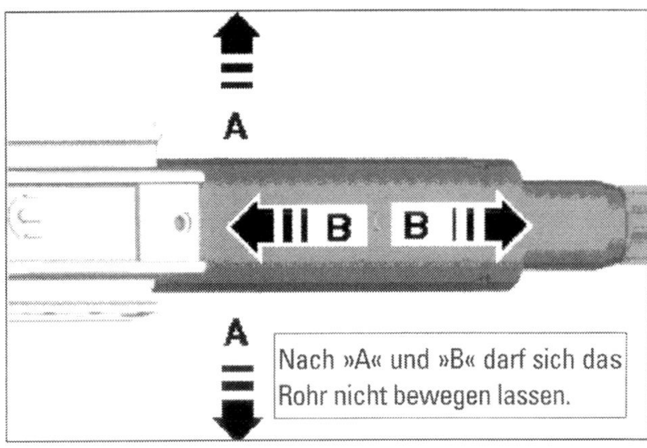

Lenksäule überprüfen

■ Wenn an der Lenksäule gearbeitet wurde, prüfen Sie deshalb auf sichtbare Schäden. Ist alles in Ordnung, prüfen Sie gründlich die Funktion:

■ Lässt sich die Säule ohne zu haken und ohne Schwergängigkeit drehen?

■ Lässt sich die Lenksäule in Längsrichtung und in der Höhe leicht verstellen?

■ Lässt sich das Rohr der Säule deutlich in Richtung A oder in Richtung B bewegen (Pfeile im Bild oben)? Wenn diese Bewegung möglich ist, muss die Lenksäule ausgetauscht werden.

Dichtungsbälge der Lenkzahnstange prüfen

Die aus dem Zahnstangengehäuse des Lenkgetriebes austretende Spurstange wird an der Verbindungsstelle mit einem Faltenbalg aus Gummi geschützt. Dringen durch einen schadhaften Balg Schmutz und Feuchtigkeit ein, können Lenkritzel und Zahnstange geschädigt werden. Eine verschlissene Manschette muss sofort ersetzt werden.

Fahrzeug anheben oder von außen am Radlager vorbei tief in den Radkasten greifen. Ziehen Sie die Falten des Balgs auseinander und prüfen Sie mit Hilfe einer Taschenlampe oder einer geeigneten Stablampe sorgfältig jede Falte. Wenn Schäden festgestellt werden: Faltenbalg austauschen.

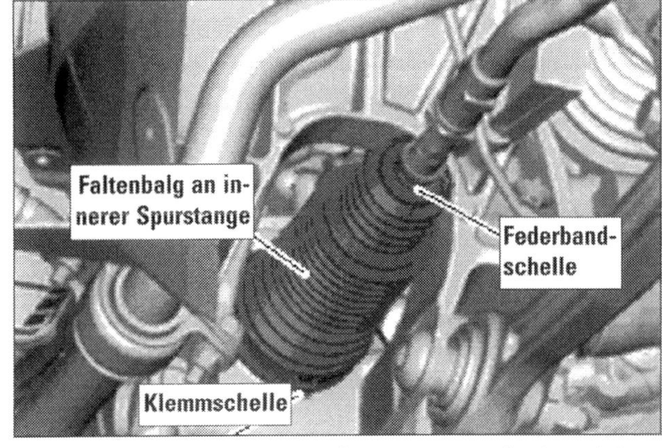

Faltenbalg: Schützt die innere Spurstange am Lenkgetriebe.

Manschetten an Gelenken und Spurstange prüfen

Die verschiedenen Gelenke am Radlager wie Gleichlaufgelenk und Achsgelenke sowie das Spurstangengelenk sind mit Gummimanschetten bzw. Dichtungsbälgen geschützt. Diese Schutzkappen sind mit Schmierstoff gefüllt. Sie dürfen im Fahrbetrieb und bei Montagearbeiten nicht beschädigt werden, weil sonst Schmierfett austritt, Feuchtigkeit eindringt und das jeweilige Lager Schaden nimmt.
Prüfen Sie Manschettenfalten und Dichtungsbälge auf solche Schäden und Fettaustritt. Wenn Achsgelenkmanschetten beschädigt sind: Gelenk austauschen!

Dichtungen: (1) Manschette am Gleichlaufgelenk, (2) Dichtungsbälge an Traglenkern, (3) Balg am Spurstangenkopf.

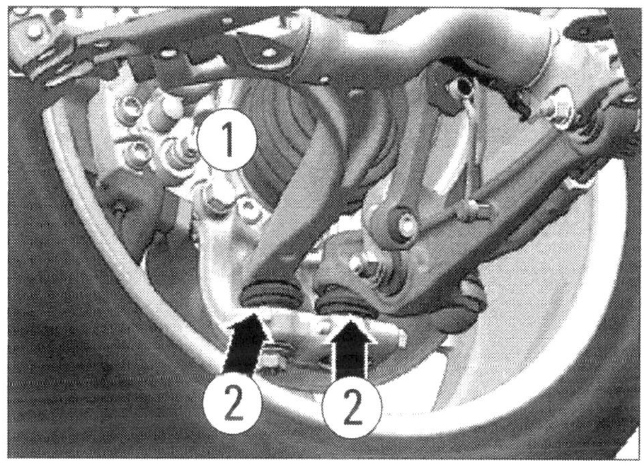

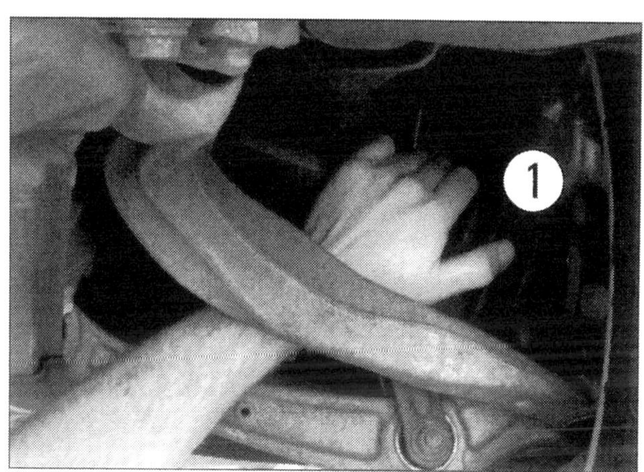

Servolenkung auf Dichtheit prüfen

Nach Montagearbeiten und bei fehlendem Hydrauliköl im Ausgleichsbehälter (hinten Mitte im Wasserkasten) muss das Lenksystem geprüft werden.

Lenkungsdichtheit prüfen

■ Fahrzeug anheben, Bodenabdeckungen abbauen.

■ Motor starten. Lenkrad (durchs offene Fenster) beidseitig bis zum Anschlag drehen und kurzzeitig festhalten. Dadurch baut sich im System der höchste Druck auf, Schäden werden so am besten sichtbar. Lenkrad nicht länger als 10 Sekunden festhalten, weil sonst die Flügelpumpe beschädigt werden könnte.

■ Folgende Bauteile müssen auf eventuelle Undichtigkeit geprüft werden: Dichtring für Lenkritzel am Ventilgehäuse des Lenkgetriebes; alle Leitungsanschlüsse; alle Leitungsverbindungen; die Flügelpumpe (Hydraulikpumpe) und die Zahnstangendichtringe. Die Prüfung der Dichtringe kann nur bei zurückgeschobenen Faltenbälgen erfolgen.

■ Federschelle und Ohrschlauchklemme der Manschette (Faltenbalg) öffnen und die Manschette zurückschieben.

■ Wenn Öl im Lenkgetriebegehäuse oder in den Faltenbälgen festgestellt wird, muss das komplette Lenkgetriebe ausgetauscht werden.

■ Weil Sie nur jeweils maximal 10 Sekunden Zeit für die Prüfung haben (sonst Pumpenschäden!), ist es ratsam, mit einem Helfer zusammen zu arbeiten. Nach eventuell nötigem Austausch des Lenkgetriebes muss das System entlüftet werden.

Axialspiel am Radlager prüfen

Im Zusammenhang mit der Manschettenprüfung kann auch das Axialspiel am Radlager geprüft werden (die Prüfung des Radialspiels wurde bereits beschrieben). Dazu am angehobenen Fahrzeug den Achslenker (oder auch das Rad) kräftig nach unten ziehen und wieder hochdrücken (Bild rechts). Es darf kein Lagerspiel erkennbar sein. Falls Spiel registriert wird, müssen Achsgelenke und Gleichlaufgelenke (»Tripodegelenke«) auf Schäden überprüft und im Schadensfall ausgetauscht werden.
Falls im Montagefall die Gelenkwellen radseitig nur lose verschraubt sind, darf das Lager nicht belastet werden! Falls die Gelenkwelle ausgebaut wurde, darf das Fahrzeug nicht bewegt werden!

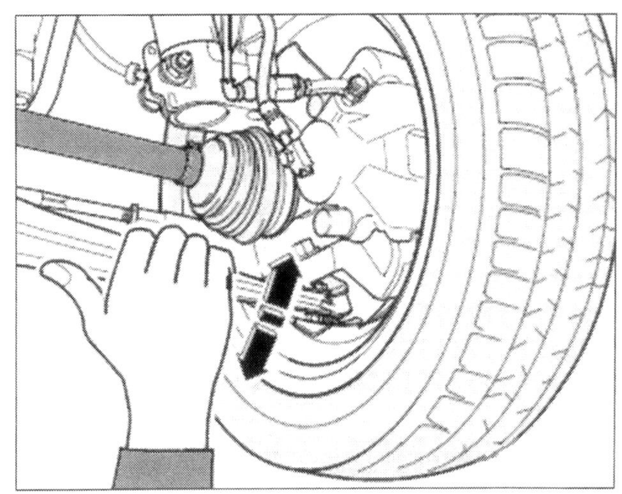

Zustand der Stoßdämpfer prüfen

Defekte Stoßdämpfer machen sich während der Fahrt durch laute Poltergeräusche infolge von Radspringen bemerkbar. Am ehesten stellen Sie das auf schlechter Fahrbahn fest. Defekte werden ferner äußerlich am Stoßdämpfer durch starken Ölverlust sichtbar. Man muss aber sehr sorgfältig auf Geräusche und Undichtigkeit prüfen, weil man häufig Stoßdämpferschäden vermutet, die gar nicht wirklich nachweisbar sind.

Geräusche und Ölaustritt prüfen

■ Probefahrt auf möglichst trockener Fahrbahn mit Unebenheiten unternehmen. Genau darauf achten, wo, wann und wie sich Geräusche äußern. Nur die genannten lauten Poltergeräusche sprechen wirklich für Stoßdämpferdefekt.

■ Achten Sie beim Fahren auch auf folgende Symptone: Flattert die Lenkung (zeitweilig fehlender Bodenkontakt), schwingt die Karosserie bei Fahrbahnunebenheiten spürbar nach? Wirkt das Fahrzeug in Kurven schwammig, als ob die kurveninneren Räder nicht genügend Bodenhaftung aufweisen?

■ Geringfügiger Ölaustritt an der Dichtung der Kolbenstange, das so genannte Schwitzen, ist kein Fehler, sondern eher noch von Vorteil. Wenn das Öl sichtbar ist, aber stumpf, matt und evtl. durch Staub trocken wie im nebenstehenden Bild und wenn der Ölaustritt nur im gezeigten Bereich auftritt, ist das kein Grund, Stoßfänger vorn oder hinten zu ersetzen. Durch geringen Ölaustritt wird der Kolbenstangendichtring geschmiert und damit die Lebensdauer des Dämpfers erhöht.

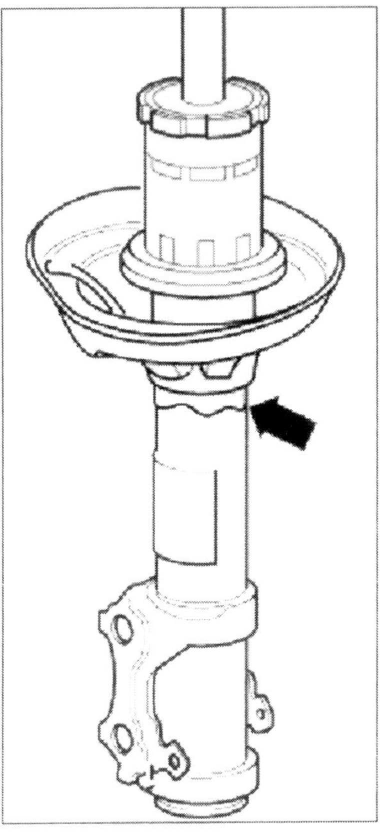

Stoßdämpfer: Wenn Ölaustritt vom oberen Dämpferverschluss (Kolbenstangendichtring) bis maximal zum unteren Federteller (Pfeil) reicht, gilt er als geringfügig.

Die mit Ölfüllung und Druckgas arbeitenden A4-Stoßdämpfer können auch im ausgebauten Zustand von Hand geprüft werden.

Prüfen von Hand und mit Gerät

■ Dämpfer zusammendrücken. Die Kolbenstange muss sich über den ganzen Hub gleichmäßig schwer und ruckfrei bewegen lassen. Geht die Kolbenstange beim Loslassen von selbst in die Ausgangslage zurück, ist der Dämpfer in Ordnung. Wenn sie das nicht tut, aber auch kein Ölverlust feststellbar ist, hat der Gasdruck abgenommen. Der Stoßdämpfer bleibt jedoch noch verwendbar, er arbeitet dann wie ein konventioneller Dämpfer.

■ In der Werkstatt können die Stoßdämpfer im eingebauten Zustand mit speziellen Geräten (»Shocktester« oder »Dämpfertester«) geprüft werden. Angegeben werden dabei nur die Zustände »Dämpfwirkung ausreichend« oder »Dämpfwirkung unzureichend«. Zwischenwerte oder eine Lebensdauer-Aussage sind nicht möglich.

Am Fahrwerk arbeiten

PRAXISTIPP

■ Schweiß- und Richtarbeiten an tragenden und Rad führenden Bauteilen der Radaufhängung und an Lenkungsteilen sind prinzipiell nicht zulässig. Beschädigte Teile dürfen nicht durch Schweißen repariert, sondern müssen erneuert werden.
■ Bei Arbeit auf der Hebebühne Fahrzeug zwischen den Säulen ausrichten und die vier Aufnahmeteller an den vorgeschriebenen Aufnahmepunkten unten an der Karosserie platzieren.
■ Abgelassenes Hydrauliköl darf nicht wieder verwendet werden.
■ Größte Sauberkeit beachten! Verbindungsstellen und deren Umgebung vor dem Lösen gründlich reinigen. Keine fasernden Lappen verwenden.
■ Ausgebaute Teile auf sauberer Unterlage ablegen. Abdecken, wenn die Reparatur nicht sofort erfolgt. Ersatzteile erst unmittelbar vor dem Einbau aus der Verpackung nehmen. Nur original verpackte Teile verwenden.
■ Geöffnete Bauteile bis zur Reparatur sorgfältig abdecken oder verschließen. Liegen Teile offen, darf nicht mit Druckluft gearbeitet und das Fahrzeug nicht bewegt werden.
■ Fehlerhafte Lenkgeometrie lässt sich weitgehend beim Fahren ergründen. Die Vermessung der Radstellung jedoch ist Sache der Werkstatt.

Federbein ausbauen

Zum Ausbau des Federbeins brauchen Sie einen »Spreizer« (Audi-Spezialwerkzeug 3424) mit Knarre. Ferner: Drehmomentschlüssel und Spanngurt.

So vorgehen:

■ Rad ausbauen und Radlagergehäuse mit dem Spanngurt (Audi: T10038) hochbinden.

■ Bei Fahrzeugen mit elektronischer Dämpferregelung den Steckanschluss ganz oben am Federbein entriegeln und abziehen, Kabel aus den Halterungen nehmen.

Stoßdämpfergabel (Bild 1) in folgenden 7 Schritten ausbauen:
■ Geräuschdämpfung im Radhaus abschrauben, abnehmen.

■ Fahrzeuge mit Xenonlicht: Geber für Fahrzeugniveau vom Traglenker abschrauben. Hintere Schraubverbindung trennen.

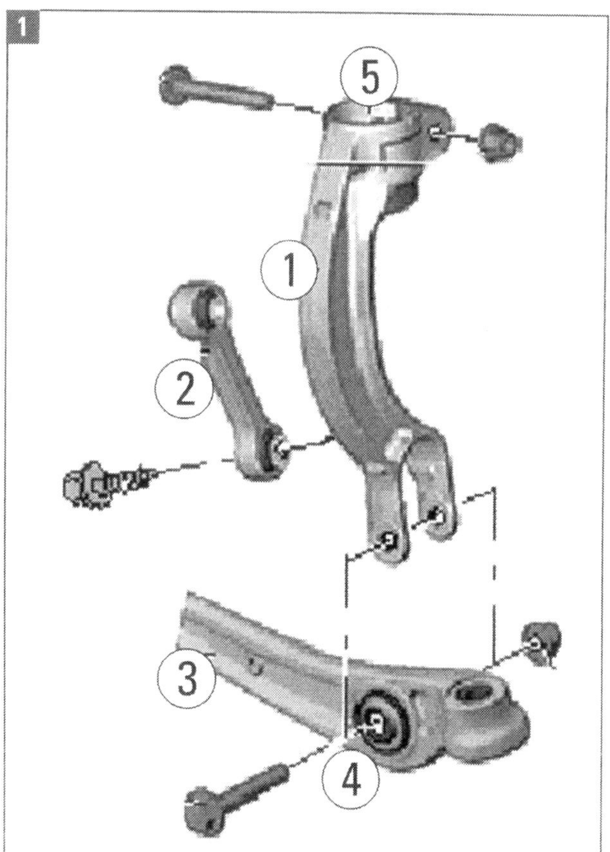

Tragteile am Federbein:
(1) Stoßdämpfergabel, (2) Koppelstange,
(3) Traglenker, (4) Verschraubung,
(5) Aufnahme für das Federbein.

■ Beide Verschraubungen an der Koppelstange trennen und die Koppelstange abnehmen.

■ Mutter vom Gelenkzapfen des Spurstangenkopfes so weit lösen, bis sie mit dem Gewinde des Gelenkzapfens bündig ist. Beim Lösen gegenhalten. Mutter verbleibt zum Schutz des Gewindes auf dem Zapfen.

■ Mit einem Kugelgelenkabzieher (1; Audi: T40010 A) den Spurstangenkopf (2) vom Radlagergehäuse (3) abdrücken, dann die Mutter (4) ganz abschrauben (Bild 2).

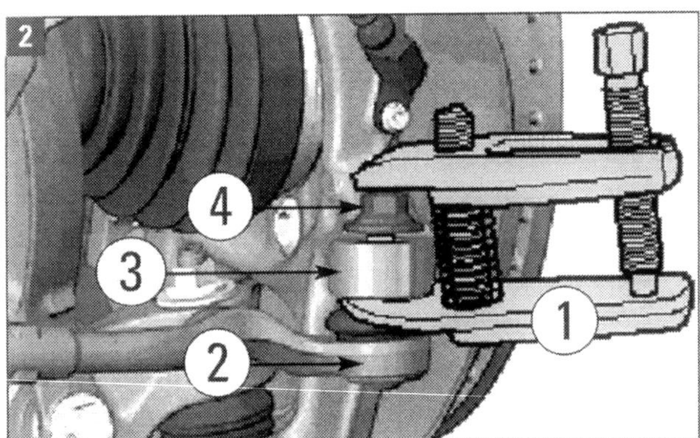

■ Verschraubung (4; Bild 1) trennen. Den Traglenker (3; Bild 1) ausfädeln und nach vorne schwenken. Um die Schraube herausnehmen zu können, das Lenkgetriebe je nach Fahrzeugseite ganz nach links oder ganz nach rechts einschlagen.

■ Den Spreizer (T3424) in den Schlitz des Radlagergehäuses einsetzen. Die Knarre um 90° drehen und vom Spreizer abziehen. Die Stoßdämpfergabel (1; Bild 1) vom Stoßdämpferrohr (5; Bild1) nach unten abziehen und herausnehmen.

■ Beide Gelenkzapfen der oberen Achslenker aus dem Radlagergehäuse ziehen. Dabei dürfen die Schlitze im Gehäuse nicht mit irgendeinem Werkzeug aufgeweitet werden.

■ Auf beiden Fahrzeugseiten die Wasserkastenabdeckung ausclipsen und abnehmen. Dazu links den Einfüllstutzen mit Einfüllrohr abschrauben und herausnehmen; Deckel für E-Box links und Kühlmittelbehälter abschrauben. Ausgleichsbehälter nach oben abziehen und zur Seite legen.

■ Die vier Schrauben (1) oben am Federbeindom herausdrehen und das Federbein samt Lagerbock (2) herausnehmen. Das Federbein besteht aus der Schraubenfeder (3) und dem Dämpfer (4), Bilder 3 und 4. Wir empfehlen hier nicht den schwierigen Ausbau der Feder, der nicht ungefährlich ist und Spezialwerkzeuge erfordert, sondern zeigen nur den Federbein-Aufbau.

■ Der ***Einbau*** erfolgt sinngemäß in umgekehrter Reihenfolge. Dabei die oberen Achslenker während des Festschraubens so weit wie möglich nach unten drücken.

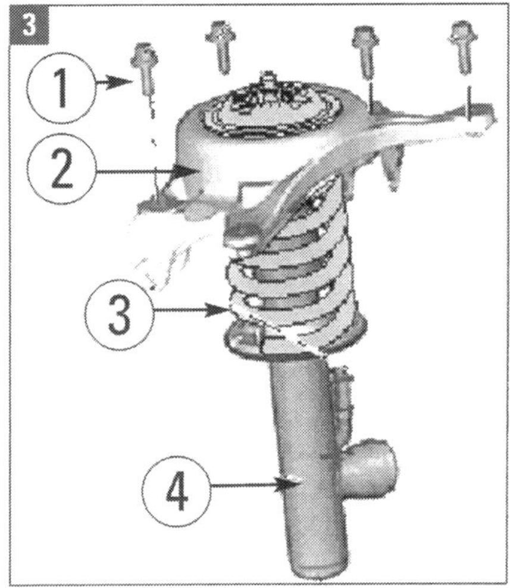

Federbein: (1) Schrauben, (2) Lagerbock, (3) Schraubenfeder, (4) Stoßdämpfer.

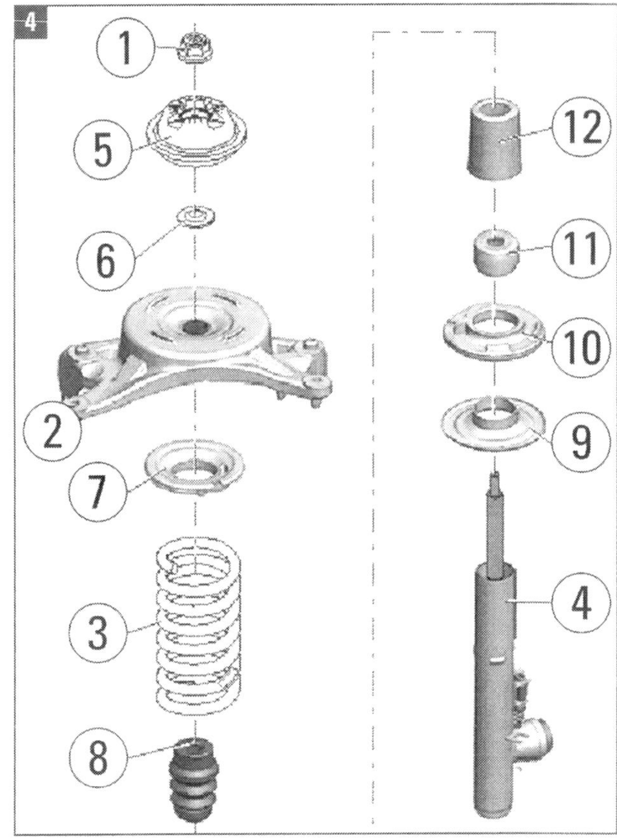

Aufbau des Federbeins: (1) Mutter, (2) Lagerbock, (3) Schraubenfeder, (4) Stoßdämpfer, (5) Dämpferlager, (6) Scheibe, (7) Federauflage oben, (8) Zusatzfeder, (9) Federteller unten, (10) Federauflage unten, (11) Schutzkappe, (12) Schutzhülle.

Stoßdämpfer hinten (Frontantrieb) ausbauen

PRAXISTIPP

Öl/Gas-Teile richtig entsorgen

Öl- und gasgefüllte Bauteile müssen umweltgerecht entsorgt werden. Deshalb sind die Gasdruckstoßdämpfer des A4 (vorn und hinten) vor der Verschrottung zu entgasen und zu entleeren. Auch Servolenkgetriebe müssen entleert werden.

Stoßdämpfer

■ **Öffnen durch Anbohren:** Stoßdämpfer senkrecht mit der Kolbenstange nach unten in den Schraubstock einspannen. 20 mm von oben ein Loch von 3 mm Durchmesser durch das Außenrohr bohren. Gas entweichen lassen. Weiter bohren (25 mm tief), bis auch das innere Dämpferrohr durchbohrt ist.

■ Jetzt 60 mm von oben ein Loch von 6 mm Durchmesser durch Außen- und Innenrohr bohren.

■ Den auf diese Weise angebohrten Stoßdämpfer über einen Ölauffangbehälter halten, Öl auslaufen lassen. Kolbenstange mehrmals über den gesamten Hub hin und her bewegen, bis kein Öl mehr austritt.

■ **Öffnen mit Rohrschneider:** Stoßdämpfer senkrecht mit der Kolbenstange nach unten in den Schraubstock einspannen. Rund 20 mm von oben einen handelsüblichen Rohrschneider ansetzen und das Außenrohr durchtrennen. Das Gas entweicht.

■ Die Kolbenstange nach oben ziehen. Dabei das Innenrohr mit einer Zange festhalten und nach unten drücken. Beim langsamen Hochziehen der Kolbenstange verbleibt das innere im äußeren Rohr.

■ Kolbenstange völlig vom Innenrohr abziehen und das Öl aus dem Dämpfer in ein Auffanggefäß entleeren.
Achtung: Beim Bohren oder Sägen (mit dem Rohrschneider) Schutzbrille tragen!

Servolenkgetriebe

■ Bei mindestens 20 °C Raumtemperatur das Getriebe über einen Ölauffangbehälter halten und das Hydrauliköl ablaufen lassen.

■ Getriebe waagerecht mit den Anschlüssen nach unten in den Schraubstock spannen, Auffangbehälter unterstellen.

■ Über die Spurstange die Zahnstange etwa 6 mal von Anschlag bis Anschlag bewegen. Öl läuft vollständig ab.

Wir demonstrieren hier nur knapp den Ausbau der hinteren Stoßdämpfer (1; Bild 1) bei frontgetriebenen Fahrzeugen. Die Demontage der Dämpfer bei Allrad-Fahrzeugen »quattro« und der hinteren Schraubenfeder (2; Bild 1) ist so anspruchsvoll, dass wir sie dem entsprechenden Band der Buchreihe »Reparaturanleitung« vorbehalten müssen. Zum Dämpferausbau bei Fronttrieblern brauchen Sie neben Drehmomentschlüsseln eine geeignete Abstützung. Audi empfiehlt die Verwendung eines Motor- und Getriebehebers (V.A.G 1383 A mit Aufnahme T10149).

■ Bei dem noch auf den Rädern stehenden Fahrzeug vor Beginn der eigentlichen Arbeiten das Maß von Radmitte bis Unterkante Radhaus genau ermitteln und notieren.
Fahrzeug auf eine Hebebühne stellen und das betreffende

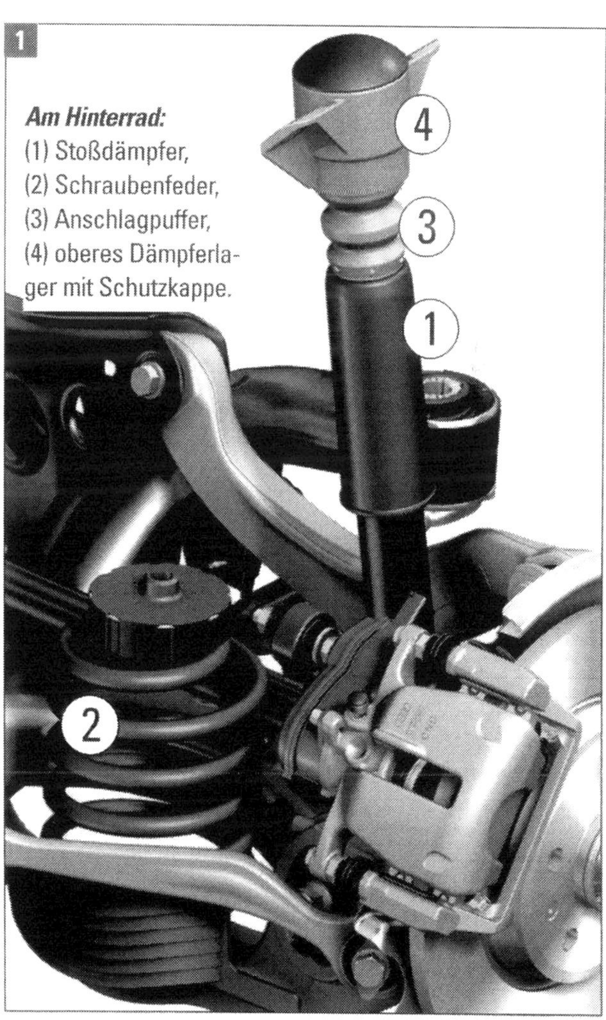

Am Hinterrad:
(1) Stoßdämpfer,
(2) Schraubenfeder,
(3) Anschlagpuffer,
(4) oberes Dämpferlager mit Schutzkappe.

Hinterrad abbauen. Die Radnabe leicht drehen, bis eine Gewindebohrung für Radschraube nach oben steht.

■ Die Aufnahme (1) für den Heber (Motor-/Getriebeheber) mit einer in die nach oben gestellte Bohrung einzudrehenden Radschraube (Pfeil) an die Nabe (2) schrauben (Bild 2). Aufnahme in den Heber stecken und das Radlagergehäuse etwas anheben.

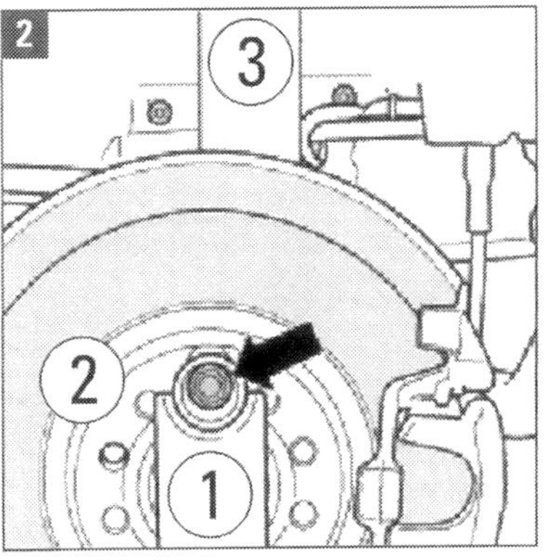

Angebaut: (1) Aufnahme für Motor-/Getriebeheber, (2) Radnabe, (3) Stoßdämpfer, Pfeil: Gewindebohrung mit Radschraube.

■ Die Schrauben (2) am oberen Federbeinlager (1) herausdrehen (Bild 3). Wenn das Fahrzeug über eine elektronische Dämpferregelung verfügt (adaptive Dämpfung von »drive select«), müssen die Steckverbindungen entriegelt und abgezogen und das Kabel aus der Befestigung gezogen werden.

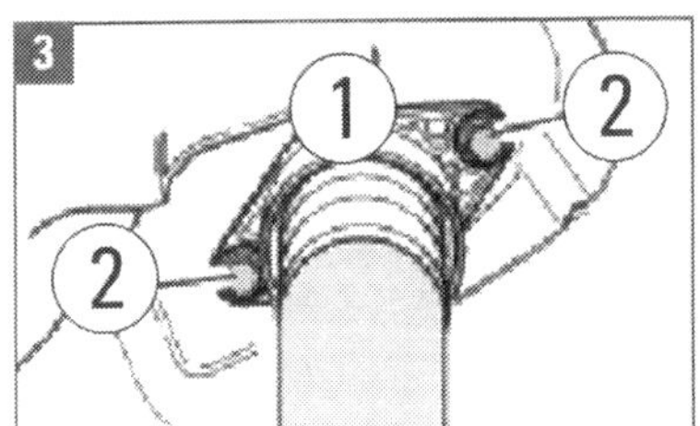

Am Federbein: (1) oberes Federbeinlager, (2) Schrauben.

■ Das untere Federbeinlager ist mit einer Kapsel (»Steinschlagschutz«) versehen. Diese ist am angehobenen Fahrzeug direkt von hinten leicht zugänglich und muss abgebaut werden: Dazu die vier Rastnasen entriegeln und die Kapsel abziehen.

■ Nach Entfernen des Steinschlagschutzes werden am unteren Dämpferlager rechts eine Schraube und links eine Scheibe sichtbar. Die Schraube herausdrehen, die Scheibe abnehmen. Den Stoßdämpfer nach unten herausnehmen. Zum Trennen des oberen Dämpferlagers vom Anschlagpuffer die Abdeckung abnehmen und Mutter (35 Nm) unter Gegenhalten abschrauben.

■ Beim **Einbau** eines hinteren Stoßdämpfers sinngemäß umgekehrt vorgehen. Dabei das obere Dämpferlager um 90° zum unteren Lager gedreht anschrauben.

Fahrwerktuning

Anleitung zum Fahrzeugtuning liefert in Deutschland der Verband der Automobiltuner e.V. (VDAT). Eine VDAT-Grafik beweist, dass dies in erster Linie an Rädern/Reifen und Fahrwerk gewünscht wird (Bild 1):

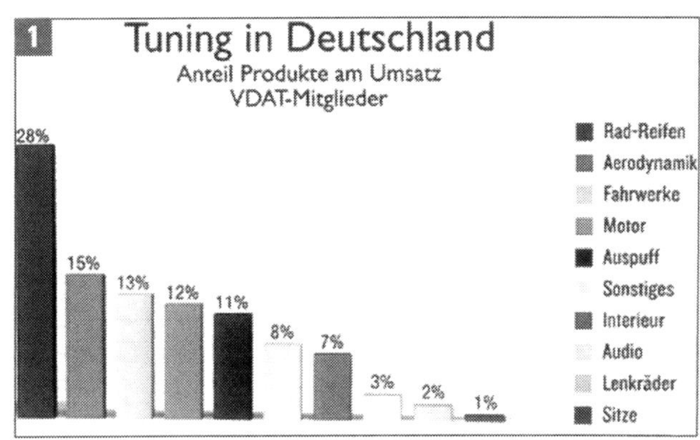

Grundgedanke jedes Tunings am Fahrwerk ist die Verbesserung des Fahrverhaltens bei sportlicher Fahrweise. Denn Tuning will als Fahrzeugveredelung verstanden werden.
Die Technik der führenden Hersteller entsprechender Komponenten verfeinert sich ständig, erklärt der VDAT auf seiner Website. »Ein Stoßdämpfer für ein straßenzugelassenes Sportfahrwerk repräsentiert heute den technischen Stand der Formel 1 vor etwa fünf Jahren«, wird betont. Die Qualitätsprodukte namhafter Hersteller von Sportfahrwerken werden demzufolge nicht zu niedrigen Preisen angeboten. Wer nicht nur Kosmetik oder Firlefanz für die Optik will, muss entsprechend in die Tasche greifen (Bild 2).

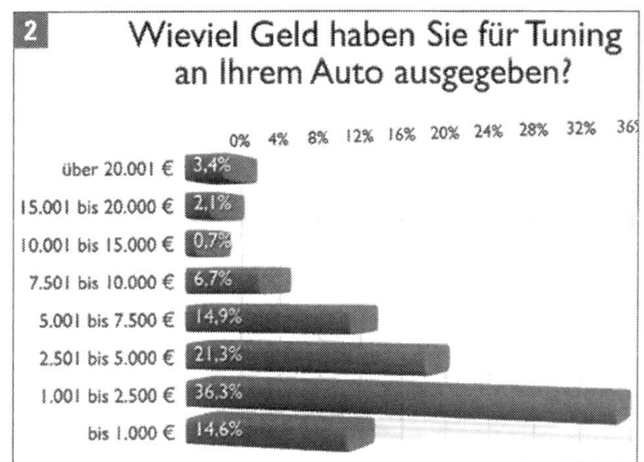

Andererseits sind es gerade junge Leute, die ihr Fahrzeug »veredeln« möchten. Laut DVAT-Erhebung sind Fahrer in der Altersgruppe 18 bis 21 Jahre zu fast 80% Tuner. Natürlich wird es da nicht in allen Fällen immer gleich um Sportfahrwerke gehen. Von den 22- bis 25-jährigen bekennen sich 54% zum Tuning, dann nehmen die Zahlen rapide ab, und erst die finanzkräftigen über 60-jährigen stellen mit 40% wieder eine nennenswerte Tuner-Fraktion.

Tiefer legen

Nicht nur etwa eine andere Reifengröße kann das Fahrverhalten entscheidend verändern. Je nach Fabrikat der Komponenten dazu gibt es ganz bestimmte Philosophien. Ist das eine Produkt im Grenzbereich harmlos und bewältigt spielend die gesteigerte Fahrdynamik, kann das nächste schon in Kombination mit einem Serienfahrwerk im Grenzbereich eher tückisch sein oder ganz einfach Eigenschaften zeigen, die ein härteres Fahrwerk nochmals verstärkt.

Wir empfehlen dringend, sich unter der Internet-Adresse

www.tune-it-safe.de

Rat zu holen. Dort ist man auch sicher: »Viele Autobesitzer, die es einmal mit Billigprodukten versucht haben, kehren zu den teureren namhaften Qualitätsprodukten zurück. Hier gibt es neben der besseren Leistungsfähigkeit des Fahrwerks auch entsprechende Garantieleistungen des Herstellers und die obligatorische Abnahme.«

Wer es einfach haben will und die Kosten nicht scheut, kann beim Hersteller seines Fahrzeugs bleiben: Auf Wunsch liefert Audi den A4 mit einem Sportfahrwerk aus. Das hat straffere Federn und Dämpfer und senkt die Karosserie 20 mm ab. Diese niedrigere Schwerpunktlage schafft schon äußerlich ein »scharfes« Bild und erhöht die Dynamik.

Wer noch mehr Sportlichkeit sucht, ist mit dem S Line-Fahrwerk bestens bedient. Dessen Dämpfung ist noch straffer, der Aufbau wird um weitere 10 mm tiefer gelegt. Dann ist das Fahrzeug also schon um insgesamt 30 mm dem Boden näher.

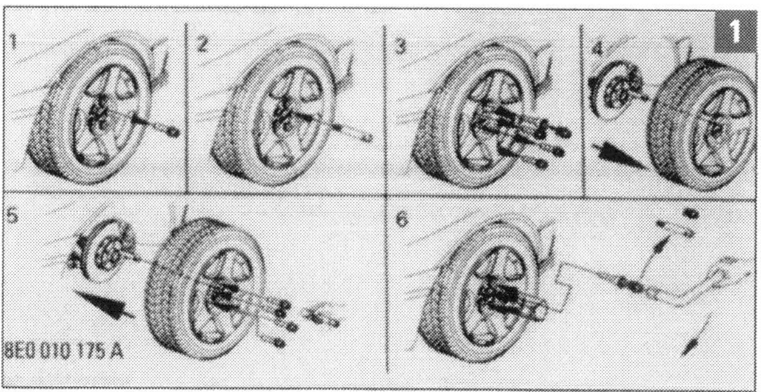

Rad richtig aus- und einbauen: Ein Aufkleber im Gepäckraum zeigt präzise, wie es gemacht wird.

Räder und Reifen tunen

Audi bietet über die Serienausstattungen hinaus zur Fahrzeugaufwertung bestens geeignete Räder an:

- Aluminium-Gussräder im 5-Arm-Rotor-Design in der Größe 8 J x 18 für Reifen 245/40 R 18.
- Aluminium-Gussräder im 15-Speichen-Design, glanzgedreht, Tiefbett. Größen wie 5-Arm-Rotor.
- Aluminium-Gussräder im 5-Arm-Hohlspeichendesign, glanzgedreht in Anthrazit.
Größe: 8,5 J x 19 für Reifen 255/35 R 19.
- Winterräder in Aluminium-Guss, 5-Arm-Design, in den Größen 7 J x 16 für Reifen 225/50 R 16 sowie 7 J x 17 für Reifen 225/50 R 17; diese sind schneekettentauglich, Maximaltempo 240 km/h.

Beachten Sie beim Rädertausch alle bereits gegebenen Hinweise zur richtigen Reifenmontage. Ein Aufkleber (Bild 1) gibt das Vorgehen in 6 Schritten beim Einsatz einer radsichernden zweiteiligen Schraube an. Fetten Sie Radschrauben an Gewinde, Kalotte und Zwischenraum (Bild 2) mit Optimol TA-G 052 109 A2.

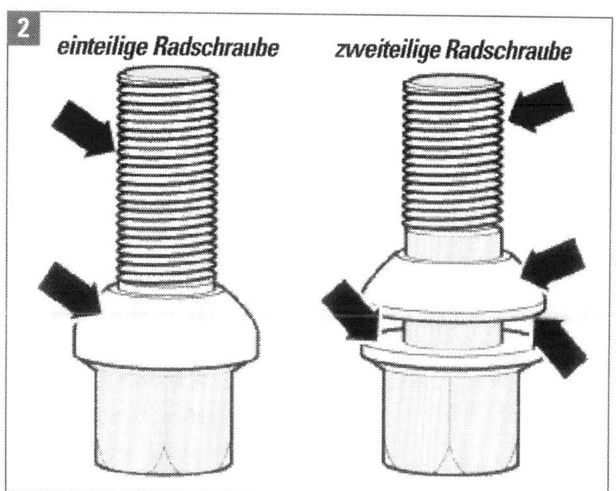

Schrauben richtig behandeln: Audi schreibt die Paste Optimol zum Fetten bestimmter Bereiche (Pfeile) der Radschrauben vor.

STÖRUNGSBEISTAND

Servolenkung

Störung	Was kann das sein?	Was kann oder muss ich tun?
A Hydrauliköl-stand im Behälter zu niedrig	**1** Eingeschlossene Luft im Hydrauliksystem hat sich selbst ausgeschieden	Hydrauliköl bis »Max« auffüllen
	2 Undichtigkeiten im Hydrauliksystem	Leitungsanschlüsse nachziehen, neue Dichtung einsetzen, Hydraulikpumpe prüfen lassen
B Lenkung ist schwergängig	**1** Förderdruck der Pumpe zu gering	Druck prüfen lassen
	2 Lenkgetriebe defekt	ersetzen lassen
C Lenkgeräusche	**1** Ölstand zu niedrig. Flüssigkeit mit Luftbläschen durchsetzt	Lenkung entlüften, Öl auffüllen
	2 Saugseitige Verschraubung der Pumpe undicht	Dichtungen ersetzen, Verschraubungen nachziehen
	3 Keilriemen lose	nachspannen
D Lenkung ist in nur eine Richtung schwergängig	**1** Hydraulischer Defekt am Servolenkgetriebe	Lenkgetriebe ersetzen
E Zu hohe Lenkkräfte beim Rangieren oder zu niedrige bei hoher Geschwindigkeit	**1** Spannungsversorgung unterbrochen	Spannungsversorgung prüfen
	2 Kein Geschwindigkeitssignal	Geschwindigkeitssignal prüfen (lassen)
	3 Servotronicventil defekt	Ventil prüfen lassen
F Dynamiklenkung schaltet sich aus	**1** Bei Motorstart wird die ansonsten verriegelte Dynamiklenkung entriegelt. Das ist akustisch an einem deutlichen »Klick«-Geräusch zu erkennen. Wenn die Dynamiklenkung im normalen Betrieb blockiert wird, liegt ein schwerer Systemfehler vor	Bei blockierter Dynamik-Funktion kann dennoch weiter gelenkt werden, weil die mechanische Verbindung zwischen Lenkritzel und Lenkgetriebe erhalten bleibt. Das Fahrzeug muss dann aber sofort in die Werkstatt, damit der Systemfehler beseitigt wird

STÖRUNGSBEISTAND

Fahrwerk

Störung	Was kann das sein?	Was kann oder muss ich tun?
A schwammiges Fahrverhalten	**1** Reifen hat zu geringen Luftdruck	Luftdruck prüfen und einstellen
	2 Stoßdämpfer ist undicht	Ölverlust mit dem Finger prüfen. Wenn Öl am Finger bleibt: Dämpfer tauschen
	3 Stoßdämpfer vermutlich verschlissen	Kolbenstange auf Riefen und Abplatzungen prüfen
	4 Spurwerte stimmen nicht	Achsvermessung vornehmen lassen
	5 Federn erlahmt	Federn prüfen, ggf. austauschen
	6 Gummilager am Trapez-lenker hinten	Evtl. (nach Prüfung) Gummilager erneuern lassen
B Reifen	**1** Starker, unregelmäßiger Verschleiß	Spurwerte stimmen nicht. Achsvermessung vornehmen lassen
	2 Verschleiß innen	Zu viel negativer Sturz. Einstellung ändern, Reifen erneuern
	3 Verschleiß außen	Zu viel positiver Sturz. Einstellung ändern, Reifen erneuern
	4 Verschleiß in der Mitte	Reifenfülldruck über lange Zeit zu hoch. Ändern, beachten!
	5 Verschleiß innen und außen	Reifenfülldruck über längere Zeit zu niedrig. Reifen erneuern, Druck richtig stellen
	6 Stoßdämpfer verschlissen	Stoßdämpfer prüfen (lassen) und ggf. austauschen
C Schütteln am Lenkrad	**1** Räder unwuchtig	Räder auswuchten lassen
	2 Spiel in der Lenkung	Lenkgetriebe überprüfen lassen
	3 Spiel in Fahrwerksteilen	Traggelenk und Spurstangen prüfen
...beim Bremsen	**4** Bremsscheiben verzogen	Neue Bremsscheiben und Beläge einbauen
D Geräusche bei Kurvenfahrt	**1** Radlager defekt	Richtige Seite durch Wechselkurven feststellen
	2 Spurwerte stimmen nicht	Reifenprofil kontrollieren (siehe B)

Bremsanlage: Zweikreis-Bremse und ESP

Ihr Audi verfügt über eine leistungsfähige Bremsanlage, denn die A4-Modelle fahren bis zu (abgeregelten) 250 km/h Spitze bei, voll beladen, über 2 t Gewicht. Das hydraulische Zweikreissystem besteht aus Unterdruckverstärker, Hauptbremszylinder, Scheibenbremsen vorn und hinten mit elektrischer Park- und Feststellbremse sowie bewährten Regel- und Assistenzsystemen.

Die Zweikreis-Bremsanlage

Die StVZO (Straßenverkehrs-Zulassungsordnung) fordert für jedes Kfz zwei Bremsanlagen, die unabhängig voneinander arbeiten. Wenn ein System ausfällt, soll das andere das Fahrzeug immer noch abbremsen können. Deshalb verfügt auch Ihr Audi über eine diagonal aufgeteilte Zweikreisbremsanlage analog Bild 1: Ein Bremskreis ist für linkes Vorderrad (1) und rechtes Hinterrad (2), der andere für rechtes Vorderrad (3) und linkes Hinterrad (4) zuständig. Fällt ein Bremskreis aus, bleiben ein Vorder- und ein Hinterrad bremsfähig. Man muss kräftiger aufs Pedal steigen, es lässt sich weiter durchtreten, der Anhalteweg wird länger.

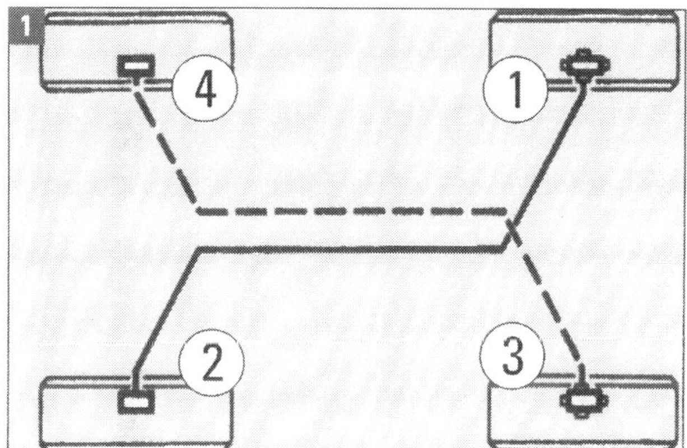

Hydraulischer Druck

Beim Bremsen presst eine Druckstange am Pedal einen Doppelkolben in den Hauptbremszylinder, der eine Einheit mit dem Bremskraftverstärker bildet. Die Kolben übertragen die Fußkraft auf die Bremsflüssigkeit im Hauptbremszylinder. Der entstehende hydraulische Druck wird in dem mit pneumatischem Unterdruck (Vakuum) versorgten Bremskraftverstärker etwa verdoppelt. Der Bremskraftverstärker bringt so etwa 60% der Bremskraft auf. Sein Unterdruck wird durch eine Pumpe, die »Unterdruckpumpe«, erzeugt.
Vom Bremskraftverstärker setzt sich der (Unter) Druck über Schlauch- und Rohrleitungen zu den Bremssätteln fort. In den Bremssätteln (Bilder 2 und 3) drücken die Kolben der Radbremszylinder die Bremsklötze gegen die Bremsscheiben. Beim Lösen des Bremspedals werden die Kolben und dadurch die Bremssättel von den Bremsscheiben zurückgezogen. Diese drehen wieder frei.

Die Radbremsen des A4

Die Radbremsen wurden für die jüngste Generation des Audi A4 ganz neu entwickelt. Im Vergleich zum Vorgängermodell sind sie um eine Größenordnung gewachsen. Schon die Vierzylinder-Motoren (1.8/2.0 TFSI) rollen mit 16-Zoll-Bremssätteln und Bremsscheiben-Durchmessern von 314 mm (vorn) bzw. 300 mm (hinten) vom Band (siehe die folgenden Tabellen; Pr.-Nr.: Kennung im Fahrzeugdatenblatt). Die vorderen Bremsscheiben sind innenbelüftet.

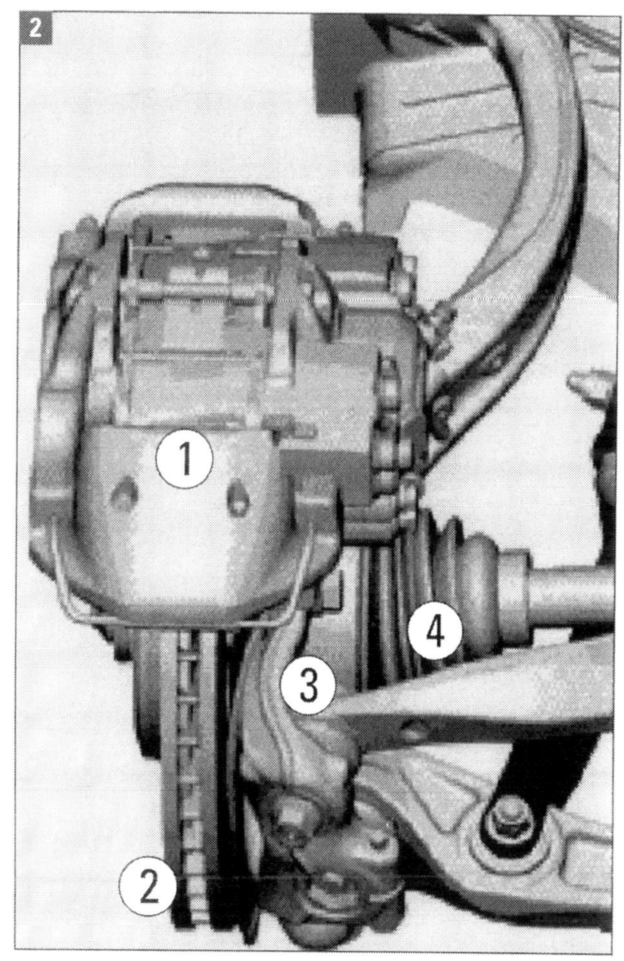

Bremse rechts vorn: (1) Bremssattel mit Bremssattelträger, Belaghaltefedern und den Bremsklötzen, (2) innenbelüftete Bremsscheibe, (3) Radlagergehäuse, (4) Achsmanschette an der Gelenkwelle.
Bremse links vorn ähnlich plus Belagverschleiß-Fühler.

Die V6-Fahrzeuge haben Bremsanlagen mit Sätteln in Aluminium-Verbundbauweise und größeren Scheiben vorn (320 mm Durchmesser; Bremsendaten siehe Tabellen). Bereits bei der Standard-Bremsanlage legte die Belagfläche um etwa 20% zu.
Die neuen High-Performance-Beläge vereinen hohe und stabile Reibwerte mit geringer Neigung zum Fading, wie das Nachlassen der Bremswirkung bezeichnet wird, selbst bei äußerst hoher Beanspruchung. Mit den neuen Bremsscheiben wächst das Potenzial der Verzögerung deutlich. Die innenbelüfteten Scheiben wurden auf maximale Wärmeabfuhr getrimmt.
Mittel dafür sind eine optimale Anbindung der Reibflächen und ein neuartiges Design ohne die herkömmlichen Kühlkanäle. Stattdessen verbinden hunderte kleiner Metallkuben, zwischen denen in kürzester Zeit ein hohes Volumen heißer Luft abströmen kann, die beiden Scheibenhälften miteinander.

Die A4-Bremsen im Überblick

Vorderradbremse Pr.-Nr. 1LT (4-Zylindermotoren):

Bremssattel	FN3-57 16 Zoll
Belüftete Bremsscheibe	314 mm Durchmesser
Dicke	25 mm
Verschleißgrenze	23 mm
Bremssattel	57 mm Kolbendurchmesser
Belagdicke mit Rückenplatte und Dämpfungsblech	20,3 mm
Verschleißgrenze mit Platte und Blech	7 mm

Vorderradbremse Pr.-Nr. 1LA (4-Zylindermotoren):

Bremssattel	FBC-57 16 Zoll
Belüftete Bremsscheibe	320 mm Durchmesser
Dicke	30 mm
Verschleißgrenze	28 mm
Bremssattel	57 mm Kolbendurchmesser
Belagdicke mit Rückenplatte und Dämpfungsblech	18,8 mm
Verschleißgrenze mit Platte und Blech	7 mm

Vorderradbremse Pr.-Nr. 1LJ (6-Zylindermotoren):

Bremssattel	FBC-57 17 Zoll
Belüftete Bremsscheibe	345 mm Durchmesser
Dicke	30 mm
Verschleißgrenze	28 mm
Bremssattel	57 mm Kolbendurchmesser
Belagdicke mit Rückenplatte und Dämpfungsblech	18.8 mm
Verschleißgrenze mit Platte und Blech	7 mm

Präzise »Rückmeldung«

Völlig neu präsentieren sich auch die Bremssättel für die stärkeren Motorvarianten, die nach dem Schwimmsattel-Prinzip in Verbundbauweise konzipiert sind. In Bereichen mit hohen Festigkeitsanforderungen bestehen sie aus hochfestem Sphäroguss. Das verschraubte Kolbengehäuse aus Aluminium führt die Wärme sehr gut ab, bei geringem Gewicht sind die Bremssättel extrem steif.
Das Pedalgefühl ist straff und präzise. Dank

Hinterradbremse Pr.-Nr. 1KW (4-Zylindermotoren):

Bremssattel	CII-43 EPB 16 Zoll
Unbelüftete Bremsscheibe	300 mm Durchmesser
Dicke	12 mm
Verschleißgrenze	10 mm
Bremssattel	43 mm Kolbendurchmesser
Belagdicke mit Rückenplatte und Dämpfungsblech	17,5 mm
Verschleißgrenze mit Platte und Blech	7 mm

Hinterradbremse Pr.-Nr. 1KE (6-Zylindermotoren):

Bremssattel	CII-43 EPB 17 Zoll
Belüftete Bremsscheibe	330 mm Durchmesser
Dicke	22 mm
Verschleißgrenze	20 mm
Bremssattel	43 mm Kolbendurchmesser
Belagdicke mit Rückenplatte und Dämpfungsblech	17,5 mm
Verschleißgrenze mit Platte und Blech	7 mm

dieser exakten Rückmeldung kann der Fahrer die Bremse mit niedriger Bedienkraft perfekt dosieren. Die entsprechend angepasste Kennlinie des Bremskraftverstärkers unterstützt den Fahrer dabei sehr wirkungsvoll.
Bei den neuartigen Bremsscheiben und den Abdeckblechen aus Aluminium (Bild 3) wurde viel Gewicht an diesen ungefederten Massen eingespart. Das kommt dem sportlichen Handling unmittelbar zugute. Ein weiterer konkreter Vorteil ist das Design der Sättel und aller Felgen. Mit einem einfachen Werkzeug (siehe später) lässt sich die Reststärke der Bremsbeläge sicher messen, ohne die Räder abbauen zu müssen. Wenn Sie dieses kleine Messwerkzeug nicht zumindest ausleihen können (Werkstatt!), so ist die Messmöglichkeit jedenfalls wertvoll bei der Service-Annahme Ihres Fahrzeugs.

Flüssigkeit regelmäßig wechseln

Audi setzt Bremsflüssigkeit nach dem Standard »FMVSS 116 DOT 4« ein, wovon auch die Weiterentwicklung »DOT 4 plus« erhältlich ist. Der Standard DOT 4 (plus) entspricht der US-Sicherheitsvorschrift hinsichtlich eines hohen Nass-

Bremse links hinten: (1) Bremssattel mit Bremssattelträger, Belaghaltefedern und Bremsklötzen, (2) unbelüftete Bremsscheibe, (3) Aluminium-Abdeckblech.

Bremsflüssigkeit

WISSENSWERTES

Da Bremsflüssigkeit hygroskopisch ist, nimmt sie Wasser auf, was u. a. durch undichte Bremsschläuche und Gummimanschetten geschehen kann. Sie nimmt aber auch Luftfeuchtigkeit auf, weshalb sie nur in verschlossenen, gut abgedichteten Vorratsbehältern (Original-Gebinden) aufbewahrt werden darf.

Durch Wasseraufnahme sinkt der Siedepunkt. Bei einem Wassergehalt von 2,5 Prozent liegt er nur noch bei 150 °C (kritische Grenze). In diesem Fall können sich bei stark erhitzten Bremsen (Gebirgsfahrt, Vollbremsungen) Dampfblasen in der Bremsflüssigkeit bilden. Diese werden beim Bremsen zusammengepresst, das System kann keinen stabilen Bremsdruck aufbauen, das Pedal lässt sich tief durchtreten, schlimmstenfalls bis auf den Boden. Es ist sogar möglich, dass die Bremsen ganz ausfallen.

Die Sicherheit erfordert daher den regelmäßigen zweijährlichen Wechsel der Bremsflüssigkeit. Er sollte möglichst im Frühjahr erfolgen. Die für alle Audi-Fahrzeugtypen freigegebene Bremsflüssigkeit nach Standard DOT 4 (plus) garantiert hohe Betriebssicherheit und die Aufrechterhaltung des hohen Siedepunktes über die gesamte Gebrauchsdauer.

siedepunktes. Das übliche Wechselintervall beträgt zwei Jahre. Die Bremsflüssigkeit aus Glykol und Polyglykoläther ist bis minus 40 °C dünnflüssig. Ihr Siedepunkt liegt über 270 °C. Der Standard »DOT 5« mit noch höherem Siedepunkt enthält Silikon und darf nicht in DOT 4-Bremssysteme eingefüllt werden. Geeignete Produkte für den A4 werden beispielsweise von ATE, Ferrodo und AP angeboten.
Bremsflüssigkeit ist erst bernsteinhell, verfärbt sich aber im Laufe der Zeit durch chemische Reaktion. Dunkle Färbung ohne Verunreinigung bedeutet noch nicht mangelhafte Qualität.

Auch ESP in neuer Generation

Das Fahrstabilisierungssystem ABS/ESP von Bosch präsentiert sich in der neuen Generation des A4 als Version 8.1 (Bild 4). Es arbeitet mit neuartigen, hochpräzisen Hydraulikventilen, die den Druckaufbau besonders exakt managen.

Die Regelarbeit läuft ohne das »ABS-Ruckeln« und frei von spürbaren Schwingungen ab. Neu ist auch das Bedienkonzept. ESP lässt sich wie bisher durch langen Tastendruck total abschalten. Jetzt aber kommt eine zweite, niedrigere Stufe hinzu. Wenn der Fahrer bei einem Tempo unter 70 km/h die ESP-Taste einmal nur kurz drückt, deaktiviert er den Teilbereich Antischlupfregelung (»ASR-off«). Der Motoreingriff wird weitgehend ausgeschaltet und der Bremseneingriff leicht abgeschwächt. Bei der optionalen Dynamik-Lenkung bleiben die stabilisierenden Lenkimpulse erhalten. Zur Sicherheit leuchtet eine Kontrolllampe im Cockpit auf.

Neue ESP-Funktionen

Bei den A4 mit Frontantrieb bringt der genannte »ASR-off«-Modus große Vorteile beim Betrieb mit Schneeketten. Die Räder lassen sich zum oft sinnvollen Durchdrehen bringen, ohne dass man das ESP ganz ausschalten müsste. Bei den Allrad-A4 bleibt der »ASR-off«-Modus bei jedem Tempo in Kraft, die frontgetriebenen Modelle hingegen wechseln oberhalb von 70 km/h selbsttätig in den ESP-Vollmodus zurück. Das ESP im neuen A4 stabilisiert auch einen Anhänger, der ins Schlingern zu geraten droht, indem es die Räder des Zugfahrzeugs einzeln gegenphasig zu den Schwingungen bremst. Bei Notbremsungen aktiviert es automatisch die Warnblinkleuchten.

Bei Nässe reduziert das neue ESP des A4 den Wasserfilm auf den Bremsscheiben durch kurze, für den Fahrer meist gar nicht spürbare Bremsungen. Bei extremer Belastung wie langen sportlichen Passabfahrten kompensiert es den durch die Erhitzung bei einer Vollbremsung möglichen Fadingeffekt.

Schließlich gibt es noch einen weiteren Vorzug auf der Basis des fortgeschrittenen ESP. Dank der entsprechend angepassten ABS-Strategie kann der neue A4 beim Bremsen die hohen Reibwert-Potenziale seiner Reifen voll nutzen.

4

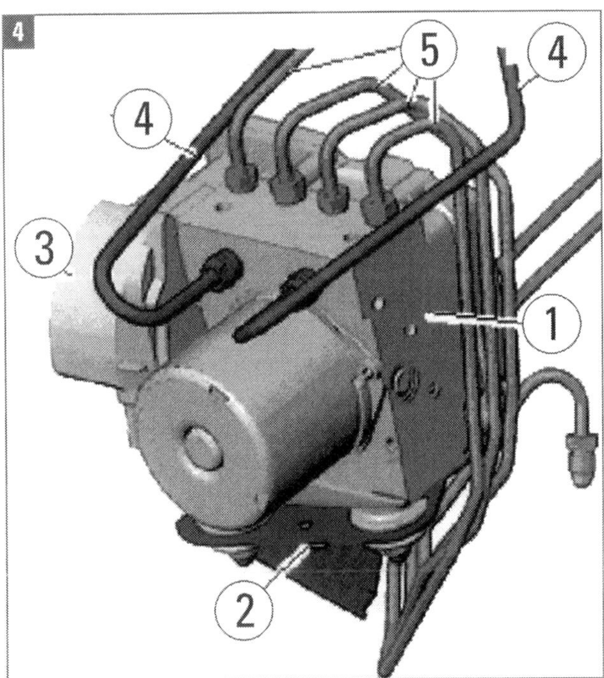

ABS-Hydraulikeinheit Bosch 8.1: (1) Hydraulikeinheit mit Steuergerät ABS (Bauteil N55), (2) ESP-Halter, (3) Steckverbindung am Steuergerät, (4) Leitungen zum Hauptbremszylinder, (5) Leitungen zu den Bremssätteln.

Was ist das ESP?

WISSENSWERTES

Durch das von Audi und anderen Herstellern als »Elektronisches Stabilitätsprogramm - ESP« bezeichnete System wird ein Fahrzeug bis an die physikalische Grenze stabil gegen Ausbrechen. Das Anti-Schleuderprogramm erhöht also die aktive Fahrsicherheit: Der Wagen bleibt damit selbst in schwierigen und unerwarteten Situationen noch besser beherrschbar. ESP bewirkt in kritischen Fahrsituationen gezielte Bremseingriffe an einzelnen Rädern und eine bedarfsgerechte Anpassung der Motorleistung zur Stabilisierung des Fahrzeugs - besonders in Kurven und bei plötzlichen Ausweichmanövern.

ESP erkennt eine fahrdynamisch kritische Situation beispielsweise an einem durchdrehenden Rad. Es bremst dann eins oder mehrere Räder gezielt ab. Zusätzlich wird, falls vom System als notwendig erkannt, automatisch das Motordrehmoment angepasst. So unterstützt ESP den Fahrer dabei, das Fahrzeug wieder zu stabilisieren.

Beim ESP verfolgt ein Geschwindigkeitsmesser ständig die Bewegung des Fahrzeugs um seine Hochachse und vergleicht mit dem Sollwert aus Lenkvorgabe und Geschwindigkeit. Sobald das Fahrzeug von der Ideallinie abweicht, greift ESP ein und beeinflusst Schleuderbewegungen schon beim Entstehen.

Funktion der Bremsen kontrollieren

Regelmäßige Kontrolle der Bremsanlage ist für Autofahrer die beste Lebensversicherung. Im Straßenverkehr entscheiden die Bremsen über Ihre Sicherheit und die anderer Verkehrsteilnehmer. Scheuen Sie sich nicht, die Räder abzunehmen und den Zustand von Bremsscheiben und Bremsbelägen gründlich zu prüfen!
Ans Schrauben sollten Sie sich nur dann wagen, wenn Sie sich wirklich auskennen. Suchen Sie sonst besser die Werkstatt auf. Beim Reinigen der Anlage fällt Bremsstaub an, der zu schweren gesundheitlichen Schäden führen kann. Niemals Bremsstaub einatmen!
Bei allen Arbeiten ist strikt darauf zu achten, dass kein Mineralöl, Schmierfett oder ähnliche Stoffe in die Bremsanlage gelangen.

PRAXISTIPP

Kein Öl in die Bremsanlage!

■ Wird Mineralöl in der Bremsanlage festgestellt, müssen Hauptbremszylinder und Ausgleichsbehälter für Bremsflüssigkeit erneuert, die gesamte Bremsanlage mit neuer Bremsflüssigkeit durchgespült, alle Baugruppen mit Bestandteilen aus Gummi ausgewechselt und die Bremsanlage entlüftet werden.

■ Bremsbeläge sind Bestandteil der Allgemeinen Betriebserlaubnis (ABE), außerdem vom Werk auf das jeweilige Fahrzeug abgestimmt. Deshalb dürfen nur vom Automobilhersteller beziehungsweise vom Kraftfahrtbundesamt (KBA) freigegebene Bremsbeläge (mit KBA-Freigabenummer) verwendet werden.

Arbeitsschritte

■ **Sichtprüfung:** Bremskraftverstärker, Hauptbremszylinder (bilden eine Montage-Einheit mit dem Bremsflüssigkeitsbehälter und befinden sich links hinten im Motorraum direkt an der Wasserkastenwand) und Bremssättel auf Beschädigungen und Undichtigkeiten prüfen. Alle Anschlüsse und Verbindungen von Schläuchen und Rohrleitungen auf richtigen Sitz, Undichtigkeiten und Korrosion untersuchen. Auf dunkle und feuchte Flecken achten.

■ **Sichtprüfung:** Kontrollieren Sie besonders, ob Hydraulikleitungen geknickt oder Anschlüsse an der Hydraulikeinheit undicht sind. Undichtigkeiten und Schmutznester am Hydrauliksystem müssen beseitigt werden.

■ **Sichtprüfung:** Bremsschläuche dürfen nicht in sich verdreht und nirgendwo porös und brüchig sein. Bei maximalem Lenkeinschlag muss ihr Abstand zu anderen Achsteilen mindestens 15 mm betragen. Die Rastnasen der Leitungen müssen einwandfrei in den Haltern sitzen.

■ **Sichtprüfung:** Wenn Bremsschläuche, elektrische Leitungen und Steckkupplungen Scheuerstellen aufweisen und Schläuche feucht oder aufgequollen sind: auswechseln!

■ **Funktionsprüfung:** Eine Minute lang mit voller Kraft aufs Bremspedal treten. Das Pedal darf nicht nachgeben. Eine exakte Druckprüfung ist allerdings Sache der Werkstatt mit Spezialgerät und Diagnosesystem.

■ **Funktionsprüfung:** Auf 50 km/h beschleunigen, Lenkrad loslassen, Hände griffbereit halten. Zuerst sanft, dann scharf bis zum Stillstand bremsen. Fahrzeug soll die Spur halten. Nach dem Test auf leicht abschüssiger Strecke Fahrzeug aus dem Stand losrollen lassen. Drehen die Räder frei?

■ **Wärmeprobe:** Räder anfassen. Alle vier Felgen müssen gleich warm sein. Eine einzelne kalte Felge weist auf mangelhafte Bremsfunktion an diesem Rad hin. Wenn eine Felge ungewöhnlich warm ist (oder wenn das bei allen so scheint), muss weiter gesucht werden. Ursache für die zu hohe Temperatur können z. B. schleifende Bremsen oder defekte Radlager sein.

■ **Professionelle Bremsenprüfung:** Erfolgt auf 1-Achs-Rollenprüfstand. Von Audi dafür freigegebene Anlagen erfüllen die Bedingung, dass die Prüfgeschwindigkeit 6 km/h nicht überschreitet, da sonst beim zeitversetzten Anlaufen der Rollen Bremseingriffe durch das EDS (elektronische Differenzialsperre, Bestandteil des ABS/ESP-Systems) erfolgen. Für Prüfstand-Kontrollen ist ein diagnosefähiges Werkstattsystem (Audi: VAS 5051, 5052 oder 5053) erforderlich. Jeweils eine Achse auf die Rollen fahren. Handgeschaltete Autos in den Leerlauf, automatisch geschaltete in Stellung »N« schalten. Der Antrieb erfolgt durch die Rollen.

■ **Auswertung:** Ratsam ist es, die Bremsentests von DEKRA, TÜV oder ADAC in Anspruch zu nehmen. Alle dabei oder von Ihnen festgestellten Mängel müssen unverzüglich in eigener Arbeit oder durch die Werkstatt beseitigt werden.

Bremsscheiben und Bremsbeläge kontrollieren

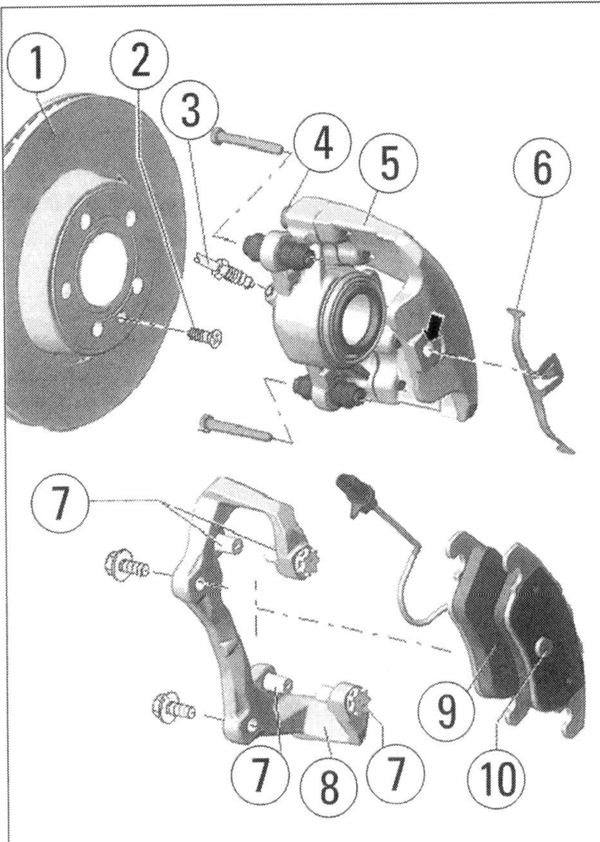

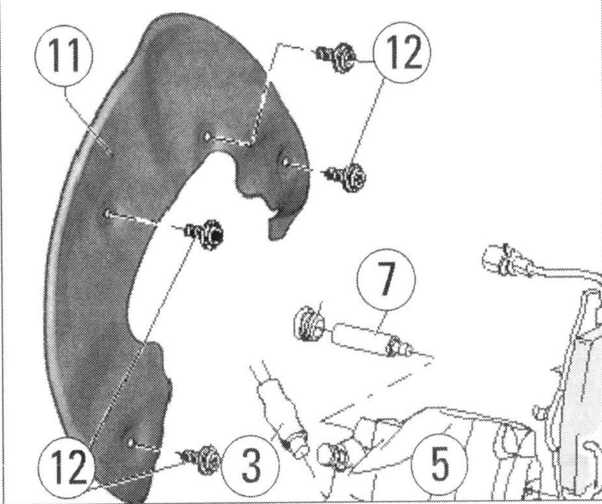

Bremse FBC-57: (1) Bremsscheibe, (2) Schraube, (3) Bremsleitung, (4) Schraube, (5) Bremssattelgehäuse, (6) Federklammer, (7) Haltebolzen für Bremsbeläge, (8) Bremsträger, (9) Bremsbeläge, (10) Fixierung Bremsbelag in Bremssattel. ***Zusätzlich bei Bremsen FN3-57:*** (11) Bremsabschirmblech, (12) Halteschrauben.

Räder abschrauben, Bremsscheiben (1) genau ansehen. Eine bläuliche Verfärbung der Scheibe ist normal. Regelmäßig, mindestens jedoch alle 15.000 Kilometer oder einmal im Jahr sollte die Stärke der Bremsbeläge (9) kontrolliert werden. Bremsbeläge grundsätzlich immer auf beiden Seiten erneuern. Mit neuen Bremsbelägen auf den ersten 200 Kilometern häufige Vollbremsungen vermeiden, der Belag verändert sonst seine Struktur. Er verhärtet (»verglast«) und erreicht dadurch nicht seine beste Bremswirkung.

Kontrolle der Bremsscheiben

■ Sind Rillen durch Schmutz oder zu stark abgefahrene Beläge in den Scheiben? Sie dürfen nicht tiefer als 0,5 mm sein. Durch hohe Belastung können Haarrisse entstehen. Die Länge solcher Haarrisse darf nicht mehr als 25 mm betragen. Bei Riefen oder zu starken Verschleißspuren die Scheiben paarweise austauschen, niemals nachbearbeiten!

■ Die Dicke der Bremsscheiben messen Sie am besten, indem Sie zwischen Messschieber und Bremsscheibe eine Münze legen. Die Dicke der Münzen müssen Sie dann natürlich vom gemessenen Wert abziehen. Messen Sie die Bremsscheibe an mehreren Punkten. Es gilt der jeweils schlechteste Wert.

■ Zu dünne Scheiben (Verschleißgrenzwert in mm siehe Tabelle) müssen immer paarweise ausgetauscht werden.

Kontrolle der Bremsbeläge

■ Bremsklötze ausbauen, auf Verschmutzung durch austretende Bremsflüssigkeit oder Fett achten.

■ Mit dem Messschieber die Belagdicke der Bremsklötze prüfen (Sollwerte und Verschleißgrenzwerte siehe Tabellen).

■ Sind die Bremsklötze über die Verschleißgrenze abgefahren, kann der Steg zwischen Dichtungsnut und Staubkappe beschädigt sein. Dann die Bremsanlage mit einem Druckprüfgerät auf Dichtheit prüfen.

■ Die Prüfung kann bei Audi-A4-Bremsen ohne Ausbau der Räder erfolgen, wenn der Prüfstift T40139 (oder ein vergleichbares Messwerkzeug) entsprechend Bild 3 zur Verfügung steht.

■ Zur Ermittlung der Bremsbelagstärke wird der bewegliche Ring am Stift bis zum Anschlag in Richtung Messspitze geschoben.

■ Dann Prüfspitze durch die Felge schieben und an der Bremsscheibe anlegen.

■ Prüfstift solange gleichmäßig in Richtung Bremsbelag schieben, bis er auf der Rückenplatte des Bremsbelags aufliegt (Bilder 4 und 5).

■ Prüfstift entnehmen und den Wert ablesen. Die Skala ist mit dem Bremsensymbol kenntlich gemacht. Beim Entnehmen des Stiftes darf der bewegliche Ring nicht verschoben werden, weil das zu falschen Resultaten führt. Der gemessene Wert »a« versteht sich als Belagdicke einschließlich Rückenplatte und Dämpfungsblech.

■ Der Prüfstift hat noch eine zweite Skala, die ein Reifensymbol trägt. Damit kann das Werkzeug zum Messen der Profiltiefe verwendet werden.

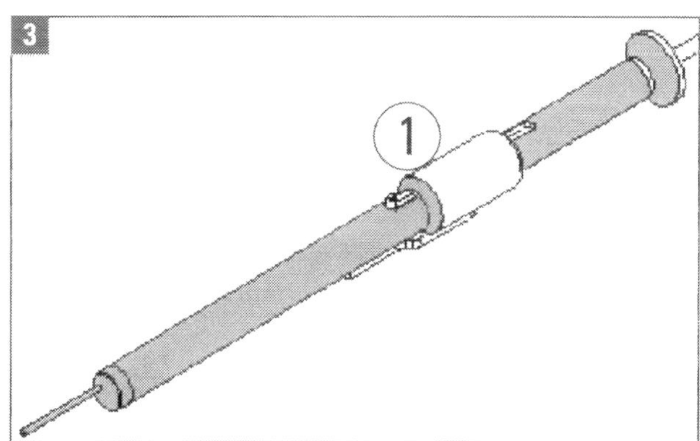

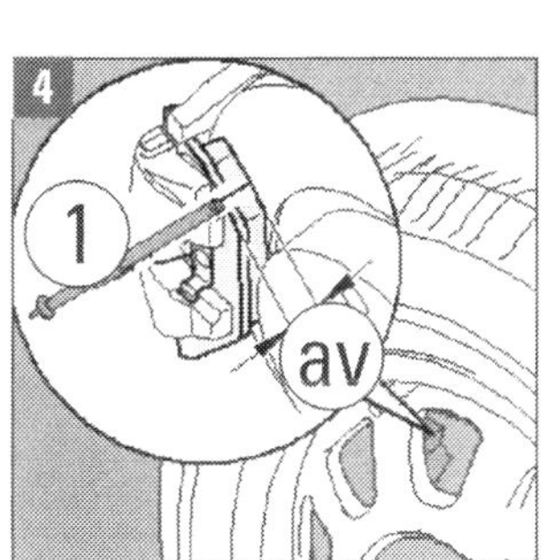

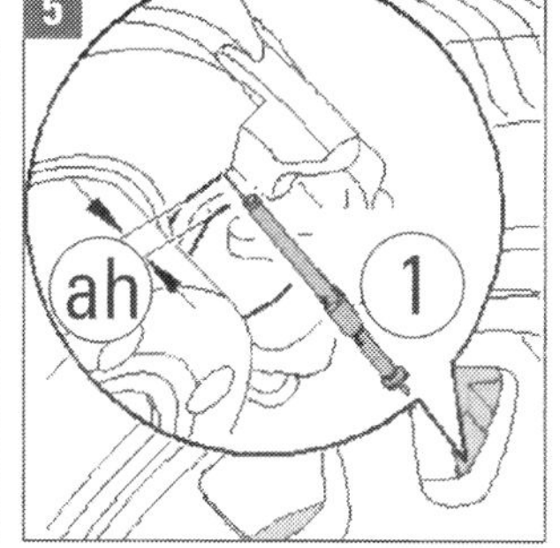

Prüfstift: Werkzeug T40139 zur Ermittlung der Bremsbelagstärke. Auch zur Profiltiefemessung verwendbar.
Bremsbelag messen: (1) in allen drei Bildern Prüfstift, (av) Maß a vorn, (ah) Maß a hinten.

■ Wenn der gemessene Wert 7 mm nicht mehr übersteigt, ist das Verschleißmaß erreicht. Die verschlissenen Bremsklötze müssen satzweise erneuert werden, also stets links und rechts an jeder Achse. Dieses Prinzip muss unbedingt beachtet werden, weil sich sonst eine ungleiche Wirkung der beiden Bremsen einer Achse ergeben kann.

■ Das Prinzip des achsweisen Wechsels gilt natürlich auch für die Bremsscheiben!

Bremskraftverstärker prüfen

■ Motor abstellen, Bremspedal mehrmals durchtreten; in tiefster Stellung halten. Unterdruck im Gerät wird abgebaut.

■ Bremspedal bei mittlerer Fußkraft in Bremsstellung halten und Motor starten. Jetzt muss die Bremskraftverstärkung wirksam werden. Das Bremspedal gibt unter dem Fuß spürbar nach. Senkt sich das Pedal nicht, liegt eine Störung vor. Meist muss Bremskraftverstärker komplett ersetzt werden.

■ Eine genaue quantitative Prüfung ist nur mit Unterdruck- und Druckprüfgerät möglich. Das ist Sache der Werkstatt. Der Ablauf ist dann:

■ Bremspedal mehrmals betätigen; Unterdruckprüfgerät über Prüfanschluss zwischen Bremskraftverstärker und Unterdruckleitung einsetzen; Laufrad abmontieren. Bremsanlage am Bremssattel entlüften (s. a. später): Schlauch eines Auffangbehälters auf Entlüftungsventil aufstecken und Ventil öffnen. Bremsflüssigkeit auslaufen lassen, bis sie blasenfrei und sauber austritt. Entlüftungsventil schließen.

■ Entlüfterschraube aus dem Bremssattel herausschrauben, Stutzen des Druckprüfers anschließen. Motor starten, Gas geben, Unterdruck von knapp 0,8 bar erzeugen. Wird dieser nicht erreicht oder fällt gleich wieder ab: Dichtring zwischen Bremskraftverstärker und Hauptbremszylinder und/oder Rückschlagventil in der Unterdruckleitung überprüfen. Schadhafte Bauteile erneuern.

■ Druckprüfgerät mit Anschlussstutzen vom Bremssattel abbauen, Entlüfterschraube eindrehen und festziehen. Unterdruckprüfgerät vom Bremskraftverstärker trennen.
Bremsanlage am Bremssattel entlüften, Laufrad wieder anschrauben.

Bremsflüssigkeit kontrollieren und nachfüllen

Zu Wartungen und anderen Arbeiten, die Sie selbst an der Anlage vornehmen können, gehört die regelmäßige Kontrolle des Standes der Bremsflüssigkeit. Auch bei intakter Bremsanlage kann der Flüssigkeits-Pegel sinken.
Ursache können der Verschleiß an den Bremsbelägen oder bei Fahrzeugen mit Handschaltgetriebe Defekte am Kupplungssystem sein. Denn die Kupplungshydraulik ist am System der Bremshydraulik angeschlossen.
Ebenfalls wichtig ist die Kontrolle des Wassergehalts der Bremsflüssigkeit. Untersuchungen haben gezeigt, dass bei vielen in Deutschland rollenden Fahrzeugen die Bremsflüssigkeit infolge Wasseraufnahme den kritischen Siedepunkt von 150 °C unterschreitet. Das kann zum Versagen der Bremsen führen.

Vorgehensweise:

- Flüssigkeitsstand von außen am Behälter (1) kontrollieren: Der Pegel muss zwischen den Markierungen »MIN« und »MAX« (2) liegen (Bild 2).

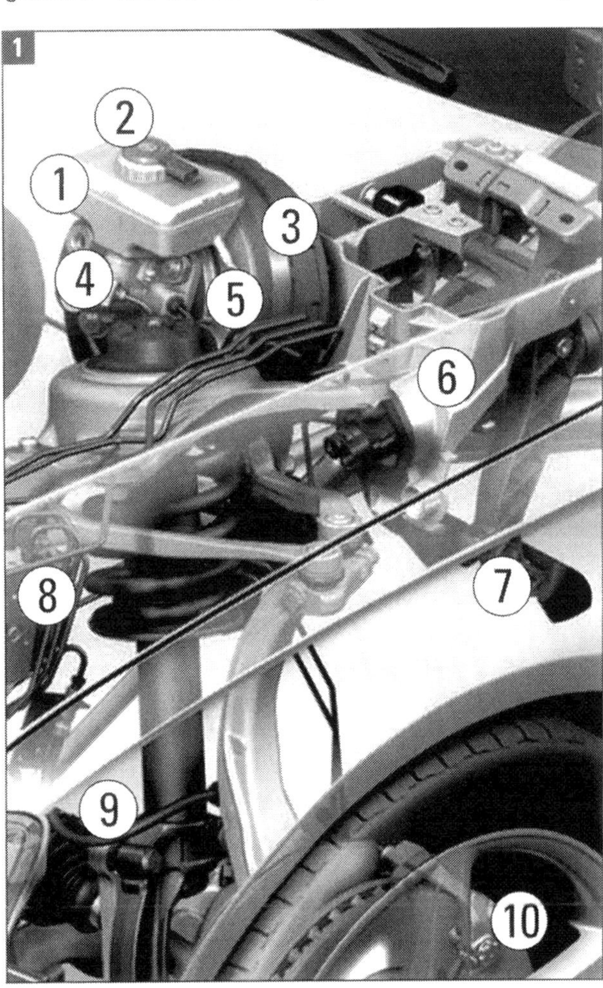

Montageübersicht: (1) Bremsflüssigkeitsbehälter, (2) Verschlussdeckel mit Warngeber Flüssigkeitsstand, (3) Bremskraftverstärker, (4) Hauptbremszylinder, (5) Leitung zum Kupplungsgeberzylinder, (6) Wasserkastenwand, (7) Pedalanlage, (8) Hydraulikeinheit, (9) Bremsleitung, (10) Bremse.

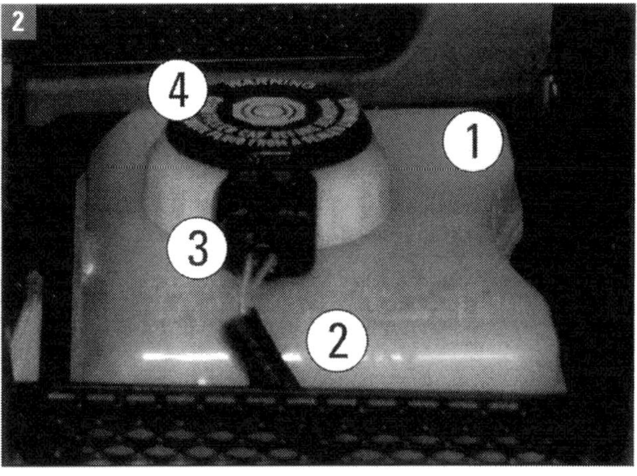

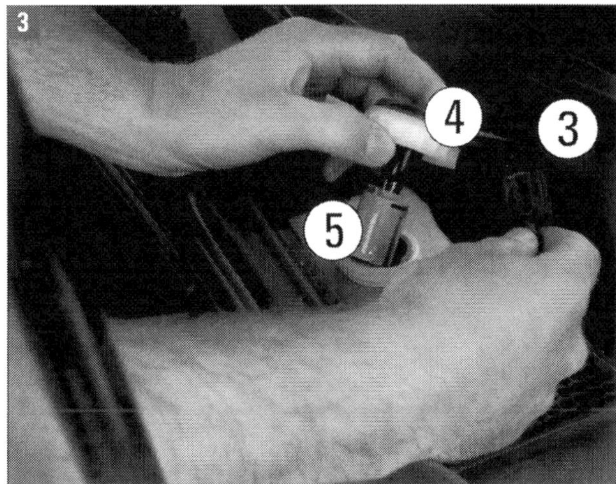

Bremsflüssigkeitsbehälter: (1) Behälter links im Wasserkasten mit (2) MAX- und MIN-Markierungen, (3) Steckverbindung für Flüssigkeitsstand-Geber, (4) Verschlussdeckel mit (5) Füllstandsskala.
Das Sieb im Behälter darf nicht entfernt werden.

■ Wenn die Bremsbeläge schon sehr abgefahren sind (und bald erneuert werden müssen), ist ein Pegelstand leicht über »MIN« noch zulässig. Beim Einbau neuer Beläge werden dann nämlich die Bremskolben wieder zurückgedrückt, wodurch der Stand im Bremsflüssigkeitsbehälter wieder ansteigt. Sind aber die Bremsbeläge noch neuwertig und hat die vorangegangene Prüfung keine Undichtigkeit im Bremssystem ergeben, muss zur Überbrückung bis zum nächsten Wechsel der Bremsflüssigkeit etwas nachgefüllt werden.

■ Nachfüllen nur die schon erwähnte Bremsflüssigkeit nach Norm FMVSS 116 DOT 4. Möglich, aber nicht erforderlich ist auch Flüssigkeit nach DOT 5.1, sie hat einen etwas höheren Siedepunkt. DOT 5 nicht verwenden!

■ Die Steckverbindung (3) trennen und den Deckel (4) abschrauben. Deckel mit Einsatz (5) herausnehmen (Bilder 2 und 3). Bremsflüssigkeit nachfüllen. Der Füllstand muss stets ausreichend sein, damit keine Luft ins Bremssystem gelangen kann.

Bremsanlage entlüften

Nach Aus- und Einbau von Bremsbelägen und Bremsscheiben, nach Erneuern von Bremsschläuchen oder dem Öffnen von Bremsleitungen müssen die Bremsanlage oder Teile von ihr entlüftet werden. Wird die Bremsflüssigkeit gewechselt, muss man die gesamte Anlage entlüften (im Prinzip ist das ein und derselbe Vorgang). In einzelnen Reparaturfällen kann es genügen, nur den Bremskreis zu entlüften, an dem gearbeitet wurde.
Beim gesamten Entlüftungsvorgang darf der Bremsflüssigkeitspegel im Vorratsbehälter auf keinen Fall unter die MIN-Markierung fallen. Ansonsten gelangt Luft ins System.

Arbeitsschritte:

■ Motorhaube öffnen, Wasserkastenabdeckung abbauen und Verschlussdeckel des Bremsflüssigkeitsbehälters abschrauben. Flüssigkeit mit Pipette oder sauberer Injektionsspritze absaugen und neue Bremsflüssigkeit bis zur MAX-Markierung einfüllen. Die Werkstatt verwendet ein Bremsenfüll- und Entlüftungsgerät (VAS 5234). Zum Absaugen Saugschlauch des Gerätes in den Bremsflüssigkeitsbehälter einführen und Flüssigkeit im Auffangbehälter des Gerätes sammeln.

■ Wenn ein Befüll-/Entlüftungsgerät verwendet wird, den zugehörigen Adapter auf den Bremsflüssigkeitsbehälter des Fahrzeugs aufschrauben und Befüllschlauch an den Adapter anschließen. Sonst den Flüssigkeitsstand beobachten und durch Nachfüllen von Hand immer über »MIN« halten. Fahrzeug mit Wagenheber anheben und aufbocken oder mit einer Hebebühne (Werkstatt) anheben.

PRAXISTIPP: Kontaktkorrosion vermeiden

Hinsichtlich aller Reparaturarbeiten warnt Audi vor Montagefehlern, die zu Kontaktkorrosion führen können. Kontaktkorrosion kann entstehen, wenn nicht geeignete Verbindungselemente wie Schrauben, Muttern oder Scheiben verwendet werden. Audi empfiehlt, nur Verbindungselemente mit einer speziellen Oberflächenbeschichtung zu verbauen. Keine Gefahr besteht bei Gummi- oder Kunststoffteilen und Klebstoffen aus elektrisch nichtleitenden Materialien. Falls Sie bei der Montagearbeit bei bestimmten Teilen Zweifel haben, richten Sie sich am besten nach dem Audi-Teilekatalog.

Audi selbst empfiehlt natürlich die Original-Ersatzteile, weil sie geprüft und aluminiumverträglich sind. Es solle generell nur Audi-Zubehör zum Einsatz kommen, weil Schäden durch Kontaktkorrosion nicht unter die Gewährleistung fallen.

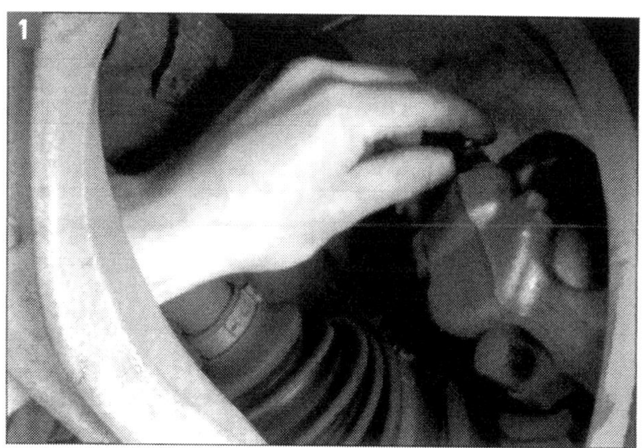

Entlüften: A4-Bremssättel haben zwei Entlüfterschrauben.

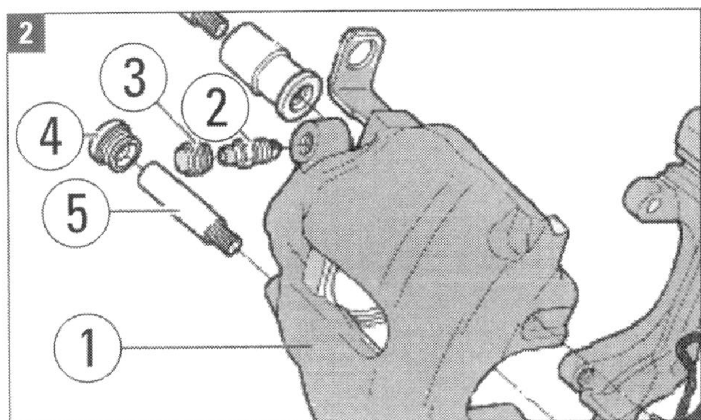

Beispiel FN3-Vorderbremse: (1) Bremssattelgehäuse, (2) Entlüftungsventil, (3) Ventilschutzkappe, (4) Abdeckkappe am (5) Führungsbolzen.

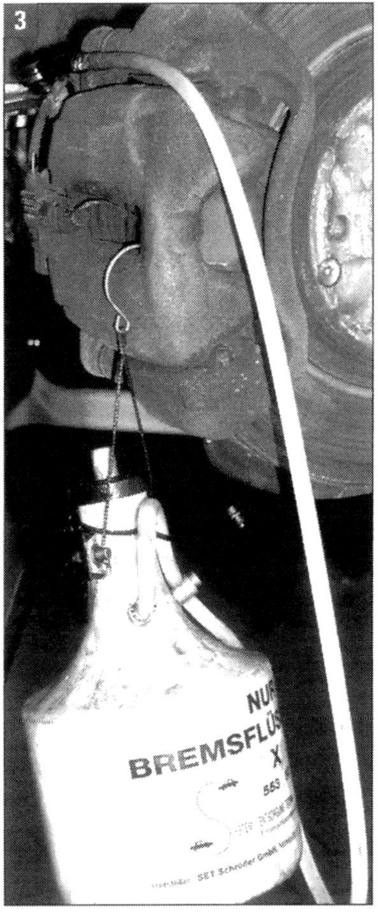

Entlüften: Durch den aufs Entlüftungsventil gesteckten durchsichtigen Schlauch die Bremsflüssigkeit in ein geeignetes Gefäß ablaufen lassen. Wenn sie blasenfrei (nicht mehr schäumend) läuft, ist die Entlüftung abgeschlossen.

■ Bei Fahrzeugen mit Schaltgetriebe die Abdeckkappe von der Entlüftungsschraube des Kupplungsnehmerzylinders abnehmen, Schlauch (separat oder vom Gerät) aufstecken, Schraube öffnen. Flüssigkeit ablaufen lassen, bis sie blasenfrei und sauber ist. Bei Bremsflüssigkeitswechsel etwa 100 ml Flüssigkeit ablaufen lassen. Schraube schließen, Schlauch abnehmen, Kappe aufstecken.

■ Abdeckkappen von den Entlüftungsschrauben (Bilder 1 und 2) aller vier Bremssättel abziehen.
Achtung: Die meisten Audi-Bremssättel haben zwei Entlüftungsschrauben, die beide bedient werden müssen!
Das Entlüften am Bremssattel vorn links beginnen. Den (durchsichtigen) Schlauch aufstecken und in einen geeigneten Auffangbehälter für Bremsflüssigkeit hängen (Bild 3). Wird das Befüllgerät verwendet, dessen Entlüfterschlauch aufstecken. Entlüftungsschraube (Ventil) öffnen und Flüssigkeit ablaufen lassen, bis sie blasenfrei und sauber ist. Bei Wechsel 200 ml ablaufen lassen.

■ Den Vorgang an der Entlüftungsschraube vorn rechts wiederholen: Schlauch aufstecken, Schraube öffnen, (200 ml) ablaufen lassen, Schraube schließen, Schlauch abnehmen, Kappe aufstecken. Dann das Entlüften an den Bremssätteln in der Reihenfolge hinten links und hinten rechts vornehmen.

■ Räder wieder einbauen. Fahrzeug absenken und ggf. Befüll- und Entlüftungsgerät abmontieren (Schlauch, Adapter). Bremsflüssigkeitsstand im Vorratsbehälter prüfen, wenn nötig korrigieren. Verschlussdeckel aufschrauben und festziehen. Motorhaube schließen.

■ Mehrmals das Bremspedal betätigen, um Druck und Leerweg zu prüfen. Der Leerweg darf nicht größer als ein Drittel des gesamten Pedalweges sein. Bei Probefahrt zur Kontrolle der Bremsenfunktion sollte mindestens eine Bremsung mit ABS-Regelung erfolgen.

Bremsbeläge und Bremsscheiben ausbauen und wechseln

Im Audi A4 sind die Scheibenbremsen FN3-57 und FBC-57 (vorne) sowie EPB (Park- und Handbremse, hinten) verbaut (vergl. Übersicht S. 90). Wir demonstrieren die sich im Prinzip gleichenden Arbeiten für diese drei Typen und merken die Besonderheiten für den einzelnen Typ an. Beim Ausbau sollten Sie Bremsbeläge, die Sie weiter verwenden wollen, unbedingt kennzeichnen, da sie an gleicher Stelle wieder eingebaut werden müssen, wenn es nicht zu

ungleichmäßiger Bremswirkung kommen soll. Nach dem übrigens immer paarweisen Einsetzen von Bremsbelägen muss das Bremspedal im Stand mehrmals durchgetreten werden, damit die Beläge ihren dem Betriebszustand gemäßen Sitz einnehmen. Im Anschluss stets den Bremsflüssigkeitsstand prüfen, ggf. nachfüllen.
Auch Bremsscheiben müssen grundsätzlich achsweise, also stets links und rechts, ersetzt werden. Sie lassen sich nur ausbauen, wenn der Bremssattel abgebaut ist.

Empfehlenswerte Spezialwerkzeuge:

- Drehmomentschlüssel mit Knarreneinsatz
- Kolbenrücksetzvorrichtung
- Einsteckwerkzeug (Audi: V.A.G 1331/3) für die Bremse hinten
- Werkstatt-Diagnosesystem

Arbeitsschritte Ausbau:

Bremsbeläge

- Fahrzeug anheben, Räder abbauen, elektrische Steckverbindung (stets nur vorne links) für Belagverschleißanzeige (Beispiel Bild 3 Seite 99) trennen. Fixierlasche am Steckerunterteil leicht anheben, um 90° drehen und das Unterteil aus dem Halter ziehen. Bremsschlauch aus dem Halter nehmen.

- Die Abdeckkappen von den Führungsbolzen (Beispiele Bild 2 Seite 98, Bild 1 Seite 99) abziehen.

- Bei Vorderbremsen **FN3-57** muss die straff sitzende Haltefeder für die Bremsbeläge mit einem Werkzeug aus dem Bremssattelgehäuse ausgebaut werden (Bild 2): Feder mit einem Schraubendreher aushebeln und abnehmen.

- Bei Vorderbremsen **FBC-57** brauchen Sie kein Werkzeug zum Ausbau der Haltefeder für die Bremsbeläge. Die Federklammer (Bild 4 Seite 100) wird von Hand in der Mitte kräftig eingedrückt (»überdrückt«) und dann vorsichtig abgenommen. Halten Sie die Hand schützend davor, damit die unter Spannung stehende Feder beim Abnehmen nicht den Bremssattel zerkratzt. Die Haltebolzen für die Bremsbeläge am Bremsträger (Bild 3 Seite 99) niemals lösen!

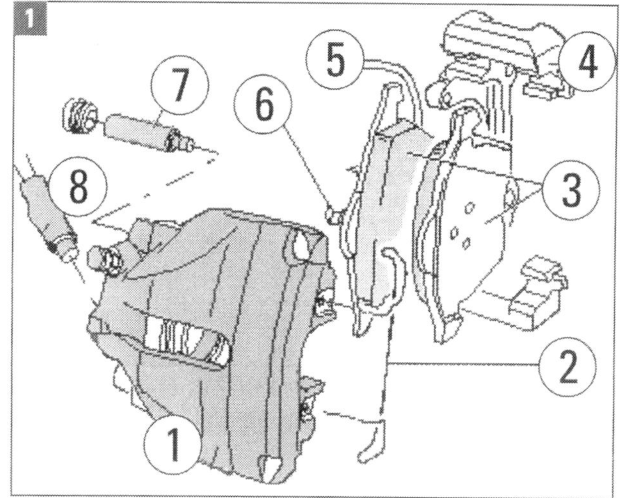

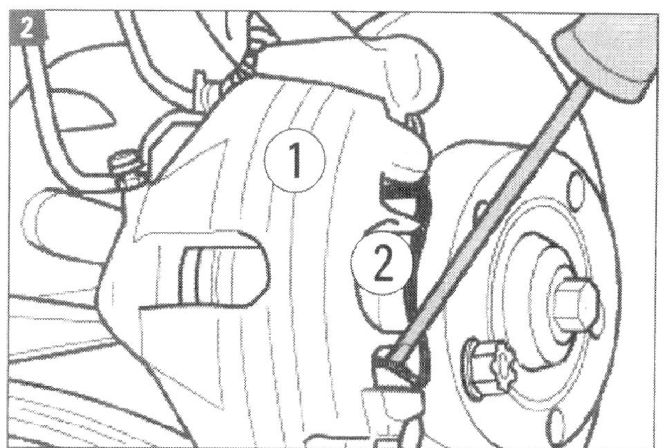

Bremse FN3-57: (1) Bremssattelgehäuse, (2) Haltefeder, (3) Bremsbeläge, (4) Bremsträger, (5) Verschleißanzeige, (6) Spreizfeder, (7) Führungsbolzen, (8) Bremsschlauch.

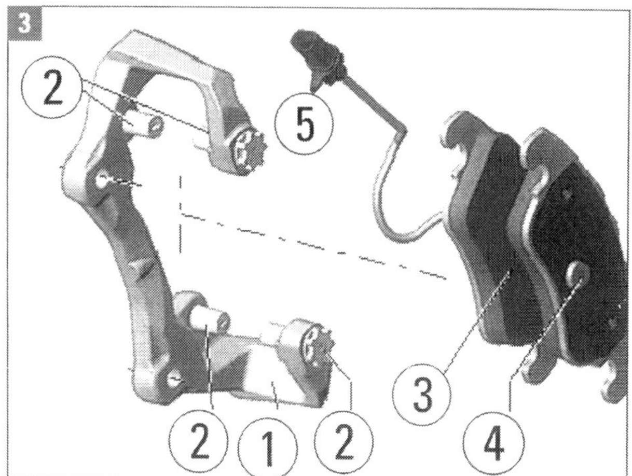

Bremsbeläge FBC-57: (1) Bremsträger, (2) vier Haltebolzen für (3) Bremsbeläge, (4) Fixierung des Bremsbelags im Bremssattel, (5) Steckanschluss mit Kabel für den Geber der Bremsbelagverschleißanzeige.

■ Bei den elektrischen Park- und Handbremsen **EPB** am Hinterrad muss erst der Bremssattel abgenommen werden. Dazu die Befestigungsschrauben vom Bremssattelgehäuse abschrauben. Am Führungsbolzen gegenhalten.

■ **Vorderbremsen:** Um den Bremssattel abzubauen, beide Führungsbolzen (FN3-57) oder die Schrauben für die Führungsbolzen (FBC-57) ausschrauben und herausnehmen. Am besten einen Drehmomentschlüssel mit Knarreneinsatz benutzen.

■ **Alle:** Bremssattel zur Seite hängen, zweckmäßigerweise mit Draht oder Kabelbinder an z. B. die Schraubenfeder des Federbeins (vorn) oder die Karosserie (hinten). Der Bremsschlauch darf jedenfalls nicht belastet sein.

■ **Alle:** Die Bremsbeläge aus dem Bremssattelgehäuse (oder vom herausgenommenen Bremsträger) nehmen und die Belaghaltebleche (Bremse hinten, Bild 5 Seite 100) entnehmen. Das Bremssattelgehäuse reinigen, wozu nur Spiritus benutzt werden darf.

Bremsscheiben

■ Nach dem hier beschriebenen Abbau des Bremssattels mit den Bremsbelägen und dem Bremsträger kann die Bremsscheibe ausgebaut werden. Soll nur sie ausgebaut werden, muss man zuvor dennoch den Bremssattel demontieren.

■ Die Fixierschraube (2 in den Bildern 6, 7 und 8) an der Bremsscheibe (1 in den Bildern 6, 7 und 8) herausschrauben, dabei die Scheibe festhalten.

■ Die Bremsscheibe abnehmen, ohne sie zu verkanten. Die herausgenommene Bremsscheibe, die Radnabe und die Auflageflächen reinigen.

Arbeitsschritte Einbau:

Bremsbeläge

■ Vor dem Einsetzen neuer Bremsbeläge muss Bremsflüssigkeit aus dem Vorratsbehälter abgesaugt werden (Pipette oder Bremsenfüll- und Entlüftungsgerät), damit nichts überlaufen kann. Dann den Kolben mit einer Rücksetzvorrichtung (bei Audi heißt das passende Werkzeug T10145) zurückdrücken. Der Bremskolben darf beim Zurükkdrücken keinesfalls verkanten.

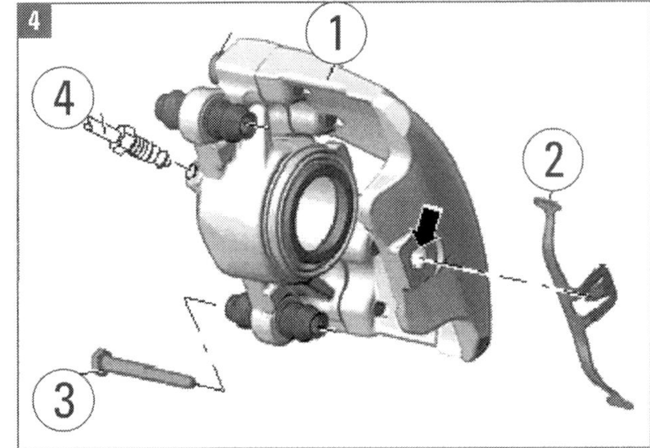

Bremssattel FBC-57: (1) Bremssattelgehäuse, (2) Federklammer, (3) eine der beiden Schrauben für Bremssattel an Bremsträger, (4) Bremsleitungsanschluss hin zum Bremssattel.
Pfeil: Hier wird die Federklammer eingesetzt.

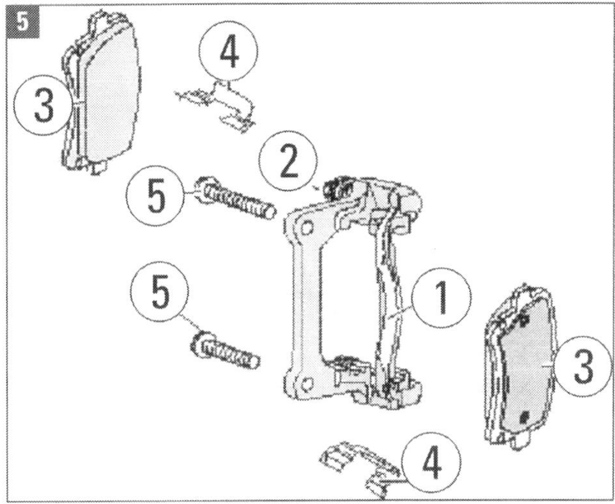

Hinterradbremse EPB: (1) Bremsträger, (2) Führungsbolzen, (3) Bremsbeläge, (4) Belaghaltebleche, (5) Schrauben.

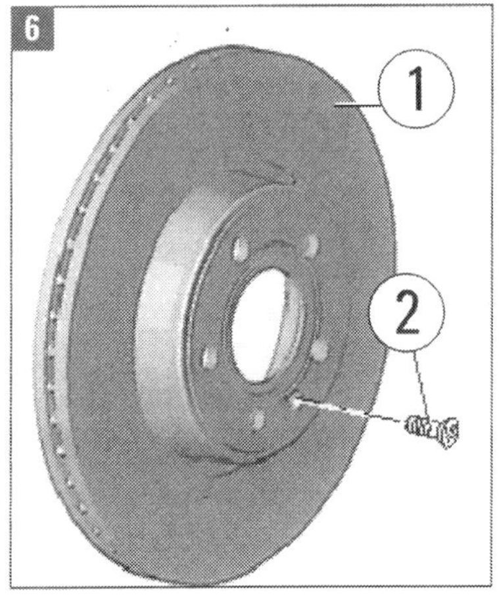

Vorderbremse FN3-57: (1) Bremsscheibe, (2) Fixierschraube.

Vorderbremsen:

■ Bremsbelag mit Haltefeder ins Bremssattelgehäuse (Kolben) einsetzen. Der innere Belag (der mit der Spreizfeder) hat eine Markierung in Pfeilform. Dieser Pfeil muss in die Drehrichtung der Bremsscheibe bei Vorwärtsfahrt zeigen. Wenn der Belag falsch eingebaut wird, kann es zu Geräuschentwicklung kommen.

■ Die (so vorhanden) Schutzfolie von der Rückenplatte abziehen und den äußeren Belag auf den Bremsträger aufsetzen.

■ Die beiden Führungsbolzen oder Schrauben in die Führungsbolzen eindrehen und festziehen. Abdeckkappen der Führungsbolzen einsetzen.

■ **FN3-57**: Die Haltefeder in die Bohrungen im Gehäuse einsetzen und unter den Bremsträger drücken

FBC-57: Inneren Bremsbelag mit Haltefeder in den Bremssattel einsetzen. Die Haltefeder muss im Bremskolben sitzen.

Hintere Bremse EPB:

■ Belaghaltebleche einsetzen (Bild 9). Eventuell vorhandene Schutzfolie von der Rückenplatte der Bremsbeläge abziehen und die Beläge einsetzen.

■ Die Bremsbeläge müssen richtig in den Belaghalteblechen sitzen (Bild 10). Die Bremsbeläge müssen zwischen den beiden Fixierlaschen des jeweiligen Belaghalteblechs sitzen, um das Lüftspiel zwischen Bremsbelag und Bremsscheibe zu unterstützen.

■ Den Bremssattel aufsetzen.

Bremsscheiben

■ Bremsscheibe auf die Nabe setzen, ohne die Scheibe zu verkanten.

■ Fixierschraube eindrehen und festziehen.

■ Wenn die Bremsscheibe ausgebaut war, wird jetzt erst der Bremssattel wieder eingebaut. Räder montieren.

■ Nach Abschluss aller Arbeiten sollte mit einem Werkstattsystem (Audi: Fahrzeugdiagnose-, Mess- und Informationssystem 5051B oder 5052) die Anpassung erfolgen. Bei ausgeschalteter Zündung das System an die 16-fach-Diagnosesteckdose des Fahrzeugs anschließen.

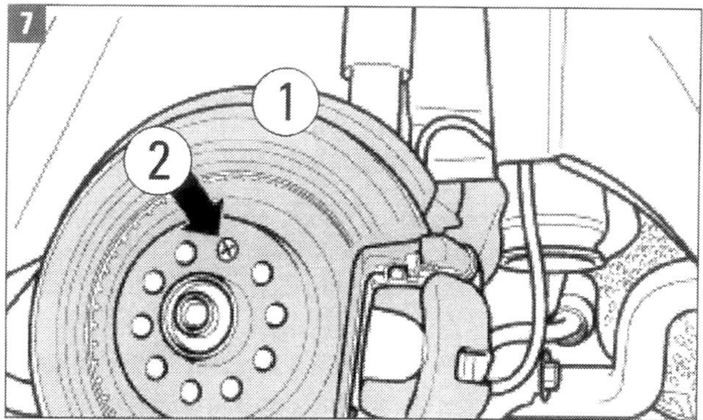

Bremsscheibe der Vorderbremse FBC-57: (1) Bremsscheibe, (2) Fixierschraube.

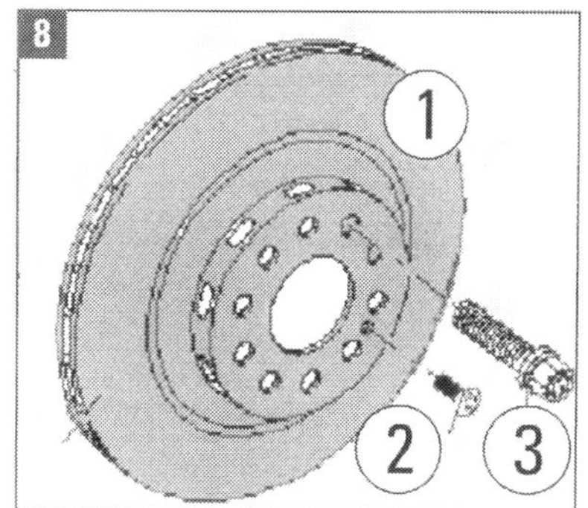

Bremsscheibe der Hinterradbremse EPB: (1) Bremsscheibe, (2) Fixierschraube, (3) Radschraube.

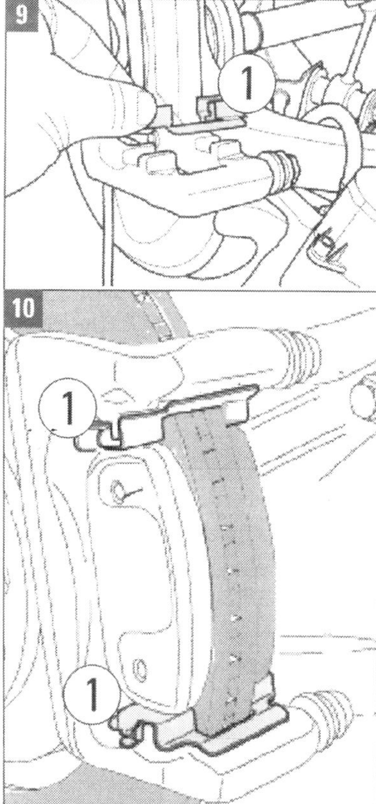

Hinterradbremse EPB: (1) Belaghaltebleche. Wichtig ist, dass die Beläge richtig in den Blechen sitzen (Bild 10).

Dichtheit der Bremsanlage per Bremspedal prüfen

Wir haben bereits beschrieben, wie Sie eine Sichtprüfung aller in Frage kommenden Teile der Bremsanlage auf Dichtheit vorzunehmen haben. Darüber hinaus empfiehlt sich aber noch die folgende Dichtheitsprüfung durch Betätigen der Bremse. Dazu muss die Hydraulikbremsanlage entlüftet sein (wie vorher beschrieben).

Arbeitsschritte:

■ Motor abstellen und den »Bremskraftverstärker leer pumpen«. Das geschieht, indem Sie das Bremspedal so oft betätigen, bis keine Bremskraftunterstützung mehr spürbar ist. Das Bremspedal »wird hart«.

■ Bremspedal etwa 20 mm aus der Ruhelage drücken und die Pedalkraft für 20 Sekunden konstant halten. Der Bremspedalweg darf dabei nicht länger werden.

■ Bremspedal lösen und dann mit sehr hoher Fußkraft wiederum drücken. Auch diese Pedalkraft wieder mindestens 20 Sekunden konstant halten. Der Bremsweg darf auch in diesem Fall nicht länger werden.

■ Wenn bei einer der beiden Prüfungen das Bremspedal »durchsackt«, wie die Kfz-Fachleute das nennen, muss die Systemprüfung durch Augenschein (»visuelle Prüfung«) wiederholt werden.

■ Wenn bei der visuellen Prüfung erneut keinerlei feuchte Stellen und Leckagen festgestellt werden, ist mit hoher Wahrscheinlichkeit der Hauptbremszylinder undicht. Er muss dann ersetzt werden.

■ Beim Ersetzen des Hauptbremszylinders, das wir im Anschluss erläutern, darf auf keinen Fall Bremsflüssigkeit in den Bremskraftverstärker gelangen!

Behälter und Hauptbremszylinder aus-/einbauen

An der Bremsanlage gibt es wenig zu »tunen« oder zu verbessern, weil sie optimiert ist und weil zur Wahrung der Betriebssicherheit und des Gewährleistungsschutzes weitgehend nur Originalteile verbaut werden dürfen. Das Steuergerät für ABS/ESP realisiert so viele Funktionen, dass kaum Ansprüche an die Anlage offen bleiben. Wir möchten daher in diesem Abschnitt einige Arbeiten beschreiben, die über das bisher Gebotene hinaus für Sie von Wert sein können.

Empfehlenswerte Spezialwerkzeuge:

■ Drehmomentschlüssel
■ Bremsenfüll- und Entlüftungsgerät mit Adapter für Bremsflüssigkeitsbehälter (VAS 5234 mit VAS 5234/1)
■ Verschlussstopfen für Bremsleitungen.

Arbeitsschritte Ausbau:

■ Motorhaube öffnen. Wasserkastenabdeckung und Wasserkastenwand ausbauen (wird im Kapitel »Aufbau - Die Karosserie« beschrieben).

■ Zum Schutz vor auslaufender Bremsflüssigkeit reichlich fusselfreie Lappen in den Bereich unter dem Hauptbremszylinder auslegen. Die ätzende Flüssigkeit kann Korrosion und Lackschäden hervorrufen!

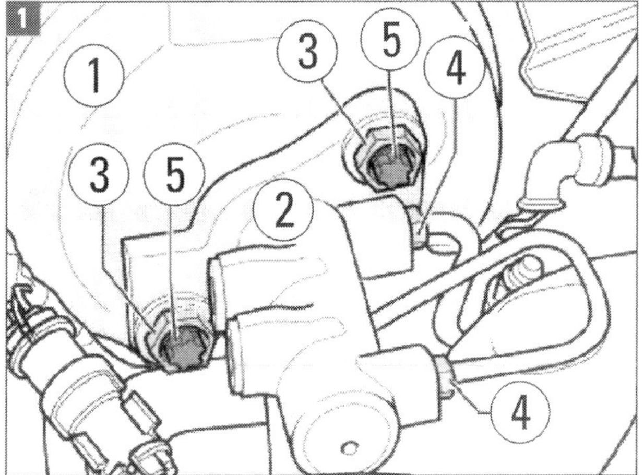

Hauptbremszylinder: (1) Bremskraftverstärker, (2) Hauptbremszylinder, (3) Befestigungsmuttern für Hauptbremszylinder, (4) Bremsleitungen, (5) Dichtungsstopfen zur Aufnahme des (hier ausgebauten) Bremsflüssigkeitsbehälters.

■ Verschlussdeckel des Bremsflüssigkeitsbehälters öffnen und so viel Bremsflüssigkeit wie möglich absaugen. Dazu nach Möglichkeit ein professionelles Befüll- und Entlüftungsgerät verwenden.

■ Einige Fahrzeugmodelle haben eine Abdeckung über dem Bremsflüssigkeitsbehälter. Diese ist einfach auszubauen, indem die Schraube an ihrer Unterseite herausgedreht wird. Bei dieser Arbeit darf keine Bremsflüssigkeit zwischen Abdeckung und Behälter gelangen. Dann die Abdeckung nach oben entnehmen.

■ Am Behälter die elektrische Steckverbindung zum Warnkontakt für Bremsflüssigkeitsstand trennen. Wenn Sie an einem Fahrzeug mit Handschaltgetriebe arbeiten, muss die Hydraulikleitung für die Kupplung vom Behälter abgezogen und mit einem Stopfen verschlossen werden.

■ Den unteren Verriegelungsstift aus dem Bremsflüssigkeitsbehälter herausziehen und den Behälter aus dem Hauptbremszylinder (Stopfen 5 in Bild 1) herausnehmen.

■ Die Bremsleitungen (4, Bild 1) am Hauptbremszylinder abschrauben. Die Bremsleitungen mit Verschlussstopfen verschließen. Audi bietet nach Ersatzteilkatalog solche Stopfen in einem Satz (1 H0 698 311 A) an.

■ Die Befestigungsmuttern (3, Bild 1) für Hauptbremszylinder herausdrehen. Hauptbremszylinder (2) vom Bremskraftverstärker (1) abziehen und aus dem Fahrzeug herausnehmen. Dabei keine Bremsflüssigkeit in den Bremskraftverstärker gelangen lassen!

Arbeitsschritte Einbau:

■ Der Einbau aller Komponenten erfolgt in umgekehrter Reihenfolge zum Ausbau. Neue Befestigungsmuttern (3) verwenden und auch den Dichtring zwischen Hauptbremszylinder und Bremskraftverstärker erneuern.

■ Beim Einsetzen des Hauptbremszylinders auf richtigen Sitz der Druckstange im Bremskraftverstärker achten. Wenn ein Helfer das Bremspedal etwas niederdrückt, lässt sich die Druckstange besser in den Hauptbremszylinder einführen.

■ Muttern (3) aufsetzen und festziehen, Bremsleitungen (4) wieder anschrauben (Stopfen entfernen!).

■ Bremsflüssigkeitsbehälter in Stopfen (5) einsetzen und mit Stift verriegeln. Weiterer Einbau umgekehrt zum Ausbau. Befüllen und entlüften. Beim Einbau eines neuen Behälters die Staubschutzkappe erst zur Befüllung entfernen.

Unterdruckpumpe V 192 aus- und einbauen

Abhängig allerdings von der Motorisierung (in der Werkstatt beraten lassen!), ist die elektrische Unterdruckpumpe V 192 die beste Wahl unter den vier von Audi für die Bremsanlage eingesetzten Pumpentypen. Sie wird vom Motorsteuergerät in Abhängigkeit vom Saugrohrdruck geschaltet. Die Pumpe wird leicht zugänglich im Motorraum rechts hinten direkt vor der Wasserkastenwand verbaut. Die Pumpe ist wartungsfrei, bei Schäden wird sie nicht repariert, sondern ausgetauscht.

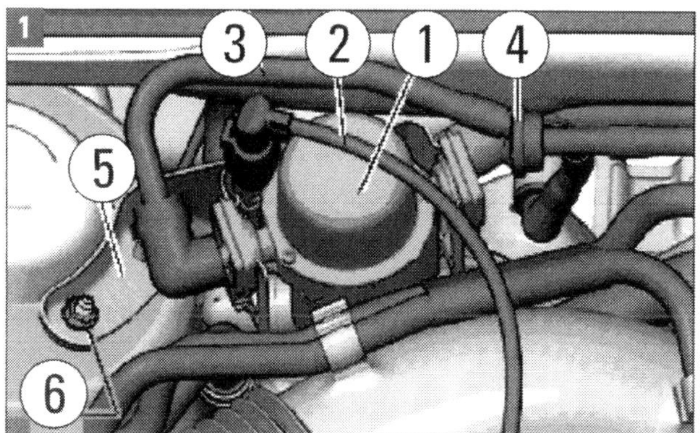

Motorraum rechts hinten: (1) Unterdruckpumpe V 192 (andere A4-Unterdruckpumpen haben unterschiedliche Einbaulagen), (2) elektrische Steckverbindung, (3) Unterdruckleitung, (4) Rückschlagventil, (5) Halter, (6) Schraube.

Arbeitsschritte Aus-/Einbau:

■ Steckverbindung (2) trennen, Schelle am Unterdruckschlauch (3) mit Zange lösen, Schlauch von der Pumpe abziehen, Clips rechts und links an der Unterdruckpumpe (1) von Hand aus der Halterung drücken und Pumpe nach oben herausnehmen. Unteren Gummipuffer festhalten, damit er nicht in den Motorraum fällt!

■ Einbau in umgekehrter Reihenfolge, Schelle erneuern.

Bremsanlage

Störung	Was kann das sein?	Was kann oder muss ich tun?
A Bremsen quietschen	**1** Hochfrequente Schwingungen	Längskanten der Beläge mit einer Feile anschrägen, dazu Anti-Quietsch-Paste auf Rückseite der Beläge
	2 Verglaste Beläge nach extremer Überhitzung	Die Bremsklötze müssen ersetzt werden; dabei die Scheiben genau prüfen
	3 Beläge verschlissen, der Verschleißanzeiger liegt an	Die Bremsklötze müssen ersetzt werden, dabei die Scheiben genau prüfen
B Schwache Bremswirkung	**1** Ungünstige Materialpaarung zwischen Scheiben und Belägen	Scheiben und Beläge ersetzen und dabei zumindest Teile vom gleichen Hersteller, am besten die original verbauten Teile verwenden
... bei zu hartem Bremspedal	**2** Bremskraftverstärker ausgefallen	Unterdruckanschluss prüfen. Evtl. ein Marderbiss?
... bei zu weichem Bremspedal	**3** Bremse überhitzt	Bei langsamer Fahrt abkühlen lassen
	4 Luft im System	Mit speziellem Gerät entlüften lassen und dabei die Bremsflüssigkeit erneuern
C Übermäßiger Verschleiß	**1** Überstrapazieren der Bremse	Lieber etwas stärker und dafür weniger lang bremsen
... an einer Bremse	**2** Schwergängiger Sattel oder Belag verklemmt	Zerlegen und reinigen. Etwas stärkerer Verschleiß an der Kolbenseite ist jedoch normal
... nur vorne	**3** Ungünstige Materialpaarung	Scheiben und Beläge ersetzen und dabei Originalteile verwenden. Evtl. größere Bremsanlage verwenden
... nur hinten	**4** Luftspiel zu gering	Park- und Feststellbremse überprüfen. Sie sollte erst nach der ersten Tastung greifen
D Park- und Feststellbremse reagiert träge oder gar nicht	**1** Die Elektromechanik funktioniert nicht einwandfrei	Steuergerät für elektrische Park- und Handbremse überprüfen und ggf. austauschen. Wenn das Steuergerät in Ordnung ist: Stellmotor prüfen und ggf. austauschen
	2 Beläge hinten abgenutzt oder verglast	Bremsbeläge tauschen und dabei die Bremsscheibe genau inspizieren. Bei Riefen austauschen

Bremsanlage

Störung	Was kann das sein?	Was kann oder muss ich tun?
E Bremsflüssigkeitsstand zu niedrig	**1** Starker Verschleiß an den Bremsbelägen	Alle Bremsen auf Verschleiß prüfen und ggf. ersetzen. Beim Zurücksetzen der Kolben steigt der Stand an
	2 Flüssigkeitsverlust	Undichte Stelle lokalisieren (Bremsleitungen?). Bei deutlichem Leck: Auto abschleppen lassen
F Warnleuchte geht an	**1** Bremsflüssigkeitsstand prüfen	Wenn nötig, etwas nachfüllen
	2 ABS- und/oder ESP-Ausfall	Wagen neu starten. Den Fehlerspeicher auslesen lassen. Manchmal ist der Bremslichtschalter schuld
G Schiefziehen beim Bremsen	**1** Reifenzustand fehlerhaft	Reifenprofil und Luftdruck überprüfen
	2 Eine Bremse ist defekt	An den Felgen die Temperatur erfühlen. Ist eine heißer als die anderen, hängt der Bremssattel; ist eine zu kalt, kommt hier kein Bremsdruck an
H Hässliche Schleifgeräusche beim Bremsen	**1** Bremsscheiben angerostet	Vor und nach längeren Standphasen die Bremsanlage freibremsen
	2 Bremsbeläge verschlissen	Prüfen, ob der Verschleißanzeiger bereits an der Bremsscheibe kratzt
	3 Fremdkörper in der Bremsanlage	Fahren Sie ein paarmal rückwärts und bremsen sie dann
I Vibrationen beim Bremsen	**1** Bremsscheiben verzogen	Scheiben genau anschauen, Blaue Verfärbung deutet auf thermische Überlastung hin, dabei können sich die Scheiben verzogen haben
	2 Bremsscheiben verschmiert	Auf den Scheiben können Spuren von Fremdmaterial verblieben sein, die für ein Rubbeln sorgen
	3 Spiel in der Radaufhängung	Querlenker und andere Bauteile prüfen
	4 Ungünstige Materialpaarung	Scheiben und Beläge ersetzen und dabei Originalteile verwenden. Falsche Fahrwerk- und Lenkungsteile können zu Bremsflattern führen

Fahrzeugaufbau: Stabilität, Komfort, Multimedia

Modernste Produktionsverfahren auf der Grundlage jahrzehntelanger Forschungsarbeit verleihen der Rohkarosserie, jedem Anbauteil und dem umfassenden Innenleben des A4 hohe Qualität auf Spitzenniveau. Was man im Bedarfsfall selbst an dem Bündel von Innovationen warten und reparieren kann, wollen wir in diesem Kapitel zeigen.

Die Karosserie

Das große Plus der neuen Limousine ist ihr geringes Gewicht. Der A4 1.8 TFSI bringt lediglich 1.410 kg auf die Waage. 1.460 kg wiegt der leere 2.0 TDI.

Der gesamte Aufbau ist verzinkt. Dieser schon seit vielen Jahren übliche hohe Standard erlaubt eine zwölfjährige Gewährleistung gegen Durchrostung.

Am Gesamtgewicht haben Aluminium und Magnesium 31,7% Anteil. Aber noch etwas höher ist mit 32,0% der Anteil von Komponenten aus Stahl- und Eisenwerkstoffen. Dabei ist es ganz ungewöhnlich, wie leicht die in Stahl ausgeführte Karosserie aufgebaut ist. Obwohl sie fast 12 cm länger und über 5 cm breiter ausfällt als beim Vorgängermodell, wiegt sie 10% weniger.

Ein Faktor, der das Wohlbefinden der Passagiere ganz entscheidend prägt, ist die Steifigkeit der Karosserie. Sie bildet die technische Grundlage für die erstaunliche Ruhe, die an Bord des neuen Audi A4 herrscht. Störgeräusche oder Vibrationen gibt es da so gut wie überhaupt nicht mehr.

Gleichzeitig ermöglicht diese steife Bauweise die unmittelbar spürbaren souveränen Fahreigenschaften. Auf der Karosseriesteifigkeit beruht das komfortable Abrollen ebenso wie die sportliche Präzision des Handlings, die ein starkes Gefühl der Sicherheit vermittelt.

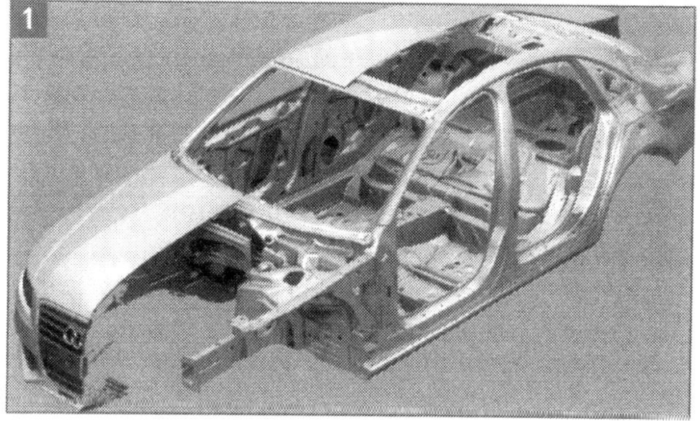

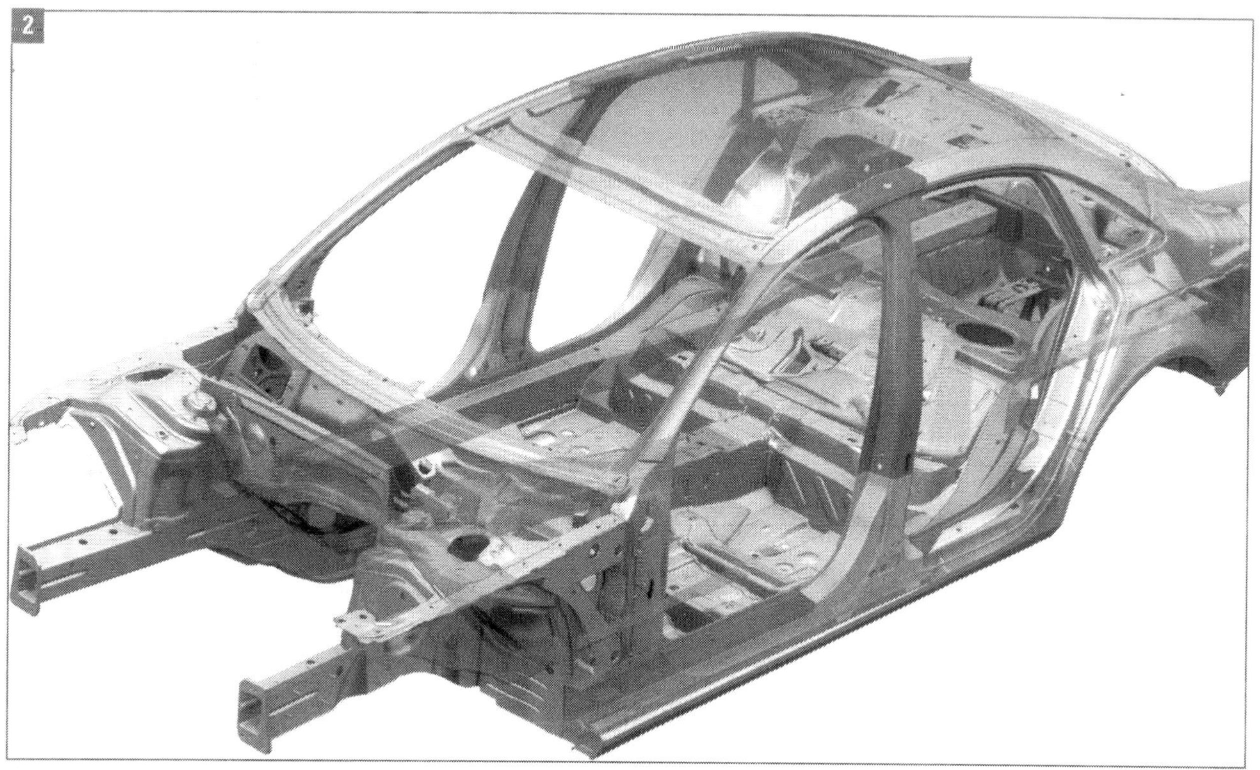

Groß, leicht und stabil: Die Stahl-Karosserie ist ungewöhnlich leicht aufgebaut. Ihre Steifigkeit bildet die technische Grundlage zur Vermeidung aller Störgeräusche oder Vibrationen (Bild 1). Ihre Formstabilität verdankt sie dem warmumgeformten, formgehärteten Stahl (rot) und den verformbaren »tailored blanks« (gelb) an z. B. den unteren B-Säulen (Bild 2).

Erfolgreich gegen Vibrationen

Eine sehr knifflige Ingenieuraufgabe besteht darin, die Frequenzen der Karosserie sauber von denen der Achsen und des Antriebs zu trennen. Diese Schwingungen im Bereich unter 40 Hertz hört das menschliche Ohr zwar gar nicht, aber der Körper spürt sie am Bodenblech, am Lenkrad und an den Sitzen als Vibrationen. Auch ein zitternder Innenspiegel ist Ausdruck von Karosserieschwingungen.

Ein homogenerer Übergang zwischen Vorderwagen und Unterboden sowie die Optimierung von Stirnwand, Querträger im Boden und Dach sind beim A4 gelungene Maßnahmen gegen die Schwingungen. Ein Fachwerk aus Längsträgern und dem Tunnelträger nimmt die Impulse auf, die der Vorderachsträger von den Rädern empfängt. Das Abrollgeräusch der Reifen in wichtigen Bereichen hat dadurch stark abgenommen. Die großen Hohlräume der Karosserie wie die Schweller und Säulen, die ebenfalls sehr unerwünschte Schwingungen erzeugen können, wurden durch eine ganze Reihe Schotts wirkungsvoll unterteilt.

Leichtbau mit höchstfestem Stahl

Beim intelligenten Leichtbau nimmt Audi schon lange einen Platz an der Spitze der Automobilindustrie ein. Aluminium kommt bereits seit Jahrzehnten bei einigen Typen zum Einsatz. Die Stahlindustrie hält mit Qualitäten dagegen, die extreme Festigkeit mit sehr geringem Gewicht vereinen.

Ein Paradebeispiel dafür sind die warmumgeformten höchstfesten Stähle. Sie markieren die Spitze aller Sorten. Bei der Warmumformung werden Einzelplatinen aus borlegiertem Stahl in einem Durchlaufofen auf zirka 950 °C erhitzt, in gekühlten Werkzeugen in Form gebracht und gleichzeitig abgeschreckt. Dabei bildet sich ein Gefüge mit hoher Maßgenauigkeit und beeindruckender Zugfestigkeit. An einen 2 mm starken und 30 mm breiten Streifen aus diesem Material könnte man ohne Risiko sieben A4 (zusammen über 10 t) hängen.

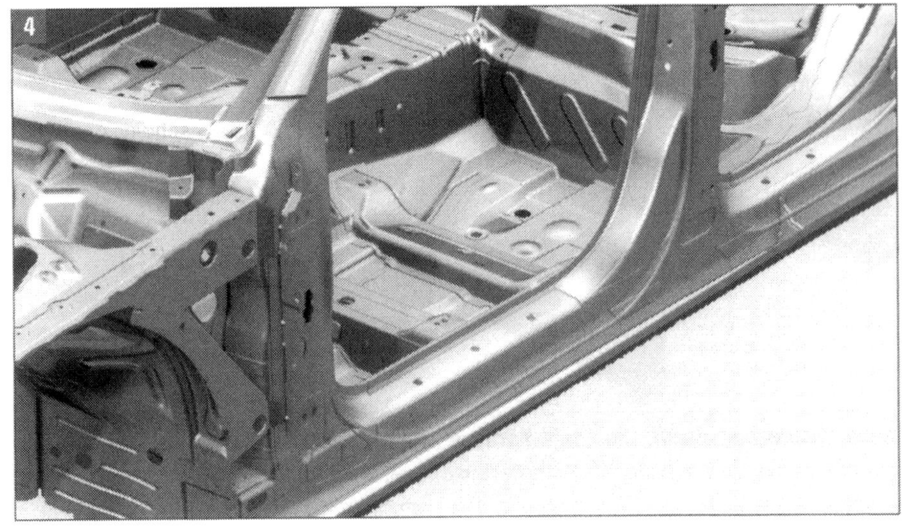

Harmonische Übergänge: Optimierung von Stirnwand, Bodenquerträger und Dach (Bild 3). Homogener Anschluss von Vorderwagen und Bodenblech (Bild 4)..

Dünner bei gleichen Eigenschaften

In der Rohkarosserie nehmen die warmumgeformten höchstfesten Stähle bereits 12% des Gewichts ein. 18% entfallen auf normalen höchstfesten, 32% auf hochfesten und 38% auf konventionellen Tiefzieh-Stahl. Beim neuen A4 kommen höchstfeste Stähle als Verstärkung des Mitteltunnels, für Abschnitte der Längsträger, bei den Innenschwellern, für den Stirnwandquerträger im Motorraum und für die B-Säulen zum Einsatz. Wenn man sich für gleiche Wandstärken entscheidet wie bei konventionellen höchstfesten Stählen, weisen die neuen Sorten erheblich bessere mechanische Eigenschaften auf. Für gleiche Eigenschaften genügen geringere Wandstärken.

Maßgeschneiderte Platinen

Bei einem Serienautomobil wird für den Crashfall kontrollierter Kraftabbau durch gezielte Deformation angestrebt, um die Belastung für die Insassen gering zu halten. Bei einem großen Bauteil, das aus einer einzigen Blechplatine entsteht, muss die Platine deshalb in bestimmten Teilbereichen weniger fest sein.
Zu diesem Zweck reduziert man beim warmumgeformten Bor-Stahl teilweise die Wandstärken. Man kann ihn auch mit weniger festen Materialien kombinieren, etwa mit mikrolegierten Stählen. Solcherart geschweißte Platinen werden als »tailored blanks« bezeichnet.
An der B-Säule des neuen A4 ist das eindrucksvoll zu sehen (Bild 2 Seite 107). Ihr unterer Bereich ist etwas duktiler (verformbarer) ausgelegt als der obere, weil hier beim Seitenaufprall Energie abgebaut wird und weil das menschliche Becken höhere Kräfte verträgt als der Brustkorb. Diese B-Säulen und die hinteren Längsträgerabschnitte entstehen direkt bei Audi. Als erster Automobilhersteller überhaupt hat das Unternehmen eine Produktionsanlage für warmumgeformte »tailored blanks« aufgebaut.

Frontbeherrschend: Der eindrucksvolle Kühlergrill prägt das Gesicht der A4-Karosserie.

Schweißen und kleben

Bei den Verbindungstechniken für die Bleche, von denen Steifigkeit und Crashverhalten wesentlich abhängen, repräsentiert der A4 ebenfalls den aktuellen Stand der Technik. Gegenüber dem Vorgängermodell sank die Zahl der Schweißpunkte von 6.500 auf rund 5.500. Dafür wuchs die Länge der Klebenähte von 26 m auf erhebliche 125 m.
Der heiß aufgebrachte, zähelastische Strukturkleber erhöht die Festigkeit der Verbindung und garantiert an vielen Stellen die Dichtigkeit von Flanschen. Kombiniert man Schweißen und

PRAXISTIPP

Arbeiten an der Karosserie

■ Die meisten der in diesem Kapitel behandelten Reparaturen können Sie mit einer Werkzeug-Grundausstattung selbst erledigen. Zunehmend sind Fahrzeugteile mit Torx-Schrauben befestigt, weshalb Sie zusätzlich einen entsprechenden Schlüssel-Satz benötigen.

■ Teile wie Motorhaube, Heckklappe und Türen sind ziemlich sperrig. Sie können beim Ausbau nur schwer gesichert werden. Um Kratzer oder Beulen beim Ausbau zu vermeiden, lassen Sie sich von einem Helfer unterstützen. Den Wiedereinbau von Motorhaube und Heckklappe erleichtern Sie sich, wenn Sie die Lage der Scharniere vor der Demontage mit einem wasserfesten Filzstift anzeichnen.

■ Bei der Montage von verschraubten Karosserieteilen müssen die vorgeschriebenen Spaltmaße eingehalten werden, da es sonst zu Klapper- und Windgeräuschen kommen kann (siehe Bilder und Tabelle).

Kleben, dann können Schweißpunkte in größerem Abstand gesetzt werden. Kamerasysteme überwachen den Klebstoffauftrag durch die Roboter auf höchste Präzision.

Sicherer Überlebensraum

Hohe Insassensicherheit ist garantiert. Während des Aufpralls bei einem möglichen Crash verteilt der Frontquerträger die Kräfte auf die beiden Längsträger, die sie durch Verformung abbauen. Der Aluminium-Träger für Motor und Vorderachse ist eine weitere Lastebene, auch er leitet die Kräfte gezielt in die Boden- und Tunnelstruktur der Fahrgastzelle. Die Lenksäule hat 8 cm Verformungsweg, wichtige Teile der Pedalerie klinken aus den Lagern.

Bei einem Seitenaufprall übernehmen die B-Säulen, die einen Teil der Kräfte in den Dachrahmen weiterleiten, die Seitenschweller und zwei Querträger im Boden zwischen ihnen einen Großteil der Verformungsarbeit. Unterstützt werden sie von den Türen, deren Ränder die Säulen, Schweller und Dachrahmen großflächig überdecken und sich an ihnen abstützen können.

Positiv ist dabei der Umstand, dass die Türen in einem einzigen Stück gefertigt werden. Beim A4-Vorgängermodell gab es noch separate Aluminium-Rahmen für die Fenster. Jetzt sind dieser Rahmen und der Aufprallträger aus hochfestem Stahl in die Rohbaustruktur integriert, was die Tür (Bild 6) leichter und steifer macht. Der Träger leitet durch enge Anbindung an das Türscharnier die Kräfte in die B-Säule ein.

Bei einem Heckcrash wandeln die mehrteiligen Längsträger und der Hinterachsträger die Bewegungsenergie in Verformung um. Die Hinterräder stützen sich an den Fahrzeugschwellern ab. Wagenheber, Batterie, Notrad und HiFi-Komponenten bilden keinen Block. Die Tank-

GEFAHRHINWEISE – Gurt, Klimaanlage, Elektrik

■ Die Gurtstraffer des A4, die bei einem Crash die Sicherheitsgurte schlagartig anziehen, zwingen zu besonderer Vorsicht bei Arbeiten außen und innen an der Karosserie. Aktiviert werden die Gurtstraffer von elektrisch gezündeten Gasgeneratoren. An diesen Rückhaltesystemen ist jedes Do-it-yourself untersagt. Montage und Demontage der Gurtstraffer sind Sache der Werkstatt, die dabei strenge Sicherheitsvorschriften einhalten muss. Wenn Sie an der Karosserie arbeiten, dürfen Sie nicht ohne weiteres in der Umgebung der Gurtrolle mit Schlagschrauber oder Hammer arbeiten. Die Gurtstraffer reagieren empfindlich auf Vibrationen und harte Schläge und können auslösen. Ziehen Sie auch vor allen Arbeiten unter dem Fahrzeug die Sicherung für die Gurtstraffer ab und warten Sie fünf Minuten, bis sich die Kondensatoren entladen haben.

■ Eine zweite Gefahrenquelle bei Karosseriearbeiten ist die Verzinkung. Die Karosserie ist außen elektrolytisch und innen feuerverzinkt. Bei Schweißarbeiten entsteht giftiges Zinkoxid. Sorgen Sie für gute Belüf tung am Arbeitsplatz.

■ Ein weiteres Tabu bezieht sich auf die Klimaanlage. Es dürfen keine Schweiß- oder Lötarbeiten durchgeführt werden, bei denen sich Teile der Anlage erwärmen könnten. Der Kältemittelkreislauf darf nicht geöffnet werden.

■ Auch die empfindliche und nicht ungefährliche elektrische Anlage fordert Vorsicht. Soweit Schweißarbeiten oder andere Funken erzeugende Arbeiten durchgeführt werden, müssen grundsätzlich die Batterie abgeklemmt und beide Batterieklemmen (Plus und Minus) sorgfältig isoliert werden.

Aus einem Stück: Fensterrahmen und Aufprallträger aus hochfestem Stahl versteifen die leicht gebauten Türen.

Einfüllöffnung wird von bewegten Komponenten nicht berührt, der Kraftstofffluss wird unterbrochen. Bei einem Überschlag verhindern Sicherheitsventile das Auslaufen.
Leichte Auffahr- oder Parkplatz-Karambolagen werden mit sehr geringen Schäden abgefangen. Beim »Typschaden-Crash« von 15 km/h Tempo mit 40 Prozent Überdeckung gegen eine Barriere hält der Aluminium-Front-Querträger samt seinen Haltern alles ab. Die Kühler bleiben intakt, auch weil sie dank Sollbruch um 20 mm nach hinten ausweichen können. Der Heckstoßfänger (Bild 7) taucht beim Typschaden-Crash nach unten ab und lässt das Blech unbeschädigt. Die Struktur der Karosserie nimmt bei beiden Unfällen keinen Schaden.
Passschrauben und Schnellverschlüsse verbinden Stoßfänger und Karosserie. Der Austausch von Stoßfängern erfolgt ohne große Mühen und Kosten.

Nullfuge durch Plasmatronlöten

Seitenteil und Dach sind mit einer kaum sichtbaren »Nullfuge« (Bild 8) verbunden. Das ist eine technisch aufwändige, höchst kunstvolle Verbindung, die hohe Präzision beim Design und im Karosseriebau verlangt. Dieser Bereich ist bei jedem Auto extrem schwierig. Nullfuge und die Naht zwischen Seitenteil und Wasserablauf am Kofferraum entstehen beim A4 durch so genanntes Plasmatronlöten, während im Schweller und an den Türen das Laserstrahlschweißen zum Einsatz kommt. So bietet sich an der ganzen Karosserie ein schmales und strikt paralleles Fugenbild (vergl. Fugenmaße).

Heckstoßfänger: Er taucht beim Typschaden-Crash nach unten ab, das Blech bleibt unbeschädigt.

Teilung zwei zu eins

Der wie aus einem vollen Volumen modelliert wirkende Fahrzeugkörper des A4 macht zwei Drittel der Höhe aus, das restliche Drittel entfällt auf den Wagenteil mit den Glasscheiben. Die Linienführung schafft eine coupéhafte Silhouette. Damit die früh wieder absinkende Dachlinie im Fondbereich die Kopffreiheit nicht einschränkt, wurde die Wurzel der C-Säule relativ weit hinten auf der breiten, muskulösen Karosserieschulter angesetzt. Ein kleiner Spoiler-

PRAXISTIPP – Reparatur an Kunststoffteilen

Bei groben Beschädigungen wie Rissen und tiefen Kratzern im Material von Kunststoffteilen bleibt nichts weiter übrig, als die Teile zu erneuern. Bei kleineren Schäden wie Abschürfungen oder nicht sehr tiefen Rissen und Löchern erlauben spezielle Kunststoff-Reparatur-Sets erfolgreiche Reparaturen. Gearbeitet wird im Prinzip mit Spachtel und Lack.

Beim Lackieren von Kunststoffteilen gilt:

- Lackieren nur im ausgebauten Zustand.
- Kunststoffanbauteile derart legen oder hängen, dass ihre Form erhalten bleibt.
- Bei ungeeigneter Auflage und Trocknungstemperaturen über 60 °C kann es zu bleibenden Formveränderungen kommen.

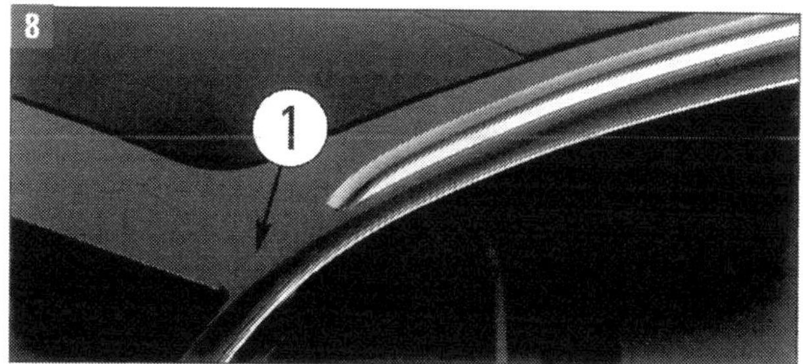

Kunstvolle Nullfuge: Die »Naht« (1) zwischen Seitenteil und Dach der Karosserie ist kaum sichtbar.

streckt die Heckklappe optisch. Die »Featurelinie«, ein leicht schräger Anschnitt hinten am Dach, lässt den Fensterteil noch eine Spur flacher wirken. Die »Tornadolinie« eine Handbreit unterhalb der Fenster ist ein prägendes Element in der Seitenansicht (Bild 9).
An der Heckpartie bildet die Abrisskante einen eleganten Bogen. Ihr starker Einzug macht die hinteren Radhäuser gut sichtbar. Die Stoßfängerkante ist kräftig betont, den Abschluss zur Straße hin bildet der dunkelgraue »Diffusor«. Bei den Vierzylindermotoren endet die Abgasanlage in einem doppelten Endrohr links (Bild 10), bei den V6-Aggregaten in zwei getrennten Rohren mit geschliffener Oberfläche (Bild 7).

Ruhe vor dem Wind

Seine Karosserie macht den A4 zum extrem leisen Auto. Per Feinschliff im Aeroakustik-Windkanal von Audi ließen sich die Windgeräusche, die ab Fahrzeugtempo 120 km/h die größte Lärmquelle darstellen, deutlich unter das Niveau des Vorgängermodells drücken.
Im Windkanal entstand beispielsweise die rundliche Form der Wasserfangleisten an den A-Säulen, wodurch trotz ihrer Höhe die störenden Wirbel vermieden werden. Die Türen mit ihren integrierten Fensterrahmen liegen auch bei Höchstgeschwindigkeit satt an der Karosserie an, zwei Hauptdichtungen schließen sie hermetisch ab.
In der Basisversion erzielt der Wagen einen vorbildlichen Strömungswiderstand (c_w-Wert) von 0,27. Obwohl die Stirnfläche durch die verbreiterte Karosserie von 2,14 m^2 auf 2,19 m^2 gewachsen ist, ging der Luftwiderstand um 3 bis 5% zurück. Nach der Computersimulation in der Entwurfsphase wurde der Grundkörper dann noch in vielen Details weiter geschliffen.
Wichtige Arbeitsfelder waren die Frontschürze, die Einbettung der Radhäuser und Räder in die Seitenwand sowie die notwendig größeren Außenspiegel. Weil die neuen Zulassungsnormen ein großes Sichtfeld vorschreiben, wuchsen die Spiegelgehäuse gegenüber dem Vorgängermodell deutlich an. Durch Verringerung ihrer Tiefe blieben die Umströmungsverluste jedoch auf dem alten Stand. Übrigens: Elektrische Verstellung, Beheizung und integrierte LED-Blinker für die A4-Spiegel sind Serie.

Unterboden aus Kunststoff

60% des Gesamtluftwiderstands hängen vom Karosseriekörper ab. Den großen Rest allerdings trägt der Unterboden bei. Den Löwenanteil davon bringen bekanntlich seit eh und je die Räder und Radhäuser auf. Durch eine fast vollflächige Verkleidung des Unterbodens erarbeiteten die Aerodynamiker eine Reduzierung von c_w 0,039.
Auch dieses Ergebnis schlägt sich nach Audi-Angaben in verbesserten Fahrleistungen und geringerem Verbrauch nieder. Man könne sogar sagen, heißt es, »dass die CO_2-Emission dadurch um etwa drei Gramm/km sinkt«.
Nebenher wird damit eine wesentliche Schutzfunktion realisiert. Die Kunststoffplatten schirmen das Blech und die Aggregate gegen Salz, Nässe und Steinschlag ab. Sie machen die bisherige PVC-Beschichtung überflüssig.

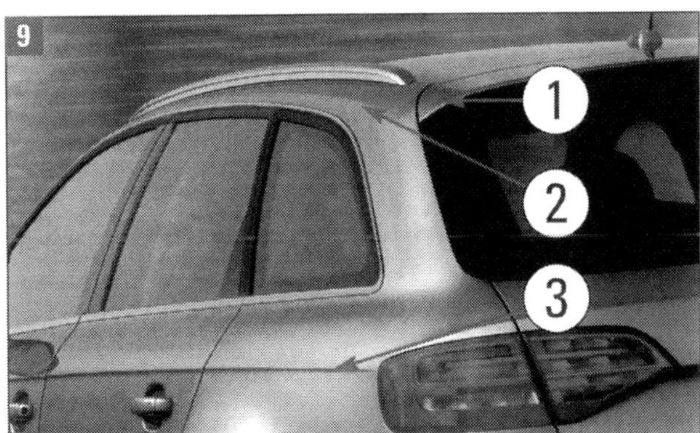

Prägende Linien: (1) Mini-Spoiler zur optischen Streckung, (2) Feature-Linie am Dach, (3) Tornadolinie unterm Fenster.

Doppelrohr der Vierzylinder: Im Diffusor (1) endet bei den Vierzylindern die Abgasanlage im Doppelrohr (2).

Spalt- oder Fugenmaße einhalten

Ein Qualitätsmerkmal des Karosseriebaus bei jedem Auto sind möglichst geringe Maße des Spalts oder der Fugen zwischen beweglichen Teilen wie Klappen und Türen und den festen Strukturen der Karosserie. Die Einhaltung dieser Spalt- oder Fugenmaße ist auch ein Gradmesser für die Güte von Reparaturen an der Karosserie. Nach jedem Austausch oder Aus- und Wiedereinbau von Motorhaube, Gepäckraumklappe oder einzelner Tür muss dieses Maß wieder stimmen, wie es der Hersteller bei Fahrzeugauslieferung vorgibt.

Verlaufen die beiden Grenzkanten der Fuge nicht parallel (wobei beim A4 eine Toleranz von 0,5 mm gestattet ist, ebenso wie für die Toleranz der Fugenbreite), ist das schon mit bloßem Auge recht leicht zu erkennen. Nicht fachgerecht ausgeführte Reparaturen sind damit schnell zu »entlarven«. Die 0,5-mm-Toleranz jedoch ist fertigungstechnisch bedingt, sie ist kaum zu unterbieten. Letzter Arbeitsschritt bei Reparaturen an Türen und Klappen ist stets die Kontrolle der Spaltmaße. Überprüft werden sie mit einer Einstelllehre. Dies ist im Audi-Werkzeugkatalog die Lehre 3371.

Spalt-/Fugenmaße A4 Limousine (* A4 Avant)

Fuge	Spaltmaß	Toleranz
A	3,0 mm	0,5 mm
B	5,0 mm	0,5 mm
C	4,5 mm	0,5 mm
D	4,5 mm	0,5 mm
E	3,5 mm	0,5 mm
F	5,0 mm	0,5 mm
G	3,5 mm	0,5 mm
H	4,5 (5,5*) mm	0,5 mm
I	3,5 (4,5*) mm	0,5 mm
K	4,5 (5,5*) mm	0,5 mm
L	2,2 mm	0,5 mm

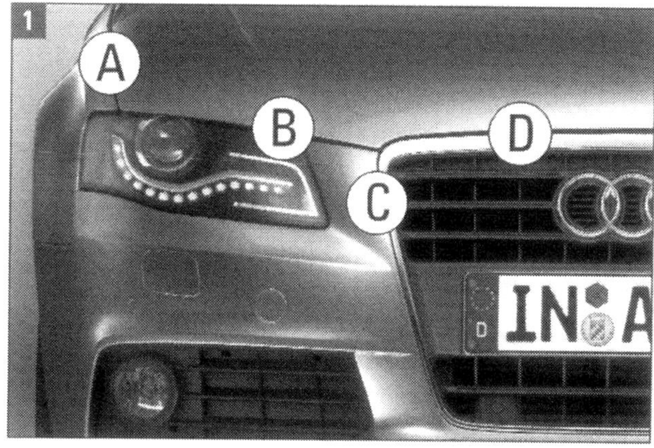

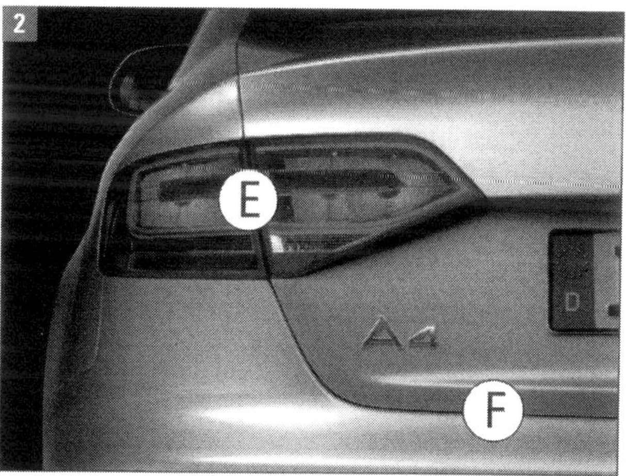

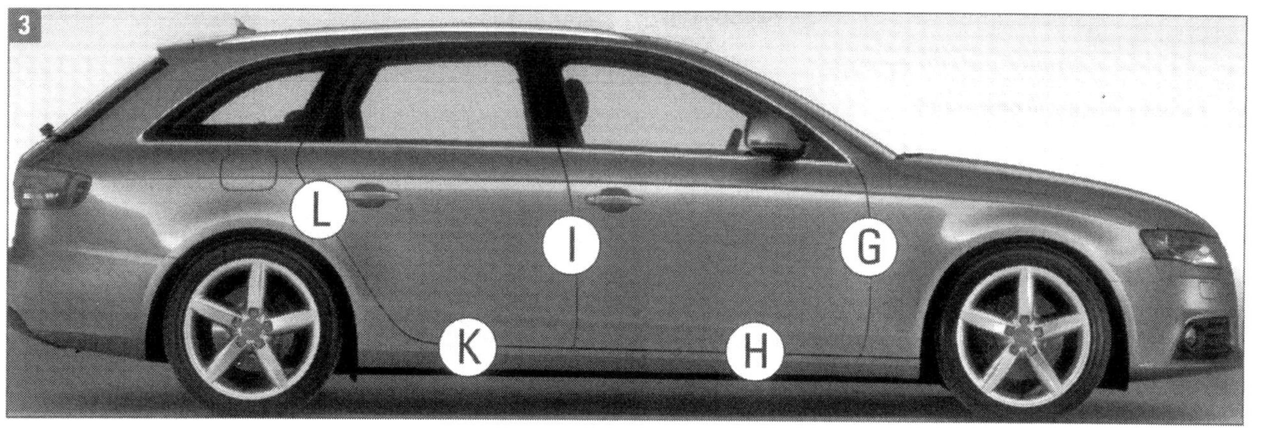

Lufteinlassgitter, Leisten und Blenden ausbauen

Machbare Arbeiten an der Karosserie sind Demontage und Anbau von Komponenten, die nur geschraubt, geklebt oder/und geclipst sind. Wir beschreiben hier die häufigsten Fälle.

Lufteinlassgitter

■ Rasthaken (rote Pfeile Bild 1) in Pfeilrichtung entriegeln.

■ Lufteinlassgitter (1) aus dem unteren Teil der Stoßfängerabdeckung abziehen.

■ **Einbau** umgekehrte Reihenfolge: Einsetzen, verriegeln.

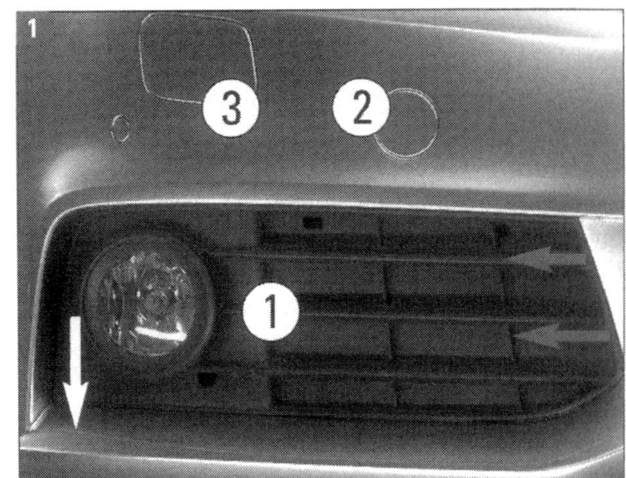

Karosserie vorn: (1) Lufteinlassgitter, (2) Abdeckung Abschleppöse, (3) Abdeckung Spritzdüsen. Rote Pfeile: Rasthaken entriegeln, weißer Pfeil: Gitter abziehen.

Dachzierleiste

■ Dachzierleiste (1) in Standardausführung, an der C-Säule (5, Bild2) beginnend, von der Karosserie abclipsen.

■ Dachzierleiste (1) mit Oberflächenglanz (wie Bild 2), unten am Seitenteil von C-Säule (5) beginnend, seitlich aus den Klammern ziehen. Leiste aus den Halteklammern über der Seitenscheibe (Ecke ganz rechts oben in Bild 2) vorsichtig aushebeln und vom Karosserieflansch ausclipsen. Schließlich, an der A-Säule beginnend, nach unten von der Karosserie ausclipsen.

■ Die Zierleiste am hinteren unteren Ende der Dachzierleiste seitlich aus den Halteklammern an der C-Säule aushebeln. Zierleiste nach unten aus der Dachzierleiste herausschieben.

■ Die Leisten an Limousine und Avant werden in gleicher Weise ausgebaut; beim Avant ist lediglich die Zierleiste am Seitenteil länger.

■ **Einbau** sinngemäß umgekehrt.

Blenden an B- und C-Säule

■ **Vorn:** Türscheibe nach unten fahren. Fensterführung im Bereich der B-Säule aus der Blende ausknöpfen und nach oben herausziehen. Die jetzt sichtbaren drei Schrauben herausdrehen und die Blende nach oben aus der Tür ziehen.

■ **Einbau** sinngemäß umgekehrt. Beim Einbau der Fenster-

Leisten und Blenden: (1) Dachzierleiste, (2) Blenden B-Säule, (3) Einstiegleiste, (4) Steinschlagschutz, (5) C-Säule.

führung in die Blende die Führung in diesem Bereich mit Seifenlösung gleitfähig machen.

■ **Hinten:** Türscheibe ausbauen: Dazu Türverkleidung und Verkleidung für Türfensterrahmen ausbauen. Türscheibe so weit in die Tür einfahren, bis die beiden Bolzen durch die Bohrungen im Türinnenblech sichtbar sind. Klemmstifte der Bolzen durchdrücken, Bolzen durchschieben, Türscheibe leicht ankippen und nach oben aus der Tür heben.

■ Blende an der C-Säule ausbauen: Nach Abnehmen der Türverkleidung von der Innenseite wird eine Schraube an der Blende sichtbar. Diese ausschrauben und Blende nach unten aus der Arretierung schieben. Seitlich abnehmen.

■ Fensterführung im Bereich der B-Säule aus der Blende ausknöpfen und nach oben herausziehen. Die jetzt sichtbaren drei Schrauben herausdrehen und die Blende nach oben aus der Tür ziehen.

■ **Einbau** sinngemäß umgekehrt. Beim Einbau der Fensterführung in die Blende die Führung in diesem Bereich wieder mit Seifenlösung benetzen.

Einstiegleisten

■ Die Schutzleisten unten an Vorder- und Hintertüren nutzen sich durch häufiges Betreten ab und können dann ausgewechselt werden. Sie sind nicht zerstörungsfrei zu demontieren, weil sie mit Klebebändern am Unterholm fixiert. sind.

■ Die Einstiegleisten außen vor der Türdichtung mit einem Heißluftgebläse erwärmen und nach oben abziehen. Etwas aufwändiger ist der Einbau.

■ **Einbau:** Unterholm im Bereich der Verklebung von Staub und Fett säubern. Den Holm in diesem Bereich mit dem Heißluftgebläse auf etwa 40 °C erwärmen.

■ Die Schutzfolien vom Klebeband der neuen Einstiegleisten abziehen. Die jeweilige Leiste mit den Zentrierstiften in den Unterholm einsetzen und von vorn nach hinten Stück für Stück fest andrücken.

Steinschlagschutz

■ Diese Schutzleisten sind zusätzlich mit Klebebändern am Unterholm fixiert. Auch sie sind, wie die Einstiegleisten oben, nicht zerstörungsfrei zu demontieren. Bei ihrer Demontage werden die verwendeten Clipse ebenfalls zerstört und müssen beim Neueinbau von Steinschlagschutz ersetzt werden. Zum Ausbau die Verklebungsstellen mit einem Heißluftgebläse erwärmen und die Schutzleiste über die gesamte Länge zwischen Vorder- und Hinterrad schrittweise seitlich vom Unterholm abziehen. Dabei werden die Clipse vom Haltebolzen mit abgezogen.

■ Zum **Einbau** den Unterholm von Staub und Fett säubern. Die Schutzfolien der neuen Schutzleisten haben Abziehhilfen. Diese müssen Sie nach oben knicken, damit man sie gut greifen kann, wenn die Leiste am Unterholm angelegt ist.

■ Neue Clipse auf die Bolzen setzen. Auf jeder Seite werden 9 Clipse eingebaut, auf denen die Montagerichtung eingeprägt ist. Clipse auf die Bolzen aufschieben, verrasten und längs zum Unterholm ausrichten.

■ Schutzleiste von hinten nach vorn bis zum Anschlag auf die Clipse aufschieben.

■ Die Schutzfolie mittels der Abziehilfen in angegebener Weise abziehen. Dabei ist eine bestimmte Abziehreihenfolge zu beachten. Beispiel linke Fahrzeugseite: 1. links unter der hinteren Tür, 2. rechts unter der hinteren Tür, 3. rechts unter der vorderen Tür, 4. links unter der vorderen Tür (auf der rechten Fahrzeugseite spiegelbildlich).

■ Die Schutzleiste Stück für Stück fest am Unterholm andrücken.

Anmerkung: In ähnlicher Weise werden das Audi-Firmenzeichen und die Modellangaben (»2.7 TDI« etc.) hinten auf die Karosserie geklebt. Die Maße dafür sind vorgeschrieben. Die Klebeflächen müssen wieder staub- und fettfrei sein, dazu mit Reinigungslösung D 009 401 04 säubern. Klebeflächen mit Heißluftgebläse auf 40 °C erwärmen.

PRAXISTIPP

Leitungen verlegen

Auch wenn Sie, wie z. B. bei Karosserie-Reparaturen, nicht unmittelbar an Leitungen zu arbeiten haben, müssen diese oft aus Befestigungen gelöst oder sogar ausgebaut werden, um an betreffende Baugruppen heran zu kommen. Wenn Sie aber hydraulische, pneumatische oder elektrische Leitungen lösen oder aus- und einbauen müssen, fertigen Sie sich Skizzen oder Fotos von der Originalsituation an. Nur so können Sie den ursprünglichen Einbau, der vom Hersteller verlangt ist, wirklich sicherstellen.

Arbeiten am Rückblickspiegel (Außenspiegel)

Der Rückblick- oder Außenspiegel besteht aus dem Gehäuse (1), der Abdeckung (2) unten zur Aufnahme der Spiegelverstelleinheit, dem Spiegelglas (3) und dem Seitenbänker (4) zur Montage des Spiegels (Bilder 1 und 2) am Fahrzeug. Oben im Gehäuse sitzen Aufnahme und Verstelleinheit, in der Abdeckung unten sitzt die Warnleuchte für Spurwechsel. Wir beschreiben Arbeiten an Spiegelglas und Gehäuse.

Aus- und Einbau:

■ **Spiegelglas:** Um das Glas nicht zu beschädigen, ist ein flacher Abdrückhebel nötig (Audi-Werkzeug 80-200). Das 20 mm breite, flache Werkzeug ist an beiden Enden gegabelt und im Verhältnis 3:1 seiner Länge um 60° abgewinkelt.

■ Sichern Sie die Gehäusekanten oben und unten mit Klebeband gegen etwaige Lackschäden. Schutzhandschuhe anziehen. Abdrückhebel erst oben, dann unten zwischen Glas und Gehäuse ansetzen (rote Pfeile) und das Spiegelglas vorsichtig von der Verstelleinheit abdrücken.

■ Trennen Sie die beiden elektrischen Steckverbindungen (2 und 3) für die Spiegelglasbeheizung an der Glasrückseite (1). Wenn vorhanden: Steckverbindung (5) ausclipsen und (4) trennen.

■ **Einbau** sinngemäß umgekehrt. Glas an der Verstelleinheit ansetzen und aufdrücken. Dabei nur auf die Spiegelmitte drücken!

■ **Spiegelgehäuse:** Spiegelglas ausbauen und Bereich um das Gehäuse zum Lackschutz mit weichem Tuch abkleben. Die beiden Schrauben oben an der Verstelleraufnahme herausdrehen.

■ Die beiden Haltenasen oben und die Halteklammer unten entriegeln und das Gehäuse von der unteren Abdeckung abziehen. Spiegelverstelleinheit nach unten drücken und das Gehäuse nach oben abziehen. Elektrische Steckverbindung am Seitenblinker trennen, die Blinkleuchte abbauen und das Gehäuse vom Fahrzeug nehmen.

■ **Einbau** sinngemäß umgekehrt. Seitliche Schrauben der Verstelleraufnahme an Karosserie mit 10 Nm festziehen.

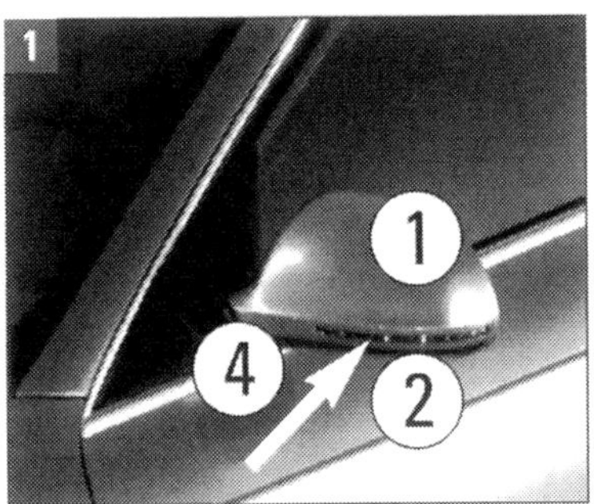

Außenspiegel: (1) Gehäuse, (2) Abdeckung, (3) Spiegelglas, (4) Seitenbänker. Weißer Pfeil: Warnblinker für Spurwechsel. Rote Pfeile: Ausbauhebel ansetzen.

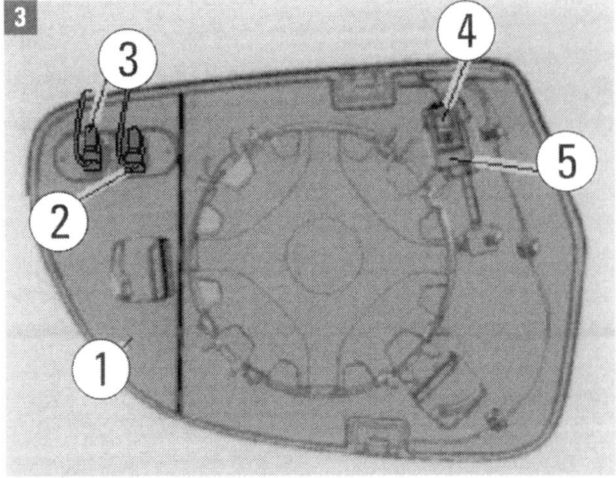

Glasrückseite: (1) Spiegelglas, (2 und 3) Steckverbindungen für Spiegelglasbeheizung, (4 und 5) bei einigen Modellen zusätzliche Steckverbindungen für Beheizung.

Kühlergrill und Wasserkastenabdeckung ausbauen

Kühlergrill aus- und einbauen

■ Stoßfängerabdeckung und Stoßabsorber ausbauen (folgt später), Schrauben (5) links und rechts oben am Grill (1) herausdrehen (Bild 2). Kabelbinder am Leitungsstrang der Geber für Einparkhilfe (5) vorn Mitte links und rechts trennen und Kabel freilegen.

■ Elektrische Steckverbindung aus dem Halter herausnehmen: Sicherungsraste in Pfeilrichtung (3) drücken, Verbindung (1) in Pfeilrichtung (4) aus Halter (2) abziehen (Bild 1).

■ Die zehn Schrauben seitlich und unten am Kühlergrill herausschrauben und die Versteifungsstreben oben vom Grill abnehmen. Die Steckverbindungen an den Gebern für Einparkhilfe (3, Bild 2) trennen und Kühlergrill von der Stoßfängerabdeckung abnehmen. Wenn nötig, noch die beiden Aufnahmen (2) für die mittleren Geber für Einparkhilfe ausbauen: Halteklammern entriegeln, Aufnahmen abnehmen.

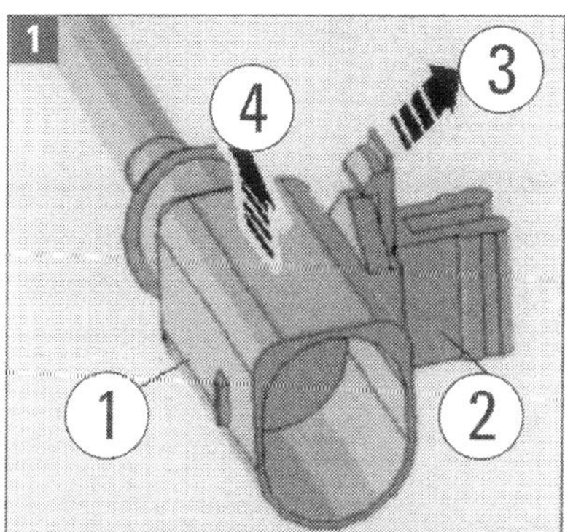

Parkgeberstecker: (1) Steckverbindung, (2) Halter, (3) Druckrichtung Sicherungsraste, (4) Abziehrichtung vom Halter.

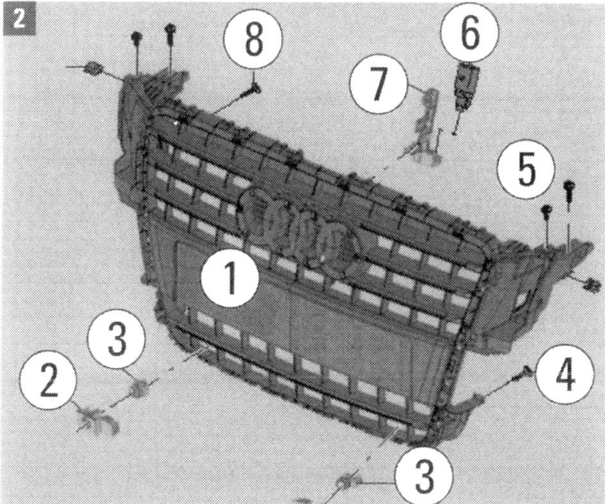

Kühlergrill: (1) Grill mit Zierleiste und Zeichen, (2) Parkgeberaufnahme, (3) Parkgeber, (4, 5, 8) Schrauben, (6) Fühler für Außentemperatur, (7) Fühleraufnahme.

■ **Einbau** sinngemäß umgekehrt. Schrauben mit 1,5 Nm festziehen.

Wasserkastenabdeckung aus- und einbauen

■ Je nach Ausstattungsvariante müssen beim A4 vor dem Ausbau der Wasserkastenabdeckung noch eine oder mehrere zusätzliche Abdeckungen ausgebaut werden.

■ **Zusatzabdeckung rechts:** Die Halteklammer vorn an der Abdeckung (2) abziehen. Dann die Abdeckung vorn anheben und aus der Wasserkastenabdeckung (1a) herausziehen (Bild 1, nächste Seite).

■ **Zusatzabdeckung Mitte:** Vorn unten ausclipsen, Verrastungen hinten durch leichtes Zusammendrücken von unten lösen. Abdeckung (3) nach oben aus der Wasserkastenabdeckung (1b) herausziehen (Bild 2, nächste Seite).

Zusatzabdeckung links (4) ebenso ausbauen (vorn

PRAXISTIPP: Kontaktkorrosion vermeiden

Hinsichtlich aller Reparaturarbeiten warnt Audi vor Montagefehlern, die zu Kontaktkorrosion führen können. Kontaktkorrosion kann entstehen, wenn nicht geeignete Verbindungselemente wie Schrauben, Muttern oder Scheiben verwendet werden. Audi empfiehlt, nur Verbindungselemente mit einer speziellen Oberflächenbeschichtung zu verbauen. Keine Gefahr besteht bei Gummi- oder Kunststoffteilen und Klebstoffen aus elektrisch nichtleitenden Materialien. Falls Sie bei der Montagearbeit bei bestimmten Teilen Zweifel haben, richten Sie sich am besten nach dem Audi-Teilekatalog.

Audi selbst empfiehlt natürlich die Original-Ersatzteile, weil sie geprüft und aluminiumverträglich sind. Es solle generell nur Audi-Zubehör zum Einsatz kommen, weil Schäden durch Kontaktkorrosion nicht unter die Gewährleistung fallen.

unten ausclipsen, Verrastungen hinten lösen, nach oben entnehmen). Einbaulage der Abdeckungen: Bilder 1 und 2.

■ **Wasserkastenabdeckung:** Die Wischerarme und die drei Zusatzabdeckungen müssen ausgebaut sein. Die beiden Klammern vorn Mitte rechts und links abziehen. Die Blende, vom Scheibenrand beginnend, senkrecht nach oben aus der Einfassleiste ziehen. **Einbau** umgekehrt.

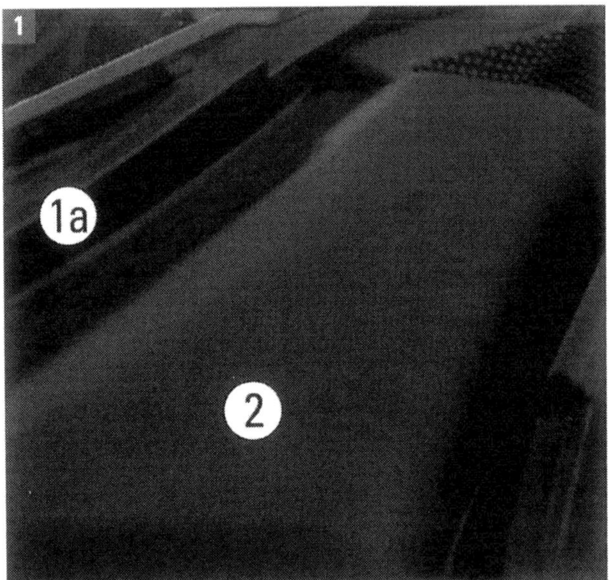

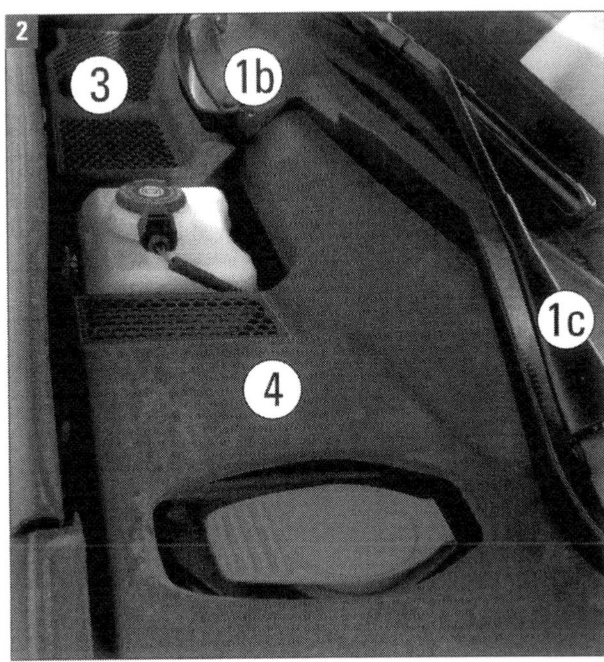

Wasserkasten, Bild 1 von rechts, Bild 2 von links:
(1a, 1b, 1c) rechter, mittlerer und linker Abschnitt der Wasserkastenabdeckung, (2) Zusatzabdeckung rechts, (3) Zusatzabdeckung Mitte, (4) Zusatzabdeckung links.

Radhausschalen ausbauen

Radhausschalen vorn:

■ Die Radhausschalen vorn sind zweigeteilt in Vorder- und Hinterteil. Beide Teilschalen können einzeln ausgebaut werden.

■ **Vorderteil:** Abdeckung für Gelenkwelle ausbauen: Mutter links und rechts abschrauben. Die Abdeckung ist über vordere und hintere Schale an den Längsträger geschraubt. Das jeweilige Vorderrad entsprechend einschlagen.

■ Schrauben an der Radhausschale unten herausdrehen. Verrastung an den drei Clipsen mit einem kleinen Schraubendreher lösen.

■ Clipse seitlich von den Haltebolzen schieben. Die Radhausschalen aus dem Kotflügel ausrasten und nach unten herausziehen.

■ **Hinterteil:** Nach Ausbau der Gelenkwellenabdeckung und des Vorderteils ebenso ausbauen wie dieses: Vier Clipse mit Schraubendreher lösen und von den Haltebolzen schieben. Radhausschale ausrasten und herausziehen.

Radhausschalen hinten:

■ Die Radhausschalen hinten bestehen aus einem massiven Stück. Um sie ausbauen zu können, müssen die Hinterräder ausgebaut werden.

■ Die drei Schrauben außen an jeder Radhausschale herausschrauben.

■ Die fünf Clipse an jeder Radhausschale von den Haltebolzen ausclipsen.

■ Die jeweilige Radhausschale nach unten herausnehmen.

Einbau vorn und hinten:

■ Nach der Demontage der Radhausschalen müssen alle betreffenden Clipse ersetzt werden. Neue Clipse auf die Haltebolzen setzen und verrasten. Radhausschalen in umgekehrter Ausbaureihenfolge einbauen. Alle Schrauben und Muttern mit 2 Nm festziehen.

Stoßfängerabdeckung und Kotflügel vorn ausbauen

Stoßfängerabdeckung Ausbau:

■ Die vier Spreizclip-Klemmstifte (1) an der Schlossträgerabdeckung (2) herausschrauben. Die Abdeckung anheben und vom Kühlergrill (KG) aushängen.

■ Die elektrischen Steckverbindungen für den Temperaturfühler Außentemperatur und für die Geber für Einparkhilfe (3) trennen.

■ Die Schraubverbindungen (4) links und rechts oben an der Stoßfängerabdeckung (5) trennen.

■ Schraube und Schnellverschluss an der Geräuschdämpfung unten an der Abdeckung herausdrehen.

■ Radhausschalen vorn wie beschrieben ausbauen und die elektrische Steckverbindung am Nebelscheinwerfer trennen.

■ Seitenwangen der Stoßfängerabdeckung (5) an den Seitenteilen vorn aushängen und die Abdeckung nach vorn abziehen. Die drei Schrauben vorn und vier hinten (Pfeile) am Schließteil der Stoßfängerabdeckung herausdrehen und Schließteil in Fahrtrichtung nach hinten abziehen.

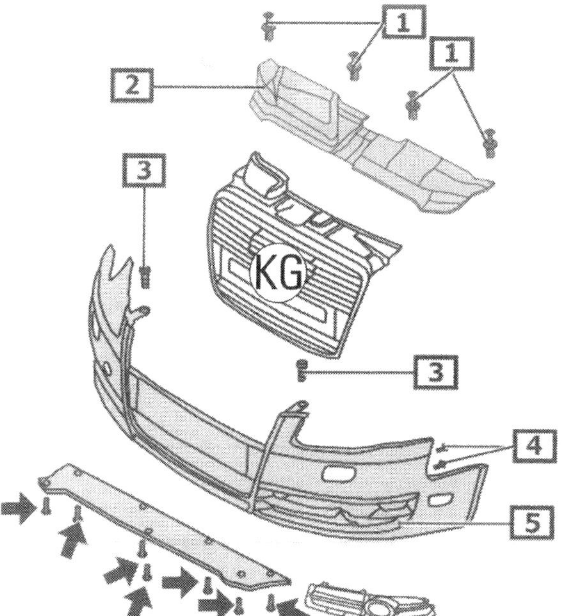

Am Stoßfänger: (1) Spreizniete, (2) Abdeckung Schlossträger, (KG) Kühlergrill, (3) Geber für Einparkhilfe, (4) Muttern und Schrauben, (5) Stoßfängerabdeckung.
Pfeile: Schrauben am Schließteil der Abdeckung.

■ **Einbau:** In sinngemäß umgekehrter Reihenfolge. Die vorderen Schrauben des Schließteils der Abdeckung mit 1,5 Nm, die hinteren mit 3 Nm und die Schraubverbindungen oben an der Abbdeckung mit 4 Nm festziehen. Die vier Klemmstifte für die Spreizniete der Schlossträgerabdeckung nur eindrücken.

Anmerkungen:
■ In Halter links und rechts innen am Kühlergrill (KG) eingehängt ist ein schmaler Stoßabsorber. Er kann nach Ausbau der Stoßfängerabdeckung aus den Haltern ausgefädelt und abgenommen werden. Einbau umgekehrt.

■ Aus-/Einbau der **hinteren Stoßfängerabdeckung** (und Prallträger) wird unter »besser machen« beschrieben.

Kotflügel Ausbau:

■ Stoßfängerabdeckung vorn ausbauen. Vorderrad und Radhausschale ausbauen.

■ Schließteil am Kotflügel ausbauen: Das Schließteil ist ein abgewinkeltes Blechteil in einem Halter für den Kotflügel. Zum Ausbau an der linken Seite den Waschwasserbehälter lösen. Die beiden Schrauben aus dem senkrechten Schließteilstück herausdrehen. Schließteil aus hinterem Kotflügelhalter ausclipsen, nach unten herausschieben.

■ Die drei Schrauben hinten, der A-Säule zugewandt, an der Kotflügelinnenseite abschrauben.

■ Die beiden Muttern vorn unten am Kotflügelrand abschrauben und den Kotflügel von der Halterung an der Kotflügelbank abnehmen.

■ Der **Einbau** erfolgt sinngemäß umgekehrt. Die senkrecht eingedrehte Schraube hinten am Kotflügel mit 10 Nm, die beiden waagrecht eingedrehten Schrauben mit 8 Nm und die beiden Muttern unten mit 4 Nm festziehen. Zwischen Radhausschale und Kotflügelinnenseite wird eine selbstklebende Dichtung auf die Kotflügelbank geschoben.

Unterboden / Geräuschdämpfung ausbauen

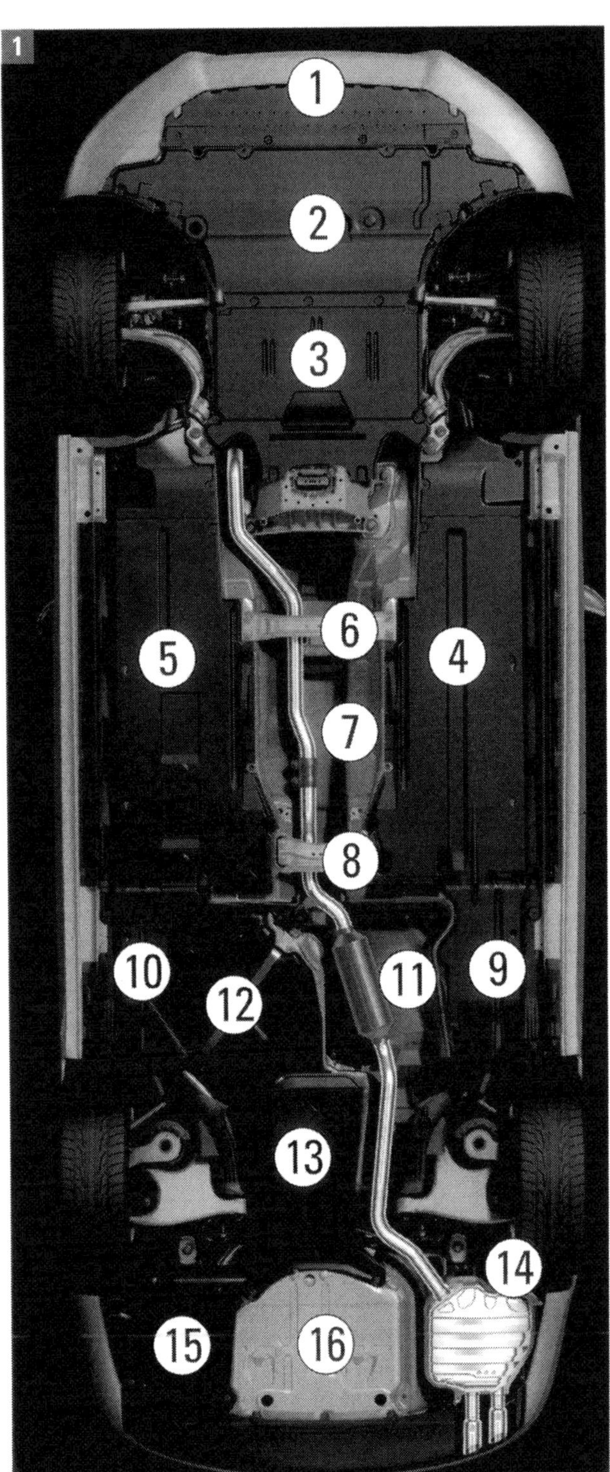

Unterboden: (1) Stoßfänger vorn, (2, 3, 4, 5, 7, 9, 10, 11, 13, 14, 15) Dämpfungen und Bleche gemäß Einzelübersichten, (6 und 8) Querträger, (12) Kraftstofftank, (16) Radmulde.

Die einzelnen Geräuschdämpf- und Windleitplatten, Wärmeschutzbleche und Radspoiler sowie die beiden Querträger, dabei der hintere mit integriertem Spoiler, die Sie am Unterboden vorfinden, zeigt Bild 1 in der Übersicht. Wir gehen in einzelnen Schritten von vorn nach hinten und von links nach rechts vor, um Aus- und Einbau im Einzelnen zu demonstrieren.

Geräuschdämpfung Ausbau:

Geräuschdämpfung vorn (Bild 1: »2«):

■ Die vorderen **Radspoiler** (1) ausbauen: Je zwei Schrauben (1,5 Nm) an den Radhausschalen vorn im Spoilerbereich ausschrauben. Radhausschale im Spoilerbereich zur Seite drücken und die pro Spoiler zwei Klemmstifte lösen. Spoiler unter der Radhausschale herausziehen.

■ Die zwei Schrauben vorn, die je drei Schrauben an der Radhausschale und die drei Schrauben hinten an der Geräuschdämpfung (rote Pfeile) herausschrauben (Bild 2).

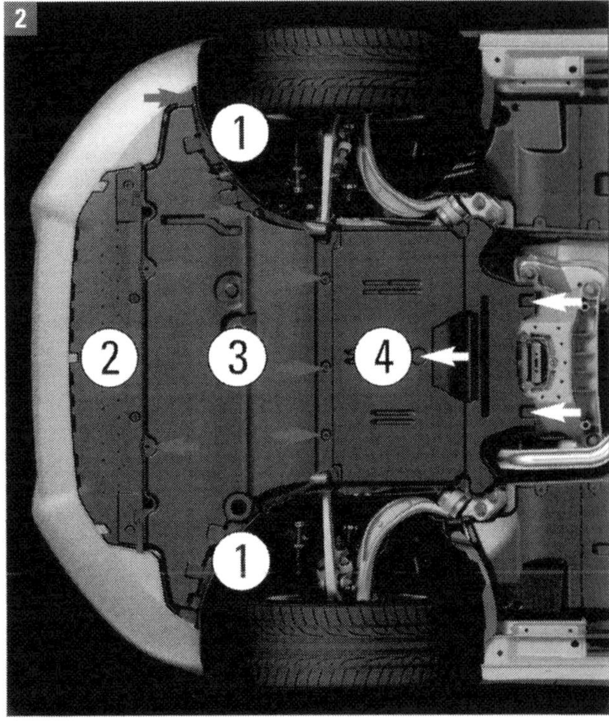

Geräuschdämpfungen: (1) Radspoiler rechts und links vorn, (2) Stoßfänger(abdeckung) vorn, (3) Geräuschdämpfung vorn, (4) Geräuschdämpfung hinten.

■ Geräuschdämpfung vorn (3) nach hinten unter dem Stoßfänger (2) herausziehen.

■ Der **Einbau** erfolgt sinngemäß umgekehrt. Geräuschdämpfung vorn unter den Stoßfänger schieben.

Geräuschdämpfung hinten (Bild 1: »3«, Bild 2: »4«):
■ Die drei hinteren Schnellverschlüsse (weiße Pfeile) an der Geräuschdämpfung hinten (4) lösen. Dazu die Schnellverschlüsse um 180° nach links drehen. Geräuschdämpfung nach hinten herausziehen.

■ Zum **Einbau** (sinngemäß umgekehrt) müssen die Schnappmuttern für die Schnellverschlüsse eingeschoben werden. Die beiden hintersten (links und rechts) werden in den Getriebequerträger, die mittlere (weiter vorn) wird seitlich ins Strebenkreuz der Vorderachse eingeschoben. Dann die Dämpfung mit den Schnellverschlüssen befestigen. Die Verschlüsse müssen beim Eindrehen einrasten.

c_W-Verkleidungen Ausbau:

Verkleidungen links und rechts (Bild 1: »4/9, 5/10«)
■ Die Verkleidung links wie rechts besteht im vorderen Abschnitt aus den beiden Teilen (1) und (2) gemäß Bilder 3 und 5. Beide Teile sind mit Muttern (rote Pfeile) angeschraubt. Auf der linken Seite ist die Verkleidung meist mit sieben, auf der rechten Seite mit acht Muttern befestigt. Die vorderen Abschnitte (1) sind jeweils mit zwei Muttern angeschraubt. Diese Zahlen können von Modell zu Modell variieren, einige Befestigungen sind oft als bloße Klemmstellen ausgeführt, und nicht alle Schraubverbindungen sind (wie es unsere Bilder zeigen) direkt von unten zu sehen.

■ Beim **Einbau** die Muttern mit 2 Nm festziehen.

■ Der hintere Abschnitt der c_W-Verkleidungen (3) in den Bildern 4 und 6 ist mit Schrauben (3,5 Nm) und Muttern (2 Nm) sowie mit Clips und Schnappmuttern befestigt (rote Pfeile). Diese Teile sind linker und rechter Radspoiler.

■ Die Radspoiler sitzen mit dem Rand unter der Radhausschale und müssen beim **Einbau** dort eingeschoben werden. Zum Ausbau die Radhausschale im Bereich vom Radspoiler lösen und zur Seite schlagen. Schrauben und Muttern ausbauen und den Spoiler herausziehen.

Anmerkung: An der Verbindungsstelle vorderer/hinterer Abschnitt sitzt quer ein schmaler Fersenblechspoiler.

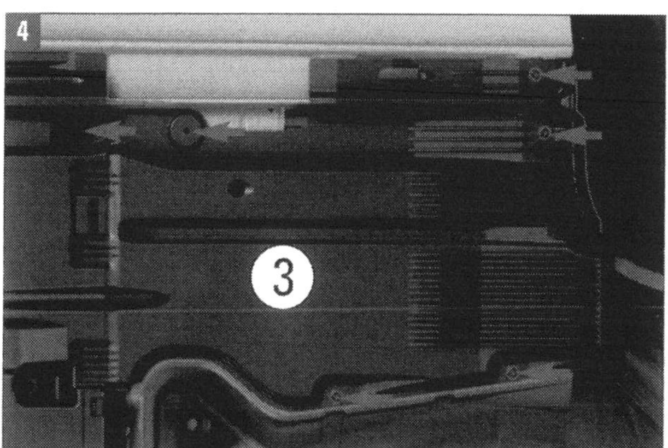

Links Seite: (1) vorderer Teil der linken c_W-Verkleidung, (2) c_W-Verkleidung links, (3) hinterer Teil der linken c_W-Verkleidung (Radspoiler links).

Rechte Seite: (1) vorderer Teil der rechten c_W-Verkleidung, (2) c_W-Verkleidung rechts, (3) hinterer Teil der rechten c_W-Verkleidung (Radspoiler rechts).

Wärmeschutzblech Ausbau:

■ Das Wärmeschutzblech besteht aus dem Teil vorn (1) und dem Teil Mitte (2). Es ist mit Klemmscheiben am Bodenblech befestigt (Bild 7).

■ Zum Ausbau die Klemmscheiben ausschrauben und die Schutzbleche entnehmen.

■ Beim **Einbau** werden die Klemmscheiben an den Befestigungsstellen (rote Pfeile) nur aufgedrückt.

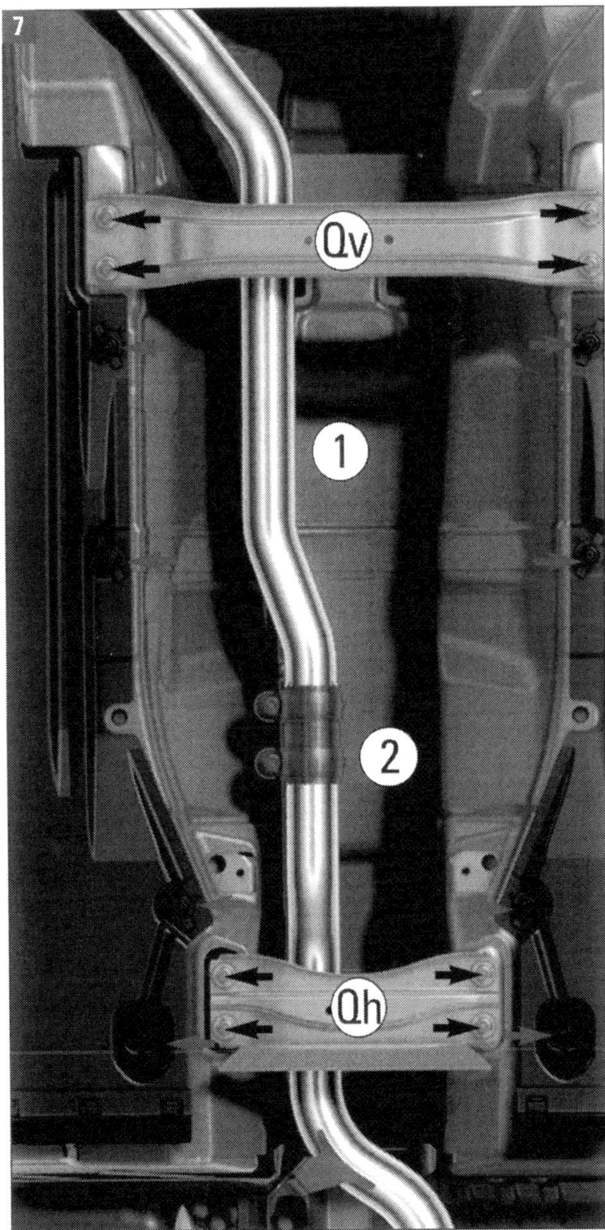

Schutzbleche vorderer Bereich: (1) Wärmeschutzblech vorn, (2) Wärmeschutzblech Mitte. Pfeile: Befestigungen.

Schutzbleche hinten Ausbau:

■ Die Schutzbleche (1), (2) und (3) am Hinterwagen sind ebenfalls mit Klemmscheiben befestigt. Das Schutzblech (2) ist Wärmeschutzblech für die Nachschalldämpfer im Falle der zweizügigen Abgasanlagen (Bild 8).

■ Zum Ausbau die insgesamt neun Klemmscheiben ausschrauben und die Bleche abnehmen.

■ Zum **Einbau** die Klemmscheiben an den Befestigungsstellen (rote Pfeile) nur aufdrücken.

Anmerkung: Über vorderem und mittlerem Wärmeschutzblech und dem geteilten Abgasrohr mit Doppelschelle liegen die beiden Tunnelquerträger vorn (Qv) und hinten (Qh) gemäß Bild 7. Die Querträger sind mit jeweils zwei Schrauben links und rechts befestigt (schwarze Pfeile).

■ Zum Ausbau die Schrauben herausdrehen.

■ Beim **Einbau** die Schrauben mit 55 Nm festziehen.

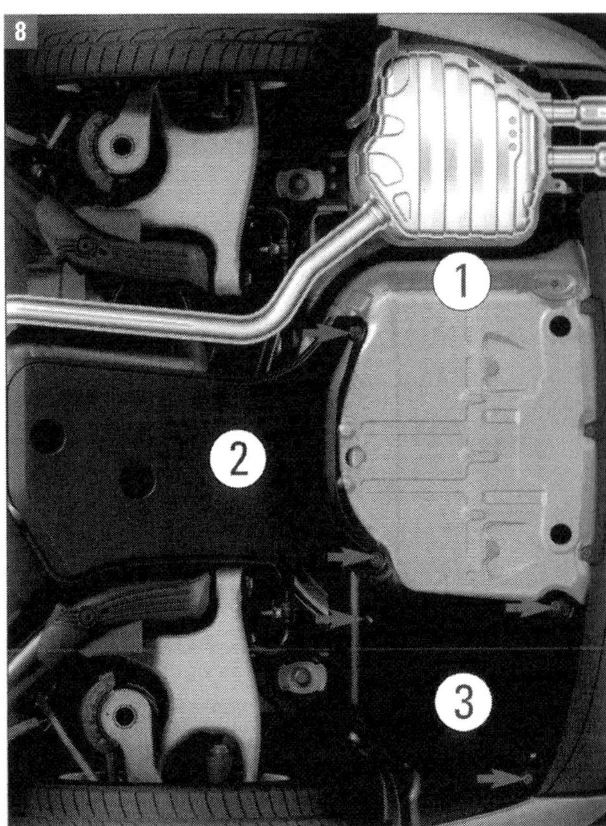

Schutzbleche Hinterwagen: (1) Wärmeschutzblech links, (2, 3) Schutzbleche Mitte und rechts. Pfeile: Befestigungen.

Klappen vorn und hinten ausbauen

Klappe vorn Ausbau:

■ Zum Ausbau der Motorhaube (Klappe vorn) brauchen Sie einen Helfer zum Abstützen und Halten der Haube.

■ Gasdruckdämpfer von der Klappe vorn abnehmen: Sicherungsfeder oben am Dämpfer leicht anheben und Gasdruckdämpfer vom Kugelbolzen abziehen.

■ Die Muttern (21 Nm) oben am Klappenscharnier herausdrehen und Klappe abnehmen.

■ Wenn die Klappe vorn abgenommen ist, kann das Scharnier ausgebaut werden. Dazu müssen die beiden Schrauben (21 Nm) ausgeschraubt werden.

■ Zum **Einbau** alle Arbeitsgänge sinngemäß umgekehrt ausführen. Beim Einbau des Gasdruckdämpfers auf die richtige Lage achten: Das Gasdruckfederrohr muss karosserieseitig eingehängt werden. Nach dem Einbau von Scharnier, Klappe und Gasdruckdämpfer muss die Klappe eingestellt werden (Fugenmaße beachten!):

Klappe vorn einstellen: Höhe über Klappenschloss-Unterteil einstellen und mit den Anschlagpuffern abstimmen.

■ Die Klappe zwischen den Kotflügeln genau ausmitteln und in der Höhe über das Klappenschloss-Unterteil (Bild 1) einstellen.

■ Die Klappe mit den Anschlagpuffern (Bild 2) zu den Kotflügeln abstimmen: Die Puffer müssen bei geschlossener Klappe auf dem Schlossträger aufliegen. Die weiter vorn an der Klappenkante liegenden nicht verstellbaren Gummipuffer dienen als Durchschlagschutz.

Klappe hinten Ausbau:

■ Zum Aus- und Einbau der Heckklappe brauchen Sie einen Helfer zum Abstützen und Halten.

■ Bei der **Limousine** die Auskleidung für die Klappe ausbauen. Die elektrischen Leitungen trennen und aus der Klappe herausziehen.

■ Klappenseitig am Scharnier die hintere Mutter lösen. Die beiden seitlichen Muttern ausschrauben und die Klappe abnehmen.

■ Beim **Avant** zusätzlich den Schlauch für die Scheibenwaschanlage abziehen, die Motoren für den Klappenantrieb demontieren und die beiden Gasdruckfedern von der Klappe abziehen. Dann die Schrauben klappenseitig am Scharnier links und rechts herausdrehen und die Klappe abnehmen.

■ Nach **Einbau** in sinngemäß umgekehrter Reihenfolge müssen die Klappen eingestellt werden.

■ Einstellen bei **Limousine**: Höheneinstellung vorn und Längseinstellung über das Klappenscharnier; Höheneinstellung hinten über das Klappenschloss; Klappe seitlich ausmitteln und nach den Spaltmaßen ausrichten; Anschlagpuffer einstellen.

■ Einstellen beim **Avant** am besten mit der Einstelllehre (3371) nach den Fugenmaßen (5 Positionen). Auf Parallelität des Spaltes zur Karosserie achten!

Der Innenraum

Dimensionen wie Oberklasse

Mit seinem Radstand von 2.808 mm reicht der A4 schon an die Dimensionen der Oberklasse heran. Entsprechend großzügig fällt das Platzangebot auf allen fünf Sitzplätzen aus. Gegenüber dem Vorgängermodell hat der Innenraum deutlich zugelegt: In der Länge wuchs er um 20 auf 1.758 mm, in der Schulterbreite vorn um 10 auf 1.410 mm und in der Schulterbreite hinten um 23 auf 1.380 mm. Auf allen Plätzen bleibt reichlich Luft über dem Kopf, und im Fond ist der Beinraum um 29 mm auf 908 mm gewachsen (Bilder 1 bis 3).

In diesem Raum haben die A4-Entwickler ein lichtes, großzügiges Ambiente geschaffen. Die Optik wirkt edel und klar, die Verarbeitung genügt hohen Ansprüchen, die Bedienung ist intuitiv schlüssig. Das Interieur ist luftig und doch passgenau geschnitten.

Das Gepäckabteil fasst bei den Versionen mit Frontantrieb ebenso wie bei den quattro-Ausführungen einheitlich 480 Liter. Auch damit setzt sich der Wagen an die Spitze seines direkten Wettbewerbsumfelds.

Inneneinrichtung: Leder und gebürstetes Aluminium, Automatikschaltung und Navigationssystem sowie Details wie Dynamiklenkung (1), Fond-Technikzentrum (2) und großer Gepäckraum mit Fixierset (3) überzeugen.

Zu den vielen luxuriösen Neuerungen gehört die Öffnung des Heckdeckels. Er entriegelt per Funkfernbedienung, mit einer Taste an der Fahrertür oder durch Berührung des elektrischen Tasters in der Griffmulde. Danach drücken neuartige Bügelscharniere den Deckel selbsttätig nach oben. Das manuelle Schließen verlangt nur noch einen geringen Kraftaufwand (Bilder 4 und 5).

Adaptive Airbags

Kleines Detail der umfassenden Sicherheitsausstattung im Innenraum ist eine Warnglocke, die nach dem Losfahren bei 25 km/h Tempo daran erinnert, den Gurt anzulegen. Ein besetzter Beifahrersitz wird dazu von einem Sitzbelegungssensor erkannt.

Weit darüber hinaus geht die Innovation bei den Airbags. Sie sind adaptiv ausgelegt und arbeiten nach neuer, fein differenzierter Strategie. In der herkömmlichen Technik zünden zwei Stufen nacheinander: Bei einem schwächeren Aufprall genügt die erste Stufe, bei einem harten Crash folgt die zweite unmittelbar. Als Berechnungsgrundlage dafür dient die Schwere des Aufpralls.

Die Airbags im A4 entfalten sich grundsätzlich voll. Wenn das Steuergerät die Situation als relativ harmlos einschätzt, der Aufprall nicht allzu hart ist und der Passagier nah am Cockpit sitzt, wird ein Teil des Volumens wieder über Ventile abgeblasen. Kopf und Brust werden vergleichsweise weich aufgefangen. Bei einem harten Crash bleibt der Airbag länger voll gefüllt. Das geschieht auch dann, wenn der Aufprall zwar nicht allzu heftig ist, der Passagier jedoch weit hinten sitzt, so dass sein Oberkörper wuchtig nach vorn pendelt.

Neben diesen Frontairbags gibt es wie lange schon üblich in den Vordersitzen Sidebags mit 13 Litern Volumen. Auf den Fondsitzen sind die Sidebags (mit 12 Litern) optional. Große Windowbags (25,5 Liter) decken die Fenster von der A- bis zur C-Säule ab.

Isofix hinten und vorn

Fahrer und Beifahrer sind durch höhenverstellbare Gurte, weit ausziehbare Kopfstützen und Anti-Submarining-Rampen in den Sitzen bei allen Unfallarten geschützt. Für die Kindersicherheit können Isofix-Befestigungen im Fond (Bild 8, Seite 127) montiert werden, an denen sich Kindersitze sicher und schnell anbringen lassen. Isofix-Rasten (generell optional, aber kostenfrei eingebaut) gibt es auch für den Beifahrersitz, zusammen mit einer Deaktivierungsfunktion für den Beifahrer-Airbag.

Der Kraftstofftank aus sechs Kunststoffschichten hält höchste Belastungen aus. Nach jedem Unfall entriegelt das Steuergerät alle Türsiche-

Gepäckraumöffnung: Der Taster in der Fahrertür bietet eine der drei Möglichkeiten zum Öffnen der Kofferraumklappe.

Innovation: Neuartige Bügelscharniere drücken den Kofferraumdeckel nach Entriegelung selbsttätig nach oben.

rungen. Gleichzeitig wird die Hochstrom-Leitung zwischen Batterie, Anlasser und Lichtmaschine getrennt, wobei die Energieversorgung wichtiger Bauteile wie der Rückhaltesysteme, der Warnblinkanlage und der Türelektrik aktiv bleibt.

Personengröße berücksichtigt

Untersuchungen in Deutschland, den USA und Kanada haben ergeben, dass kleine Personen beim Crash noch immer erheblich stärker gefährdet sind als große Fahrzeuginsassen. Deshalb stimmte Audi beim neuen A4 die Rückhaltesysteme in einer extrem engen Vernetzung aufeinander ab. Sensoren an den Sitzschienen fragen die Position der Sessel ab und melden sie ans Steuergerät. Der Rechner erfährt so den Abstand der Person zum Airbag und sorgt dafür, dass der Weg, auf dem der Oberkörper von Gurt und Airbag gebremst werden kann, optimal genutzt wird.
Die Sensortechnik zum Insassenschutz bietet noch eine Neuheit. Bei einem Seitenaufprall schlagen Beschleunigungssensoren in den C-Säulen und hochmoderne Fühler in den Türen Alarm. Auch die Gurtkraftbegrenzer arbeiten mit Sensoren, sie integrieren zwei Torsionsstäbe, die über Zahnräder zusammengeschaltet sind. In einer weniger kritischen Situation werden die Stäbe zu einem frühen Zeitpunkt getrennt. Das erlaubt dem Gurt mehr Bewegung, der Oberkörper taucht tief in den Airbag ein, die Belastung der Brust sinkt. Bei schwererem Unfall werden die Stäbe spät oder gar nicht entkoppelt. Dann hält der Gurt den Passagier stärker zurück.

Gut ausgestattete Sitzanlagen

Die vorderen Plätze sind bestens ausgestattet: Zwei unterschiedlich große Cupholder auf dem Mitteltunnel, Flaschenhalter in den großen Türtaschen, (Bilder 6/7), Brillenablage im Innenlichtmodul im Dachhimmel, Parkschein-Clip an der Sonnenblende und ungewöhnlich großes Handschuhfach. Optional sind zwei Fächer unter den Vordersitzen und Netze an den Rückenlehnen (Bild 9). Die Einbaulage ist vorteilhaft tief, der Zuschnitt großzügig.

Ergonomische Formgebung und Polsterung der Vordersitze unterstützen den Körper perfekt. Aufwändige Anbindung an die Karosserie und hohe Qualität der Schäume im Unterbau filtern alle Vibrationen heraus, die von der Straße übertragen werden könnten. Die Sessel lassen sich serienmäßig in der Höhe einstellen, bei der elektrischen Variante sind Höhe, Längsposition und Lehnenneigung auf Tastendruck zu justieren. Die Vierwege-Lordosenstütze wird ebenfalls elektrisch betätigt. Eine optionale Memory-Funktion lässt zwei bevorzugte Sessel- und Außenspiegelpositionen abspeichern.
Bei allen Sitzen prägen die sauber gesetzten und mit großer handwerklicher Sorgfalt ausgeführten Nähte (Bild 8) den optischen und haptischen Eindruck, wobei die Sportsitze besonders aufwändig abgesteppt sind. Auch die Fondsitzanlage mit leicht ausgeformten äußeren Plätzen ist sportlich komfortabel (Bild 2). Wer Flexibilität braucht und viel transportieren muss, wird die geteilt umlegbaren Rückbanklehnen schätzen. Sie lassen sich vom Innenraum aus mit Griffklinken entriegeln und ohne Ausbau der Kopfstützen auf die Sitzkissen legen. Der Gepäckraum wächst so auf 962 Liter.

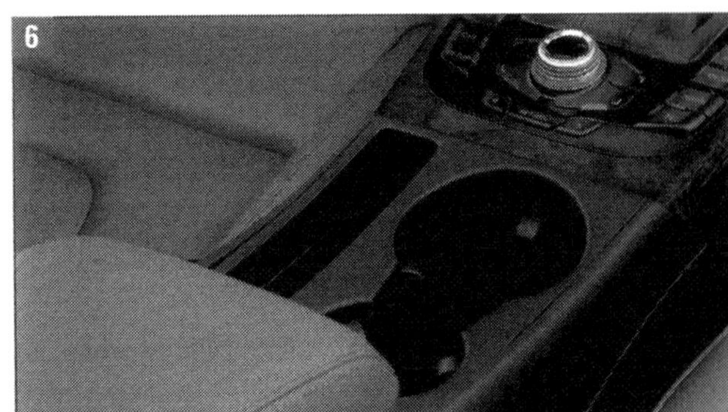

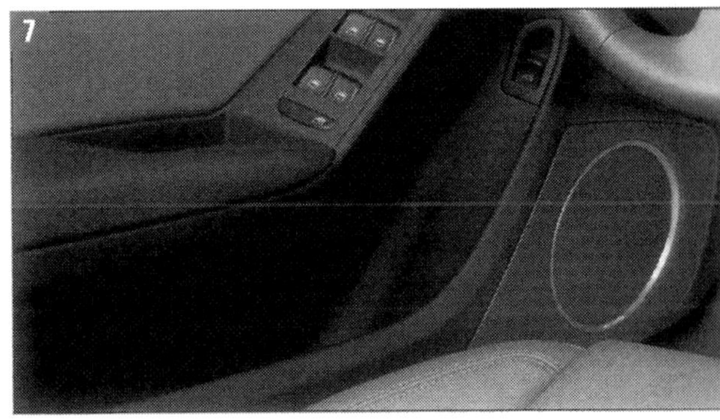

Viel Stauraum: Große Flaschen- oder Becherhalter in der Mittelkonsole, geräumiges Fach in der Tür.

Lange Türausschnitte und weit öffnende Türen erlauben bequemes Ein- und Aussteigen. Die hinteren Fußräume sind beleuchtet, die Mittelarmlehne ist ausklappbar.

Schöne Kontraste

Die obere Zone im Innenraum präsentiert sich hell, was den lichten Raumeindruck schafft. Dunkle Blenden im Fahrerbereich und auf der Mittelkonsole setzen dazu markante Akzente. Effektlack verleiht ihnen eine optisch besonders weiche und samtige Oberfläche. Die Dekoreinlagen sind Micrometallic platin oder eine neue Aluminium-Variante mit Hologrammoptik sowie drei Holzsorten (Bild 8). Der Dachhimmel präsentiert sich beige, schwarz oder silber, die Einstiegsleisten glänzen in Aluminium-Optik.

Ergonomie und Assistenten

Für den Fahrer bietet der A4 perfekte Ergonomie: Die rechte Hand fällt wie von selbst auf den sportlich kurzen Schaltknauf, die Abstände und Winkel zu Lenkrad und Pedalen passen wie angemessen. Das Bremspedal liegt in Relation zum Gaspedal weniger hoch, die Distanz schrumpfte von 50 auf 35 mm. Sportliche Fahrer können so rascher überwechseln.
Die Lenksäule lässt sich manuell um 60 mm in der Länge und um 50 mm in der Höhe verstellen, ein Elektromotor übernimmt ihre Verriegelung. Das serienmäßige Lenkrad hat vier Speichen. Mit chromumrahmten Walzen und Tasten werden die Grundfunktionen von Navigationssystem, Radioanlage, Autotelefon und Sprachdialogsystem bedient. Bei Automatikgetriebe sind Schaltwippen hinter dem Lenkradkranz optional erhältlich.
Audi stattet das Fahrzeug auf Wunsch mit Hightech-Systemen aus der Luxusklasse aus. Im Bereich Multimedia setzt der A4 die Standards in der Mittelklasse ebenfalls neu.

Exklusives zum »Tunen«

Ferner liefert Audi für den A4 eine ganze Palette von Komponenten und Funktionalitäten, mit denen eine noch weiter gehende optische und technische Aufwertung des Fahrzeugs möglich ist. Die erwähnte »S-Line« bietet neben Modifikationen im Innenraum zwei exklusive Außenfarben. Die quattro GmbH wartet für »S-Line« mit exklusiven Ledersorten, Holz-/Leder-Lenkrad und Rear-Seat-Entertainment auf.
Neben zwei Sportfahrwerken gibt es verschiedene Bausteine für das System »Audi drive select« mit Dynamiklenkung und Dämpferregelung. Für Kunden, die einen aktiven Lebensstil pflegen, sind die Gepäckraum- und Ablagenpakete, die 230-Volt-Steckdose, die umklappbaren Fondlehnen und die Durchladeeinrichtung samt Skisack interessant. Schließlich werden die abnehmbare Anhängerkupplung, Xenon-Plus-Leuchten, das Kurvenlicht »adaptive light« und ein Licht- und Regensensor angeboten.

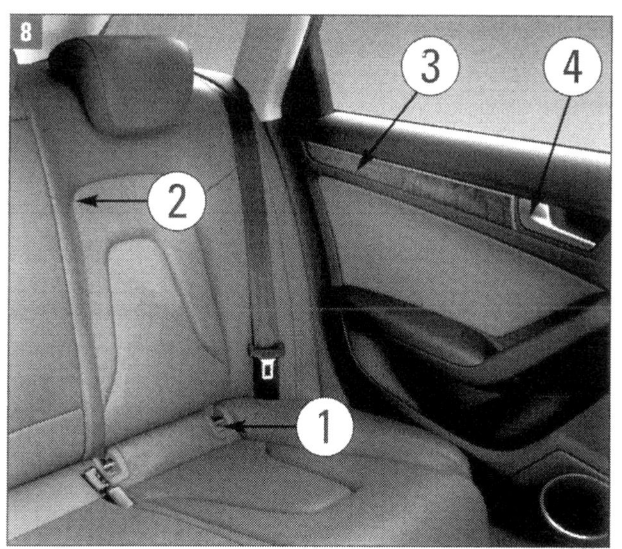

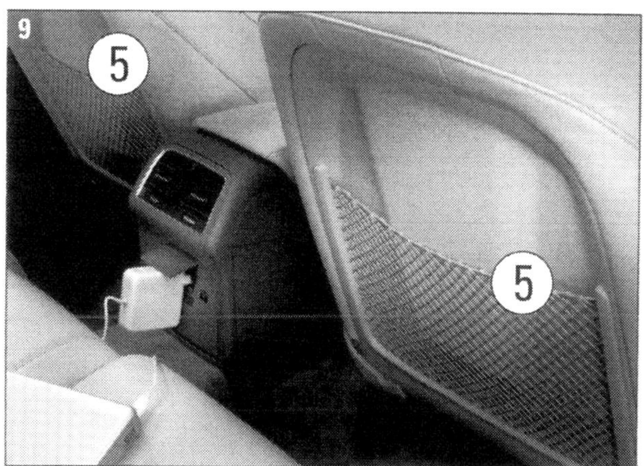

Gediegen: (1) Isofix-Befestigungen, (2) sauber gesetzte Nähte, (3) Holzapplikationen, (4) gebürstetes Metall, (5) Netze an den Lehnen der Vordersitze.

Arbeiten im Innenraum

Unsere ausführliche Schilderung der Innenraum-Features hat schon gezeigt, dass hier mit großer Vorsicht und an manchem Funktionsdetail am besten gar nicht gearbeitet werden sollte. Ablagen und Fächer, Blenden und Spiegel, Abdeckungen und Verkleidungen, Haltegriffe und Sitze lassen sich wie bei jedem Fahrzeug recht problemlos aus- und einbauen. Vor Arbeiten an Komponenten mit Sicherheitstechnik müssen wir allerdings warnen. Hier sollte es bei der schon früher erwähnten Gurtprüfung bleiben. Wenn es an Kenntnis und Erfahrung mangelt, müssen die Gurtstraffer sowie Sitze und Lenkrad mit den Airbags tabu sein. Selbst in den Werkstätten darf nur speziell geschultes Personal daran tätig werden. Vermeiden Sie, bei der Reparatur verletzt zu werden und bei Unfall keinen ordnungsgemäß funktionierenden Insassenschutz zu haben!

Ablagen, Blenden und Verkleidungen auszubauen kann schon nötig werden, weil Mechanik, Elektrik und Elektronik dahinter versteckt sind. Vorsicht ist geraten beim Umgang mit Kunststoff-Verkleidungen: Clipselemente können schnell beschädigt werden, Oberflächen sind oft kratzempfindlich. Arbeiten Sie beim Aushebeln nicht mit metallenem Schraubendreher, sondern mit einem Kunststoffkeil!

Richtiges Werkzeug verwenden

Das legt nahe, gerade für die Arbeiten im Innenraum darauf zugeschnittenes Werkzeug zu verwenden. Audi empfiehlt den Werkstätten folgende Spezialwerkzeuge (Bilder 1 bis 7):

- Demontagekeil 3409
- Demontagezange 3392
- Demontagehaken 3438
- Haken für Frontend 3370

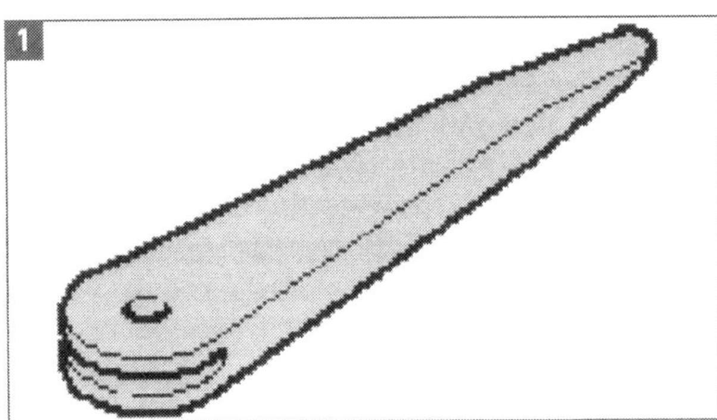

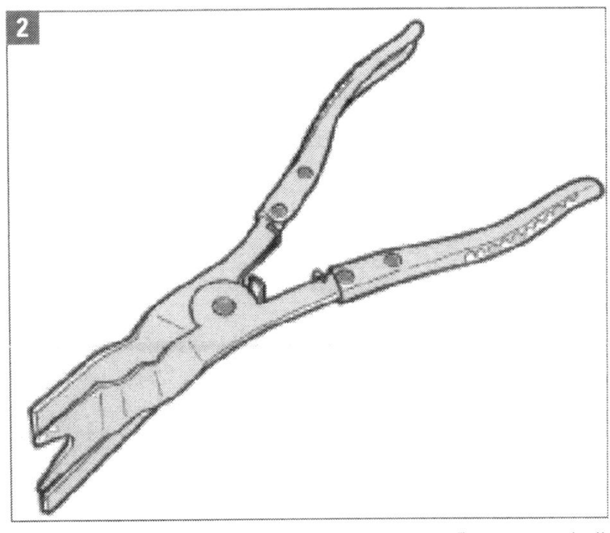

Keil und Zange: Der universell einsetzbare Demontagekeil 3409 (Bild 1) und die Demontagezange 3392 (Bild 2).

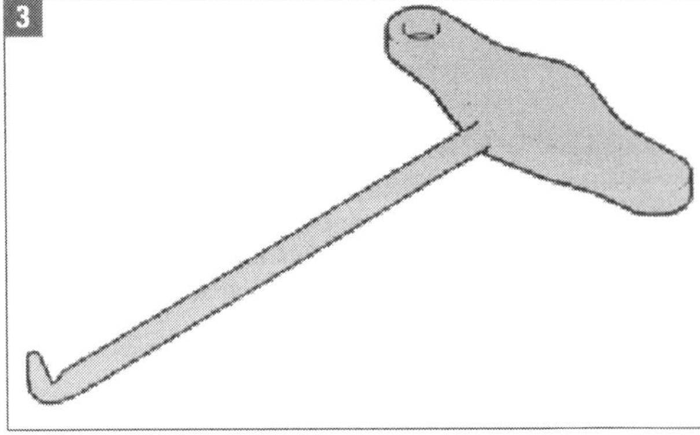

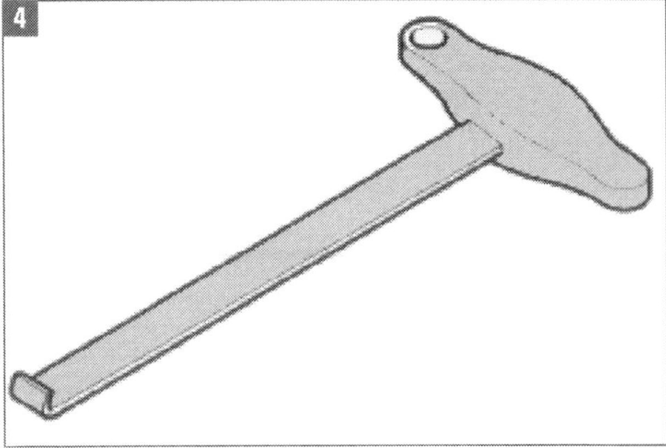

Hakenwerkzeuge: Der Demontagehaken 3438 (Bild 3) und der Haken für Frontend 3370 (Bild 4).

- Abdrückhebel 80-200
- Lösehebel T10039 mit Unterlegkeil T10039/1
- Absteckstift T40011

Wir zeigen diese Werkzeuge hier deshalb so komplett, damit Sie im Bedarfsfall auch Ersatzlösungen einsetzen können: Handelsübliche Kunststoffkeile, zu passenden Haken gebogene Nägel oder einen Winkelschraubendreher, Hebelwerkzeuge aus entsprechend zugebogenem Metallstreifen oder Plastikmaterial, Stahldrahtstifte in Durchmessern von 0,8 bis 1,5 mm mit Griffring.

Beachten Sie unbedingt, dass alle Clips, Verschraubungen und elektrischen Steckverbindungen an oder unter Verkleidungen in logischer Reihenfolge getrennt und wieder zusammengebracht werden müssen. Machen Sie sich in komplizierteren Fällen oder bei einer Abfolge mehrerer Ausbauvorgänge eine kleine Zeichnung oder einige Fotos!

PRAXISTIPP

Sicherheitstechnik entsorgen

Vor einer Verschrottung des Fahrzeugs etwa nach Unfall müssen die Airbageinheiten und Gurtstraffer nach bestimmten Vorschriften entsorgt werden. Auf keinen Fall dürfen Sie diese Komponenten wie üblichen Abfall behandeln. Das gilt auch für gezündete Einheiten und Gurtstraffer, denn es ist immer möglich, dass nicht alle ihre pyrotechnischen Ladungen wirklich gezündet wurden.

Beim Einbau von Dichtungen muss darauf geachtet werden, den richtigen Sitz herzustellen. Diese Regel ist auch wichtig, was den Sitz und den Zustand von Clips und Halteklammern angeht. Wenn immer nötig, ersetzen Sie beschädigte Befestigungselemente unbedingt, sonst halten später Abdeckungen und Blenden nicht. Beim Ausbau der Säulenverkleidungen im Audi A4 z. B. können Halteklammern in der Karosserie zurückbleiben, die wieder an die jeweilige Verkleidung gesteckt werden müssen. Nehmen Sie sie heraus und prüfen Sie ihren Zustand.

Noch ein Tipp: Wenn aus unumgänglichem Grund der Umlenkbeschlag für Sicherheitsgurte abgeschraubt wurde, muss beim Wiedereinbau die Funktion der Gurthöhenverstellung geprüft werden.

In den folgenden Arbeitsbeschreibungen gehen wir auf alle »klassischen« Reparaturen im Fahrzeuginnenraum ein. Wir demonstrieren die Vorgehensweise stets am prinzipiellen Fall und behandeln nicht jede Ausstattungsvariante, weil

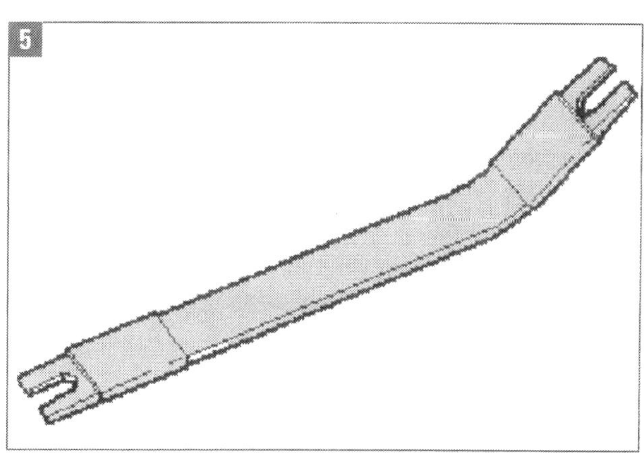

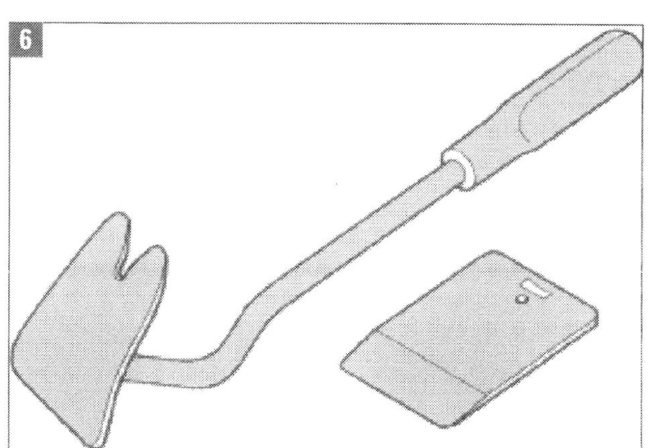

Demontagehebel: Der Abdrückhebel 80-200 (Bild 5) und der Lösehebel T10039 mit Unterlegkeil T10039/1 (Bild 6).

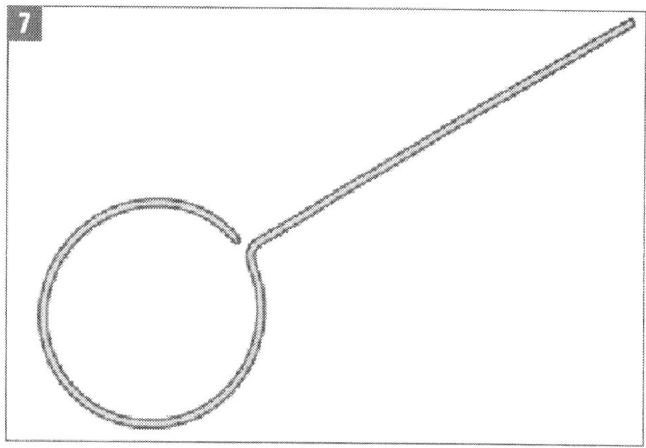

Absteckstift: Zum Lösen diverser Veriegelungen dient der Absteckstift T40011.

Innenspiegel: Abblendfunktion und Ausbau

Abblendfunktion

Je nach Ausstattung hat der A4 Innenspiegel mit manueller oder automatischer Abblendfunktion. Die automatische Funktion kann ein- und ausgeschaltet werden:

Funktionsablauf:

- Taster in der Mitte am unteren Spiegelrand (roter Pfeil im Bild) kurz drücken. Die Anzeigenleuchte links vom Taster (weißer Pfeil) leuchtet auf. Ausschalten durch nochmaliges kurzes Drücken.

- Die automatische Abblendfunktion wird nach jedem Einschalten der Zündung aktiviert. Wenn die Innenleuchte eingeschaltet oder der Rückwärtsgang eingelegt wird, hellt sich der (abgeblendete) Spiegel auf.

- Beim Ausschalten der Abblendfunktion des Innenspiegels wird auch die der Außenspiegel abgeschaltet.

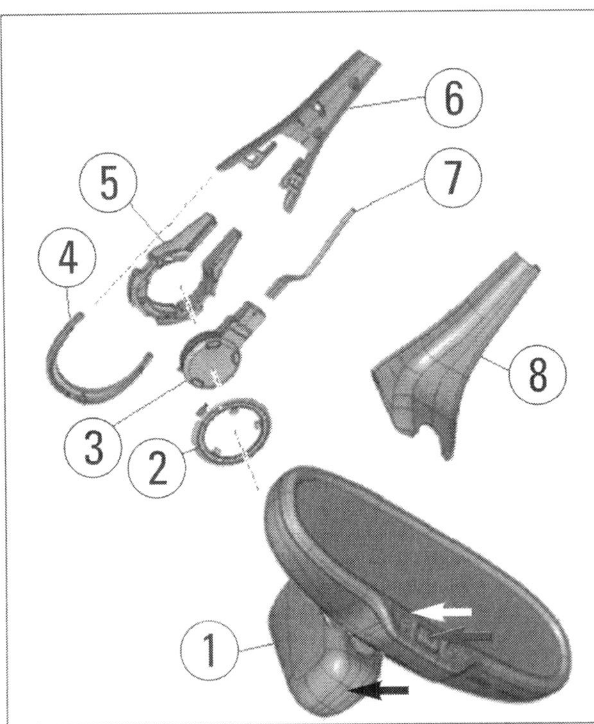

Innenspiegel ohne Spurhalteassistent: (1) Spiegel, (2) Haltefeder, (3) Regen/Licht-Sensor, (4) Teil der oberen Abdeckung, (5) Halteplatte, (6) Teil der oberen Abdeckung, (7) elektrische Anschlussleitung, (8) untere Abdeckung.

GEFAHRHINWEIS

⚠ Spiegel-Elektrolyt

Das Glas des Innenspiegels besteht aus mehreren Schichten, zwischen denen sich ein Elektrolyt befindet, das die Abblendfunktion möglich macht. Das Elektrolyt ist eine ätzende Substanz, weshalb beim Austritt von Elektrolyt bei Spiegelbruch Folgendes beachtet werden muss:

- Ist flüssiges Elektrolyt in die Augen oder auf die Haut gelangt, muss es sofort mit viel Wasser aus- oder abgespült werden. Falls sich eine andauernde Reizung zeigt, muss der Arzt aufgesucht werden.

- Flüssiges Elektrolyt schädigt bei Kontakt alle Kunststoffoberflächen. Verschüttetes Elektrolyt sofort mit Wasser und Schwamm beseitigen.

Spiegel ausbauen

- Die Halteplatte (5) für den Spiegelfuß ist an die Windschutzscheibe geklebt. Zum Abbau des Spiegels Abdeckung (8) unten am Spiegelfuß vorsichtig mit einem Flachschraubendreher abhebeln. Beachten: Spiegel mit Spurhalteassistent haben haben voluminösere Abdeckungen, und die untere Abdeckung hat eine zusätzliche Fußabdeckung, die erst abgeclipst und ausgehängt werden muss, ehe die eigentliche Abdeckung abgenommen werden kann.

- Die elektrische Steckverbindung aus ihrer Halterung nehmen und trennen.

- Den Innenspiegel (1) am Spiegelfuß (schwarzer Pfeil) gegen den Uhrzeigersinn bis zum Anschlag drehen.

- Den Spiegel von der Halteplatte (5) abnehmen.

- Der **Einbau** erfolgt sinngemäß umgekehrt. Dazu

- den Spiegel etwa um 30° verdreht zur Einbaulage vorsichtig ansetzen.

- Den Spiegel im Uhrzeigersinn bis zum Anschlag (verrastet dann) verdrehen.

Säulenverkleidung, Sonnenblende, Dachhaltegriff

Zum Ausbau von Verkleidungen

Um an Gerätetechnik und Bordelektrik im Innenraum heranzukommen, ist stets der Abbau von Blenden und Verkleidungen nötig. Das geschieht fast immer in vergleichbarer Weise, so dass es hier genügt, Aus- und Einbau der wichtigsten Komponenten zu beschreiben. Wichtigstes Werkzeug ist dabei der Keil 3409, so dass es sehr ratsam ist, sich einen entsprechenden Demontagekeil aus Kunststoff zuzulegen.

Säulenverkleidungen ausbauen

■ Aus- und Einbau an der linken und rechten Seite sind gleich. An den **A-Säulen** oben die Abdeckkappe mit dem Airbagsysmbol mit einem Flachschraubendreher abclipsen, die Schraube darunter herausdrehen. Verkleidung von oben beginnend vorsichtig mit Keil 3409 ausclipsen und dann behutsam aus der Schalttafel herausziehen. In der Karosserie verbliebene Klammern entnehmen, in Verkleidung stecken.

■ An den **B-Säulen oben** den Gurtendbeschlag ausbauen. Dazu die Sitze ganz nach vorn schieben, die Abdeckung vom Endbeschlag abclipsen, mit einem kleinen Schraubendreher die Federrastnase entriegeln, den Beschlag nach unten schieben und am Bolzen aushängen. Die Verkleidung mit dem Keil ausclipsen (Keil an Unterkante ansetzen!) und aus der Aufnahme an der Karosserie ziehen. Gurtband mit der Schlosszunge durch den Schieber des Gurthöhenverstellers ausfädeln und Verkleidung abnehmen. Auf die Klammern achten!

■ Zum Ausbau der **B-Säulen unten** mit dem Demontagekeil die Einstiegleiste von der Verkleidung abclipsen. Verkleidung von der Säule abziehen und nach oben abnehmen.

■ An den **C-Säulen** mit dem Abdrückhebel 80-200 arbeiten. Hutablage ausbauen: Rücksitzlehne umklappen oder ausbauen, Gurtführung und Gurtendbeschlag hinten Mitte ausbauen. D-Säulenverkleidung (folgt) ausbauen. Lautsprecherblende mit Schraubendreher ausclipsen, Steckverbindung trennen und Blende abnehmen. Dachhaltegriff ausbauen (folgt später). Formhimmel zur Seite drücken (Vorsicht: nicht knicken!) und Spreizclip darunter mit Hebel 80-200 ausbauen. Hinteres Teil der Säulenverkleidung mit dem Abdrückhebel abclipsen und vorsichtig herausnehmen. Auf die Klammern achten!

■ Zum Ausbau an den **D-Säulen** die Rücksitzlehnen nach vorn klappen oder die Kopfstützen ausbauen. Wo vorhanden: Blende für Sonnenschutzrollo-Führung mit Schraubendreher abclipsen und abnehmen. Säulenverkleidung mit dem Keil abclipsen und aus der Hutablage herausziehen. Auf die Klammern achten!

■ Zum **Einbau** an allen Säulenverkleidungen sinngemäß umgekehrt zum Ausbau vorgehen. Die Halteklammern müssen unbeschädigt und vollzählig in den Verkleidungsteilen stecken. Bei der B-Säule zuerst das Unterteil einbauen und dieses am Zentrierzapfen ansetzen.

■ Beim Einbau der oberen B-Säule und der C-Säule nicht den Kopfairbag einklemmen! Vorsicht bei dieser Arbeit mit Berührung der pyrotechnischen Einrichtungen! Obere B-Säulenverkleidung durch den Formhimmelausschnitt in die Aufnahme am Karosseriedach einsetzen. Verkleidung bis zum hörbaren Verrasten andrücken.

■ In allen Bereichen, wo das zutrifft, die Lippe der Türdichtung über die Säulenverkleidung stülpen.

> **PRAXISTIPP – Formhimmel nicht knicken!**
>
> Bei allen Arbeiten, bei denen der Formhimmel berührt wird (zur Seite drücken zum Ausbau von Säulenverkleidungen), und erst recht beim Aus- und Einbau des Formhimmels sehr vorsichtig vorgehen! Der Formhimmel ist äußerst knickempfindlich, und ein geknickter Formhimmel muss ersetzt werden.

Sonnenblenden ausbauen

■ Ausbau links und rechts auf gleiche Weise. Sonnenblende in Fahrzeugmitte am Mittellager aushängen.

■ Am Lager links/rechts Spreizkappe mit Schraubendreher abclipsen, Lager nach unten schwenken, herausnehmen.

■ Zum **Einbau** Nase des Lagers in Formhimmelausschnitt einhängen. Spreizkappe bis zum Einrasten andrücken.

Dachhaltegriffe ausbauen

■ Spreizkappen links und rechts mit dem Frontendhaken 3370 oder einem Winkelschraubendreher bis zur Rastposition abclipsen.

■ Den Dachhaltegriff herausnehmen.

■ Zum **Einbau** den Griff in den Karosserieausschnitt einhängen. Spreizkappen bis zum Einrasten aufdrücken.

Anmerkung: Auf vergleichbare Weise mit Schraubendreher und Demontagekeil werden auch die Abdeckungen links und rechts an der Schalttafel (Bild), die Spaltabdeckung an der A-Säule, die Zierblenden an Schalttafel und Türen etc. ausgebaut. Auch die **Fußstütze** links unten im Fahrerfußraum wird mit dem Keil 3409 ausgeclipst. Dazu muss allerdings zuvor die vordere Einstiegsleiste auf der Fahrerseite ausgebaut werden, was wir später erläutern. Die Fußstütze wird übrigens beim Ausbau zerstört und muss ersetzt werden. Zum Einbau vollständig in die Aufnahmen einrasten.

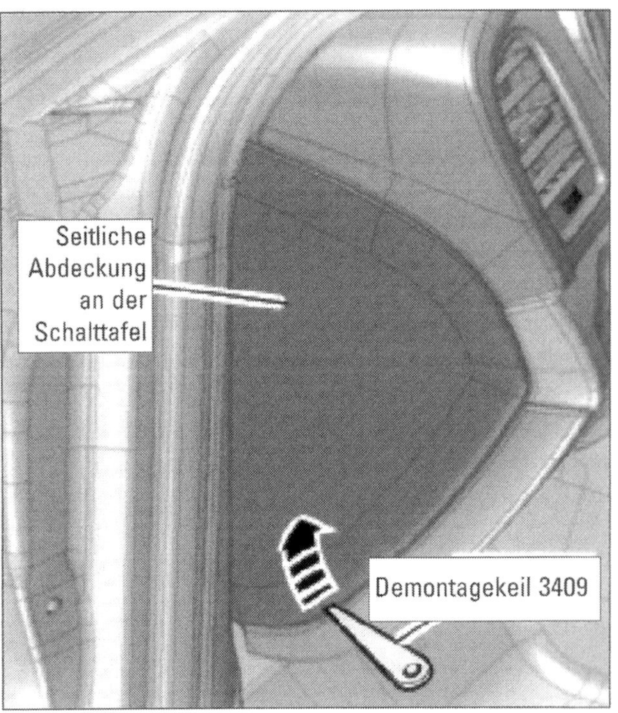

Einstiegsleisten und Formhimmel ausbauen

Einstiegsleisten ausbauen

Der Ausbau ist links und rechts ähnlich, wir beschreiben das Vorgehen auf der Fahrerseite.

Vordere Einstiegsleiste:

■ Seitliche Schalttafelabdeckung und die darunter liegende Spaltabdeckung an Säule A müssen (mit Keil 3409) ausgebaut worden sein. Auf der Fahrerseite muss ferner der

■ **Betätigungshebel für den Seilzug** (Entriegelung Motorhaube) ausgebaut werden: Sicherungsklammer oben am Hebel mit kleinem Schraubendreher etwas nach vorn aus dem Hebel herausziehen; Hebel nach hinten ziehen und halten; Hebel völlig waagerecht nach rechts (zur Fahrzeugmitte hin) von der Aufnahme abziehen (Einbau: Klammer völlig in Hebel einschieben, Hebel auf Aufnahme drücken und verrasten). Die freigelegte Schraube herausdrehen.

■ Einstiegsleiste von hinten beginnend mit dem Keil 3409 vom Schweller abclipsen und nach hinten aus der Fußstütze herausziehen. Die vordere Einstiegsleiste vorn an der Aufnahme für den Betätigungshebel aushängen und abnehmen.

■ Vor **Einbau** prüfen, ob Klammern in der Karosserie verblieben sind. Herausnehmen, in Leiste einsetzen. Leiste links an der Hebelaufnahme einhängen und unter Fußstütze schieben, rechts (Beifahrerseite) Leistenführung in den Bodenteppich einschieben.

■ Leisten am Schweller einclipsen und Lippe der Türdichtung überstülpen.

Hintere Einstiegsleiste:

■ Bei Fahrzeugen mit Seitenairbag hinten muss dazu der Airbag ausgebaut werden, weil das Seitenpolster ausgebaut werden muss. Davon müssen wir abraten.

■ Seitenpolster oder Rücksitzlehne ausbauen. Einstiegsleiste von vorn beginnend mit dem Keil 3409 vom Schweller ausclipsen und abnehmen.

■ Vor **Einbau** prüfen, ob Klammern in der Karosserie verblieben sind. Klammern auf Beschädigung oder Deformation prüfen, ggf. ersetzen. Einstiegsleiste in die Verkleidung der C-Säule einsetzen und bis zum hörbaren Verrasten am Schweller andrücken. Die Lippe der Türdichtung überstülpen.

Dachverkleidung/Formhimmel ausbauen

Der Ausbau des Formhimmels ist eine aufwändige Arbeit. Diese Dachverkleidung wird im ganzen Stück entnommen. Dafür muss bei der Limousine die Windschutzscheibe ausgebaut werden, durch deren Ausschnitt er dann herausgenommen wird. Beim Avant erfolgen Ausbauten im Kofferraum, dann kann der Formhimmel durch die geöffnete Heckklappe entnommen werden.
Die Windschutzscheibe ist eingeklebt, während die Fenster in den Türen geschraubt sind. Aus- und Einbau der geklebten Frontscheibe erfordern Kenntnis und Spezialwerkzeug. Diese Arbeit empfehlen wir nicht und stellen sie hier auch nicht dar. Wenn es die Notwendigkeit gibt, den ansonsten durchaus zu bewältigenden Ausbau der Dachverkleidung vorzunehmen, sollte für den Scheibenaus- und -einbau eine spezialisierte Autoglas-Werkstatt aufgesucht werden.
Beim Avant müssen die hinteren Seitenpolster ausgebaut werden. Bei Fahrzeugen mit hinterem Seitenairbags ist deren Ausbau erforderlich. Davon raten wir Ihnen ab. Wenn nötig und möglich, überlassen Sie den Airbagausbau dazu befugten Kfz-Mechanikern.
Ausbauen müssen Sie ferner die vorderen Innen-/Leseleuchten (Kapitel »Elektrik«).

Arbeitsschritte:

■ Sitzlehnen vorn in 45°-Stellung fahren. Beim Avant außerdem die Rücksitzlehnen nach vorn klappen.

■ Die Verkleidungen der A- und B-Säulen oben sowie der D-Säulen wie geschildert ausbauen. Beim Avant zusätzlich die C-Säulen- und die Dachabschlussverkleidung ausbauen. Sonnenblenden mit Mittellager und Dachhaltegriffe ausbauen. Beim Avant zusätzlich die Aufnahmen für Trenngitter (7) in Bild 2) ausbauen. Dazu die Seitenverkleidung im Kofferraum ausbauen (ausclipsen) und die darunter befindlichen Halteschrauben für die Aufnahmen herausdrehen.

■ Bei Fahrzeugen mit Schiebedach (Bilder 1 und 2 zeigen die Himmel für Ausstattungsvariante Schiebedach) dieses ganz und das Sonnenschutzrollo zu etwa 2/3 öffnen.

■ Gearbeitet werden sollte mit dem Lösehebel T10039 oder einem vergleichbaren Hebelwerkzeug. Das Werkzeug gründlich reinigen, damit der empfindliche Formhimmel nicht verschmutzt.

■ Bei Fahrzeugmodellen mit Schiebedach zunächst am Dachausschnitt arbeiten: Lösehebel zwischen Abdeckrahmen (2) und Formhimmel (1) entlang gleiten lassen, bis eine Halteklammer (5) ertastet wird (Bild 3). Dann durch Schwenkbewegung am Hebelstiel die Halteklammern nacheinander entriegeln.

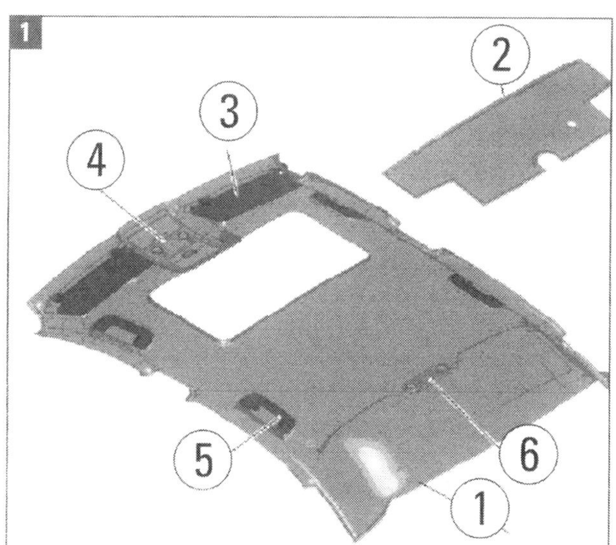

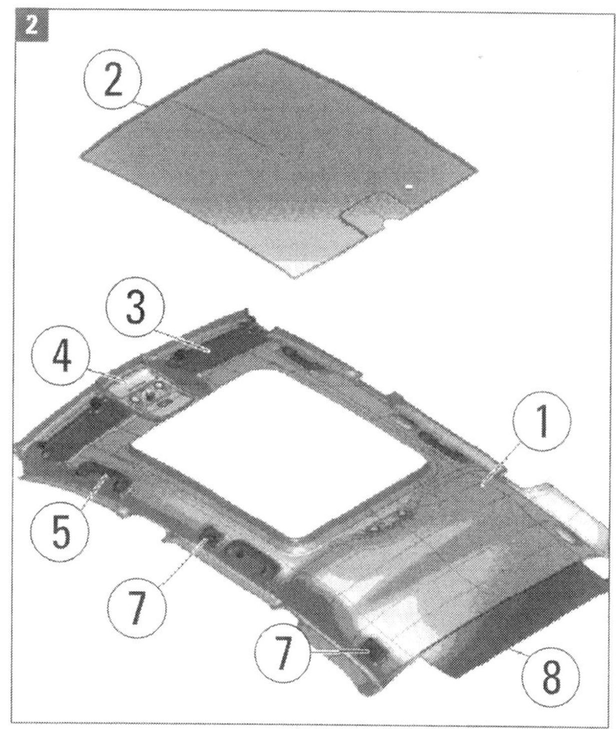

Dachverkleidung: Bild 1 Limousine, Bild 2 Avant. (1) Formhimmel, (2) Dachversteifung, (3) Sonnenblende, (4) vordere Innenleuchte/Leseleuchte, (5) Dachhaltegriff, (6) hintere Innenleuchte/Leseleuchte, (7) Aufnahmen für Trenngitter, (8) Verkleidung Dachabschluss.

■ Im Dachausschnitt der ausgebauten vorderen Innenleuchte die den Formhimmel haltende Schraube herausdrehen. Achtung: Sie ist nicht in allen Modellvarianten verbaut. ***Anmerkung:*** Dachabschluss-Verkleidung des Avant in der Mitte vorsichtig mit Hebel 80-200 vom Dachrahmen clipsen.

■ Jetzt brauchen Sie einen Helfer. Während dieser den Formhimmel hält, lösen Sie durch Abclipsen der vier hinteren Halteklammern den Himmel von der Karosserie. Beim Avant müssen dazu die beiden Halteklammern am Halteclip mit einem kleinen Schraubendreher entriegelt werden.

■ Himmel der Limousine durch Ausschnitt der Windschutzscheibe entnehmen, den des Avant an linker Fahrzeugseite absenken und durch die Klappenöffnung herausziehen.

■ Vor **Einbau** (sinngemäß umgekehrt) wieder prüfen, ob Klammern in Karosserieausschnitten verblieben und ob die Klammern im Formhimmel unbeschädigt und nicht deformiert sind. Dann den Formhimmel ins Fahrzeug schieben, ausmitteln und bis zum Einrasten in die Aufnahmen eindrücken.

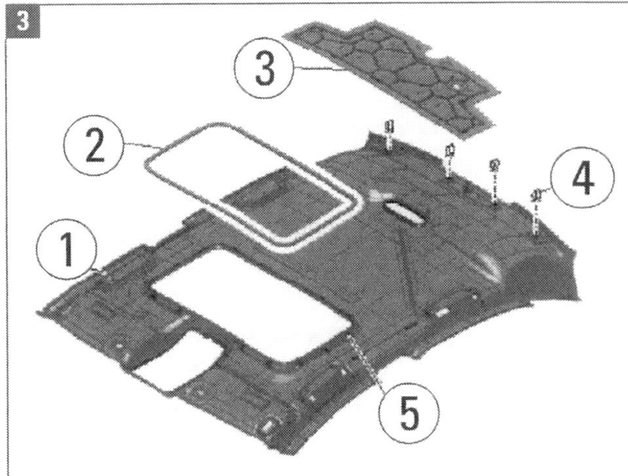

Formhimmel: Im Bild der Himmel für die Limousine. Der Formhimmel für Avant. hat einen längeren Schiebefenster-Ausschnitt, eine größere Dachversteifung und statt der Klammern hinten mittig einen Clip.
(1) Formhimmel, (2) Abdeckrahmen, (3) Dachversteifung, (4) vier Halteklammern, (5) Klammern bei Schiebedachvarianten; Limousine 15 Stück, Avant 21 Stück.

Verkleidungen von Türen und Heckklappe ausbauen

Türverkleidung ausbauen

■ Die Türen sind unterschiedlich ausgestattet und etwas unterschiedlich geschnitten, aber das Arbeitsprinzip ist in allen Fällen ähnlich. Zuerst die Lautsprecherblende (1) mit dem Demontagekeil 3409 entlang der Fuge von der Türverkleidung abhebeln und abnehmen.

■ Schraubendreher unten an der Armlehnenblende (2) in die Bohrung einsetzen. Von hinten beginnend, die Blende vorsichtig von der Türverkleidung abhebeln.

■ Die Zierblende (3), hinten beginnend, mit einem Flachschraubendreher von der Türverkleidung abhebeln. Zierblende nach hinten von der Türinnenbetätigung abnehmen. Blende mit Schraubendreher im vorderen Bereich leicht anheben und den innenliegenden Haken der Blende aus der Türverkleidung lösen.

■ Zündung ausschalten, Schlüssel abziehen. Die beiden Schrauben unter der abgenommenen Zierblende, die beiden Schrauben unter dem nach oben führenden Teil der Armlehnenblende und die Schraube ganz unten an der Verkleidung herausdrehen. Jetzt muss die Demontagezange 3392 oder ein vergleichbares Werkzeug eingesetzt werden.

■ Zange im Bereich der Halteclips zwischen Türverkleidung und Tür einschieben. Drei Clips befinden sich vorn, drei

Türverkleidung: Im Bild die linke hintere Tür. Die Verkleidungen sehen an allen Türen ähnlich aus. (1) Lautsprecherblende, (2) Armlehnenblende, (3) Zierblende.

hinten und einer unten an der Tür. Die ausgeclipste Verkleidung oben am Fensterschacht aus der Tür aushängen, wozu die Verkleidung nach oben gezogen werden muss.

■ Den Bügel am Widerlager des Bowdenzugs für die Türinnenbetätigung vorsichtig entriegeln, den Bowdenzug nach vorn (Fahrtrichtung) herausziehen und von der Betätigung aushängen.

■ Die elektrische Steckverbindung trennen, indem die Sicherungsraste auf dem Türsteuergerät gedrückt und der Haltebügel nach vorn oben gedreht wird. Den Stecker abziehen. Jetzt kann die Türverkleidung abgenommen werden.

■ Der **Einbau** erfolgt sinngemäß umgekehrt. Dabei das Bowdenzugende so in den Hebel einhängen, dass die offene Seite der Öse nach oben zeigt. Zug nach vorn ziehen, in das Widerlager einführen und den Bügel hörbar einrasten lassen. Danach die elektrische Steckverbindung wieder am Türsteuergerät anschließen.

■ Türverkleidung am Fensterschacht ansetzen und nach unten festdrücken. Clips vorsichtig an der Tür ansetzen und die Verkleidung an den Befestigungspunkten bis zum Verrasten andrücken.

Verkleidungen für Heckklappe ausbauen

■ Zuerst wird die **untere Verkleidung** ausgebaut. Dazu müssen mit dem Keil 3409 die Abdeckungen für die Schlussleuchten zu den Fahrzeugaußenseiten hin abgeclipst und abgenommen werden.

■ Die Abdeckung für das Warndreieck ausbauen, indem der Schnellverschluss um 90° gegen den Uhrzeigersinn gedreht wird. Dann die Abdeckung mit dem Keil abclipsen, unten an der Verkleidung aushängen und abnehmen.

■ Warndreieck herausnehmen und die drei Schrauben darunter herausdrehen.

■ Die untere Verkleidung vorsichtig von der Heckklappe abziehen und dabei die Halteklammern mit dem Abdrückhebel 80-200 aus der Klappe lösen. Zwischen Verkleidung und Klappe fassen, die restlichen Klammern ausrasten und die Verkleidung abnehmen..

■ Beim **Einbau** (sinngemäß umgekehrt) wieder Vollständigkeit und Unversehrtheit der Halteklammern prüfen. Fehlende Klammern in die Verkleidung einsetzen. In der Verkleidung müssen sich sechs Gummipuffer befinden; überprüfen und ggf. ersetzen. Verkleidung zuerst an den beiden Zentrierzapfen links und rechts ansetzen und bis zum hörbaren Verrasten andrücken.

Anmerkung: Nach Ausbau der unteren Klappenverkleidung kann die Verkleidung für das Klappenschloss ausgebaut werden: Haltehaken entriegeln, Schlossverkleidung abziehen.

■ Wenn die untere Verkleidung ausgebaut ist, kann die **obere Verkleidung** (1) im Bild unten demontiert werden.

■ Verkleidung zunächst seitlich mit dem Abdrückhebel 80-200 von der Heckklappe abclipsen.

■ Dann den Abdrückhebel oben an der Klappe ansetzen und die Verkleidung vollends abclipsen. Obere Verkleidung abnehmen.

■ Beim **Einbau** (sinngemäß umgekehrt) Vollständigkeit und Unversehrtheit der Halteklammern (3; acht Stück) und der Gummipuffer (2; elf Stück) prüfen.

■ Die Verkleidung erst hinter die seitlichen Scheibenrahmen der Klappe hinten einführen.

■ Die Verkleidung erst oben und dann seitlich in die Klappe einclipsen.

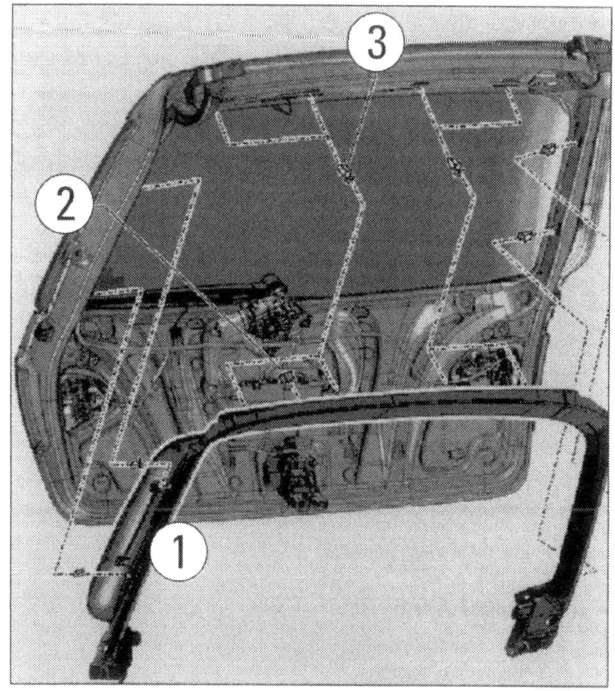

Klappe hinten: (1) Verkleidung für Klappe oben, (2) elf Gummipuffer, (3) acht Klammern.

Handschuhkasten und Komponenten ausbauen

Handschuhkastenöffner ausbauen

■ Den Absteckstift T40011 in die kleine Öffnung links am Rand (weißer Pfeil in Bild 1) des geöffneten Handschuhkastendeckels einführen. Mit dem Stift den Rasthaken für den Öffner entriegeln.

■ Gleichzeitig mit einem Schraubendreher den zweiten Rasthaken entriegeln, der sich seitlich direkt am Öffner befindet (roter Pfeil in Bild 1).

■ Öffner nach vorn aus dem Handschuhkastendeckel herausnehmen.

■ Zum **Einbau** in sinngemäß umgekehrter Reihenfolge den Öffner bis zum hörbaren Verrasten eindrücken.

Handschuhkasten ausbauen

■ Die Zündung einschalten und die Masseleitung der Batterie bei eingeschalteter Zündung abklemmen (Kapitel »Elektrik«). Handschuhkastendeckel öffnen.

■ Bei Fahrzeugen mit Ablagefach im Handschuhkasten werden mit einem Schraubendreher links und rechts vorn unten am Fach die Haltehaken entriegelt. Fach entnehmen.

■ Bei Fahrzeugen mit CD-Laufwerk im Handschuhkasten muss das Laufwerk ausgebaut werden (folgendes Unterkapitel »Kommunikation«)..

■ Links unter dem Handschuhkasten befindet sich eine kleine Abdeckung an der Schalttafel (roter Pfeil in Bild 2). Diese Abdeckung von Hand ausclipsen und abziehen.

■ Jetzt (bei geöffnetem Handschuhkastendeckel) die vier Schrauben oben am Kasten (schwarze Pfeile in Bild 2) herausdrehen. Es können auch mehr Schrauben vorhanden sein. Die Anzahl richtet sich nach Länder- und Ausstattungsvariante Ihres A4.

■ Den Handschuhkasten so weit abnehmen, bis sich die elektrische Steckverbindung am Zentralstecker trennen lässt. Vor dem Trennen müssen Sie sich »elektrostatisch entladen«, weil wegen des Airbags im Schalttafelteil über dem Handschuhkasten solche Sicherheitsmaßnahmen nötig sind. Berühren Sie z. B. kurz den Schließkeil der Tür (Ladungsabfluss über Fahrzeugmasse). Trennen Sie nun die Steckverbindung und nehmen Sie den Kasten ab.

■ Beim **Einbau** in sinngemäß umgekehrter Reihenfolge die elektrische Steckverbindung bis zum hörbaren Verrasten zusammendrücken. Zündung einschalten.

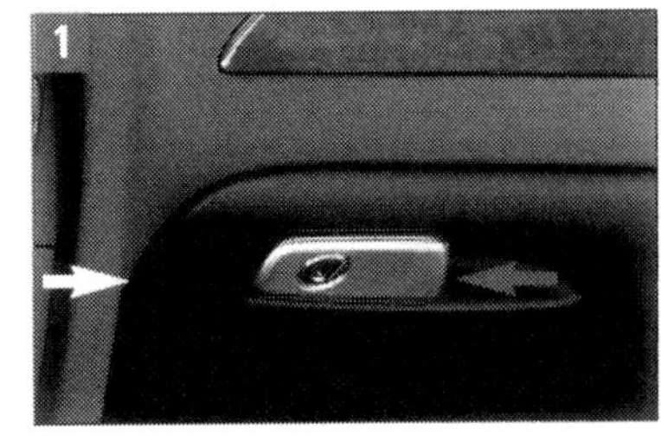

Handschuhkasten-Öffner: Die Pfeile weisen auf die beiden Rasthaken.

Deckel und Bremselement ausbauen

■ Die Zündung ausschalten und den Handschuhkasten wie beschrieben ausbauen. Jetzt muss der kleine Scharnierstift aus dem Bremselement gezogen werden. Dazu müssen Sie

Handschuhkasten: Die Pfeile weisen auf die Schrauben.

vorgehen wie beim **Ausbau des Bremselements** für Handschuhkastendeckel:

■ Bei noch immer ausgeschalteter Zündung jetzt den Zündschlüssel abziehen. Die seitliche Abdeckung der Schalttafel an der Beifahrerseite mit dem Keil 3904 abhebeln, wie das auf Seite 132 an der seitlichen Abdeckung Fahrerseite gezeigt wird. Der Sicherungshalter an der Schalttafel rechts wird zugänglich. Drücken Sie die Sicherungsklammern nach unten, hängen Sie die Sicherungsträger durch leichten Druck aus dem Halter aus und schieben sie zur Seite.

■ Die nun zugängliche Steckverbindung an der Schalttafelseite trennen. Jetzt kann der Scharnierstift unter dem Schalter nach rechts herausgezogen werden. Den Schalter durch Drehen gegen den Uhrzeigersinn (auf die ausbauende Person zu) entriegeln und abnehmen. Der Einbau erfolgt dann sinngemäß umgekehrt.

■ Zum **Ausbau des Deckels** legen Sie den Handschuhkasten mit der Oberseite auf einer weichen Unterlage ab.

■ Jetzt die Scharnierstifte links und rechts mit einem Innensechskantschlüssel 4 mm (1) oder einem ähnlichen geeigneten Werkzeug in Richtung der Außenseiten (Pfeil) herausschlagen und den Deckel (2) vom Kasten abnehmen (Bild 3).

■ Der **Einbau** erfolgt wieder sinngemäß umgekehrt. Dabei ist besonders wichtig, dass die beiden Sicherungsträger wieder fest im Sicherungshalter an der Schalttafelseite rechts verrastet werden.

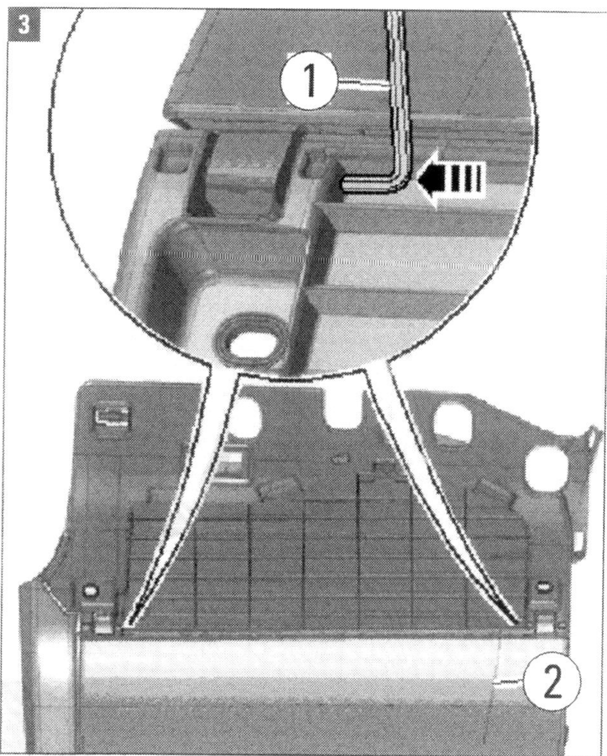

Deckel ausbauen: (1) Innensechskantschlüssel, (2) Handschuhkastendeckel.

■ Zum Abschluss die Zündung einschalten und die Batterie wieder anklemmen. Dies muss unbedingt bei eingeschalteter Zündung geschehen. Beim Anklemmen der Batterie darf niemand im Fahrzeuginnenraum sein!

Mittelkonsole und Mittelarmlehnen vorn und hinten

Abdeckung/Blende Mittelkonsole ausbauen

■ Die Mittelkonsole kann nach hinten mit einer Abdeckung oder einer Blende ausgestattet sein. Die Abdeckung sieht ähnlich aus wie die Blende (1) im Bild 1, sie ist nur im oberen Teil ebenfalls geschlossen. Die **Abdeckung** wird zum Ausbau an beiden Seiten (Bild zeigt die rechte Seite) mit einem kleinen Schraubendreher vorsichtig ausgeclipst (Pfeile), nach oben geschwenkt und abgenommen. Mit dem Ausclipsen unten beginnen!

■ Mittelkonsolen mit **Blende** hinten (Bild) können ein Ablagefach oder einen Luftausströmer (»Ausströmer hinten«) ent-

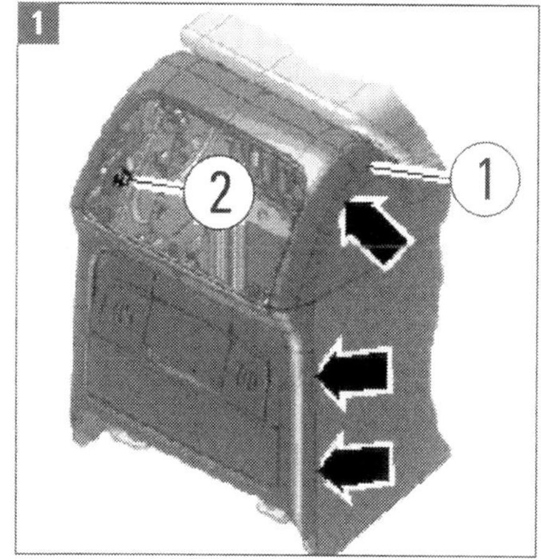

Hinterer Abschluss der Mittelkonsole: (1) Blende, (2) Schraube. Die Pfeile weisen auf die Clipsstellen.

halten. Zum Abnehmen der Blende müssen das Fach oder der Ausströmer ausgebaut werden:

■ Das **Ablagefach** wird mit Keil 3409 und Haken 3438 oder vergleichbaren Werkzeugen ausgebaut. Die Einlegematte im Fach vorsichtig aus den Haltenoppen ziehen. Den Haken an den Bohrungen unten im Ablagefach ansetzen, den Demontagekeil in den Spalt zwischen Ablagefach und Mittelkonsole schieben. Ablagefach ringsum ausrasten und abnehmen. Zum Einbau das Fach unten ansetzen, nach oben schwenken und bis zum Einrasten in die Öffnung drücken.

■ Der **Ausströmer** wird mit dem Haken 3438 oder einem vergleichbaren Werkzeug ausgebaut. Er hat an beiden Seiten eine Bohrung zum Einhängen des Hakens. Haken abwechselnd links und rechts einhängen und den Ausströmer vorsichtig herausziehen. Zum Einbau den Ausströmer unten ansetzen, nach oben schwenken und bis zum Einrasten in die Öffnung drücken. Darauf achten, dass die Luftführung richtig eingreift.

■ Wenn Ablagefach oder Ausströmer ausgebaut sind, wird in der Einbauöffnung hinter der Blende (1) oben links eine Schraube (2) sichtbar (Bild Seite 137) und oben rechts gegenüber der Schraube eine Rastnase.

■ Die Schraube herausdrehen. Die Blende mit einem kleinen Schraubendreher ebenso wie für die Abdeckung geschildert von unten beginnend ausclipsen.

■ Blende nach oben schwenken und unter gleichzeitigem Entriegeln der Rastnase abnehmen.

■ Zum **Einbau** in sinngemäß umgekehrter Reihenfolge Abdeckung oder Blende oben einsetzen, nach unten schwenken und einclipsen. Abdeckung oder Blende bis zum hörbaren Verrasten an die Mittelkonsole andrücken.

Mittelarmlehnen vorn und hinten ausbauen

■ **Armlehne vorn:** Die Blende für Mittelkonsole (3 in Bild 1) ausbauen. Bei Mittelkonsolen mit Ausströmer die Luftführung ausbauen, bei Variante Handy-Ablagefach die elektrische Steckverbindung am Halter freilegen.

■ Die beiden Schrauben links und rechts unten sowie die zwei Schrauben in der Mitte oben herausdrehen. Die vier Befestigungsmuttern unten abschrauben.

■ Mittelkonsole oben am Stützfuß (Pfeil) für Armlehne aushängen. Die Mittelkonsole muss dazu hochgedrückt werden.

■ Stützfuß für Armlehne nach oben ziehen, über die Gewindebolzen führen und nach hinten herausnehmen. Das Polsterteil (1) kann nach Lösen von zwei Schrauben nach oben vom Scharnierarm (2) abgenommen werden. Die Verkleidungen des Scharnierarms oben und unten können mit einem kleinen Schraubendreher vorsichtig abgeclipst werden (erst oben, dann unten).

■ Der **Einbau** erfolgt sinngemäß umgekehrt.

■ **Armlehne hinten:** Fahrzeuge mit 2 zu 3 rechts geteilter Rücksitzlehne haben eine Mittelarmlehne mit Ablagefach. Sie ist mit Scharnieren an einem Halter unter einer Abdeckung schwenkbar gelagert.

■ Zum Ausbauen die Mittelarmlehne zu 2/3 aufklappen. Hinten am Scharnier ist die Lehne links und rechts mit je zwei Schrauben befestigt. Diese vier Schrauben herausdrehen.

■ Die Mittelarmlehne vom Ablagefach (das ist die Abdeckung für Lehnenhalter mit Verschlussdeckel) abnehmen.

■ Der Halter mit den Scharnieren ist mit zwei selbstsichernden Muttern (8 Nm) und einem Niet befestigt. Zum Ausbau muss der Niet ausgebohrt werden (Lappen zum Schutz vor Spänen unterlegen). Die Muttern abdrehen, den Halter abnehmen.

■ Zum **Einbau** in sinngemäß umgekehrter Reihenfolge die beiden selbstsichernden Muttern am Halter ersetzen. Der Niet sollte mit der Spezial-Blindniethebelzange V.A.G 1753 A eingebaut werden.

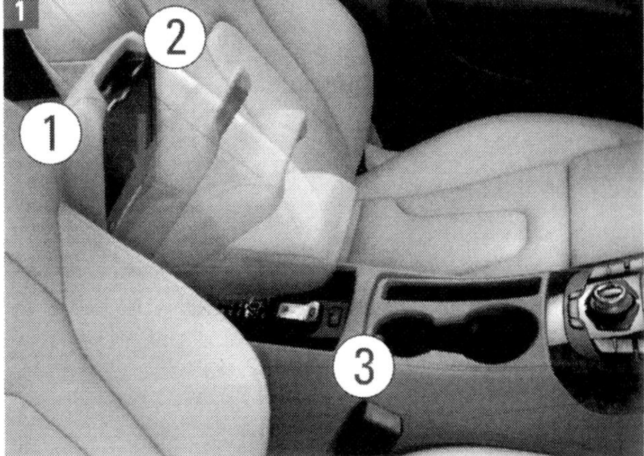

Mittelarmlehne vorn: Polsterteil (1) ist auf dem Scharnierarm (2) an der Mittelkonsole (3) schwenkbar. Pfeil: Stützfuß.

Manuell verstellbaren Normalsitz vorn ausbauen

Der Ausbau von Sitzen ist, wie bereits angemerkt, durch die Airbags in den Lehnen nicht ganz unproblematisch und sollte von Laien besser nicht vorgenommen werden. Wir zeigen aber am einfachsten Beispiel (Normalsitz mit manueller Verstellung, Bild 1) das Prinzip des Ausbaus. Als wichtiges Spezialwerkzeug ist ein Airbag-Adapter (Audi: VAS 6281) nötig. Bild 2 soll die Technikausstattung unter komplexer aufgebauten Sitzen demonstrieren, im Beispiel lediglich das Sitzlüftungs-Steuergerät für die Sitzheizung.

Arbeitsschritte:

■ Zündung einschalten. Masseleitung der Batterie bei eingeschalteter Zündung abklemmen (Kapitel »Elektrik«). Gurtendbeschlag vorn wie früher beschrieben ausbauen.

■ Kopfstütze in die unterste Raststellung bringen. Griff der Sitzlängsverstellung betätigen und den Sessel in die hintere obere Position fahren. Elektrostatische Entladung vornehmen: Kurz den Schließkeil der Tür berühren.

■ Steckverbindungen an der Steckerstation im Boden (vergleichbar der mit dem roten Pfeil gekennzeichneten am Sessel in Bild 2) trennen. An den sitzseitigen Stecker den Airbag-Adapter anschließen. Der Adapter muss solange angeschlossen bleiben, bis der Sitz wieder eingebaut ist.

■ Die beiden Schrauben vorn an der Konsole (Bild 1) herausdrehen.

■ Den Griff der Sitzlängsverstellung betätigen und den Sitz in die vorderste Stellung fahren. Die beiden Schrauben an der Konsole hinten (Bild 1) herausdrehen. Mit einem Helfer den Sitz aus dem Fahrzeug herausheben.

■ Beim **Einbau** in sinngemäß umgekehrter Reihenfolge die elektrischen Steckverbindungen bis zum Anschlag aufschieben und hörbar einrasten.

1

Fahrersitz: Die Sitze vorn sind sich ähnlich, vor allem in der Normalausführung mit manueller Verstellung.

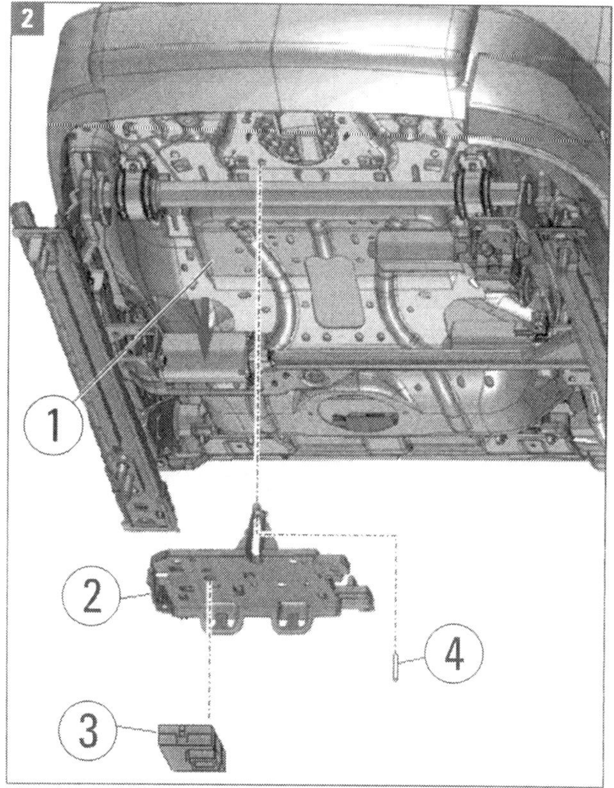

Sitztechnik: (1) Sitz vorn, (2) Halter, (3) Steuergerät für Sitzlüftung, (4) Fixierstift für Halter. Pfeil: Steckerstation.

Die Kommunikation

Der Audi A4 setzt auch im Bereich Multimedia neue Standards in der Mittelklasse. Die entsprechenden Komponenten lassen sich auf individuelle Ansprüche abstimmen. Es gibt verschiedene Soundsysteme, einen TV-Empfänger, zwei Navigationssysteme, eine Schnittstelle für den iPod und eine komfortable Bluetooth-Einbindung für das Handy.
Schon die serienmäßige Audioanlage mit Radio »chorus« und monochromem 6,5-Zoll-Display ist leistungsstark. Das Tunermodul wird von Antennen in Heck- und Seitenscheiben mit Signalen versorgt und hat 30 Stationsspeicher sowie einen CD-Player. Auch die geschwindigkeitsabhängige Lautstärkeregelung GALA ist Standard. Die Radios »concert« und »symphony« arbeiten mit 6,5-Zoll-Farbdisplay (1). Ihre Bedienoberfläche folgt der MMI-Logik. Sie operiert mit Dreh-/Drück-Steller und großen, intuitiv bedienbaren Tasten (5).

Vierkanalton und AMI-Schnittstelle

Bei allen A4-Audioanlagen sind der Bildschirm ganz oben in der Mittelkonsole und die Bedienoberfläche voneinander getrennt. Schalter und Speichertasten von Radio und CD-Player (2) liegen zwischen der Klimaautomatik (3) und den Luftausströmern (4), dort lassen sie sich perfekt bedienen. Mit ihnen steuert man auch zahlreiche Funktionen aus dem CAR-Menü, das zur Konfiguration der Sekundärfunktionen dient. Für guten Klang sorgt ein Vierkanal-Lautsprechersystem: Zwei Hochtöner sitzen in der Schalttafel, in den vorderen Türen sind zwei Tieftöner und in den hinteren Türen je zwei weitere Lautsprecher untergebracht.
Bei den Radios »concert« und »symphony« ist mit der Schnittstelle »Audi Music Interface« (AMI) optional ein Lifestyle-Feature der Zukunft transportabler Musik zu haben. Die AMI-Schnittstelle baut eine Verbindung zum iPod des Fahrers auf und bindet ihn voll ein. Auf dem Radio-Display erscheinen die Menüstrukturen des Players mit allen Wiedergabelisten

Mediazentrale: (1) Farbdisplay, (2) CD-Player und Programmspeichertasten, (3) Klimaanlage, (4) Luftausströmer, (5) MMI-Bedienung.

und Zusatzinformationen, die Bedienung erfolgt über das Radio oder das optionale Multifunktionslenkrad.
Über das AMI lässt sich ein iPod ab der vierten

Generation anbinden. Mit einem separaten Adapterkabel kann man zudem jeden beliebigen anderen Audio-Player mit einer USB 2.0-Schnittstelle anschließen. Er spielt aber seine Daten nur über die Audioanlage ab und lässt sich nicht über sie bedienen.
Die AMI-Software ist modular aufgebaut. Für die Kommunikation mit den Playern und das Lesen ihrer Protokolle sind einzeln hinterlegte Treiber zuständig. Wenn ein neuer Player auf den Markt kommt, lässt sich sein Treiber per Update rasch und problemlos installieren.

Zwei Antennen, zwei Empfänger

»concert« und »symphony« arbeiten mit einem Doppeltuner. Ein digitaler Prozessor bereitet die Signale auf: Der eine Tuner plus Antenne bietet das Programm, der andere sucht die Senderlandschaft im Hintergrund zyklisch nach empfangbaren Sendern ab. Diese Technologie blendet »Multipath«-Störungen durch Reflexionen des Signals aus. Sie holt auch schwache Sender rauschfrei heran, weil sie die Empfangszweige so kombinieren kann, dass beide Antennen wie eine Richtantenne agieren.
Über die AMI-Schnittstelle und den Doppeltuner hinaus sind die Audi-Radios echte Alleskönner. Sie offerieren einen SD-Kartenleser für Audiodateien und ein CD-Laufwerk. Beide können Musik im mp3- und wma-Format abspielen. »symphony« hat sogar einen Sechsfach-CD-Wechsler.

Digitaler Rundfunkempfang

Ein Highlight ist die Option des Digitalen Radioempfangs DAB (Digital Audio Broadcasting). Digitale UKW-Signale sind dem analogen Standard in Dynamik, Transparenz und Räumlichkeit überlegen. DAB ist in vielen Ländern Europas bereits stark verbreitet, in Deutschland, Großbritannien oder Belgien wird es fast flächendeckend ausgestrahlt. Die DAB-Tuner von Audi errechnen das Stereosignal über einen Signalprozessor, parallel dazu bereiten sie die Zusatzdaten für den Radiotext auf.

Navigation und Luxus-Bedienung

In den »großen« Ausbaustufen sind die Navigationssysteme mit an Bord. Die komplette Steuerung der Anlage ist hier auf das MMI-Bedienterminal ausgelagert und liegt auf dem Mitteltunnel vor dem Schaltknüppel oder dem tiptronic-Wählhebel (5, Bilder 1 und 2). Hinter der Bedienoberfläche sind die Komponenten über einen schnellen Lichtwellenleiter vernetzt. Ein spezielles Gateway fungiert als Schnittstelle zu den restlichen Steuergeräten im Fahrzeug.

3

MMI-Prinzip: Anzeige auf dem Instrumenten-Display.

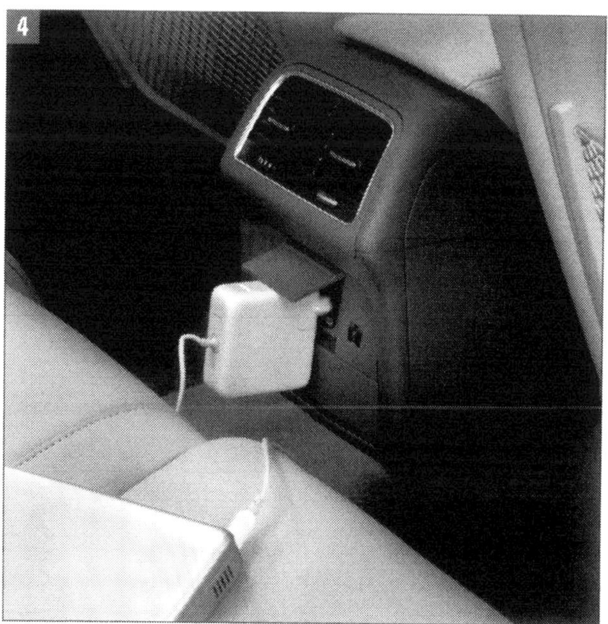

AMI-Schnittstelle: iPod-Anschluss problemlos möglich.

Bei diesen Ausbaustufen hat man die Wahl zwischen den Versionen

- MMI Basic plus und
- Navigationssystem mit DVD inklusive MMI.

Beide Systeme sind mit der Vierkanal-Lautsprecheranlage gekoppelt. MMI Basic plus operiert mit einem monochromen Bildschirm und mit Pfeildarstellung. Das CD-Laufwerk für die Navigationsdaten ist im Handschuhfach untergebracht. Ein MP3-fähiger Wechsler für Audio-CDs ist in der Mittelkonsole integriert.
Die Vollversion MMI (Navigationssystem mit DVD) offeriert neben dem Wechsler einen Doppeltuner und ein Siebenzoll-Farbdisplay. Seine Navigations-Informationen kommen von einem schnellen DVD-Laufwerk.

Digital-Fernsehen an Bord

Auf Wunsch lässt sich das High-End-System noch um eine Sprachbedienung, um die AMI-Schnittstelle und um einen TV-Tuner ausbauen. Er kann auch digitale TV-Programme (DVB-T) empfangen. Aus Sicherheitsgründen liefert er seine Bilder nur bei stehendem Fahrzeug, den Ton jedoch immer.
Für die Radios »concert« und »symphony« werden auch hochklassige Soundanlagen angeboten. Das Audi Soundsystem baut Raumklang mit 180 Watt Systemleistung und zehn Lautsprechern auf (Bild 5). Zu den acht üblichen Lautsprechern kommen ein »Center-Speaker« in der Instrumententafel und ein 260 mm großer, 75 Watt starker Subwoofer in der Hutablage hinzu.

Toptechnik von Bang & Olufsen

Die Spitze in technischer und akustischer Hinsicht im A4-Mediaprogramm stellt das Soundsystem von Bang & Olufsen dar. Das Produkt der dänischen Klangspezialisten erfüllt alle Ansprüche in höchster Präzision und Qualität.
Modernste Technologien, intuitive Bedienung und edles, technoides Design stehen sowohl bei Audi als auch bei Bang & Olufsen hoch im Kurs. Hinzu kommen hoher Anspruch an Materialien und Verarbeitungsqualität und die volle Kompetenz im Umgang mit Aluminium, hier zur Lautsprecherabdeckung.

Konzertsaalsound: Das Audi Soundsystem bietet Raumklang mit 180 Watt und zehn Lautsprechern.

Herzstück des Bang & Olufsen-Soundsystems im A4 ist ein Verstärker mit 505 Watt Leistung. Er verarbeitet die Signale digital nach einem firmeneigenen Surround-Algorithmus, der auf allen Sitzplätzen den vollen Klanggenuss ermöglicht. Unter den zahlreichen Einstellmöglichkeiten finden sich vier Klangschwerpunkte. Das System analysiert über ein Mikrofon den Schallpegel im Innenraum des Fahrzeugs und passt die Ausgabe seiner Signale frequenzselektiv an ihn an.

Das Soundsystem von Bang & Olufsen umfasst zehn aktive Kanäle mit 14 Lautsprechern. Vorn sind zwei Drei-Wege-Systeme mit je einem Lautsprecher in der Tür, im Spiegeldreieck und im Instrumentenbord aktiv. Im Fond sitzen je zwei Lautsprecher in den Türen. Ein Center in der Instrumententafel, ein 260-mm-Subwoofer und zwei Surround-Lautsprecher auf der Hutablage ergänzen die Akustik.

Telefon perfekt integriert

Ab Radio-Ebene concert/symphony integriert eine Handyvorbereitung (Bluetooth) das Telefon in die Radio-Bedienung und bietet dazu eine Sprachsteuerung. Noch eleganter ist die Lösung für die beiden MMI-Systeme: das Bluetooth-Autotelefon für D und E-Netze. Das verbindet die Vorteile einer Freisprecheinrichtung mit den Stärken eines klassischen Festeinbautelefons.

Telefonieren per Bluetooth klappt, wenn das Handy des Fahrers das »SIM Access Profile« unterstützt, was viele Modelle der aktuellen Generation tun. Nachdem es einmal an der Anlage des A4 angemeldet worden ist, übernimmt das System im Fahrzeug automatisch alle Funktionen, sobald der Fahrer den Zündschlüssel einsteckt. Das Handy kann in der Jackentasche verbleiben. Das A4-Telefon entleiht sich drahtlos per Bluetooth alle Daten von der SIM-Karte und vom internen Speicher bis zu einer Grenze von 1255 Einträgen. Das Handy stellt anschließend seinen Betrieb ein, wodurch keine GSM-Strahlung entstehen kann und der Akku geschont wird.

Das Autotelefon nutzt die Fahrzeugantenne, was optimale Empfangsqualität sicherstellt. Bedient wird es über die komfortable Sprachsteuerung, das Bediensystem MMI oder das optionale Multifunktionslenkrad. Für exzellente Freisprechqualität sorgt ein Sprachprozessor, der Störungen wie Echos oder Fahrgeräusche unterdrückt. Die Sprachübertragung erfolgt über die Soundanlage, die Lautstärkeregelung über das Radio.

Auf Wunsch lässt sich das System um einen schnurlosen Bedienhörer für diskretes Telefonieren ergänzen. Dieser verfügt über ein Farbdisplay und ist dann im Ablagefach der Mittelarmlehne untergebracht.

Sicherheitsrelevant: »Travolution« bietet Interaktion mit der Ampel (Bild 6). Bedienelemente am Lenkrad (Bild 7).

Radio ausbauen

Die drei Radioanlagen des A4 bestehen aus Radio »chorus«, »concert« oder »symphony« mit CD-Spieler oder -wechsler, Soundsystem unterschiedlicher Qualitäten, Display unterschiedlicher Ausführung und Vorrüstung für Handyvorbereitung. Für »concert« und »symphony« stehen weitere Komponenten optional zur Verfügung.

Das Radio mit Bedienteil ist in der Schalttafel eingebaut (Bild 1) oder im optionalen Fall der Anlage »symphony« mit Digitalradio R147 in der Mittelkonsole (Bilder Seite 140). Dann ist der CD-Wechsler separat in der Schalttafel Mitte untergebracht (Bild 2).

Es ist wichtig, die präzise Zusammenstellung der jeweils eingebauten Radioanlage genau zu kennen, weil davon die Einbauorte peripherer Komponenten und Aussehen sowie Belegung der Steckverbindungen abhängen.

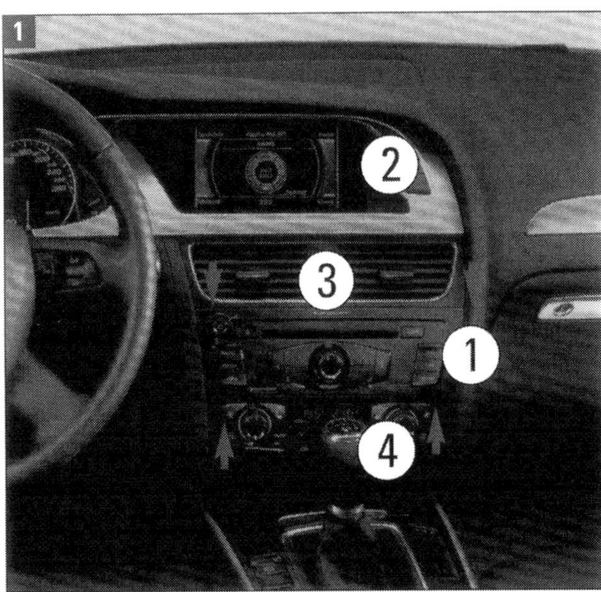

Radio : (1) Radio mit Bedienteil, (2) Anzeigeeinheit, (3) Mittenausströmer, (4) Klimaanlage. Pfeile: Schraubstellen.

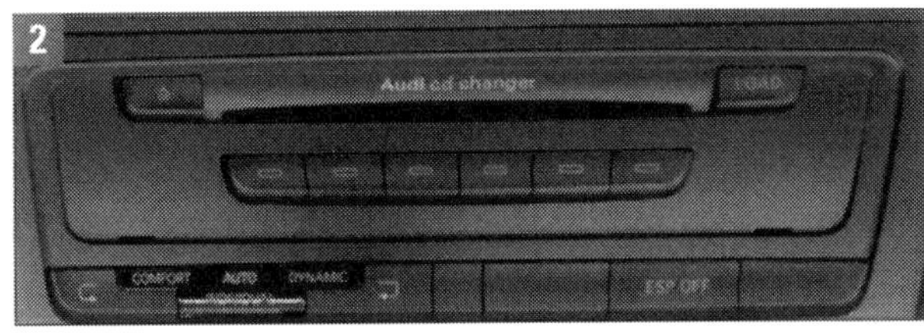

Serie bei Radio »symphony«: Der CD-Wechsler.

Für den Ausbau (das Herausziehen) diverser Komponenten sind als Spezialwerkzeuge die Haken T10057 (Bild 3) erforderlich. Das Radio selbst ist nicht (wie frühere Modelle) ohne Weiteres mit Haken herauszuziehen, sondern es ist eingeschraubt. Nach dem Abschrauben kann es herausgeommen werden.

Arbeitsschritte:

■ Alle elektrischen Verbraucher ausschalten und den Wählhebel des Automatikgetriebes in Stellung »S« oder bei Schaltgetriebe ganz nach hinten stellen.

■ Zündschlüssel abziehen. Klimabedienteil (4) und Mittenausströmer (3) ausbauen (Bild 1). Dazu Demontagehaken 3438 abwechselnd links und rechts in die dafür vorgesehenen Öffnungen einhängen und Geräte vorsichtig aus ihren Einbauöffnungen herausziehen.

■ Jetzt sind links und rechts oben wie unten am Radio die Verschraubungen zugänglich (Einbaustellen siehe rote Pfeile in Bild 1). Die Schrauben herausdrehen und das Radio aus der Schalttafel herausziehen.

■ Das ausgebaute Radio (Audi-Bauteilbezeichnung »R«) umdrehen. An der Rückseite befinden sich die Steckverbindungen. Diese entriegeln und abziehen. Bei allen Radioty-

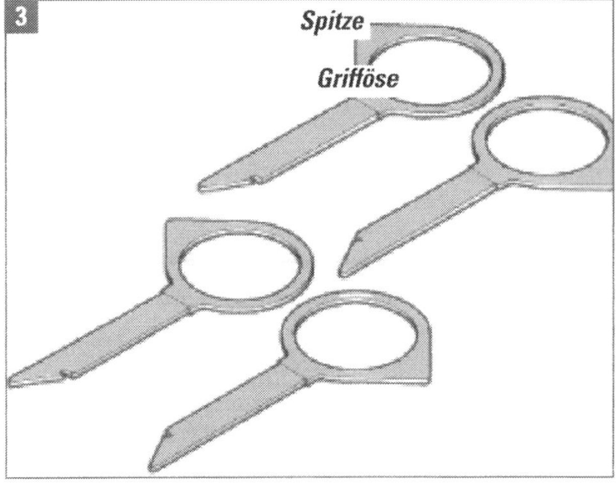

T10057: Haken zum Herausziehen von Komponenten.

pen ist links unten der doppelte Steckanschluss HF1/HF2 (weiß) für die Kabel von den Antennenverstärkern (Limousine: Verstärker R112, Avant: die beiden Verstärker R112 und R24). Ebenfalls bei allen Radiotypen ist rechts unten der Anschlussblock (schwarz) mit vier Mehrfachsteckverbindungen und der 15 A-Gerätesicherung. Bei den Radios »concert« und »symphony« gibt es rechts etwas oberhalb vom Antennenverstärkeranschluss eine 10-polige Steckverbindung (schwarz) für die Anzeige- und Bedienungseinheit sowie darunter den Anschluss DAB (schwarz) für den Antennenverstärker 2 (R111).

Anmerkung: Bei der **Limousine** ist die Antenne (R11) in der Heckscheibe und die Digitalradio-Antenne (R183) in der Heckscheibe rechts. Der Antennenverstärker R112 sitzt hinter der Verkleidung der linken D-Säule, der Verstärker R111 hinter der Verkleidung der rechten D-Säule.

Beim **Avant** ist die Antenne (R11) in der Seitenscheibe links, eine zweite Antenne (R130) in der Heckscheibe und die Digitalradio-Antenne (R183) in der Seitenscheibe rechts. Der Antennenverstärker R112 sitzt an der linken C-Säule, der Verstärker R111 hinter der Verkleidung der rechten D-Säule und der Antennenverstärker R24 an der Heckklappe oben.

■ Wenn nach dem Ausbau des Radios noch der dabei in der Schalttafel verbleibende Einbaurahmen ausgebaut werden soll: Zwei Schrauben links und rechts oben sowie zwei Schrauben links und rechts seitlich innen unten herausdrehen und Rahmen abziehen.

■ Der **Einbau** erfolgt sinngemäß umgekehrt. Alle Steckverbindungen richtig aufstecken und fest verrasten. Die vier Schrauben vom Radioteil mit 3 Nm festziehen.

CD-Wechsler ausbauen

Der CD-Wechsler (Bauteil R41) wird in der Variante MMI der Radioanlage oben in der Mittelkonsole (entspricht Schalttafel Mitte) eingebaut. Er ist über Lichtleiter-Kabelbus MOST mit dem Infotainmentsystem des A4 verbunden. Für eine Fehlersuche am Wechsler wird ein Werkstatt-Informations- und Diagnosesystem benötigt (Audi: VAS 5051). Wenn Arbeiten am speziellen MOST-Bus nötig werden, wird ein Reparaturset für Lichtwellenleiter benötigt (Audi: VAS 6223).

Entriegelungsschlitz: Beidseitig am CD-Wechsler (Pfeil).

Arbeitsschritte:

■ Alle elektrischen Verbraucher ausschalten und den Zündschlüssel abziehen.

■ Zwei Klammern des Entriegelungswerkzeugs T10057 (Bild 3 Seite 144) in die Entriegelungsschlitze (Pfeil in Bild 1) am CD-Wechsler einschieben, bis sie einrasten. Die Schlitze befinden sich links und rechts unten am CD-Wechsler. Die Spitzen an den Grifffösen der Werkzeuge müssen nach außen zeigen.

■ Den CD-Wechsler vorsichtig und nicht verkantet aus dem Einbaurahmen herausziehen.

■ Den ausgebauten Wechsler umdrehen, damit die Rückseite mit den Steckverbindungen zugänglich ist. Alle Steckverbindungen müssen getrennt werden. Rechts oben an der Rückseite befindet sich der Steckanschluss für den MOST-Bus (Bild 2 Seite 146), etwas nach links verschoben darunter eine 8-polige (2 Reihen zu je 4 Kontakten übereinander) Mehrfachsteckverbindung (schwarz).
Anmerkung: Kontakt rechts außen/oben: Klemme 31, Kontakt rechts außen/unten: Klemme 30.

■ Schutzkappe (1) für Leitungssatzstecker des Lichtwellenleitersystems (VAS 6223/9) auf den Steckverbinder (2) des MOST-Bus aufstecken (Bild 3).

■ Jetzt kann das Entriegelungswerkzeug für Radio, die beiden Haken T10057, wieder abgezogen werden. Dazu müssen am CD-Wechsler die Verriegelungslaschen links und rechts gedrückt werden.

■ Die Schalter aus der Frontblende des CD-Wechslers ausclipsen. Den CD-Wechsler entnehmen.

■ Zum **Einbau** die Schutzkappe vom MOST-Bus-Anschlussstecker abziehen und beide Steckverbindungen wieder anschließen.

■ Den CD-Wechsler bis zum Einrasten in den Einbaurahmen einschieben.

Anmerkung: Eine Fehlersuche muss mit dem Werkstattsystem VAS 5051 (Menü: »Geführte Fehlersuche«) erfolgen.

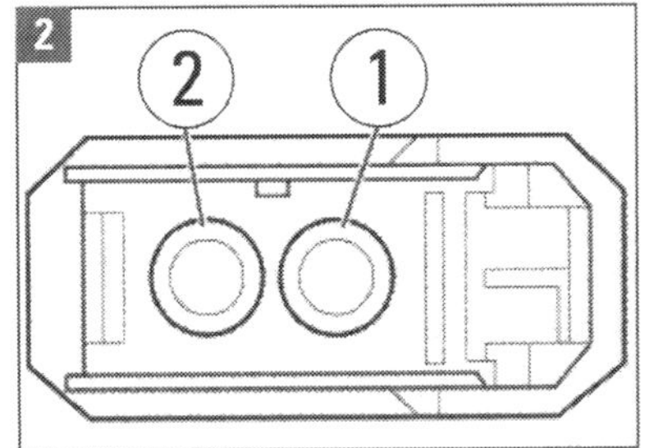

MOST-Bus:
Bild 2:
(1) Eingang,
(2) Ausgang.
Bild 3:
(1) Schutzkappe,
(2) Steckverbinder.

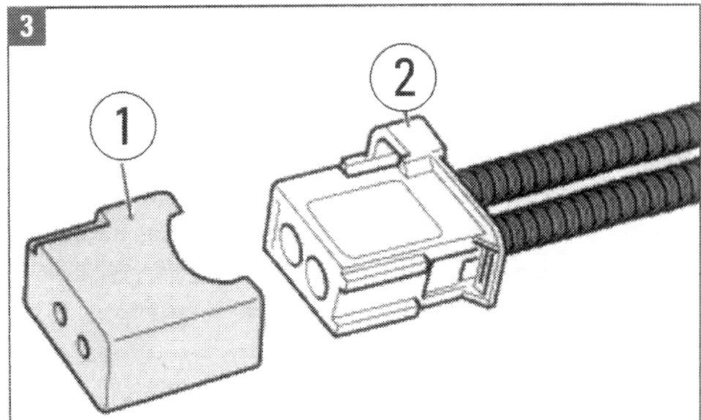

Einbauorte für die Lautsprecher des Audiosystems

Um beschädigte Lautsprecher der umfangreichen Soundanlage zu wechseln oder um zusätzliche Lautsprecher im Falle des Umstiegs auf ein höheres Level der Radioanlage einzubauen, müssen die definierten Einbauorte bekannt sein. Aus- und Einbau erfolgen durch Entfernen von Verkleidungen und Blenden (meist mit dem Demontagekeil) und durch Aus- und Einclipsen oder Ab- und Anschrauben. Zum höchsten Level (MOST-Bus, Bang&Olufsen-Audioanlage) gehört ein »Steuergerät für digitales Soundpaket« (Bauteil J525). Es ist hinter der linken seitlichen Verkleidung im Kofferraum eingebaut.

■ Hochtonlautsprecher vorn links und rechts (R20, R22): Nur Bang&Olufsen-Anlage; im Spiegeldreieck.

■ Mitteltieftonlautsprecher vorn links und vorn rechts (R101 und R102): in den vorderen Türen unten.

■ Tieftonlautsprecher vorn links und vorn rechts (R21 und R23): Nur Bang&Olufsen-Anlage; in den vorderen Türen unten.

■ Mitteltonlautsprecher hinten links und hinten rechts (R105 und R106): nur Bang&Olufsen-Anlage; in der Hutablage über dem Kofferraum.

■ Subwoofer (R157): Standard und Bang&Olufsen-Anlage; in der Hutablage.

■ Mitteltieftonlautsprecher hinten links und hinten rechts (R159 und R160): ab basic plus; in den hinteren Türen unten.

■ Hochtonlautsprecher hinten links und hinten rechts (R14 und R16): ab basic plus; in den hinteren Türen oben.

■ Hochtonlautsprecher vorn links und vorn rechts (R20 und R22): in der Schalttafel links und rechts.

■ Mitteltonlautsprecher vorn links und vorn rechts (R103 und R104): nur Bang&Olufsen-Anlage; in der Schalttafel links und rechts.

■ Mittelhochtonlautsprecher Mitte (R158): Standard und Bang&Olufsen-Anlage; in der Schalttafel Mitte.

Anmerkung: Im Avant sind die bei der Limousine in der Hutablage eingebauten Lautsprecher wie folgt untergebracht: R157 in der Reserveradmulde; R105/106 an den D-Säulen.

Multimediasystem, Infotainment MMI und Navigation

Bedienungseinheit E380 ausbauen:

■ Alle elektrischen Verbraucher ausschalten. Bei Fahrzeugen mit automatischem Getriebe die Zündung einschalten, den Wählhebel in Stellung »S« stellen und Zündung wieder ausschalten.

■ Den Zündschlüssel abziehen.

■ Die Bedienungseinheit für Multimediasystem E380 ist mit neun Federn links, rechts und hinten in der Mittelkonsole unten befestigt. Zum Ausbau das Klima-Bedienteil ausbauen und die Tülle am Schalthebel nach oben stülpen. Dann mit einem Demontagekeil (3409) die Federn ringsum nacheinander entrasten.

■ Die Bedienungseinheit nach oben aus der Mittelkonsole hebeln. Vorsicht! Die Leitungen der Bedieneinheit, des Tasters für die elektromechanische Feststellbremse sowie des Tasters für Zugang und Startberechtigung sind sehr kurz, beim Heraushebeln nichts abreißen!

■ Steckverbindungen an der Rückseite der Bedienungseinheit trennen.

■ Der **Einbau** erfolgt sinngemäß in umgekehrter Reihenfolge.

Am MOST-Bus für MMI arbeiten:

Im Ausstattungsfall MMI erfolgt der Datenaustausch der Systeme Infotainment, Telefon, Navigation, Sprachbedienung, Audio-Laufwerke, Soundsystem und Diagnose-Interface für Datenbus (Anschluss für Werkstattsystem) über den bereits erwähnten optischen MOST-Bus (Lichtwellenleiter). Die Verbindung zu den anderen Bus-Systemen im Fahrzeug (z. B. CAN) wird über das Diagnose-Interface hergestellt.
Die einzelnen Komponenten des Systems sind in der Schalttafel Mitte, in der Mittelkonsole oben und unten, im Handschuhkasten und im Kofferraum hinten links eingebaut. Wenn bei Arbeiten daran am MOST-Bus gearbeitet werden muss, ist Folgendes zu berücksichtigen:

■ Als Verbindungskabel wird ein Lichtwellenleiter (LWL) verwendet. Zum Schutz dieser empfindlichen Elemente sind die LWL in Wellrohren verlegt.

■ LWL sollten nicht gekürzt oder verlängert, sondern immer komplett ausgetauscht werden.

■ Die Stirnflächen an den Steckverbindern (Bild 3 Seite 146) dürfen nicht verschmutzen.

■ Werden Steckverbindungen getrennt, müssen immer die Schutzkappen für Leitungssatzstecker VAS 6223/9 gemäß Bild 3 aufgesteckt werden.

■ Bei Verlegung von LWL muss ein minimaler Biegeradius von 25 mm eingehalten werden. Die LWL dürfen nicht gequetscht oder gedrückt werden.

Navigationssystem ausbauen:

Das Navigationssystem ist in das Infotainmentsystem MMI über den optischen MOST-Bus eingebunden. Es wird ab Ausstattungslinie »MMI basic plus Navigation« eingebaut. Zwei Varianten sind möglich, die beim Ausbau berücksichtigt werden müssen:

■ In der Variante **»MMI basic plus Navigation«** befindet sich das Steuergerät für Navigationssystem mit CD-Laufwerk im Handschuhkasten. Es enthält das Radio und das Steuergerät für Anzeige- und Bedienungseinheit.

■ Zum **Ausbau** wird das Entriegelungswerkzeug für Radio T10057 (Bild 3 Seite 144) verwendet. Handschuhkasten öffnen, zwei Haken T10057 links und rechts in die Entriegelungsschlitze am Gerät stecken und einrasten lassen. Die Grifförsenspitzen zeigen nach außen. Gerät entnehmen und Steckverbindungen trennen.

■ In der Variante **»MMI«** befindet sich das Steuergerät für Navigationssystem mit CD-Laufwerk im Kofferraum hinten links. Abdeckung ausbauen.

■ Zum **Ausbau** wieder die Haken T10057 verwenden: Vier Muttern abschrauben, dann mit Haken herausziehen.

Aufpallträger hinten auswechseln

Auf Seite 56 haben wir schon umfassende Hinweise zum nachträglichen Einbau einer Anhängevorrichtung gegeben. Dazu sind aber der aufwändige Ausbau des hinteren Stoßfängers und das Auswechseln des Pralltägers erforderlich. Diese Arbeitsbeschreibung reichen wir hier im Zusammenhang mit dem Fahrzeugaufbau nach.

Arbeitsschritte:

■ **Stoßfängerabdeckung hinten ausbauen:** Heckleuchten ausbauen (Kapitel »Elektrik«). Elektrische Steckverbindung für die Einparkhilfe trennen, sofern vorhanden. Elektrischen Leitungsstrang am Halter für Steuergeräte durch Auftrennen des Kabelbinders freilegen.

■ Die Mutter vom Gewindebolzen der Abdeckung rechts hinten im Kofferraum abschrauben und die drei Schrauben (links, rechts, Mitte) am Unterteil für Stoßfängerabdeckung herausdrehen.

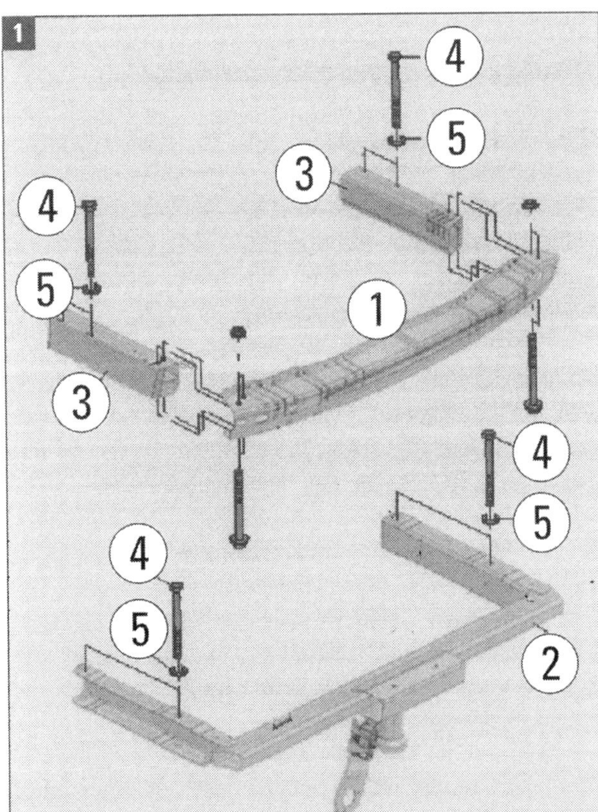

Aufpallträger hinten: (1) Träger ohne Anhängevorrichtung, (2) Träger mit Anhängevorrichtung, (3) Aufnahmen für den Aufpallträger, (4) Schrauben mit 57 Nm Anzugsdrehmoment, (5) Unterlagscheiben.

■ Die von oben zugänglichen Bolzen links und rechts aus den Führungsteilen der Stoßfängerabdeckung nach oben herausziehen. Wenn die Bolzen wieder eingebaut werden, müssen die Scharniere oben an den Führungsteilen nach vorn geklappt werden.

■ Links und rechts die Schrauben an der Stoßfängervorderseite herausdrehen. Die Stoßfängerabdeckung links und rechts am Seitenteil aushängen und abnehmen. Dabei den elektrischen Leitungsstrang für die Einparkhilfegeber (so vorhanden) an der Karosseriedurchführung herausführen. Beim Einbau müssen die seitlichen Verrastungen vom Führungsteil vollständig in der Stoßfängerabdeckung einrasten.

■ Der Spoiler (»Diffusor«) kann unten an der Stoßfängerabdeckung verbleiben. Wenn er abgenommen werden soll: Die fünf über die Länge verteilten Schrauben (1,5 Nm) herausdrehen und alle Verclipsungen lösen. Einbau umgekehrt.

■ **Aufpallträger ohne Anhängevorrichtung** (1)/Bild 1 **ausbauen**: Nach Ausbau der Stoßfängerabdeckung die elektrische Steckverbindung für Funkuhr trennen (wenn vorhanden). Wegen des Trägeraustauschs muss der Empfänger ausgebaut werden.

■ Unter Gegenhalten an den Muttern die vier Schrauben (4) im Bild herausdrehen. Beim Einbau das Anzugsdrehmoment von 57 Nm beachten!

■ **Aufpallträger mit Anhängevorrichtung** (2) **einbauen:** Kofferraum-Seitenverkleidung links und rechts im Heckbereich lösen, dazu vorher die Verzurrösen ausbauen (abschrauben). Den Aufpallträger auf die Aufnahmen schieben und festschrsuben (57 Nm!). Kofferraum-Seitenverkleidungen einbauen, Verzurrösen mit ihren Haltern anschrauben. Wie auf Seite 56 beschrieben, die Anschlussdose für die Anhängevorrichtung einbauen. Wenn die Elektrik für den Anhänger nach Original-Audistandard verwendet wird: Steuergerät für Anhängererkennung (Audi: J 345) einbauen. Vorbereiteter Einbauort ist hinter der rechten Kofferraum-Seitenverkleidung. Stoßfängerabdeckung (ggf. Spoiler wieder anbauen) und Heckleuchten einbauen.

Türen und Klappen mit Schablone einstellen

Wie bereits vorher erwähnt, müssen bei allen Arbeiten am Aufbau-Karosserie immer die Spaltmaße beachtet und abschließend eingestellt werden. Auf Seite 113 geben wir eine Übersicht der gängigen Maße bei Limousine und Avant. Wenn an Türen und Klappen gearbeitet wurde (Aus- und Einbau, Austausch) wird das präzise Fugenmaß am besten mit einer professionellen Einstelllehre (Audi: 3371) überprüft, wozu die richtige Ergänzung die Schablone T40038/8 darstellt (Bild 2).

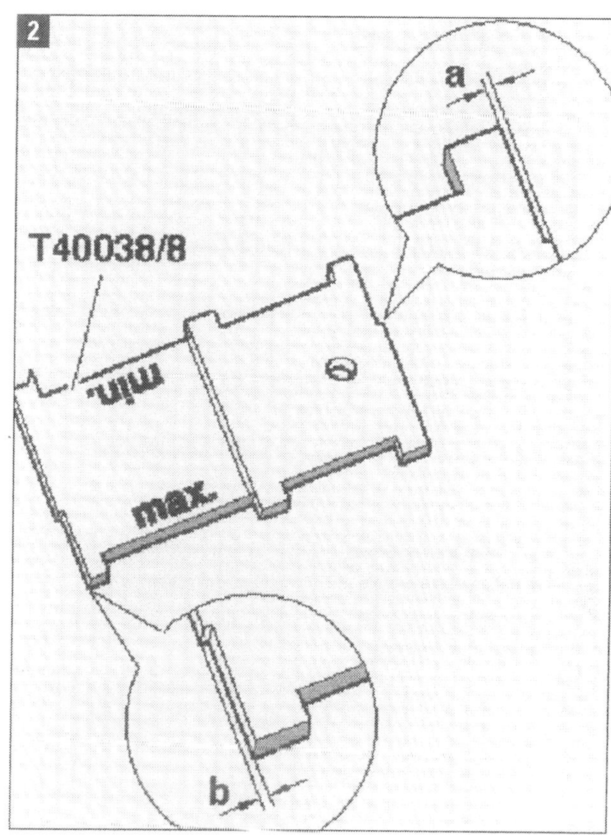

Präzises Einstellen: Die Audi-Schablone T40038/8..

Anwenden der Schablone:

- **Markierungen »min« und »max«:** Zur Überprüfung der Seiteneinstellung.
- **Nut in der Mitte:** Zur Überprüfung der Höheneinstellung.
- **Abstufung »a« = 0,4 mm:** Zur Überprüfung des Unterstandes der Vorderen Tür zum Kotflügel und der Fondtür zur Vordertür.
- **Abstufung »b« = 0,6 mm:** Zur Überprüfung des Unterstandes der Blenden an der B-Säule von der Tür hinten zur Tür vorn.

Dachreling nachträglich einbauen

Material und Arbeitsschritte:

- Ein Paar Relingstäbe
- 8 Einstell-Elemente, zur Reling passend
- 8 Gewindebolzen mit Muttern, 10 Nm

Dringend empfohlen wird die Verwendung der originalen Audi-Reling, um Beschädigungen zu vermeiden.

- Den Formhimmel des Fahrzeugs wie unter Ausbau/Einbau beschrieben absenken, damit die Bohrungen ins Fahrzeugdach eingebracht werden können.
- Den Außenmaßen der Einstellelemente entsprechende Langlöcher (Länge: 1,8 mal Durchmesser der Einstellelemente) in das Karosseriedach einbringen.
- Das vordere und die beiden hinteren Einstellelemente in den Bohrungsausschnitt einsetzen und in Einbaulage nach vorn schieben.
- Verbleibendes Einstellelement (zweites von vorn) in den Bohrungsausschnitt einsetzen und in Einbaulage nach hinten schieben.
- Alle Einstellelemente mit einer Vorspannung von 0,3 Nm zur Anlage am Außenblech bringen.
- Die Reling auf das Dach aufsetzen und die Gewindebolzen durch die Einstellelemente. Zuerst die Schrauben, dann die Muttern mit 10 Nm festziehen. In der Reihenfolge des Aufsetzens der Einstellelemente festschrauben.

STÖRUNGSBEISTAND

Fensterheber

Störung	Was kann das sein?	Was kann oder muss ich tun?
A Fensterscheibe wird nur in eine Richtung verstellt	**1** Schalter defekt; weniger wahrscheinlich: Fehler im Türsteuergerät	Schalter auswechseln Türsteuergerät mit Diagnosesystem überprüfen lassen (Fehler auslesen)
B Fensterscheibe wird in keine Richtung verstellt	**1** Fensterscheibe schwergängig; Sicherung wegen Motorüberlastung defekt	Fensterscheibe in den Führungen gängig machen Evtl. Sicherung erneuern
	2 Motor läuft nicht, obwohl die Sicherung in Ordnung ist	Spannung direkt an die Motoranschlüsse legen. Wenn der Motor jetzt läuft, liegt der Fehler in der Zuleitung. Läuft der Motor nicht: auswechseln!
	3 Seilführungen ausgerissen	Reparatursatz Fensterheber verbauen
C Fensterscheibe wird im gesamten Verstellbereich zu langsam verstellt	**1** Fensterscheibe in den Führungen verklemmt, Führungen gebrochen	Reparatursatz Fensterheber verbauen
	2 zu hohe Reibung in der gesamten Mechanik	Mechanik ohne Scheibe auf Reibungsverluste überprüfen; ggf. erneuern
	3 Kabelverbindungen defekt oder oxidiert	Überprüfen, reinigen, ggf. auswechseln
	4 Schalter defekt oder oxidiert	Überprüfen; ggf. auswechseln
D Fensterscheibe wird an der oberen Grenze des Verstellbereichs zu langsam verstellt	**1** Fensterscheibe in den Führungen verklemmt. In seltenen Fällen Schaden an den Aufnahmen	Reparatursatz Fensterheber verbauen
E Scheibe fällt in die Tür	**1** seltener Fehler: Mitnehmer gebrochen oder verrutscht	Reparatursatz Fensterheber verbauen Ratsam: Fehlerspeicher auslesen lassen

STÖRUNGSBEISTAND

Zentralverriegelung

Störung	Was kann das sein?	Was kann oder muss ich tun?
A Verriegelung funktioniert nicht	**1** Sicherung durchgebrannt	Erneuern
	2 Motor der Fahrer- oder Beifahrertür defekt	Funktion überprüfen, ggf. auswechseln
	3 Verkabelung unterbrochen	Überprüfen, ggf. erneuern
B Schlösser werden entriegelt, aber nicht verriegelt	**1** Verkabelung unterbrochen	Überprüfen, ggf. erneuern
	2 Mehrfachstecker an Motor und Türkasten locker oder oxidiert	Festen Sitz kontrollieren, ggf. reinigen
	3 Schalter in Servomotor defekt	Durchgangsprüfung an den entsprechenden Motorklemmen durchführen
C Schlösser werden verriegelt, aber nicht entriegelt	**1** Motor der Fahrer- oder Beifahrertür defekt	Funktion überprüfen, ggf. auswechseln
	2 Mehrfachstecker an Motor und Türkasten locker oder oxidiert	Festen Sitz kontrollieren, ggf. reinigen
	3 Schalter in Servomotor defekt	Durchgangsprüfung an den entsprechenden Motorklemmen durchführen
D Eines der Schlösser funktioniert nicht	**1** Motor defekt	Funktion überprüfen, ggf. auswechseln
	2 Kabel- oder Steckerverbindung am Servomotor oder Türkasten defekt	Überprüfen und ggf. instand setzen
	3 Mechanische Übertragungsteile klemmen	Teile auf Funktion überprüfen und festen Sitz kontrollieren. Ggf. Teile etwas fetten; verschlissene Teile auswechseln
E Öffnen und Schließen funktionieren mit mechanischem, nicht mit Funkschlüssel	**1** Schlüsselbatterie erschöpft oder Fehler in der Schlüsselelektronik	Neue Batterie einsetzen; ggf. muss Schlüssel ersetzt werden

Fahrzeugelektrik: Licht, Wischer, Instrumente

Elektrik im Auto ist so alt wie das Kraftfahrzeug selbst. Aber sie geht über Motor starten, Licht und Scheibenwischer inzwischen weit hinaus. Wenn auch wie hier auf dem Bild im Prüflabor der Audi-Produktion alle Funktionen gründlich kontrolliert werden, kann es im Fahrzeugbetrieb zu Ausfällen, Fehlern und Schäden kommen. Dass man mit etwas Kenntnis und geeignetem Werkzeug auch in diesem Bereich einige Probleme selbst beheben kann, zeigen wir in diesem Kapitel.

Das Bordnetz

Ihr Audi ist vom Start an auf elektrischen Strom angewiesen. Motorsteuerung und Kraftstoffeinspritzung müssen mit Elektroenergie versorgt werden. Alle für Fahrbetrieb, Sicherheit und Bequemlichkeit eingebauten Systeme und die gesamte Lichtanlage sind ohne sie arbeitsunfähig.

Autoelektrik war daher immer schon hochwichtig und gewinnt ständig noch mehr an Bedeutung. Die meisten Innovationen im Kraftfahrzeug sind heute von der Elektronik geprägt. Das Auto kommuniziert via Internet und Satellit, nimmt über Dutzende Sensoren die verschiedensten Daten auf, reagiert darauf automatisch und ist trotz vieler Taster, Schalter, Anzeigenleuchten und Instrumente doch erstaunlich einfach und intuitiv zu bedienen.

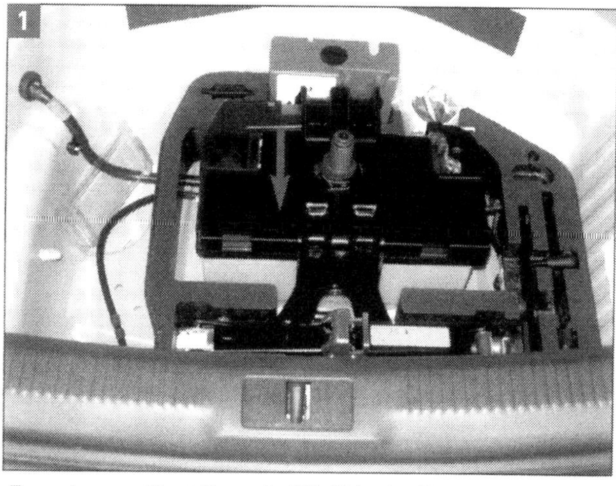

Energie zum Start: Batterie (Pfeil) in der Reserveradmulde.

Zuverlässige Lichtmaschine: Der Generator des 1.8 TFSI.

Bus-Systeme CAN und MOST

Das dezentral aufgebaute moderne Bordnetz des A4 mit verteilten Steuergeräten, Relaisplätzen, Sicherungsboxen und Kupplungsstationen für die Kabel ermöglicht schnelle und genaue Fehlerdiagnose, allerdings in erster Linie mit dem schon in früheren Kapiteln erwähnten Werkstattsystem für Diagnose und Information. Das Bordnetz beruht auf dem Bus-System, bei dem auf einer Gruppe von Leitungen viele Informationen parallel übertragen werden.

Zahlreiche Funktionen sind über »CAN-Bus« miteinander vernetzt, dem »Controller Area Network«, das aus mehreren Bussystemen aufgebaut ist. Die einzelnen Systeme werden über eine Schnittstelle zusammengeführt, um reibungslosen Datenaustausch zu garantieren.

Die CAN-Technik gewährleistet sehr schnelle Datenübertragung zwischen den Steuergeräten, gestattet Platzgewinn durch kleinere Steuergeräte und Stecker und ermöglicht die Einsparung von Kabeln und Sensoren, weil Signale mehrfach genutzt werden. Sie verlangt aber auch ein ganz bestimmtes Vorgehen bei der Reparatur im Leitungssystem. Z. B. darf bei allen Reparaturen an der Fahrzeugelektrik keinesfalls gelötet werden. Erlaubt sind nur Quetschverbindungen, worauf wir deshalb später im Abschnitt zu den Arbeiten an der Elektrik näher eingehen.

Bestimmte Komponenten der Elektrik/Elektronik an Bord, vor allem Geräte der Kommunikation und des Entertainment, sind mit einem speziellen Bus-System unter der Bezeichnung MOST verbunden. In diesem Teil des Bordnetzes werden Lichtwellenleiter eingesetzt, die ein noch strikteres Einhalten von Vorschriften und Arbeitsweisen erfordern. Ein Arbeiten daran wird für den Hobbyschrauber nicht in Frage kommen, das ist Sache darauf spezialisierter Fachleute in der Werkstatt.

Nötige Arbeiten an der elektrischen Anlage sind aber durchaus nicht immer von der kompliziert gewordenen Elektronik verursacht. Pflege und Wartung der Batterie, Ersetzen von Lampen im ausgedehnten Beleuchtungssystem oder Austausch von Sicherungen sind durchaus zu bewältigen. Dazu geben wir im Folgenden die wichtigsten Beispiele.

Batterie

Liefert die am Vortag noch intakte Batterie im A4-Kofferraum (Bild 1) keinen Strom, hat vielleicht ein defekter Verbraucher im Bordnetz den Akku über Nacht leer gesaugt. Blei-Säure-Batterien können auch Wasser aus der Batterieflüssigkeit verlieren, was bei den wartungsfreien Akkus des Audi aber eher unwahrscheinlich ist. Auch Selbstentladung durch lange Standzeiten oder Tiefentladung durch versehentlich nicht ausgeschaltete starke Stromverbraucher kommen als Ursache in Frage.
Defekte Verbraucher zu finden, ist schon eine knifflige Sache. Eine ausgebaute Batterie oder den Akku in einem vorübergehend stillgelegten Fahrzeug aufladen, das ist zu schaffen, und das sollten Sie einmal im Monat tun. Denn damit das Fahrzeug starten kann, muss der Anlasser (Starter; Bild 3) ausreichend Power erhalten. Das sind zwischen 400 Watt (Durchdrehen des warmen Motors) und 2.000 Watt (Kaltstart). Diese Startenergie bereitzustellen, ist die wichtigste Aufgabe der Batterie.

Generator

Der im Fachjargon »Lichtmaschine« genannte Drehstrom-Synchrongenerator Ihres Audi versorgt, vom Motor mit angetrieben, schon bei Motorleerlauf alle elektrischen Aggregate mit Strom und lädt ständig die Batterie auf. Der Generator bringt es auf mehr als 2 kW Elektroenergie. Leistungsdioden besorgen die Gleichrichtung des produzierten Wechselstroms.
Der Siemens-Generator im A4 ist wartungsfrei, selbst die Schleifkohlen sind ohne Weiteres für 100.000 Kilometer gut. Seit 2007 wird ein ganz neues Modell der Siemens-Lichtmaschine eingebaut. Die vorige Generation startete 2001, die Ablösung ging fließend vor sich. In Ihrem Wagen sind beide Typen möglich.
Je schneller die Lichtmaschine dreht, umso höher steigt die Spannung. Ein Regler schützt vor Überspannungen und verhindert ein Überladen der Batterie. Der Regler ist an die Lichtmaschine angeschraubt. Er reguliert die Betriebsspannung je nach Temperatur von Batterie und Umgebung auf Werte zwischen 13,8 und 14,5 Volt im so genannten 14-Volt-Toleranzfeld.

Anlasser

Der A4 ist so gut wie alle Autos heutzutage mit einem Schub-Schraubtrieb-Anlasser (Bild 3) ausgestattet, der sich vorn am Motor befindet. Auf dem eigentlichen Anlasser sitzt der Magnetschalter mit den Anschlüssen Klemme 30 (dickes Pluskabel von der Batterie) und Klemme 50 (dünnes Kabel vom Zündanlassschalter).
Beim Starten wird Spannung an die Halte- und Einzugswicklungen des Einrückrelais (Magnetschalter) oben auf dem Anlasser gelegt. Der Relaisanker zieht den Einrückhebel an. Dieser schiebt den Mitnehmer mit dem Zahnritzel gegen den Zahnkranz des Motorschwungrads. Wenn das Ritzel bis zum Ende des Schubweges eingespurt ist, wird der Startermotor eingeschaltet.
Tut sich mal beim Starten gar nichts und könnte es der Anlasser sein: Kontakte überprüfen, durchmessen, vielleicht ausbauen und auswechseln. Der Magnetschalter oder die Schleifkohlen können klemmen oder stark abgenutzt sein. Auch ein Verschleiß der Lagerung ist möglich.

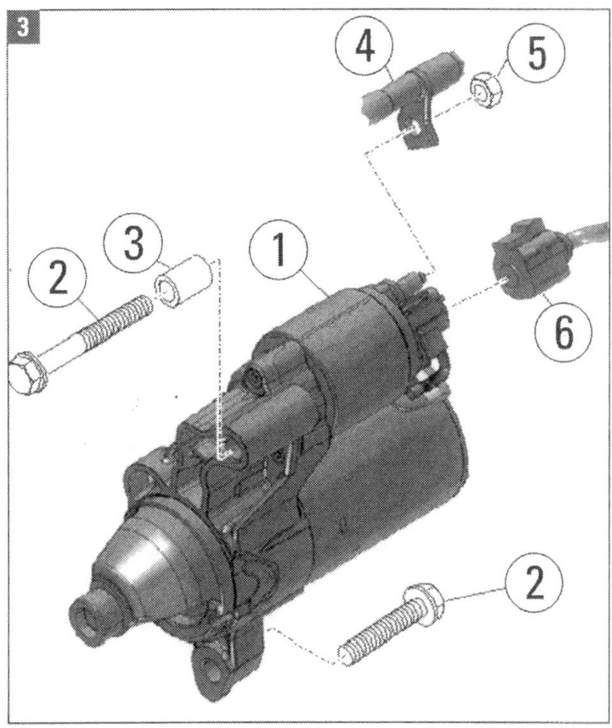

Montagebild des A4-Anlassers: (1) Anlasser, (2) Schrauben, (3) Distanzhülse, (4) Klemme B+ mit (5) Mutter 15 Nm, (6) elektrische Steckverbindung.

Die Beleuchtung

Die Fahrzeugbeleuchtung ist das zentrale aktive Sicherheitselement im nächtlichen Straßenverkehr und bei schlechten Sichtverhältnissen am Tage. Wegen der weiter wachsenden Verkehrsdichte wird das Fahren mit Licht am Tag immer aktueller. Nach Untersuchungen könnte mit Tagfahrlicht die Zahl der Unfälle beträchtlich reduziert werden.
Der A4 ist entsprechend ausgestattet. Seine Lichttechnik ist schon über Steuergeräte in den Daten- und Kommunikationsverbund des Fahrzeugs integriert. Neue Funktionen werden realisiert und vernetzt.

Für Sicherheit auf der Straße

Schwungvoll gezeichnete, in die Breite orientierte Scheinwerfer unterstreichen den Auftritt des A4. Hinter den Kunststoff-Abdeckscheiben in Klarglas-Optik verbirgt sich moderne Lichttechnik, die für großflächige und gleichmäßige Ausleuchtung der Fahrbahn sorgt. Halogen-Abblendscheinwerfer (H7-Lampen) in Reflexionstechnik sind serienmäßig.

Leuchtdioden für Tagfahrlicht

Die Tagfahrleuchten mit Leuchtdioden sind ein konsequent eingesetztes Gestaltungsmerkmal. Sie verleihen dem Gesicht des A4 einen unverwechselbaren Ausdruck (Bild 4). Xenon-Licht ist optional, ebenso wie die Xenon-plus-Scheinwerfer, die sich mit dem Kurvenlicht »adaptive light« kombinieren lassen. Zur Xenon-Ausstattung gehört dynamische Leuchtweiteregulierung, die den Neigungswinkel der Lichtbündel automatisch an die jeweilige Karosserielage anpasst, und die Reinigungsanlage mit Hochdruck-Wasserstrahl.
Die serienmäßigen Halogen-Nebelscheinwerfer liegen in den großen Lufteinlässen der Front-Stoßfängerverkleidung. Die Rückleuchten sind großflächig und zugunsten einer breiten Kofferraumklappe bei der Limousine zweigeteilt. Die hochgesetzte dritte Bremsleuchte hinter der Heckscheibe ist mit leistungsstarken, langlebigen Leuchtdioden bestückt.

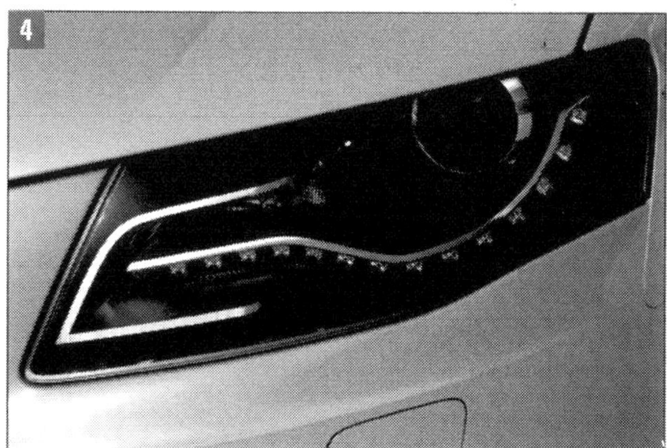

LED-Tagfahrlicht: Energiesparend und langlebig.

WISSENSWERTES – Reichhaltige Ausstattung

Für Fahr- und Betriebssicherheit sowie hohen Komfort bietet die Fahrzeugelektrik des A4 eine reichhaltige Liste. Das alles gehört, oft recht unauffällig, jedenfalls sehr schnell selbstverständlich, dazu und sollte auch in regelmäßige Kontrollen einbezogen werden:

- Innen- und Leseleuchten
- Abschaltautomatik für Innenleuchte vorn,
- beleuchteter Ablagekasten,
- beleuchteter Ascher,
- Kofferraumbeleuchtung mit mehreren Leuchten ,
- beleuchteter Zündschlüssel
- Warnsummer für nicht ausgeschaltetes Licht und/oder Radio
- Schalter in der Konsole
- Fahrerinformationssystem (AS)
- Instrumenteneinsatz mit Anzeigen, Zählern, Leuchten und Beleuchtung
- Doppeltonfanfare
- Scheibenwisch-/Scheibenwaschanlage,
- Scheinwerferreinigungsanlage
- Zigarrenanzünder
- Elektrische Außenspiegel (beheizbar, einstellbar)
- Elektrische Fensterheber
- Elektrisches Schiebe-/Ausstelldach
- Zentralverriegelung, Funkfernbedienung, Komfortschließung
- Beheizbare Sitze
- Radio

Die Scheibenwischanlage

Unentbehrlich: Schalter für Wischer und Wascherdüsen.

Über das innovative Bordnetz des Audi wird auch die Steuerung der Scheibenwischer geregelt. Die Wischeranlage ermöglicht neben dem Wischen in Geschwindigkeitsstufe Stufe 1 und 2, dem Intervallbetrieb (zwischen 2 und 24 Sekunden), dem Regen- und Lichtsensorbetrieb, dem Tippwischen und dem Waschen viele weitere Funktionen (Bild 6).

Wischerfunktionen

Die Scheibenwisch- und -waschanlage ist ein komplexes System, das mit vier Steuergeräten vernetzt ist: dem im Schalttafeleinsatz, dem für Wischermotor, dem für Bordnetz und dem für Lenksäulenelektronik. Das gewährleistet z. B. die Servicestellung bei stehendem Fahrzeug nach Aktivierung der Funktion Tippwischen und die alternierende Parkstellung. Dabei fährt der Wischer bei jedem zweiten Abschalten der Wischeranlage in eine Unterhub-Endstellung und wieder ein Stück aufwärts. Er klappt das Wischergummi auf der Scheibe um und erhöht so die Lebensdauer des Wischgummis.

Es gibt vier von der Fahrzeuggeschwindigkeit abhängige Intervallstufen, Motorhaubenstopp (beim Öffnen der Motorhaube stoppt der Wischer augenblicklich, um Beschädigungen auszuschließen) und Störungsstopp (jede Blockierung der Wischer wird erkannt). Das Frontwischersystem ist eine einmotorige Anlage mit mechanischer Verbindung zwischen den beiden Wischern. Der Avant hat auch einen (einmotorigen) Heckwischer mit vielen Funktionen, der bei eingeschalteten Frontwischern automatisch zu laufen beginnt, wenn im Fahrzeug der Rükkwärtsgang eingelegt wird.

Für gutes Licht: Die ausfahrbaren Spritzdüsen halten das Scheinwerferglas sauber.

Regen-/Licht-Sensor

Was viel Komfort bedeutet, kann allerdings auch Nachteile haben. Verfügt man im A4 über den (optionalen) »Sensor für Regen- und Lichterkennung«, dann machen schon verschmutzte Frontscheiben Probleme. Der Sensor deutet Insekten, Salzschlieren und Betauung als Regentropfen und schaltet den Wischer an. Auch Wachs und Glanztrockner oder beschichtete Scheiben können die Sensorfunktion stören. Reparaturen an der Frontscheibe »im Bereich der sensiblen Fläche des Sensors« werden von Audi »nicht empfohlen«. Bei Frontscheiben-Wechsel muss der Sensor neu codiert werden.

Der Sensor lässt sich allerdings auch nicht deaktivieren. Wenn das geschieht, ist die automatische Fahrlichtsteuerung ohne Funktion. Der Wischer immerhin arbeitet dann ganz normal.

Diener im Netz

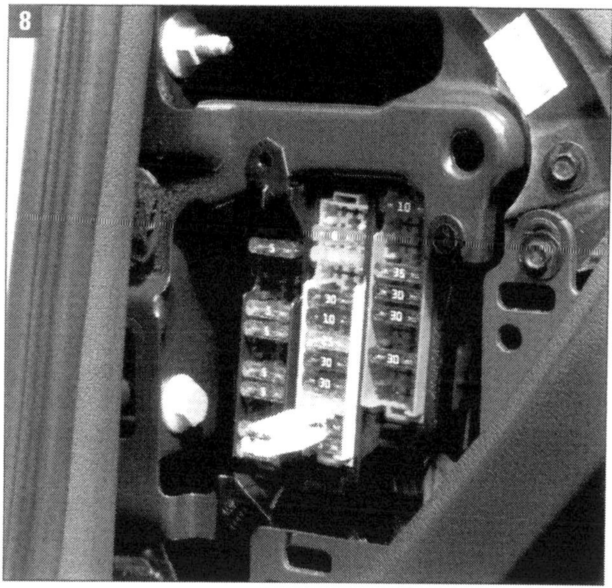

Schutz der Bordelektrik: Der Sicherungskasten in der Schalttafel links.

Damit Sie die Elektrik Ihres Autos einfach, zuverlässig und sicher nutzen können, gibt es Schaltstellen, Leitungsstränge und Sicherheitsvorkehrungen. Die zahlreichen Schalter und Taster (Bilder 7 und 9) können bei Defekt auch schon mal Ursache für eine Störung im elektrischen System sein. Zur Kontrolle verwenden Sie am besten eine Prüflampe mit Nadelkontakt. Defekte Schalter müssen Sie auswechseln. Dazu stets Zündung und elektrische Verbraucher ausschalten, Zündschlüssel abziehen.

Relais

In Ihrem Fahrzeug gibt es Verbraucher, die einen hohen Strom aufnehmen. Diese werden nicht direkt durch Schalter, sondern durch Schaltrelais in Betrieb genommen. Wenn Sie einen Schalter betätigen, aktivieren Sie dadurch zunächst nur einen geringen Schaltstrom. Erst über das Schließen des Schaltstromkreises wird der Stromkreis für den Arbeitsstrom hergestellt.

Sicherungen

Schmelzsicherungen sorgen für den Schutz der elektrischen Systeme ihres Fahrzeugs. Sie treten in Aktion, wenn bei Kurzschluss oder bei Anschluss zusätzlicher Verbraucher an voll ausgelastete Stromkreise der Strom plötzlich stark ansteigt. Das Innenleben der Sicherung wird zerstört, der Stromfluss unterbrochen.
Wo sich Relaisträger und Sicherungshalter in Ihrem Audi befinden, zeigen wir im folgenden Abschnitt. Die vom Innenraum her zugänglichen Sicherungen z. B. sind im Halter seitlich links in der Schalttafel zu finden (Bild 8).

Bauteilkennung und Kabelfarben

Die Elektrik wird anschaulich durch Stromlaufpläne. In deren Legende sucht man das Bauteil, um das es sich dreht. Es hat Kennbuchstaben in Kombination mit Zahlen. In allen Stromlaufplänen werden für gleiche Bauteile gleiche Bezeichnungen verwendet.
Die Kabel sind ebenfalls sehr gut geordnet. Farben weisen den Weg, und die meisten Anschlüsse an den Mehrfachsteckern wie an den Relais sind nummeriert.

Schalter satt: Im Cockpit ist die Bedienung konzentriert.

Auf Knopfdruck: Starten, Bremsen und Parken per Taste.

Batterie: Sichtprüfung und richtige Behandlung

Fehlt Batterieflüssigkeit (Sichtprüfung!), füllen Sie destilliertes Wasser nach, weil Leitungswasser ebenso wie abgekochtes Wasser Salze und andere mineralische Stoffe enthält, die der Batterie schaden. Wirkt die Batterie trotz richtigem Säurestand kraftlos, wird per Säureheber die Säuredichte in der Batteriezelle geprüft. Diese Prüfung gibt zusammen mit der Belastungsprüfung Aufschluss über den Batteriezustand. Sie entfällt bei den wartungsfreien Vlies-Batterien. Diese erkennt man am schwarzen Gehäuse mit dem Aufdruck VRLA.

Batteriestopfen müssen gut schließend eingeschraubt sein. Zum Laden muss die Batterie eine Mindesttemperatur von 10 °C haben. Schnellladen schadet der Batterie und ist nur im Ausnahmefall (z. B. bei Starthilfe) akzeptabel. Verwenden Sie zum Batterieladen nur Geräte, die ausgewiesen ohne Strom- und Spannungsspitzen arbeiten.

Räume, in denen Batterien geladen werden, dürfen wegen des sich bildenden Gases nicht mit offenem Licht oder rauchend betreten werden. Funken beim An- oder Abklemmen könnten das Gas ebenfalls zur Explosion bringen (Piktogramme beachten; Bild 3). Stellen Sie auf jeden Fall Durchlüftung sicher!

Erster Schritt: Mutter abschrauben, Formeinsatz (obere Abdeckung) abnehmen. Batteriepole sind extra abgedeckt.

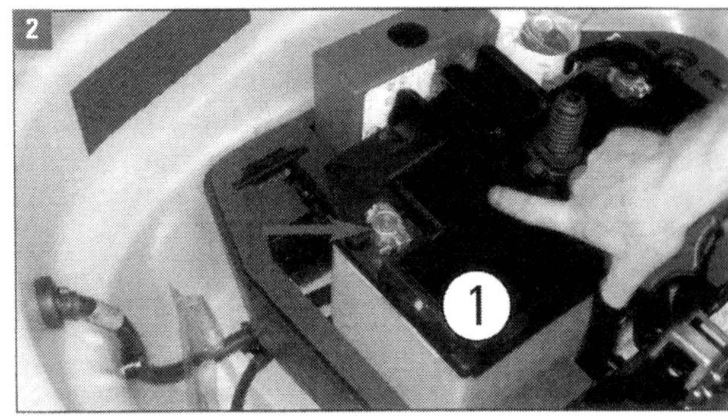

Formeinsatz abgenommen: Batterie in der Reserveradmulde. Pfeil: Pluspol. Akkuzellen sind abgedeckt (1).

■ **Sichtprüfung der Batterie:** Zündung aus, Zündschlüssel abgezogen. Auf Schäden am Gehäuse untersuchen. Wenn Säure ausgelaufen ist: Mit Säurewandler oder Seifenlauge entfernen und reinigen. Undichte Batterien auswechseln!

■ Sind die Batteriepole (Leitungsanschlüsse; Bilder 2 und 3) beschädigt? Bei Polbeschädigungen könnte der nötige Kontakt der Klemmen nicht mehr gewährleistet sein. Oxidkristalle an Batterieklemmen mit warmem Sodawasser abwaschen oder mit Säurewandler Neutralon behandeln.

■ Die Batteriepolklemmen müssen korrekt aufgesteckt und festgezogen sein, weil es sonst zu Leitungsbränden und Funktionsstörungen der elektrischen Anlage kommen kann. Der Funktionszustand des Fahrzeugs ist dann in erheblichem Maße nicht gewährleistet.

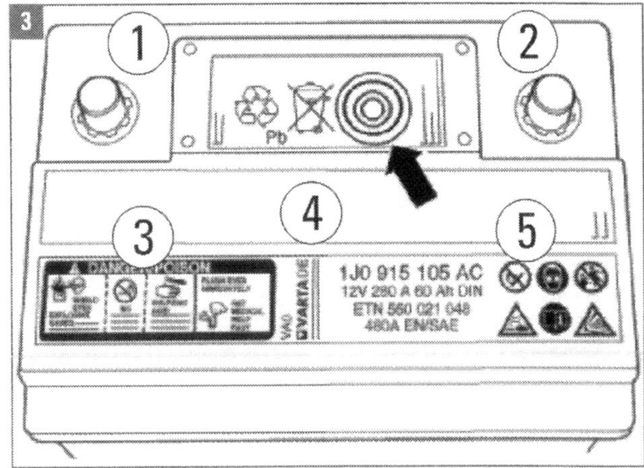

Draufblick: (1) Pluspol, (2) Minuspol, (3) Behandlungshinweise, (4) Zellenabklebung, (5) Warnpiktogramme.
Pfeil: Das »Magische Auge«.

■ Der Austritts-Schlauch der zentralen Entgasung (Entlüftungsschlauch) darf nicht verstopft oder geknickt sein.

■ Die Batterie muss fest in ihrer Halterung (Bild 4; Schrauben mit 22 Nm anziehen) sitzen. Lockerer Sitz verkürzt durch Erschütterungen die Batterielebensdauer, kann zu Schäden an den Batterieplatten führen und stellt eine Gefährdung durch die Möglichkeit dar, dass es zur Explosion kommt.

■ **Batterie richtig behandeln:** Die Polklemmen (Bild 5) dürfen nur gewaltfrei von Hand aufgesteckt werden, um das Gehäuse nicht zu beschädigen. Zuerst Minuspol ab- und Pluspol anklemmen! Erst wenn Pluspolklemme befestigt ist, darf die Minuspolklemme (Masseband) auf den Minuspol der Batterie gesteckt werden. Verpolung und Kurzschlüsse vermeiden! Mutter (Pfeil Bild 5) mit 5 Nm festziehen.

■ Wenn die Batterie längere Zeit im abgestellten Fahrzeug verbleibt, sollte der Minuspol abgeklemmt werden.

■ Nach Wiederanklemmen der Batterie Grundprogrammierung mit dem Werkstattsystem (VAS 5052) vornehmen. Einige Funktionen »lernt« das Elektrik-System auch wieder selbst.

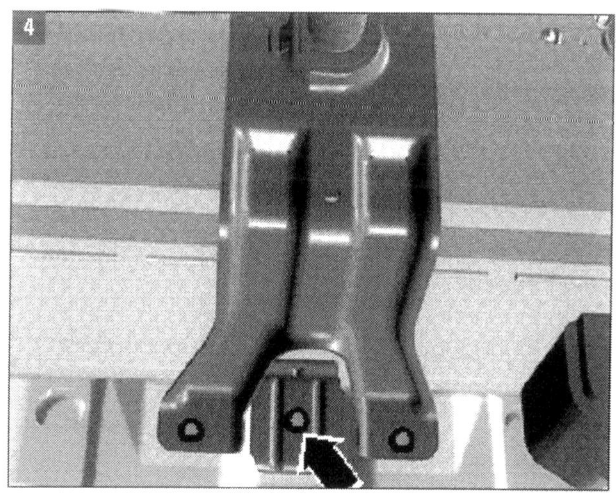

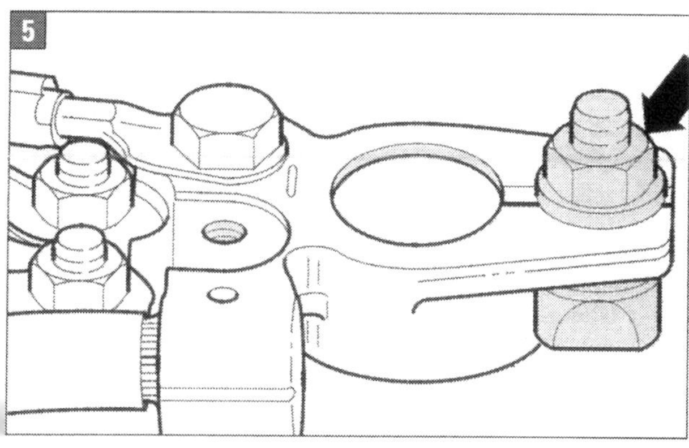

Säurestand, Ladezustand

■ **Magisches Auge:** Die Batterien sind zumeist mit »Magischem Auge« (Bild 3) ausgestattet. Es erlaubt die Prüfung von Säurestand und Ladezustand. Klopfen Sie mit einem Gegenstand leicht auf das Magische Auge. Luftblasen lösen sich auf, die Farbanzeige wird genauer.

■ Drei unterschiedliche Farbanzeigen sind möglich: Grün = Batterie ausreichend geladen. Schwarz = Keine oder zu geringe Ladung. Farblos oder gelb = Der kritische Säurestand ist erreicht, die Batterie muss erneuert werden.

■ **Prüfung an Markierungen:** Den genauen Säurestand von Batterien mit Verschlussstopfen können Sie von außen prüfen, wenn MIN- und MAX-Markierungen am Batteriegehäuse vorhanden sind. Die Säure muss über die MIN-Markierung (Oberkanten der Platten müssen gut bedeckt sein) reichen, darf aber auch nicht über der MAX-Marke liegen.

■ Gibt es keine Markierungen oder kann man den Säurestand nicht ablesen (schwarzes Gehäuse), Kunststofffolie von den Zellverschlussstopfen abziehen und alle Verschlussstopfen herausziehen. Jetzt durch Blick in das Innere (Taschenlampe!) den Säurestand prüfen. Er ist in Ordnung, wenn er mit der inneren Säurestandsmarkierung (Kunststoffsteg) abschließt; entspricht äußerer MAX-Markierung.

■ Bei zu niedrigem Säurestand destilliertes Wasser nachfüllen. Füllflasche verwenden! Ihr Einfüllstutzen verhindert Überfüllen der Batteriezelle und Austreten von Säure.

■ Bei einer geladenen Batterie bis zum MAX-Strich (15 mm über den Plattenoberkanten) auffüllen. In eine stark entladene Batterie nur so viel Wasser füllen, dass die Platten gerade bedeckt sind. Beim Aufladen steigt der Säurestand erheblich. Erst nach dem Laden bis zur oberen Marke nachfüllen.

■ Der Akku darf nicht überfüllt werden, weil der Elektrolyt (Schwefelsäure/Wasser) sonst an den Verschlussstopfen oder an der seitlichen Entlüftungsbohrung austritt. Überschüssige Batteriesäure mit einem Säureheber absaugen!

■ Die originalen Verschlussstopfen wieder einschrauben. Nur so gewährleisten Sie die Dichtigkeit der Batterie. Ersatz nur mit Verschlussstopfen der gleichen Bauart. Die Stopfen müssen mit einer O-Ring-Dichtung ausgestattet sein.

Batterie abklemmen, ausbauen, laden, prüfen

■ **Abklemmen:** Zündung ausschalten, Zündschlüssel abziehen. Limousine: Abdeckung im Kofferraum abschrauben und abnehmen. Avant: Ladeboden aus Kofferraum herausnehmen, wo vorhanden Notrad herausnehmen. Abdeckung über dem Minuspol öffnen, Mutter lösen, Polschuh der Masseleitung von Batterie abziehen.

■ Wenn die Batterie wieder angeklemmt wird: Hoch-/Tieflaufautomatik der Fensterheber entsprechend Fahrzeug-Bedienungsanleitung aktivieren. Fehlerspeicher sämtlicher Steuergeräte abfragen (Werkstattarbeit).

■ **Batterie ausbauen:** Um Speicherfunktionen im Fahrzeug aufrecht zu erhalten, vor Abklemmen am Minuspol ein Batterie-Ladegerät für Stützbetrieb anschließen. Dann Polschuh der Masseleitung abnehmen. Abdeckung über Pluspol öffnen, Mutter lösen, Polschuh der Plusleitung mit Sicherungshalter »SA« abnehmen. Schlauch für Zentralentgasung rechts vorn an der Batterie abziehen. Schraube am Befestigungsbügel (Pfeil in Bild 4) abschrauben. Batterie aus der Aufnahme ziehen und herausheben.

■ Beim **Einbau** die Batterie so in die Aufnahme einsetzen, dass die Batteriefußleiste in die Halteleisten der Batterieaufnahme eingreift. Die Batterie darf sich nicht mehr verschieben lassen! Erst dann den Befestigungsbügel ansetzen, dessen Nase in die Aussparung an der Fußleiste eingreifen muss. Entgasungsschlauch aufstecken, Batterie bei ausgeschalteter Zündung und abgeschalteten Verbrauchern anklemmen. Erst Plusleitung, dann Minusleitung!

■ **Unbedingt beachten:** Vor Ab- und vor Anklemmen der Minusleitung muss die Steckverbindung am Steuergerät für Batterieüberwachung getrennt werden! Nach Anklemmen wieder den Stecker aufstecken. Er befindet sich direkt hinter der Batterie-Minusklemme.

■ Zum **Laden** kann die Batterie ausgebaut werden, sie muss und sollte das aber nicht. Audi schreibt vor, die Batterie »vorzugsweise in eingebautem und angeschlossenen Zustand« zu laden. Nur so wird der Ladestrom in die Kapazitätsrechnung des Steuergerätes für Batterieüberwachung einbezogen. Zündung und Verbraucher abschalten.

■ Mittlere Wasserkastenabdeckung ausclipsen und abnehmen. Am Kunststoffkasten darunter die Verrastung entriegeln (nach vorn schieben) und Abdeckung öffnen. Darunter liegt der Pluspol-Abgriff, den Sie auch zum Anschließen des Starthilfekabels verwenden. Der Massepol-Abgriff (Batterie-Minus) befindet sich oben am linken Federbeindom.

■ Rote Ladeklemme am Pluspol-Abgriff, Schwarze Ladeklemme an den Massepol-Abgriff anschließen. Netzstecker des Batterieladegerätes anschließen, Ladestrom entsprechend Batteriekapazität einstellen und Ladegerät einschalten. Während des Ladevorgangs soll die Motorhaube geöffnet bleiben. Möglichst Ladegerät VAS 5095 A verwenden.

PRAXISTIPP

Belastungsprüfung der Batterie

Im Zusammenhang mit der Säuredichteprüfung gibt eine Belastungsprüfung Aufschluss über den Zustand der Batterie. Erforderlich ist dazu ein Batterieprüfgerät. Wird ein Gerät (Tester) wie z. B. VAS 5097 oder 5097 A verwendet, muss die Batterie nicht ausgebaut und auch nicht abgeklemmt werden. Dann Zündung ausschalten und die Zangen der Prüfleitungen an die Batteriepole anschließen. Am Gerät den zur Batteriekapazität passenden Belastungsstrom einstellen.

Batterie-kapazität	Kälteprüf-strom	Belastungs-strom	Mindest-spannung
36 Ah	175 A	100 A	10,4 V
40 - 49 Ah	220 A	200 A	9,2 V
50 - 60 Ah	265 - 280 A	200 A	9,4 V
61 - 80 Ah	300 - 380 A	300 A	9,0 V
81 - 110 Ah	380 - 500 A	300 A	9,5 V

Durch die starke Belastung der Batterie während dieser Prüfung (hoher Strom fließt) sinkt die Batteriespannung bei einwandfreier Batterie bis zur Mindestspannung. Ist die Batterie defekt oder nur schwach geladen, sinkt die Batteriespannung sehr schnell unter den Mindestwert. Nach dem Test steigt die Spannung nur langsam wieder an. Falls die Batterie nachgeladen werden muss, danach erneut Belastungsprüfung vornehmen. Wenn immer noch Nachladen nötig ist, muss die Fahrzeugbatterie ausgewechselt werden.

■ Vorsicht bei **tiefentladenen Batterien**! Bei ihnen ist die Ruhespannung (bei voller Batterie: 12,6 V) unter 11,6 V abgesunken, ihre Batteriesäure besteht fast nur noch aus Wasser, der Schwefelsäureanteil ist stark reduziert. Bei Tiefentladung sulfatieren Batterien, die gesamten Plattenoberflächen verhärten. Werden solche Batterien unmittelbar nach der Tiefentladung wieder geladen, bildet sich die Sulfatierung zurück. Werden sie nicht nachgeladen, verhärten die Platten weiter. Die Fähigkeit zur Ladungsaufnahme wird eingeschränkt, die Batterieleistung sinkt ab.

■ Schnellladen vermeiden, die Batterien werden dadurch geschädigt. Das Gerät lädt zunächst schonend mit niedrigem Ladestrom. Die Zellverschlussstopfen während des Ladens nicht öffnen!

■ Ladedauer nach Angaben für das Ladegerät. Bei tiefentladenen Batterien, die vom VAS 5095 A automatisch erkannt werden, beträgt die Ladezeit 24 Stunden. Nehmen Sie danach eine Belastungsprüfung vor (siehe dazu den Kasten »Praxistipp«).

Generator und Anlasser ausbauen,

■ **Generator:** Masseleitung der Batterie bei ausgeschalteter Zündung abklemmen. Der Generator sitzt mit anderen Nebenaggregaten auf einem Halter am Motor. Er wird über seine Riemenscheibe per Keilrippenriemen vom Motor angetrieben. Laufrichtung des Keilrippenriemens markieren, er muss ausgebaut werden (Kapitel »Antrieb«).

■ Schrauben (Pfeile in Bild 6) erst oben, dann unten herausdrehen. Generator nach vorn schwenken. Elektrische Steckverbindung am Generator trennen und die Klemme 30/B+ abschrauben, beides an der Generatorrückseite.

■ Den Generator herausnehmen. Beim Einbau die Laufrichtung und das Laufbild des Keilrippenriemens beachten. Der Riemen muss korrekt auf den Scheiben liegen.

■ **Anlasser:** Batteriemasseleitung bei ausgeschalteter Zündung abklemmen. Gearbeitet werden muss am angehobenen Fahrzeug, Geräuschdämmung ist ausgebaut.

■ Bei Fahrzeugen mit 3.2 V6 FSI-Motor die Wasserkastenstirnwand (»Karosserie«) und den Vorschalldämpfer rechts (»Antrieb«) ausbauen. Am motornah eingebauten rechten Katalysator zwei Muttern und eine Schraube ausbauen, Katalysator nach rechts drücken.

■ Alle Motoren: An der rechten Motorseite die Lagerung abschrauben. An der Motorstütze die Mutter für die Masseleitung lösen und die Leitung abnehmen.

■ Bei den Vierzylindern die vier, beim Sechszylinder die drei Schrauben an der Motorstütze rechts ausbauen und die Motorstütze abnehmen. Die elektrische Steckverbindung (3, Bild 7) am Anlasser trennen. Dazu die Sicherung nach hinten schieben und Entriegelung nach unten drücken. Elektrische Leitung (2) vom Anlasser abschrauben und abnehmen. Die Befestigungsschrauben (1 und 4) herausdrehen. Schraube (1) ist von oben erreichbar! Den Anlasser abnehmen.

■ **Einbau:** Zum Festziehen der Schraube (1) zwischen Anlasser und Getriebe unbedingt die Distanzhülse (3, Bild 3 Seite 154) einsetzen, sonst Schäden am Anlasser möglich!

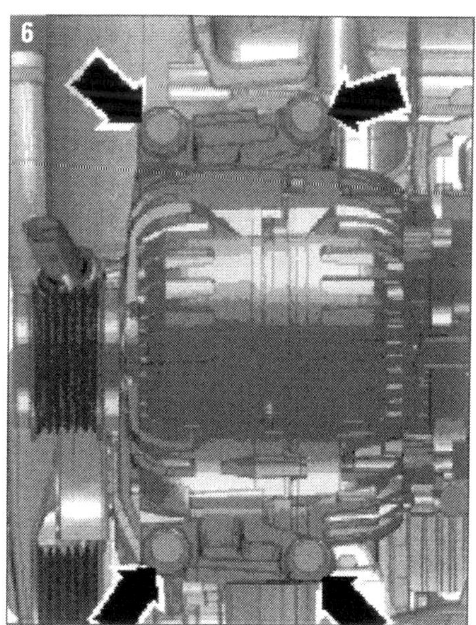

Generator: Die Pfeile zeigen die Befestigungsschrauben.

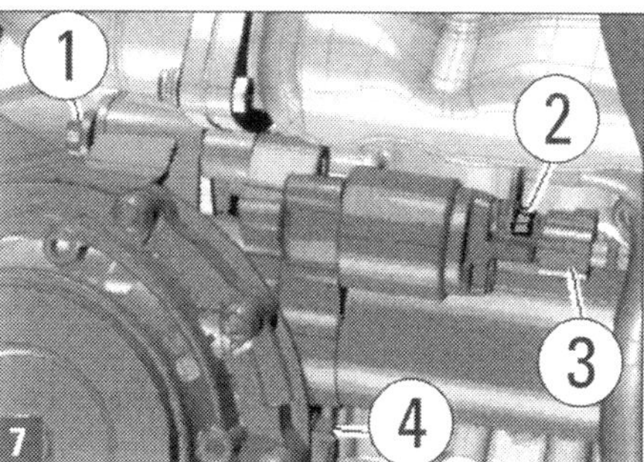

Anlasser: (1, 4) Schrauben, (2) elektrische Leitung, (3) Steckverbindung.

Spannungsregler ausbauen, Kohlebürsten prüfen

■ Die Abdeckung für den Regler an der Generatorrückseite sieht bei den beiden im A4 verwendeten Bosch-Generatortypen (ab 2001 und ab 2007) unterschiedlich aus. Zum Ausbau den Generator ausbauen.

■ **Spannungsregler ab 2001:** Schraube (1) und die beiden Muttern (3 und 4) an der Generatorrückseite herausdrehen und die Abdeckung (2) abnehmen (Bild 1). Die drei Schrauben (Pfeile in Bild 1 unten) herausdrehen und den Spannungsregler (roter Pfeil) abnehmen.

■ **Spannungsregler ab 2007:** Die drei Schrauben (Pfeile in Bild 2 oben) herausdrehen und Abdeckung (1) von der Generatorrückseite abnehmen. Dann die vier Schrauben (Pfeile in Bild 2 unten) herausdrehen und den Spannungsregler (2 in Bild 2 unten) abnehmen.

■ **Prüfen des Spannungsreglers:** Bei etwaiger Fehlfunktion des Generators, bei Aussetzern usw. müssen die Schleifkohlen (Kohlebürsten) des Spannungsreglers überprüft werden. Sie dürfen eine minimale Länge nicht unterschreiten.

■ Messen Sie die Länge der Kohlebürsten. Das Verschleißmaß »a« (Bild 3), also die minimale Länge, beträgt 5 mm. Bei neuen Spannungsreglern sind die Bürsten 12 bis 15 mm lang. Im Bedarfsfall die Kohlebürsten erneuern oder den Regler austauschen.

■ Der Einbau erfolgt sinngemäß umgekehrt. Dabei muss darauf geachtet werden, dass die Kohlebürsten korrekt auf den Schleifbahnen zu liegen kommen.

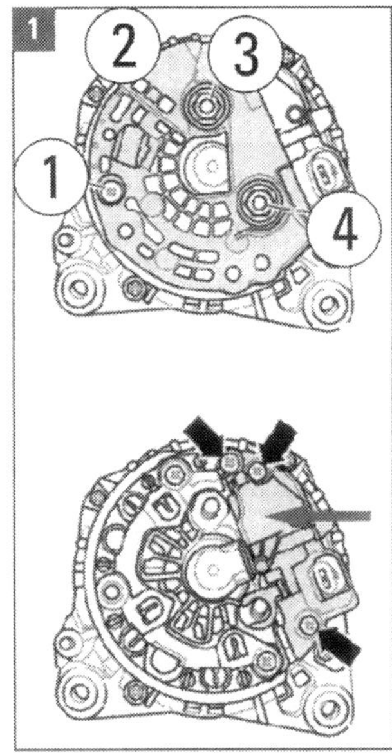

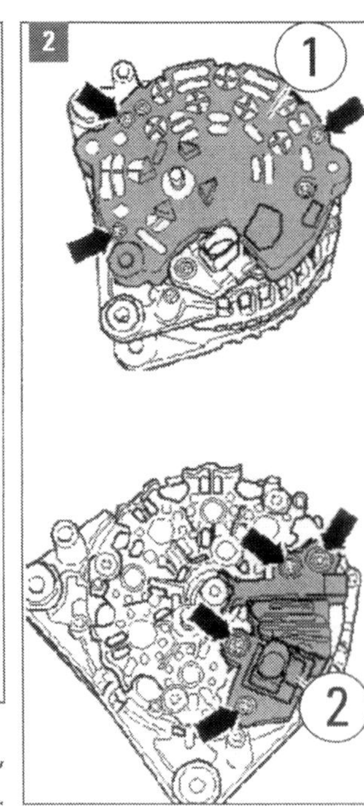

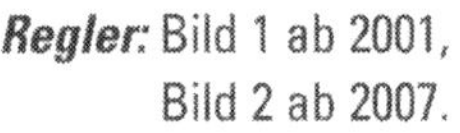
Regler: Bild 1 ab 2001, Bild 2 ab 2007.

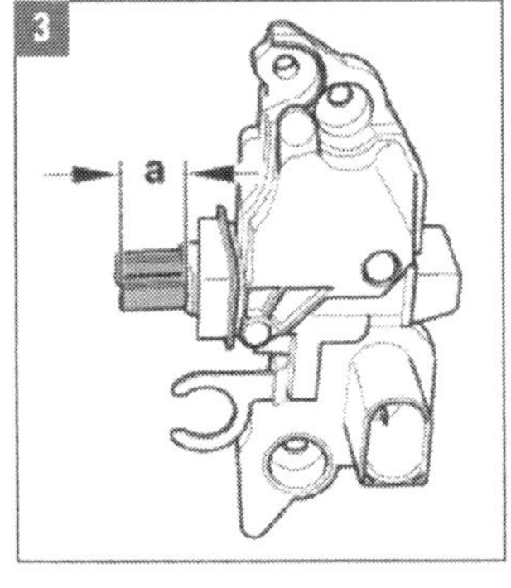

Kohlebürsten: In beiden Generatorfällen beträgt die Verschleißgrenze a = 5 mm.

Einbauorte der Relais- und Sicherungshalter

Fünf für Reparatur- und Überprüfungsarbeiten relevante Einbauorte für wichtige Sicherungen, Relais und Kabelverbindungen sind

■ Die E-Box im Motorraum, unter einer Abdeckung im Wasserkasten links. In ihr sind der Sicherungshalter B (Sicherungen SB) und der Entstörkondensator C24 untergebracht

■ Die A-Säule Fahrerseite an der Schalttafel links mit einer 6-fach-Kupplungsstation

■ Die A-Säule Beifahrerseite an der Schalttafel rechts mit einer 6-fach-Kupplungsstation

■ In der Schalttafel links (Fahrerseite) der Sicherungshalter C (Sicherungen SC)

■ In der Schalttafel rechts (Beifahrerseite) der Sicherungshalter D (Sicherungen SD).

Von besonderer Bedeutung ist der Sicherungshalter Fahrerseite mit den meisten Sicherungen, die öfter einmal zugänglich sein müssen.

Dieser Sicherungshalter (Bild 8 Seite 157) wird wie der an der Beifahrerseite durch Abhebeln einer Abdeckung von der Stirnwand der Schalttafel zugänglich. Abhebeln am besten mit einem Kunststoff-Demontage Keil oder sehr vorsichtig mit einem kleinen Flachschraubendreher. Die genaue Sicherungsbelegung in den Haltern ist von der Fahrzeugausstattung abhängig. Richten Sie sich nach dem Belegungsschema, das als Aufkleber oder lose bei den Sicherungshaltern zu finden ist (Bild 1, Sicherungstabelle SC). In diesen Listen sind die Sicherungen fortlaufend nach ihren Steckplätzen nummeriert. Angegeben sind ihr Stromstärke-Wert (in A) und der von ihnen abgesicherte Verbraucher, im Beispielbild Dynamiklenkung, Kupplungssensor etc.

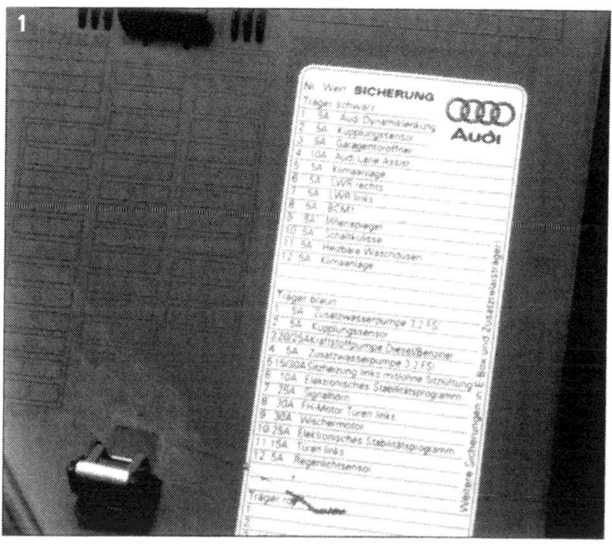

Scheinwerfergehäuse ausbauen, Lampen wechseln

Um die Lampen in den Hauptscheinwerfern zu wechseln, müssen die Scheinwerfergehäuse ausgebaut werden. Wir können Ihnen ohnehin nur empfehlen, an Scheinwerfern mit Halogenlampen zu arbeiten. Bi-Xenon-Lampen arbeiten mit Hochspannung. Wir raten davon ab, an ihnen in Selbsthilfe tätig zu werden.

■ Zündung ausschalten, Zündschlüssel abziehen. Lichtschalter in Stellung »0« drehen. Motorhaube öffnen, die vier Schrauben für Spreizclips aus der Abdeckung am Schlossträger herausdrehen, die Abdeckung am Schlossträger anheben und am Kühlergrill aushängen.

■ Die elektrische Steckverbindung am Scheinwerfer (Bild 1; hier beim linken Scheinwerfer) trennen. Die drei Befestigungsschrauben am Scheinwerfergehäuse herausdrehen.

■ Scheinwerfergehäuse nach vorn ziehen, bis die Scheinwerferführungen aus den Aufnahmen am Aufnahmeschlitten herausgeführt sind (Bild 2). Gehäuse zur Kotflügelseite schwenken und vom Aufnahmeschlitten abnehmen (Bild 3).

■ Der **Einbau** erfolgt sinngemäß umgekehrt. Dabei die Gehäuseaußenkante innen hinter dem Kotflügel ansetzen. Nach innen schwenken, dass die Führungsschienen am Gehäuse in die Aufnahmeführungen eingreifen. Gehäuse nach hinten

Abgekoppelt: Die Steckverbindung wird abgezogen.

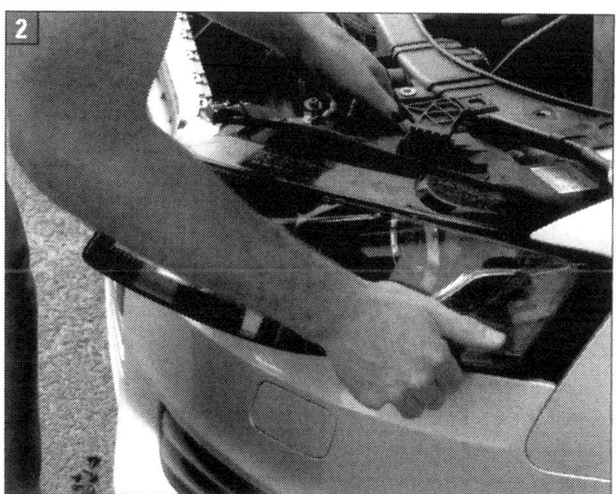

Scheinwerferausbau: Das Gehäuse wird herausgehoben.

bis zum Anschlag in die Aufnahme schieben. Das Gehäuse muss sich leicht und ohne Kraftaufwand einschieben lassen. Ferner ist darauf zu achten, dass die Scheinwerfer-Entlüftung gleichmäßig an der Aufnahme für den Entlüftungsschlauch aufgeschoben wird.

■ Der Lampenwechsel für Fernlicht (im Gehäuse zur Fahrzeugmitte) und für Abblendlicht (im Gehäuse mittig) erfolgt, indem die jeweiligen Gehäusedeckel hinten vom Scheinwerfergehäuse abgezogen werden. Die Lampen werden aus den Federklammern herausgezogen und von der Steckverbindung getrennt. Eine Aufstellung zu den erforderlichen Lampen geben wir später. Zum **Einbau** die Lampen über den Widerstand der Federklammern ins Gehäuse drücken und Steckverbindung anschließen.

■ Die Lampen für Tagesfahrlicht (vorn), für Standlicht und für Blinklicht (vorn) können nur gewechselt werden, indem das Scheinwerfergehäuse an dafür vorgesehenen Stellen (Blinddeckel) mit einem scharfen Teppichmesser aufgeschnitten wird. Für das Verschließen der Montageöffnung nach Lampenwechsel sind Gehäusedeckel lieferbar. Wir empfehlen diese Prozedur mit Schutzbrille, Schutzhandschuhen und Messer hier nicht. Auf jeden Fall beim Lampenwechsel die Glaskolben nicht mit der bloßen Hand berühren!

Scheinwerfergehäuse: Pfeile zeigen die Einstellschrauben.

■ Unmöglich ist ein etwa nötiger Wechsel der Lampe für Seitenmarkierungsleuchte vorn. Diese LED-Lampen sind ins Scheinwerfergehäuse integriert. Ein Austausch ist nur durch komplettes Ersetzen des Scheinwerfers möglich.

■ Auch der Stellmotor für die Leuchtweitenregelung kann nur durch Aufschneiden des Gehäuses gewechsel werden. Nach Wiedereinbau des Scheinwerfergehäuses die Spaltmaße kontrollieren und den Scheinwerfer einstellen.

Scheinwerfer provisorisch einstellen

■ Fahrzeug gegenüber der Einstellwand auf ebener Fläche abstellen. Der Abstand zwischen Front und Wand muss exakt fünf Meter betragen. Fahrzeug vorn und hinten mehrmals kräftig durchdrücken, damit sich die Federn setzen.

■ Die provisorische Einstellung (präzise Einstellung ist Werkstattsache!) erfolgt bei Abblendlicht. Damit wird gleichzeitig der Fernscheinwerfer eingestellt. Das vorgeschriebene Neigungsmaß beträgt 10 cm auf 10 m Entfernung (Projektionsabstand). Das Neigungsverhältnis in Prozent (bei 10 m / 10 cm ist es 1%) ist oben auf dem Scheinwerfergehäuse eingeprägt. Auf dieses Maß Scheinwerfer einstellen.

■ Den Abstand zwischen Boden und Mittelpunkt der beiden Scheinwerfer messen. Das Maß an der Wand markieren und die Punkte durch eine Linie (S 1) verbinden (Bild 4).

■ Etwa 5 cm darunter eine parallele Linie E an der Wand anzeichnen. Das ist die Neigung des Abblendlichts auf fünf Meter Entfernung.

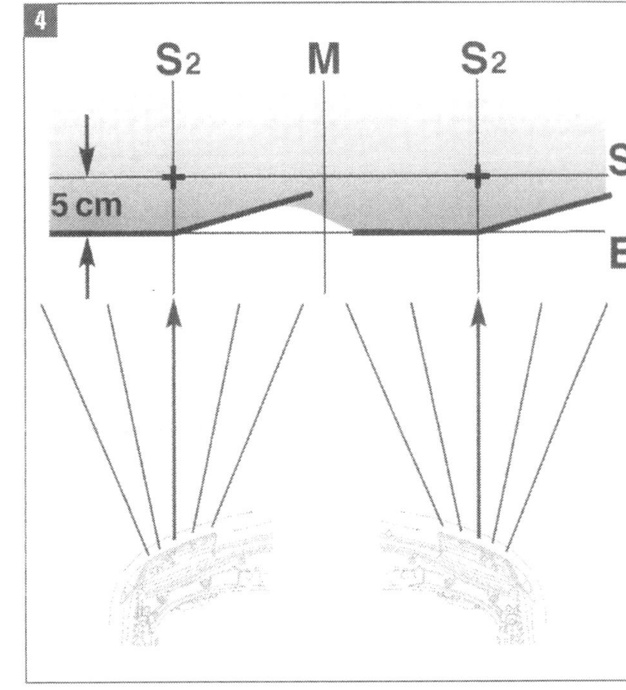

■ Durch das Heckfenster nach vorn peilen, von einem Helfer in Fahrzeugmitte senkrechte Linie M einzeichnen lassen.

■ Abstand zwischen Fahrzeugmitte und Mittelpunkt des Scheinwerfers (rechts und links) messen. Diese Werte sind auf die Hilfslinie S1 (rechts und links vom Schnittpunkt der Linion M und S1) zu übertragen und mit einem Einstellkreuz (S2) zu markieren. 5 cm unter diesen Kreuzen müssen die Abknickpunkte des Abblendlichts auf der Einstelllinie E justiert werden.

■ Die Scheinwerfer an ihren jeweils zwei Einstellschrauben (Rote Pfeile in Bild 3). Die Einstellschrauben zur Höhen- und Höhen-/Seitenverstellung des Hauptscheinwerfers sind auch im Falle einer Ausstattung mit Gasentladungslampen (Bi-Xenon) zu finden, diese Scheinwerfer werden aber automatisch eingestellt.

■ Zündung und Abblendlicht einschalten. Zur Verstellung an den beiden Einstellschrauben jeweils so lange drehen, bis die waagerechte Hell-Dunkel-Grenze des Abblendlichtstrahls mit der Einstelllinie E übereinstimmt.

■ Zur Seiteneinstellung die Einstellschraube in der Weise verdrehen, dass der Abknickpunkt im Abblend-Lichtbild genau auf das Einstellkreuz ausgerichtet ist. Dabei darf ein Streuanteil von 15 Prozent über der Linie liegen.

Nebelscheinwerfer: Für Nebelscheinwerfer ist Seitenverstellung nicht vorgesehen. Nur in der Höhe verstellen.

■ **Nebelscheinwerfer** im Stoßfänger: Das Neigungsmaß dieser Scheinwerfer beträgt 20 cm. Abdeckung aus den Verrastungen im unteren Teil des Stoßfängers ausclipsen.

■ Zum Verstellen der Leuchtweite die Einstellschraube drehen (Bild 5). Seitenverstellung ist nicht vorgesehen. Das Bild zeigt den rechten Nebelscheinwerfer. Beim linken ist die Einstellschraube spiegelbildlich angeordnet.

Heckleuchten (Schlussleuchten) ausbauen

■ Zündung ausschalten, Zündschlüssel abziehen. Lichtschalter in Stellung »0« drehen. Deckel der Kofferraumseitenverkleidung öffnen. Den Gewindebolzen (eingeklinktes Bild) herausdrehen.

■ Schlussleuchte außen (Limousine und Avant) nach außen schwenken und dabei den Haltebolzen aus der Karosserie aushängen. Die elektrische Steckverbindung trennen.

■ Zum Lampenwechsel die Lampenfassung aus der Leuchte (Bild 6) herausnehmen. Die Lampenfassung ist mit vier Schrauben befestigt. Herausdrehen, Lampenfassung abnehmen. Lampen wechseln. Eine Aufstellung der Lampen in der Heckleuchte geben wir in einer nachfolgenden Liste.

■ Bei der Limousine ist noch die Schlussleuchte innen auszubauen. Abdeckung abhebeln, Steckverbindung trennen, nach außen schwenken, von der Klappe abnehmen.

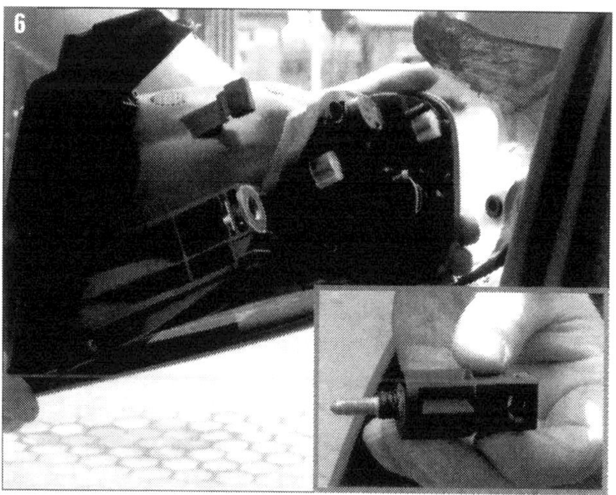

Ausgebaute Schlussleuchte: Wie beim Scheinwerfer, ist auch die Lampe für die hintere Seitenmarkierungsleuchte in der Leuchte integriert. Austausch ist nur durch komplettes Ersetzen der Heckleuchte möglich.

Innenleuchten ausbauen

Der Innenraum ist mit sehr vielen Leuchten (häufig LED) in Türen, Ablagen, Konsolen, Kofferraum und Dachhimmel ausgestattet. Aus- und Einbau folgen immer dem gleichen Prinzip.

■ Mit kleinem Flachschraubendreher, Abdrückhebel oder Montagekeil die Abdeckungen oder die komplette Leuchte aus dem Einbauort heraushebeln, Steckverbindung trennen. Dann zugängliche Lampen wechseln. Beim Einbau auf festes Verrasten achten.

■ Ausnahme die Lese-/Innenleuchte vorn: Brillenfach aufklappen, Schraube herausdrehen, Leuchte aus der Dachverkleidung nehmen.

Signalgeber prüfen

Die Signaleinrichtungen sind ein wichtiges Instrument, um andere Verkehrsteilnehmer zuverlässig über Fahrabsichten zu informieren. Jedes Kraftfahrzeug muss zum Abgeben von Warnzeichen mit entsprechenden Einrichtungen ausgestattet sein. Diese müssen in jeder Situation sicher funktionieren. Die Warnblinkanlage z. B. muss auch bei ausgeschalteter Zündung arbeiten, weswegen der Schalter direkt von Batterieplus versorgt wird. Vorschrift ist, die Einrichtungen regelmäßig zu prüfen.

Warnblinkanlage: Drücken Sie bei ausgeschalteter Zündung auf den Druckschalter mit dem rot umrandeten Dreieck. Alle vier Blinklampen und die Kontrollleuchte im Druckschalter sollten im gleichen Rhythmus aufleuchten.

Richtungsblinker: Zündung einschalten, Blinkerhebel drücken. Die beiden Blinker auf der Fahrzeugseite müssen im gleichen Rhythmus blinken, ebenso die Blinkerkontrolle im Kombiinstrument.

Bremsleuchten: Fahrzeug mit dem Heck zu einer (Garagen-)Wand stellen, Bremspedal drücken. Die Wand muss dann rot aufleuchten. Oder sie lassen sich von einem Helfer Bescheid sagen. Funktionieren beide Bremsleuchten nicht: Sicherung und Bremslichtschalter prüfen.

Leuchten und Lampen im Audi A4

Leuchte	Lampe	Daten
Fernlicht	H7	12 V/55 W
Abblendlicht	H7	12 V/55 W
Xenon-Licht	D3S	42 V/35 W
Rückfahrlicht	W16W	12 V/16 W
Schlusslicht/ Nebelschlusslicht	H21W	12 V/21 W
Schlusslicht/ Bremslicht	H21W	12 V/21 W
Blinklicht vorn und hinten	H21W	12 V/21 W
Kennzeichenleuchte	Soffitte	12 V/5 W
Innenleuchten wie im Handschuhfach	Soffitte	12 V/5 W
Einstiegs- und Türwarnleuchten	Soffitten	12 V/3 W
Innen-/Leseleuchten	Soffitten	12 V/10 W
	Soffitten	12 V/5 W

Bei etwaigen Ausfällen von LED müssen die betreffenden Leuchten meist komplett ausgewechselt werden.

Lichthupe: Funktioniert die Lichthupe nicht, obwohl die Scheinwerfer bei eingeschalteter Beleuchtung brennen, zuerst prüfen, ob an den beiden roten Klemme-30-Kabeln zum Lenkstockschalter Spannung anliegt. Ist dies der Fall, dürfte der Lichtumschalter im Hebelschalter defekt sein.

Signalhorn: Betätigen Sie die Druckplatte auf dem Lenkrad. Die Hupe muss ertönen.

Bei der Ausstattung mit zahlreichen Steuergeräten werden zunehmend mehr Funktionen über diese Geräte verarbeitet. Wenn sich bei Störungen und Fehleranzeigen nichts an Schaltern und Leitungen findet, müssen der (oder die) Fehlerspeicher ausgelesen werden.

Signalhörner ausbauen

■ Tieftonhorn am Aufprallträger vorn rechts, Hochtonhorn am Aufprallträger vorn links angeschraubt.

■ Jeweilige Radhausschale ausbauen, Mutter (9 Nm) abschrauben, Steckverbindung trennen, Horn abnehmen.

Spezialwerkzeug in Selbsthilfe

Der Wischerblattwechsel mag noch in Eigenarbeit funktionieren: Wischer in Servicestellung, Wischerarm von der Frontscheibe abheben und Halteklammer (roter Pfeil im Bild) drücken. Dann lässt sich das Wischerblatt vom Wischerarm abziehen (weißer Pfeil). Einbau: einschieben, einrasten.

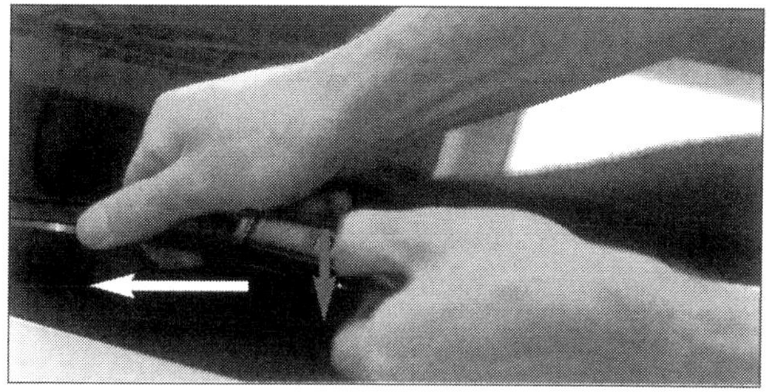

Schwierig wird es, wenn sie den ganzen Wischerarm wegen eines besseren Modells wechseln möchten oder müssen. Für diese sensible Arbeit hat der Volkswagenkonzern einen ganzen Werkzeugsatz im Koffer entwickelt, dessen Inhalt (T10369) natürlich auch für den A4 passt. Aber wer hat den schon? Muss der Arm ab, dann fahren Sie den Wischer in die Servicestellung und hebeln mit einem Schraubendreher die Abdeckkappen von den Muttern an den Wischerachsen. Mutter etwas lösen, und nun müsste der Abzieher T10369/1 angesetzt werden. Zangen und Ähnliches würden nur Schaden anrichten.
Eventuell aber haben Sie oder ein Bastlerfreund einen anderen, zumeist größeren Abzieher im Werkzeugbestand. Polstern Sie den Wischerarm mit einem 10 cm langen Rundstück aus dickem Schaumkunststoff zur Rohrisolierung. Setzen Sie den Abzieher an, lassen die Klauen fest ins Plastikmaterial greifen, aber nicht durchdrücken und drehen an der Druckstückschraube. Langsam aber sicher gleitet der Wischerarm von der Achse.

Quetschverbindungen beherrschen

Bei den verschiedensten Ergänzungen und zusätzlichen Einbauten, die das reiche Ausstattungsprogramm des A4 vom 3-Zonen-Klima über den belüfteten Sitz bis zum Bluetooth-Autotelefon bereit hält, sind Eingriffe ins und Arbeiten am Leitungsnetz nicht zu vermeiden. Schon die zahllosen Leuchten mit Lampen und LED oder das Dutzend Lautsprecher der aufwändigen Soundsysteme fordern unerschrockenes Verlegen und Verbinden von Leitungen. Das ist aber durchgängig nur mit Quetschverbindungen erlaubt. Gelötet wie in alten Zeiten darf hier nichts werden.
Nötige Werkzeuge sind die Crimpzange (Bild 1) zum Zusammenquetschen der Leitungen mit einem Quetschverbinder und das Heißluftgebläse mit »Schrumpfaufsatz« (Bild 2) zum Schrumpfen der Quetschverbinder, damit keinerlei Feuchtigkeit eindringen kann. Der verbinder wird mit dem Gebläse von der Mitte nach außen in Längsrichtung erhitzt, bis er vollständig abgedichtet ist und der Kleber an den Enden austritt. Wenn mehrere so verbundene Leitungen nebeneinander liegen: Die Quetschverbinder versetzt anordnen (Bild 3)!

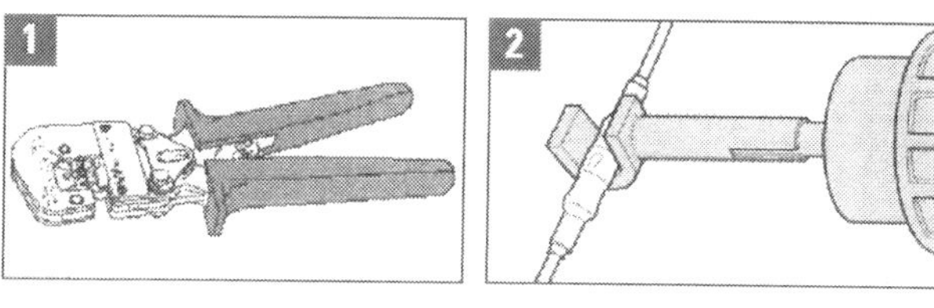

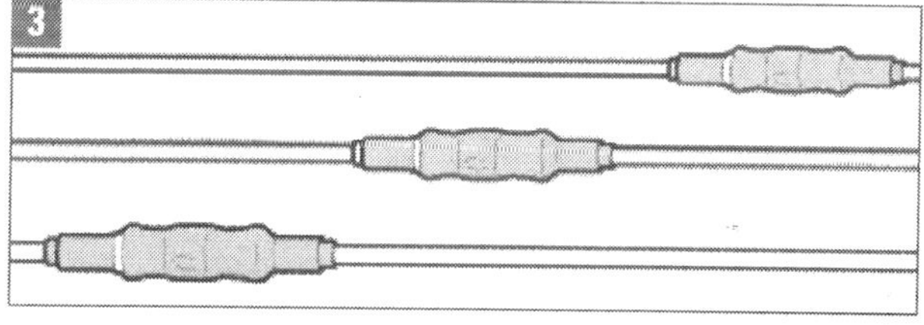

Spannungsregler genau prüfen

Ehe man ihn nur auf Verdacht abbaut und prüft, kann man noch auf Nummer sicher gehen und messen. Der Regler, an die Lichtmaschine angeschraubt, reguliert die Betriebsspannung je nach Temperatur von Batterie und Umgebung im Normalfall auf Werte zwischen 13,8 und 14,5 Volt im »14-Volt-Toleranzfeld«. Wenn Sie ein Multimeter zwischen Plusklemme der Lichtmaschine (wie Batterieplus mit rotem Kabel) und Masse klemmen, den Generator per Motorkraft kurz warmlaufen lassen und ein paar Verbraucher einschalten (Standlicht, Radio, Gebläse), dann müsste die Regulierspannung im Toleranzfeld liegen. Ist sie höher, muss der Regler gleich ausgetauscht werden. Ist sie niedriger, dann hat das meist mit den Schleifkohlen zu tun. Reparieren oder austauschen.

Batterie und Lichtmaschine

Störung	Was kann das sein?	Was muss ich tun?
A Rote Ladekontrolle brennt nicht beim Einschalten der Zündung	**1** Batterie leer	Mit Starthilfekabel starten oder Wagen anschleppen
	2 Batteriekabel gebrochen. Kabelklemmen lose oder oxidert	Batteriekabel und -klemmen kontrollieren
	3 Kontrollleuchte defekt	ersetzen
	4 Kabelweg zwischen Zündschloss, Kontrollampe und Lichtmaschine unterbrochen	Stromweg mit Prüflampe kontrollieren
	5 Schleifkohlen abgenutzt	Regler tauschen
	6 Spannungsregler defekt	Regler austauschen
	7 Lichtmaschine schadhaft	Lichtmaschine überholen oder austauschen
	8 Feuchtigekit bildet einen isolierenden Schmierfilm zwischen den Schleifringen und Kohlen (z.B. nach Motorwäsche)	Lichtmaschine mit Druckluft ausblasen oder Schleifringe und Kohlen sauberreiben
B Ladekontrolle brennt oder glimmt bei laufendem Motor	**1** Keilrippenriemen lose bzw. ohne Spannung	Keilrippenriemenspannung kontrollieren
	2 Mangelnder Kontakt an Kabelanschlüssen der Lichtmaschine oder unterbrochene Kabel	Kabelanschlüsse und Kabel prüfen
C Batterieoberfläche feucht	**1** Zuviel destilliertes Wasser eingefüllt	Ausgasen lassen, keine Säure absaugen
	2 Batterieverschlüsse verstopft	Entlüftungslöcher säubern
	3 Spannungsregler defekt	austauschen
D Batterie gast stark	**1** Spannungsregler defekt	Regler austauschen

Anlasser

Störung	Was kann das sein?	Was muss ich tun?
A Beim Drehen des Zündschlüssels in Startstellung dreht der Anlasser zu lange oder gar nicht	**1** Kontrollampen brennen schwach oder verlöschen **1a** Batterie entladen **1b** Kabelanschlüsse lose oder oxidiert **1c** Batterie entladen	Mit Starthilfekabel starten, Auto anschieben/anschleppen, Kabel befestigen, Anschlüsse säubern, Anlasser überholen lassen oder austauschen
	2 Kontrollampen brennen hell, Klicken aus Richtung Anlasser immer noch nicht: **2a** Kohlenbürsten bzw. deren Anschlüsse im Anlasser gelöst **2b** Kontakte im Magnetschalter verschmort **2c** Anlasserwicklung schadhaft	Anlasser überholen lassen oder austauschen
B Der Anlasser dreht, aber der Motor dreht nicht	**1** Ritzel verschmutzt	Ritzel reinigen
	2 Einrückvorrichtung klemmt	Anlasser überholen lassen
	3 Verzahnung des Ritzels oder der Motorschwungscheibe beschädigt	Wagen bei eingelegtem Gang durch Helfer ein Stück vorschieben lassen. Erneut starten. Beschädigte Teile ersetzen
C Magnetschalter schaltet schnell ein und aus. Anlasser läuft nicht an	**1** Batterie stark entladen, beim Einschalten des Magnetschalters fällt die Spannung ab und er schaltet wieder aus	Batterie laden
	2 Einrückvorrichtung klemmt	Anlasser überholen lassen
	3 Verzahnung des Ritzels oder der Motorschwungscheibe beschädigt	Wagen bei eingelegtem Gang durch Helfer ein Stück vorschieben lassen – Zündung aus! Erneut starten. Beschädigte Teile ersetzen
D Anlasser läuft weiter, obwohl der Zündschlüssel losgelassen wurde	**1** Magnetschalter hängt oder schaltet nicht ab	Zündung sofort abschalten, notfalls Batterie abklemmen. Magnetschalter reparieren oder Anlasser austauschen
	2 Zünd-/Anlassschalter defekt	Schalter ersetzen
E Ritzel spurt nach Anspringen des Motors nicht aus	**1** Rückstellfeder des Einrückhebels lahm oder gebrochen	Motor abstellen, Anlasser austauschen

Hupe

Störung	Was kann das sein?	Was muss ich tun?
A Hupe tönt nicht	**1** Sicherung defekt	Ersetzen
	2 Kabel vom Lenkrad zur Hupe unterbrochen	Kabelverlauf kontrollieren, Steckkontakte der Hupe blankkratzen
	3 Hupe defekt	Prüfen, ggf. ersetzen
	4 Relais defekt	Prüfen, ggf. ersetzen
B Hupe tönt dauernd	**1** Hupenkontakt vom Lenkrad defekt. Kabel vom Hupenkontakt zur Hupe hat Dauerstrom	Schwarz/gelbes Kabel von der Hupe abziehen. Hupt es nicht mehr, Hupenkontakt bzw. Kabel reparieren lassen
	2 Hupe hat inneren Masseanschluss	Hupe ersetzen. Unterwegs Kabel von der Hupe abziehen

Bremslicht

Störung	Was kann das sein?	Was muss ich tun?
A Eine Bremsleuchte brennt nicht	**1** Glühlampe durchgebrannt	Austauschen
	2 Masseverbindung unterbrochen. Brennen alle übrigen Lampen in derselben Heckleuchte?	Kabel kontrollieren
	3 Unterbrechung in der Zuleitung	Kabel kontrollieren
B Beide bzw. alle drei Bremslichter brennen nicht	**1** Sicherung defekt	Ersetzen
	2 Bremslichtschalter defekt	Überprüfen, ggf. ersetzen
	3 siehe A1 und A3	
C Bremslicht brennt dauernd	**1** Kabel zum Bremslichtschalter haben direkten Kontakt	Kabel kontrollieren

Warnblink- und Blinkanlage

Störung	Was kann das sein?	Was muss ich tun?
A Kontrollampe für Richtungsblinker leuchtet in ganz kurzen Intervallen auf. Normaler Blinkrhythmus beim Warnblinken	**1** Eine Glühlampe defekt oder ohne Kontakt	Auswechseln
B Blinkleuchten und Kontrolleuchte brennen bei Richtungs- und Warnblinken dauernd oder gar nicht	**1** Blinkrelais defekt	Auswechseln
C Richtungsblinken funktioniert, aber kein Warnblinken	**1** Sicherung defekt	Auswechseln
	2 Kabel vom Steckkontakt am Warnblinkschalter zur Sicherung bzw. Blinkerrelais unterbrochen	Durchgang kontrollieren, ggf. erneuern
	3 Warnblinkschalter defekt	Auswechseln
D Warnblinken funktioniert, aber kein Richtungsblinken	**1** Kabel zwischen Blinkerschalter und Blinkerrelais unterbrochen	Durchgang kontrollieren, ggf. erneuern.
	2 Blinkerschalter defekt	Auswechseln (lassen)
	3 Sicherung defekt	Ersetzen
E Kein Richtungs- und kein Warnblinken	**1** Sicherung defekt	Auswechseln
	2 Warnblinkschalter defekt	Auswechseln

Antrieb: Motor und Öl, Kühlung und Getriebe

Laut Audi-Statistik für 2007 erzielte das Unternehmen mit 980.880 Automobilen einen Jahres-Produktionsrekord. Wesentlichen Anteil an diesen Zahlen hatten die neuen leistungsfähigen Triebwerke wie der 3.2 FSI im Bild, die durchgängig Direkteinspritzer sind. Wartung der Motoren am Schmier- und am Kühlsystem sowie die Anbindung der Triebwerke ans Fahrwerk über das Getriebe sind Gegenstand dieses Kapitels.

Der Motor

Erfolg mit neuen Motoren

Limousine und später auch Avant der A4-Reihe (Produktionscode 8 K) gingen mit starken, kultivierten Motoren an den Start. Nach Ergänzung decken sie inzwischen eine Spanne von 88 bis 195 kW (120 bis 265 PS) ab. Alle Aggregate sind Direkteinspritzer. Die Ottomotoren nutzen dazu die bislang anderen Verfahren überlegene FSI-Technologie.
Die Vierzylinder arbeiten mit Turboaufladung, der frei saugende Sechszylinder mit der innovativen Ventilsteuerungstechnik »Audi valvelift system«. Bei ruhigem Lauf und souveräner Kraftentfaltung verbrauchen alle Motoren erheblich weniger Treibstoff als ihre Vorgängermodelle. Bei den Benzinern sank der Verbrauch um durchschnittlich 13%.

Effektive FSI-Technologie

Das FSI-Verfahren ist ein großer Technologiesprung. Dabei wird der Kraftstoff mit bis zu 100 bar Druck direkt in die Brennräume injiziert. Das Verdampfen des Kraftstoffs entzieht den Brennräumen Wärme. Dadurch wird beim Sechszylinder das hohe Verdichtungsverhältnis von 12,5:1 möglich, das stark zur hocheffizienten Verbrennung beiträgt.
Je nach Last und Drehzahl schaltet eine elektronisch gesteuerte Klappe im Kunststoff-Saugrohr zwischen langen Ansaugwegen für starken Durchzug und kurzen Wegen für hohe Leistung um. Dieses Verfahren verbessert den Wirkungsgrad und damit die Effizienz.
FSI-Motoren erzielen mehr Leistung und Dynamik bei sparsamem Kraftstoffeinsatz als konventionelle Aggregate mit Saugrohreinspritzung. Diese Art der Benzindirekteinspritzung hatte ihr überlegenes Potenzial erstmals vor acht Jahren nachgewiesen, als im Juni 2001 ein solcher Motor den Sportprototypen Audi R8 zum Gesamtsieg beim 24-Stunden-Rennen von Le Mans beschleunigte. In den Jahren danach

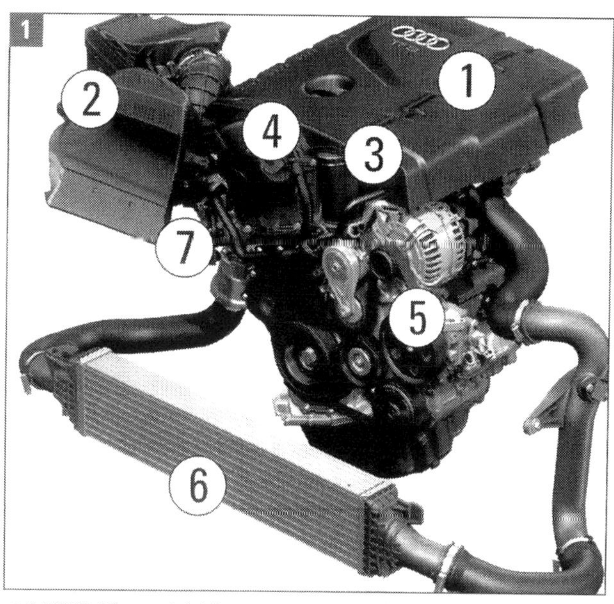

1.8 TFSI-Motor: (1) Motorabdeckung, (2) Ansaugluftführung mit Luftfilter, (3) stehender Ölfilter, (4) Steuerkette unter der Abdeckung am Zylinderkopf, (5) Keilrippenriementrieb mit Generator, (6) Ladeluftkühler, (7) Turbolader.

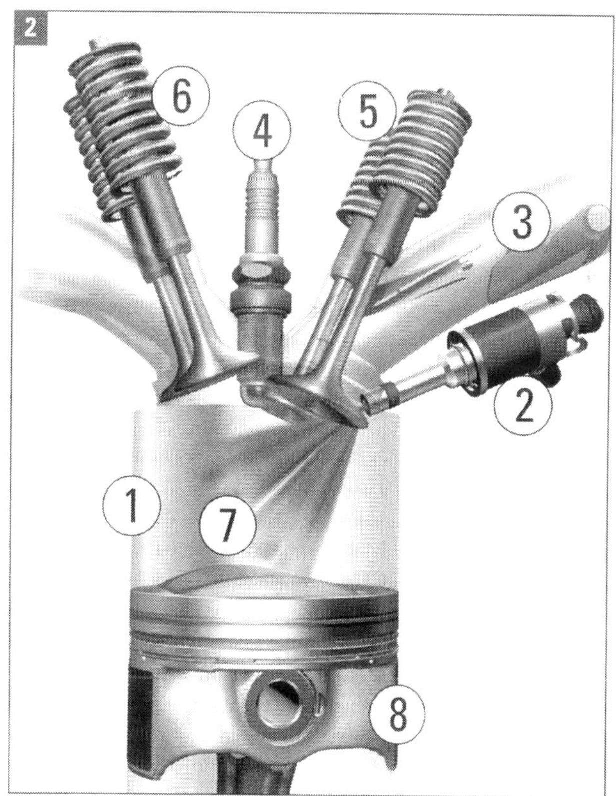

FSI-Technologie: (1) Zylinderbrennraum, (2) Einspritzventil, (3) Frischluft, (4) Zündkerze, (5) Einlassventile, (6) Auslassventile, (7) in zwei Phasen (Saughub/Kompressionshub) eingespritzter Kraftstoff, (8) Kolben mit Pleuel.

bewiesen die Motoren bei noch zahlreichen Siegen nicht nur Kraft, sondern auch Zuverlässigkeit und Qualität.

Der Top-Benziner 3,2 Liter V6

Der neue 3.2 FSI übernimmt im Audi A4 die Rolle des Top-Benziners (Auftaktbild: Motorraum). Gegenüber dem Vorgängermodell wurde der souveräne, hochkultivierte V6 stark überarbeitet. Er vereint jetzt die erwähnte Ventilsteuerung »Audi valvelift system« und die Benzin-Direkteinspritzung FSI mit verschiedenen Maßnahmen, die die innere Reibung vermindern und damit die Effizienz weiter verbessern.
Als Mitglied der modernen V-Motoren-Familie von Audi zeichnet sich der 3.2 FSI durch einen Zylinderwinkel von 90 Grad, durch kompakte Abmessungen und durch das niedrige Gewicht von 171 kg aus. Sein Kurbelgehäuse besteht aus einer Aluminium-Silizium-Legierung. Davon profitieren das Gesamtgewicht des Wagens und die Verteilung der Achslasten.
Der 3.2 FSI produziert aus 3197 cm³ Hubraum 195 kW (265 PS), sein Drehmomentmaximum von satten 330 Nm stellt er konstant von 3.000 bis 5.000 1/min bereit (Bild 3). Er beschleunigt den A4 quattro mit Sechsgang-Schaltgetriebe in nur 6,2 Sekunden auf 100 km/h und weiter auf abgeregelte 250 km/h Höchstgeschwindigkeit. Seit Anfang 2008 fährt der 3.2 FSI quattro auch mit Sechsstufen-Automatikgetriebe tiptronic.

Sparsames Kraftpaket

Die imposante Kraftentfaltung ist mit ungewöhnlich niedrigem Verbrauch verbunden. Beim erwähnten 3.2 FSI quattro mit Schaltgetriebe (Bild 4) beträgt er nur 9,2 Liter/100 km. Im Vergleich zum Vorgänger mit 188 kW Leistung sank der Konsum um volle 1,2 l/100 km, während sich der Beschleunigungswert um zwei Zehntelsekunden verbesserte.
Etwa die Hälfte des Verbrauchsfortschritts geht auf das Konto des Valvelift-Systems. Diese neue Technologie der Ventilsteuerung spart gut fünf Prozent Kraftstoff ein. Mit ihr wird der Ventilhub in zwei Stufen variabel gesteuert. Das sorgt für eine exzellente Füllung der Brennräume in jeder Situation.

Einfach und effektiv

»Valvelift« regelt die Menge der angesaugten Luft über die Öffnung der Einlassventile. Die Drosselklappe kann zumeist voll geöffnet bleiben, die unerwünschten Drosselverluste entfallen weitgehend. Der Motor kann frei atmen, er erzielt mehr Leistung und Drehmoment und verbraucht weniger.
Statt konventioneller Techniken mit komplizierten und schwerfälligen Elementen zwischen den Nockenwellen und den Ventilen hat Audi die Betätigung direkt auf die Nockenwellen verlegt. Die Einlassnockenwellen des V6 sind mit Verzahnungen versehen, auf denen zylindrische Hülsen sitzen. Diese »Nockenstücke« tragen nebeneinander zwei unterschiedliche Profile für kleine und große Ventilerhebungen.
Die genial einfache Lösung ist von hoher Effizienz. Von blitzschnell schaltender Elektromechanik angetrieben, greifen Metallstifte in spiralförmige Nuten auf den Flanken der rotierenden Nockenstücke ein und verschieben sie um 7 mm auf den Wellen. Bei Teillast betätigen die kleinen Nockenprofile die Rollenschlepphebel der Ventilsteuerung. Hier öffnen die Ventile 2,0

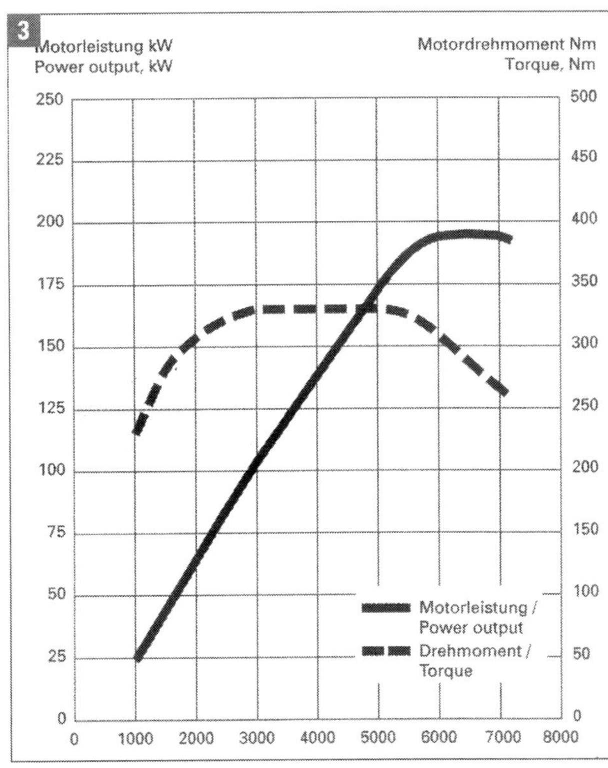

3.2 FSI: Stabiles Drehmoment, hohe Spitzenleistung.

beziehungsweise 5,7 mm weit. Diese unterschiedliche Öffnung lässt das Gemisch gezielt verwirbeln und damit besonders sauber verbrennen. Bei Volllast sorgt das große Profil für eine Öffnung von jeweils 11,0 mm. Die Umschaltvorgänge spielen sich im Bereich von 700 bis 4.000 1/min innerhalb von zwei Kurbelwellenumdrehungen ab.
Flankierende Maßnahmen des hochintelligenten neuen Motormanagements sorgen für sanfte und unmerkliche Übergänge. Was der Fahrer spürt, sind ein geschmeidiger, turbinenartiger Kraftaufbau und ein spontanes Ansprechverhalten. Seine größten Einsparpotenziale realisiert das valvelift system bei konstanter Geschwindigkeit im mittleren Teillastbereich. Bei ruhiger Autobahnfahrt mit 150 km/h im sechsten Gang (etwa 4.000 Umdrehungen pro Minute) arbeitet der Motor noch im kleinen Ventilhub.

Weitere Innovationen

Fortschritte beim 3.2 FSI betreffen auch die Steuerketten, die die Nockenwellen antreiben. Sie sind wie bei allen V-Motoren von Audi platzsparend auf der Rückseite des Motors platziert. Die Zwischenräder und die Zahnräder an den Wellen erhielten mehr Zähne, was leiseren Lauf und niedrigere Kräfte an den Ketten bewirkt. Ähnlich wirkt die triovale, minimal dreieckige Gestaltung der Kettenräder.
Die drei neu entwickelten Simplex-Rollenketten sind auf ruhigen Lauf und höchste Verschleißfestigkeit optimiert. Wartungsmaßnahmen oder gar ein Wechsel sind unter normalen Umständen auf Lebenszeit nicht notwendig.

WISSENSWERTES: Das Viertaktprinzip

Bei den Viertaktmotoren umfasst ein Arbeitszyklus des Kolbens im Zylinder vier Takte. Der Raum, den die Kolben bei ihrer Bewegung innerhalb der Zylinder durchmessen, ist der Hubraum. Wenn der Kolben darin seinen höchsten Punkt erreicht hat, bleibt noch der Brennraum, in dem sich das Kraftstoff-Luft-Gemisch befindet. Hubraum und Brennraum bilden zusammen den Zylinderraum.

Das Verhältnis des Zylinderraums zum Brennraum gibt an, auf den wievielten Teil des Zylinderraums das Kraftstoff-Luft-Gemisch verdichtet wird. Bei den A4-FSI-Motoren beträgt die Verdichtung 9,6:1 (1.8 und 2.0 TFSI) und 12,5:1 (3.2 FSI). Die vier Takte sind:

- Einspritzen: Der Kolben gleitet zum Unteren Totpunkt UT. Die beiden Einlassventile öffnen, das Einspritzventil arbeitet, Kraftstoff und Luft strömen in den Zylinder.
- Verdichten: Der Kolben bewegt sich vom UT zum Oberen Totpunkt OT. Die Einlassventile schließen. Der Kolben verdichtet das eingeströmte Gemisch.
- Verbrennen: Kurz vor dem OT springt der Zündfunke über (»Zünd-OT«). Das Gemisch verbrennt und drückt den Kolben zum UT. Sein Pleuel dreht die Kurbelwelle.
- Ausstoßen: Der Kolben geht wieder nach oben. Die Auslassventile öffnen, die verbrannten Gase werden ins Auspuffsystem (und bei den TFSI in den Turbolader) geschoben.

Kraftvoll in jeder Situation: Der 3.2 FSI quattro.

Auch die Ölpumpe wurde stark modifiziert. Sie wurde im Fördervolumen um 30 Prozent verkleinert und arbeitet Volumenstrom-geregelt und somit bedarfsgerecht. Bei 4.600 1/min Motordrehzahl wechselt sie von der niedrigen auf die hohe Druckstufe. Dann werden auch die Spritzdüsen für die Kolbenböden zugeschaltet, die die Bildung von Temperaturspitzen verhindern. Unmittelbar neben der Pumpe ist ein kombinierter Wasser-/Ölkühler montiert.
Alle diese Maßnahmen plus verkleinerte Wasserpumpe und verminderte Kolbenringspannung senkten die Reibungsverluste des Motors

deutlich. Der Reibmitteldruck bei 2.000 U/min reduzierte sich um 0,22 bar, was 25% entspricht. Effekt: ca. 5% Kraftstoffeinsparung.

Die 2,0- und 1,8-Liter-TFSI

Auch die kleineren Benziner repräsentieren Spitzenstellung im Motorenbau. Der 2,0 Liter-TFSI ist im Frühjahr 2008 zum vierten Mal in Folge von einer Jury anerkannter Motorjournalisten aus 32 Ländern in der Kategorie 1,8- bis 2,0-Liter zum Motor des Jahres gekürt worden. Die Jury urteilte, dass der Audi-Motor »die Messlatte für Effizienz und Leistung in seiner Kategorie« und ein »großartiges Beispiel« für ein hochflexibles Antriebsaggregat ist. Audi war der weltweit erste Hersteller, der die Benzin-Direkteinspritzung mit Turboaufladung in der Großserie kombinierte.
Die Erfolgsgeschichte des 2.0 TFSI startete im Sommer 2004 mit dem Audi A3 Sportback. Das Triebwerk war bis Frühjahr 2008 weltweit schon über eine Million Mal verkauft worden. Seit Mai 2008 ist es (im Audi TTS) mit 200 kW zu erhalten. Die neueste und leistungsstärkste Version bietet zwischen 2.500 und 5.000 1/min das Drehmomentplateau von 350 Newtonmeter. Der 2.0 TFSI ist auch im A4 Cabriolet (Bild 5) in drei Leistungsklassen (125 kW/170 PS, 147 kW/200 PS und 195 kW/265 PS) erhältlich.

Der Vierzylinder 1.8 TFSI

Der 1.8 TFSI vereint die großen Vorteile von Direkteinspritzung und Turboaufladung zu einem

Starker 2.0 TFSI: Motorraum des Audi A4 Cabriolet.

WISSENSWERTES

ABC der Motorbauteile

■ Keilrippenriemen: Treibt per Motor Nebenaggregate wie Generator, Kühlmittelpumpe und den Kältemittelverdichter der Klimaanlage.

■ Kolben: Bewegen sich in den Zylindern, nehmen den Verbrennungsdruck auf und geben ihn über die Pleuel an die Kurbelwelle weiter. Bestehen aus Kolbenboden, Ringzone mit Kolbenringen und Bolzenaugen für die Kolbenbolzen. Die Verdichtungsringe (oben) verhindern Gasentweichen aus dem Verbrennungsraum. Der Ölabstreifring (unten) führt Schmieröl vom Zylinder in die Ölwanne zurück.

■ Kurbelwelle: Wandelt das Auf und Ab der Kolben in eine Drehbewegung um. Ihre Teile sind Wellenzapfen (für Lagerung im Kurbelgehäuse) und Kurbelzapfen. Kurbelwangen verbinden Wellen- und Kurbelzapfen.

■ Motorblock: Hier sind die beweglichen Teile gelagert, auch Aggregate wie Generator und Anlasser.

■ Nockenwelle: Öffnet und schließt die Ventile. Jedes Ventil wird über Rollenschlepphebel von einem Nocken betätigt. Die Nockenwelle wird von der Kurbelwelle angetrieben.

■ Pleuel: Verbinden Kolben und Kurbelwelle. Kopf umschließt den Kolbenbolzen. Ferner Schaft und Fuß. Pleuellagerdeckel umschließen den Kurbelzapfen.

■ Turbolader: Baugruppe zur Aufladung, d. h. zur besseren Versorgung des Zylinders mit Frischluft für die Verbrennung. Steigert die Motorleistung.

■ Ventile: Die Einlassventile lassen Frischgas in den Zylinder, die Auslassventile Abgase in den Auspuff.

■ Zylinder: Bilden mit dem Zylinderkopf den Verbrennungsraum (Hubraum). Glatt ausgeschliffen (gehont) und auf Kolbendurchmesser abgestimmt.

■ Zylinderkopf: Schließt den Zylinderraum nach oben ab. Enthält Ansaug- und Abgaskanäle, Wasserkanäle, Ventilsitze, Lager und Führungen für Ventilsteuerung, Einspritzventile und Zündkerzengewinde. Zylinderkopfdichtung hält Luft und Kühlwasser fern.

idealen Technikpaket. Er offeriert 118 kW (160 PS) Leistung und ein hohes maximales Drehmoment von 250 Nm, das in dem breiten Drehzahlbereich von 1.500 bis 4.500 konstant zur Verfügung steht (Bild 6). Er läuft hochkultiviert und leise und liefert einen satten Durchzug.
In der Version mit Sechsgang-Schaltgetriebe sorgt der 1.8 TFSI für eine Höchstgeschwindigkeit von 225 km/h und eine Beschleunigung von 8,6 Sekunden vom Stand auf 100 km/h. Beim neuen A4 begnügt sich dieser Motor mit nur 7,1 l/100 km, das ist ein Liter Kraftstoff weniger als beim Vorgängermodell. Mit einer Verdichtung von 9,6:1 ist der Motor auf Superbenzin (95 ROZ) ausgelegt.

Nachfolger mit besseren Karten

Für den 1.8 TFSI wurde das mit dem 2.0 TFSI vorgestellte Konzept intensiv weiterentwickelt. Der 1.8 TFSI hat noch bessere Karten als der mehrfache »Motor des Jahres«. Er liefert mit seinem kleinen Hubraum und Turboaufladung

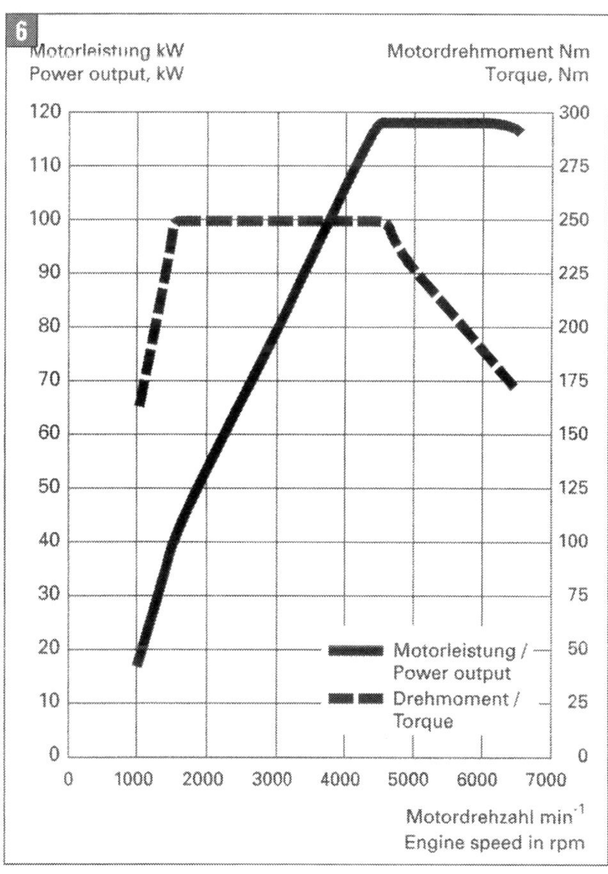

1.8 TFSI: Breite Leistungsspitze bei stabilem Drehmoment.

so viel Leistung wie vor einigen Jahren noch ein saugender V6, verbraucht aber viel weniger Benzin. Er wird alternativ zur Handschaltung auch mit der stufenlosen Automatik multitronic eingebaut.
Das Kurbelgehäuse des 1.8 TFSI besteht aus Grauguss, der akustisch gut dämmt. Es wiegt dennoch nur 33 kg bei einem Motorgesamtgewicht von lediglich 135 kg. Im Gehäuse rotieren zwei Ausgleichswellen gegenläufig, sie tilgen bauartbedingte freie Massenkräfte. Auch die steife Grundstruktur des Blocks sowie die optimierten Anbauteile und Deckel helfen, Brummgeräusche und Vibrationen zu eliminieren.
Die Zahnkette zum Antrieb der Ausgleichswellen wurde ebenfalls auf leisen Lauf ausgelegt. Eine weitere Zahnkette läuft zur Ölpumpe, die mit Volumenstrom-Regelung und in zwei Stufen gesteuertem Druck 0,2 l Kraftstoff auf 100 km spart. Eine dritte Zahnkette treibt die beiden Nockenwellen an. Der neue Versteller, der die Einlassnockenwelle stufenlos um 60 Grad Kurbelwelle verdreht, reagiert besonders spontan.
Der Nebenaggregatehalter fasst Ölkühler, Ölfilter und beide Öldruckschalter zusammen. Der aufrecht stehende Ölfilter ist für Servicemaßnahmen sehr gut zugänglich (Bild 1).

Optimierter Turbolader

Der Einspritzdruck ist auf 150 bar gesteigert worden. Die neu entwickelte Hochdruckpumpe wird über einen Vierfach-Nocken an der Auslassnockenwelle angetrieben. Die ebenfalls neuen Sechsloch-Injektoren verteilen den Kraftstoff für effiziente Verbrennung exakt im Brennraum. Nach dem Kaltstart findet eine Doppeleinspritzung statt, die in den Saughub und in den Kompressionshub aufgeteilt ist (Bild 2). Sie sorgt für saubere und stabile Verbrennung und bringt die motornah platzierten Keramik-Katalysatoren rasch auf Betriebstemperatur.
Um die Füllung der Zylinder kümmert sich der wassergekühlte Turbolader, ein K03 von Borg Warner (Bild 7). Sein Turbinengehäuse ist mit dem Krümmer in einem Modul aus hochlegiertem Grauguss integriert. Ein optimiertes Turbinenrad verbessert das Ansprechverhalten im unteren Drehzahlbereich. Bei 2.000 Umdrehungen pro Minute braucht der 1.8 TFSI nur 1,2 Se-

kunden, um sein maximales Drehmoment von 250 Nm aufzubauen. Der Vorgängermotor mit ebenfalls 1,8 Liter Hubraum nahm sich noch 1,7 Sekunden Zeit für dann 225 Nm.
Im Ansaugsystem erzeugt eine neue Ladungsbewegungsklappe die notwendigen Turbulenzen für homogene Gemischbildung in hoher Qualität. Auch der kleine Ladeluftkühler mit hohem Wirkungsgrad und geringem Gewicht (Bild 1) ist neu. Bei allen Turbomotoren im neuen A4 ist er unterhalb des Stoßfängerquerträgers vor dem Wasserkühler montiert, um vom Luftstrom des Ventilators zu profitieren.

7

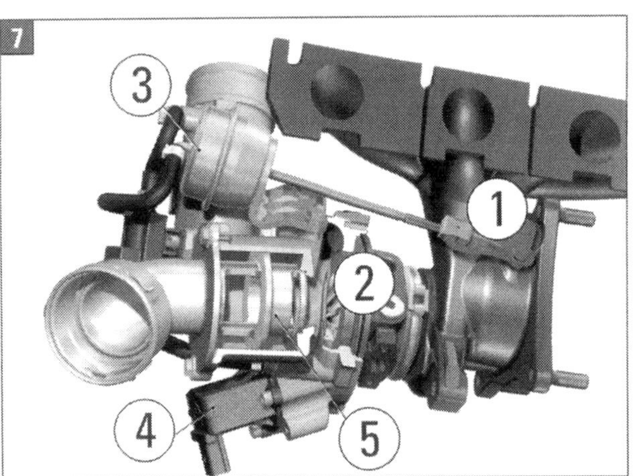

Die Zukunft: Der 3.0 TFSI

Beim Pariser Automobilsalon in der ersten Oktoberhälfte 2008 präsentierte Audi die neuesten sportlichen Topmodelle in der 4-er-Klasse: den S4 und den S4 Avant (Bild 8). Ihr Motor ist ein Dreiliter-V6 mit Direkteinspritzung und mechanischer Aufladung. Der neue 3.0 TFSI leistet satte 245 kW (333 PS) und beschleunigt die Limousine in nur 5,1 Sekunden, den Avant in 5,2 Sekunden auf 100 km/h, verbraucht im Mittel aber nur 9,7 Liter Kraftstoff pro 100 km.
Der völlig neu entwickelte TFSI ist das jüngste Mitglied der V-Motoren-Familie von Audi. Er schöpft seine Kraft aus 2.995 cm³ Hubraum und wird von einem Kompressor aufgeladen. Bei 250 km/h wird der Schub dieses Kraftpakets elektronisch abgeregelt.
Der permanente Allradantrieb quattro bringt diese Power souverän auf die Straße, ein Sportfahrwerk setzt sie in dynamisches Handling um. Die Siebengang-Automatikschaltung S tronic wechselt die Gänge blitzschnell, das neue Sportdifferenzial verteilt die Momente variabel zwischen den Hinterrädern. Weiterentwicklungen wie diese wirken erfahrungsgemäß zurück und werden bald den A4-Standard mit prägen.

8

Zukunftssichere Innovationen: Turbolader mit Modul Turbinengehäuse/Krümmer aus hochlegiertem Grauguss (1). DasTurbinenrad (2) wurde optimiert. (3) Steuerdose, (4) Schubumluftventil, (5) Pulsationsschalldämpfer (Bild 7).
Neueste sportliche Topmodelle in der 4-er-Klasse von Audi sind der S4 und der S4 Avant (Bild 8).

Das Schmiersystem

Alle Stellen im Motor, an denen Metalle aufeinander gleiten, müssen ständig mit Öl versorgt werden: Kolben, Zylinderlaufbahnen, die Lager von Kurbelwelle und Nockenwelle. Kein Triebwerk Ihres Audi A4 hält mehr als einige Minuten ohne passende Schmierung durch. Ein Teil des Schmieröls wird vom Kreislauf abgezweigt und zur Kühlung u. a. des Kolbens direkt in dessen Inneres gespritzt.

Der Ölkreislauf

Im Motorblock strömt das Öl durch ein System von Leitungen und feinen Bohrungen an die richtige Adresse. Dieses System bildet von der Ölwanne unten am Motor über die verschiedenen Stationen bis in die Wanne zurück einen Kreislauf mit der Ölpumpe im Zentrum.

Die Pumpe holt über die Saugleitung das Motoröl aus der Wanne. Zuvor muss die Flüssigkeit den im Hauptstrom sitzenden Ölfilter passieren (Bild 1). Dort werden Verunreinigungen wie Ruß, Metallabrieb und Staub herausgefiltert. Vom Filter aus gelangt das Motoröl über Bohrungen im Zylinderblock zu den Schmierstellen der Kurbelwelle und zu den Pleueln. Von den Gleitlagern der Kurbelwelle wird das Öl in den Zylinderkopf, zu den Nockenwellenlagern und an andere sensible Stellen gedrückt. Durch Rücklaufkanäle gelangt es dann wieder in die Ölwanne.

Der Ölfilter

Bauform und Art der Montage des Ölfilters unterscheiden sich je nach Motortyp. Für Sie wichtig ist, dass der Filter seine Aufgabe nur so lange verrichtet, bis er vom Schmutz zugesetzt ist. Deshalb sollte der Filtereinsatz bei jedem Ölwechsel ausgetauscht werden.

Wenn er nicht rechtzeitig gewechselt wurde, tritt ein Überdruckventil in Aktion. Es öffnet, und das Motoröl umgeht den Filter. Damit ist zwar die Ölversorgung sichergestellt, doch ungefiltertes Motoröl bewirkt einen höheren Verschleiß an den Lagerstellen.

Anfang des Kreislaufs: (1) Öleinfüllöffnung, (2) stehender Ölfilter bei einem der A4-Vierzylinder.

Durch die Mittelachse der Filterpatrone gelangt das gereinigte Öl direkt in den Hauptölkanal. Dort sitzt der Öldruckschalter, der über die Kontrollleuchte im Schalttafeleinsatz und einen Warnton zu niedrigen Öldruck signalisiert.

Der Öldruck

Damit die Schmierung bei jeder Belastung des Motors sicher gestellt ist, muss der Öldruck stimmen. Bei zu kaltem und sehr zähflüssigem Öl kann ein zu hoher Druck entstehen. Dann öffnet ein Überdruckventil eine Umgehungsleitung (Bypass) und leitet das Öl direkt auf die Saugseite der Ölpumpe zurück. Der Ölkreislauf bleibt in diesem Fall erhalten.

Problematisch ist der erwähnte zu niedrige Öldruck. Er kommt zum Beispiel vor, wenn Sie Ihren Wagen bei zu geringem Ölstand mit hohem Tempo durch eine Kurve fahren. Die Ölpumpe saugt dann Luft anstatt Öl aus der Ölwanne. Der Öldruck fällt abrupt ab, was zu schweren Lagerschäden führen kann. Wenn nach schnellen Autobahn- oder Passfahrten die Öldrucklampe im Leerlauf flackert, ist das ein

Indiz dafür, dass der Öldruck durch zu heißes und damit dünnflüssiges Öl unter den normalen Wert gesunken ist.
Wenn die Kontrollleuchte beim Gasgeben wieder verlischt, ist alles in Ordnung, vorausgesetzt der Geber in der Ölwanne signalisiert nicht über die Anzeige am Display (Bild 2) zu geringen Ölstand. Ist das der Fall und warnt auch noch zusätzlich ein akustisches Signal, dann ist der Ölstand so niedrig, dass Motorschaden droht. Halten Sie dann sofort an und stellen Sie den Motor ab.
Füllen Sie Öl auf und prüfen Sie, ob die Warnsignale damit ausgeschaltet sind. Gibt es sie weiterhin: Wagen in die nächste Werkstatt schleppen und Ursache feststellen lassen. So riskieren Sie nicht, dass der Motor eventuell schweren Schaden nimmt.

Das Motoröl

Öl vermindert Reibung und Verschleiß und dichtet die engen Räume zwischen Kolben, Kolbenringen und Zylinderwand so fein ab, dass der hohe Druck bei der Verbrennung fast ohne Verluste auf die Kurbelwelle übertragen wird. Öl kühlt auch den Motor, zum Beispiel die Kolben in den Zylindern und die Lager von Kurbelwelle und Nockenwelle. Außerdem schützt es vor Rost, bindet Schmutzpartikel und einen Teil der Verbrennungsrückstände.
Wichtige Kenngröße für Motoröl ist seine Viskosität. Sie ist das Maß für die Fließfähigkeit des Schmieröls. Im Winter muss ein Motoröl so dünnflüssig sein, dass es nach dem Kaltstart sofort alle Schmierstellen versorgt. Im Sommer dagegen ist dickflüssiges Öl gefragt, das auch bei hohen Temperaturen den Schmierfilm nicht abreißen lässt.
Die meisten Motoröle sind »Mehrbereichsöle«. Sie bestehen aus Mineralöl und bis zu 20 Prozent Additiven (»VI-Verbesserer«). Diese Zusätze bewirken, dass sich das Öl den Temperaturen im Motor anpasst. Sie schützen ferner das Öl vor Oxidation und verhindern das Aufschäumen bei hohen Drehzahlen. Mehrbereichsöl kann ganzjährig gefahren werden.
Die Additive verschleißen aber bei hohen Temperaturen und verlieren ihre Wirkung. Wasser, Kraftstoff und Verbrennungsrückstände setzen der Lebensdauer des Motoröls ebenfalls Grenzen. Rechtzeitiger Ölwechsel ist daher kein Luxus, sondern reine Notwendigkeit, wenn Ihr Motor reibungslos funktionieren soll.

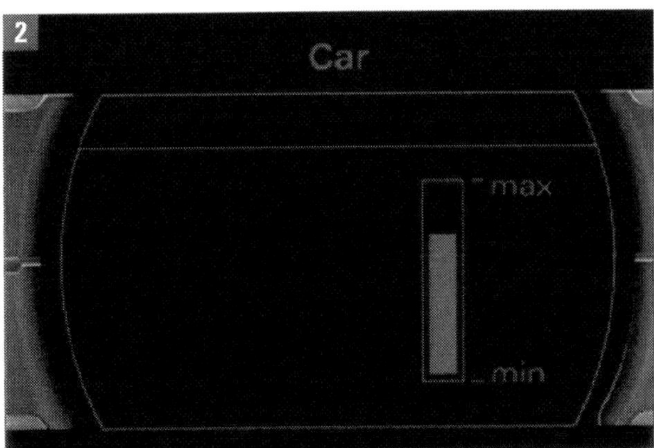

Eindeutige Anzeige: Diese genaue Orientierung am Display ersetzt das Ölstandprüfen mit dem Peilstab.

WISSENSWERTES – Normen für Motoröl

■ SAE-Klasse: Einstufung durch die Society of Automotive Engineers. Bezeichnet die Klasse der Viskosität, zum Beispiel SAE 15 W-40. Je kleiner die erste Zahl, umso dünner und bei Kälte besser fließend ist das Öl (W = Winter). Ein Öl mit 0 W schmiert noch bei minus 30 Grad, bei 5 W ist es gut bis minus 25 Grad, bei 15 W bis minus 15 Grad. Je höher die zweite Zahl, umso besser widersteht das Öl hohen Temperaturen. Das von Audi empfohlene Öl entspricht SAE 5W30.

■ ACEA-Norm: Von der Association des Constructeurs Européen d'Automobiles im Jahre 1996 eingeführte europäische Ölnorm. Löste die CCMC-Norm ab (siehe unten). Nach ACEA gibt es für Benziner die Gruppen A1 (Sprit sparendes Öl), A2 (gering belastetes Öl), A3 (Hochleistungs-Öl). Für Diesel gilt eine Einteilung von B1 bis B4.

■ API- und CCMC-Norm: Normen des American Petroleum Institute und des Comittée des Constructeurs d'Automobiles du Marché Commun. Diese Spezifikationen bestehen aus den Buchstaben S bzw. G (Benziner) und C bzw. PD (Diesel) sowie einem weiteren Buchstaben bzw. einer Zahl. Je höher im Alphabet oder je größer die Zahl, umso besser ist die Qualität des Öls.

Das Kühlsystem

Das Kühlsystem sorgt für die richtige Betriebstemperatur des Motors. Es besteht aus Kühler, Temperaturregler (Thermostat), Wasserleitungen und einem Netz kleiner Kanäle in Motorblock und Zylinder. In ihnen zirkuliert die in den Ausgleichsbehälter eingefüllte Kühlflüssigkeit (Bild 1). Dieser Wassermantel führt die Verbrennungswärme über die Schläuche des Kühlsystems an den Kühler ab.

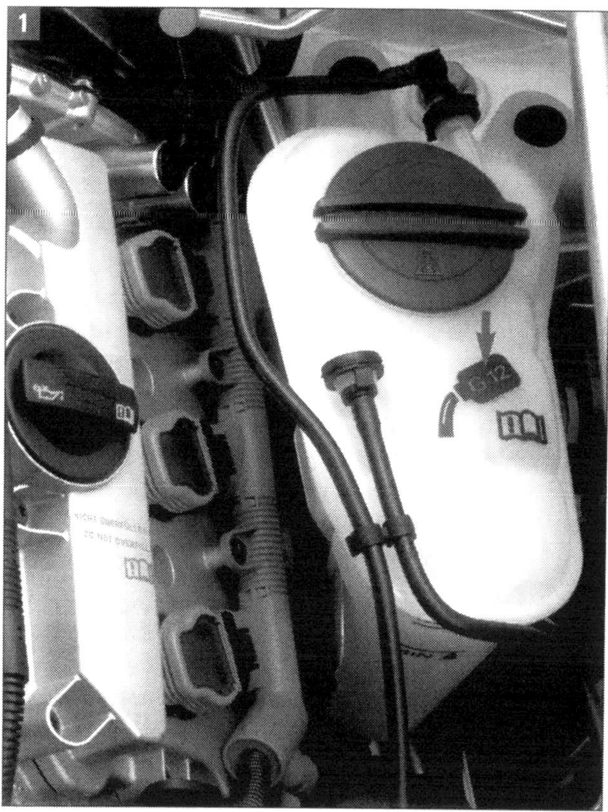

Kühlmittelausgleichsbehälter: Der behälter am 6-Zylindermotor 3.2 FSI. Der Aufdruck »G 12« (Pfeil) verweist auf die Norm für den Kühlmittelzusatz.

Der Kurzschlusskreislauf

Nach dem Kaltstart zirkuliert das Kühlmittel im kleinen Kühlkreislauf, der sich auf Motor und Heizung beschränkt. In diesem Kurzschlusskreislauf hält der Thermostat den Durchfluss zum Kühler geschlossen. Das Kühlmittel gelangt auf direktem Weg zurück in den Motor. So erhitzt sich die Kühlflüssigkeit schneller und der Motor wird schneller warm. Der Kühler tritt erst in Aktion, wenn die Kühlflüssigkeit eine bestimmte Temperatur erreicht hat. Wenn dann der Thermostat öffnet, wird kaltes Wasser aus dem Kühler mit bereits erwärmtem Wasser aus dem kleinen Kühlkreislauf vorgemischt.

Kühlung bei Betriebstemperatur

Solange die Wassertemperatur steigt, öffnet der mit Anschlussstutzen in den Zylinderblock geschraubte Thermostat den Kaltwasserzufluss aus dem Kühler immer weiter und schließt den Kurzschlusskreislauf. Bei Betriebstemperatur zirkuliert die Kühlflüssigkeit vom unteren Kühlwasserschlauch zur Wasserpumpe (Kühlmittelpumpe), die sie in Motorblock und Zylinderkopf drückt. Der größte Teil der Flüssigkeit läuft über den geöffneten Thermostat zum Kühler, der Rest zum Wärmetauscher der Heizung.

Das im Kühler unten abfließende kalte Wasser zieht heißes Kühlmittel oben in den Kühler nach. Dort wird es durch die Kühlerlamellen abgekühlt. Sinkt während der Fahrt die Wassertemperatur unter die vorgeschriebene Betriebstemperatur, sperrt der Thermostat den Kühlerdurchfluss erneut, bis sich das Kühlmittel wieder genügend erwärmt hat.

Das Kühlsystem steht unter einem Überdruck von etwa 1,2 bis 1,5 bar bei Betriebstemperatur. Dadurch und durch den Einsatz von Kühlmittelzusätzen erhöht sich der Siedepunkt der Kühlflüssigkeit von 100 °C auf rund 135 °C. Die höhere Temperatur ermöglicht einen wirtschaftlicheren, Kraftstoff sparenden Motorbetrieb.

Überdruck und Kühlerventilator

Wenn bei einem heißen Motor der Kühlmittel-Druck 1,5 bar übersteigt, tritt das Überdruckventil am Ausgleichsbehälter in Aktion. Es öffnet und lässt zum Druckausgleich etwas Wasserdampf entweichen.

Trotzdem kann es zum Beispiel bei Fahrten in der Stadt vorkommen, dass das Kühlmittel im System überhitzt wird. Dann muss der Kühlerventilator den Kühler zusätzlich kühlen. Bei einer Kühlmitteltemperatur von 92 bis 97°C wird die erste Stufe (halbe Drehzahl) geschaltet. Steigt die Kühlmitteltemperatur auf 99 bis 105 °C, schaltet der Thermoschalter in der zweiten Stufe auf volle Drehzahl. Durch diesen gesteuerten Einsatz des Lüfters und die thermostatische Regelung des Kühlmittelstroms werden die Betriebstemperatur schneller erreicht und der Kraftstoffverbrauch reduziert.

Das Kühlmittel

Kühlflüssigkeit besteht aus Wasser und Kühlmittelzusatz. Bei dem Kühlmittelzusatz von Audi handelt es sich um das Kühlerfrost- und Korrosionsschutzmittel G 12 (Plus) mit lila Färbung. Es soll stets nur G 12 lila nachgefüllt werden. Der Zusatz ist aber mit den älteren Mitteln G 11 und G 12 (rot) mischbar.

G 12 ist als Lebensdauerfüllung geeignet und schützt optimal vor Frost, Korrosionsschäden, Kalkansatz und Überhitzung. Das Mittel sorgt für bessere Wärmeableitung. Deshalb soll das Kühlsystem unbedingt ganzjährig mit dem Mittel befüllt sein, mindestens 40%gemischt mit 60% Wasser.

Der Zusatzanteil am Gemisch von mindestens 40% sichert Frostschutz bis -25 °C. Bis zu dieser Temperatur muss der Frostschutz gewährleistet sein, in Ländern mit arktischem Klima sogar bis -35°C. Der Zusatzmittelanteil sollte andererseits 60% nicht übersteigen, was Frostschutz bis -40 °C sichert. Bei höherem Anteil verringert sich der Frostschutz wieder, und die Kühlwirkung wird verschlechtert. Daher sollte immer einmal das Mischungsverhältnis mit einem handelsüblichen Prüfgerät kontrolliert werden (Bild 2). Der Kühlmittelzusatz verliert seine Wirksamkeit nach etwa vier Jahren und sollte dann erneuert werden. Die Autohersteller schreiben einen turnusmäßigen Wechsel nicht vor, aber Auffüllen von Zusatz nach Ablassen einer Differenzmenge kann nötig werden.

Bei warmem Motor steht das Kühlsystem unter Druck. Beim Öffnen des Ausgleichsbehälters kann dann heißer Dampf entweichen. Darum den Verschlussdeckel mit einem Lappen abdecken und vorsichtig öffnen.

WISSENSWERTES – Teile der Motorkühlung

Ausgleichsbehälter: Lässt bei zu hohem Druck durch ein Überdruckventil im Deckel Wasserdampf entweichen. Der Behälter (beim A4 links hinten im Motorraum) hat an der Außenseite eine Anzeige des Kühlmittelstandes (MIN-MAX-Markierung).

Kühler: Am Schlossträger der Karosserie montiert. Zwischen Kunststoff-Wasserkästen links und rechts befinden sich dünnwandige Röhrchen, die durch ein Gerüst von Lamellen miteinander verbunden sind. Die vom Luftstrom bestrichene Fläche ist dadurch viele Quadratmeter groß.

Kühlerventilator: Lüfter und kleinerer Zusatzlüfter direkt am Kühler verhindern ein Überhitzen des Kühlmittels.

Thermostat: Hält die Wassertemperatur konstant. Der Regler öffnet bei etwa 87 °C und lässt das Wasser zum Kühler oder zurück in den Motor strömen. Bei 102 °C endet der Öffnungshub von ca. 8 mm. Die mechanischen Thermostaten werden mit Elektronik komplettiert.

Rohre und Schläuche: Verbinden die einzelnen Komponenten zum System.

Wasserpumpe: Sorgt für den Kreislauf des Kühlmittels. Je nach Motorversion von Kette oder Keilrippenriemen angetrieben.

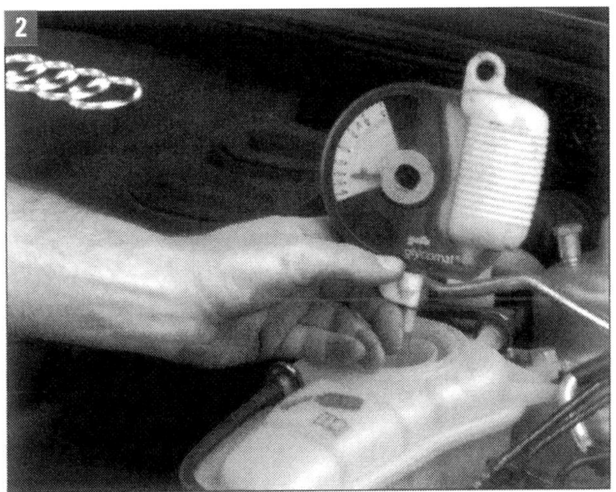

2 ***Frostschutz überprüfen:*** Mit einem kleinen Gerät aus dem Zubehörhandel lässt sich die Messung leicht vornehmen.

Das Motormanagement

Kraftstoffzufuhr und -dosierung, Herstellung des optimalen Kraftstoff-Luftgemischs, Zündung und Abgaskontrolle werden von der komplexen Motorsteuerung bewerkstelligt. Das rechnergestützte, lernfähige Motormanagement ist mit Kennfeldern vorprogrammiert. Es regelt die Gemischaufbereitung, die Kraftstoffeinspritzung und den Zündzeitpunkt. Gesteuert werden ferner

- die Leerlaufdrehzahl,
- die Funktion der Lambda-Sonden und die Abgasnachbehandlung,
- das Kraftstoffrückhaltesystem,
- das »Klopfen« bei der Verbrennung,
- die Funktion des Turboladers (4-Zylinder),
- die Saugrohrumschaltung (6-Zylinder),
- die Nockenwellenverstellung und
- die Tankentlüftung.

Verbrauch und Abgaswerte

Die Bordcomputer erfassen den Ist-Zustand im Motorbetrieb, bestimmen den Soll-Zustand, steuern zur Einflussnahme Aktoren an, registrieren Fehlfunktionen im Speicher und kontrollieren mit diesen Daten sich und die Abläufe über Diagnosefunktionen.
Nur mit diesem komplexen System des elektronischen Motormanagements lassen sich der vergleichsweise niedrige Kraftstoffverbrauch und die Einhaltung der strengen Abgasgrenzwerte EU 4 oder sogar EU 5 der modernen A4-Motoren optimal realisieren. Die Motorsteuerung ist schon von daher für das moderne Kraftfahrzeug unerlässlich.

Das Motorsteuergerät

Das Steuergerät (Bild 1) mit Funktionsrechner und Überwachungsrechner ist gegen äußere Einflüsse in einem Metallgehäuse gekapselt. Über einen Spannungsregler wird es konstant mit Spannung versorgt. Das Gerät enthält vor Kurzschlüssen und Überlastung geschützte Endstufen, die genügend Leistung für den direkten Anschluss der Stellglieder liefern.
Die Diagnosefunktion erkennt mögliche Fehler und schaltet bei Bedarf den fehlerhaften Ausgang ab. Im RAM wird der Fehlereintrag gespeichert. Die Fehler sind als Zahlencodes in Listen erfasst, die in den Fachwerkstätten abgearbeitet werden. Der Eintrag kann in der Werkstatt mit Auslesesystemen abgerufen werden.

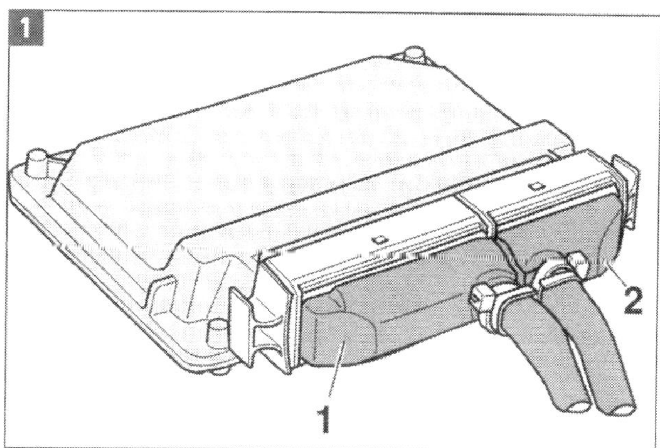

Motorsteuergerät: (1) großer, (2) kleiner Steckverbinder.

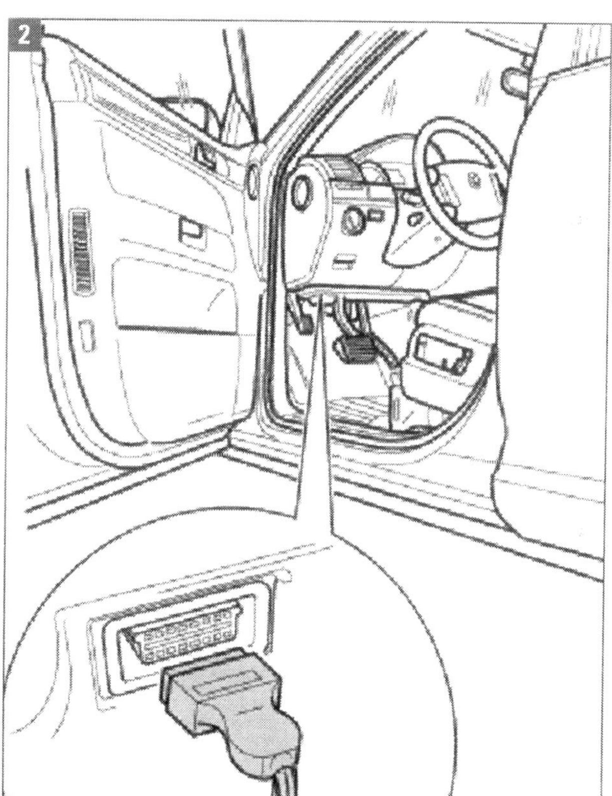

Diagnoseanschluss: Schnittstelle für Werkstattsystem.

Audi-Werkstätten verwenden das Fahrzeugdiagnose-, Mess- und Informationssystem VAS 5051/5052. Im Fahrzeug gibt es dafür den Diagnose-Anschluss links unten in der Schalttafel Fahrerseite (Bild 2). Das Motorsteuergerät Ihres Audi A4 mit der Bauteilkennung J623 ist in der E-Box hinten links im Motorraum (Wasserkasten) eingebaut. Es handelt sich um ein Simos 3 (Siemens-Steuergerät für Einspritzanlage), in einigen Fällen um ein Bosch-Gerät.

Steuerung beim FSI-Motor

Direkteinspritz-Ottomotoren von Audi arbeiten nach dem FSI-Prinzip. FSI steht für »Fuel Stratified Injection«, zu deutsch »geschichtete Benzindirekteinspritzung«. Der Kraftstoff wird über ein Common-Rail-System den Zylindern zugeführt und mit einem Druck über 100 bar (Hochdruckpumpe = mechanische Einkolbenpumpe) direkt in die Brennräume eingespritzt. Ein Ventil steuert die Kraftstoff-Fördermenge. Für das Motorsteuergerät ist die störungsfreie Funktion nach dem FSI-Prinzip eine besonders anspruchsvolle Aufgabe.
Zur hohen Verbrauchseinsparung trägt die Schichtladung im niedrigen und mittleren Drehzahlbereich bei. Während die Benzinmotoren üblicherweise im Homogenbetrieb arbeiten, wird bei den FSI-Triebwerken die zündfähige Gemischwolke um die Zündkerze konzentriert, an den Rändern des Brennraums befindet sich reine Luft.
Dazu wird dem Lufteinlasskanal ein Tumble-System mit zwei getrennten Ansaugkanälen pro Zylinder (2 in Bild 3) vorgeschaltet. Im Schichtlademodus wird die untere Kanalhälfte geschlossen. Bei sehr hohen Lasten und während der Reinigung des NOx-Speicherkat arbeitet der FSI-Motor jedoch ähnlich wie ein konventionelles Triebwerk. Das Tumblesystem ermöglicht also, dass ein Motor verbrauchsgünstig im Schichtlademodus und alternativ im leistungsorientierten Volllastbereich gefahren werden kann.
Allerdings können im Schichtladebetrieb die Stickoxid-(NOx-)Anteile im Abgas nicht durch einen Dreiwegekatalysator abgebaut werden. Der bereits erwähnte zusätzliche NOx-Speicherkatalysator behandelt deshalb das Abgas nach und lagert die Stickoxide als Nitrate an seiner Oberfläche an.

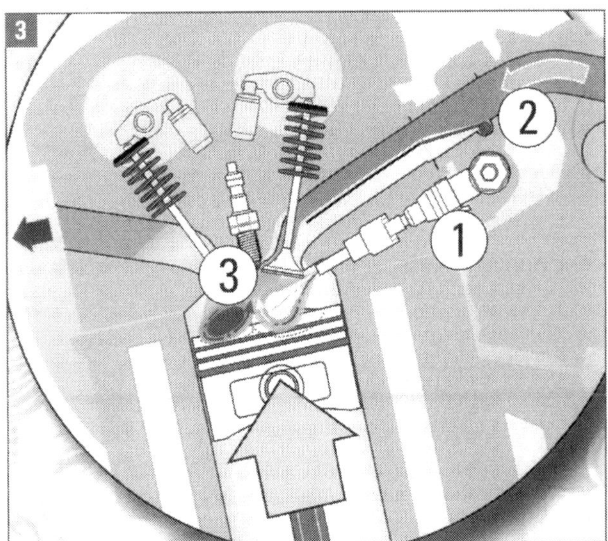

Schichtladebetrieb beim FSI-Motor: (1) Einspritzventil (Injektor) und (2) Tumbleklappe sorgen für die feinstzerstäubte Gemischwolke (3) an der Zündkerze.

Sensoren liefern die Daten

Für alle Betriebszustände des Motors und die Beschaffenheit der angesaugten Außenluft müssen Informationen erfasst werden. Auf deren Grundlage gibt die Motor-Steuerungstechnik ihre »Befehle« für die Details der Motorfunktion und auch für die Arbeit der automatischen Getriebe. Im Folgenden gehen wir auf die wichtigsten Parameter ein, die mit entsprechenden Sensoren erfasst werden.

Luftbeschaffenheit

Luftmassenmesser, Geber für Ansauglufttemperatur, Geber für Saugrohrdruck und für Saugrohrtemperatur, Höhenmesser direkt im Motorsteuergerät und ein Ladedrucksensor bestimmen präzise die Dichte der Umgebungsluft, den Saugrohr-Absolutdruck und den Druck der Ladeluft für den Turbolader. Dies sind zusammen mit Motor- und Ansauglufttemperatur wichtige Informationen für den optimalen Motorbetrieb. Von der Luftdichte hängt der Anteil der für die Verbrennung entscheidenden Sauerstoffteilchen ab. Die Luftfüllung ist damit ein Berechnungsfaktor für Einspritzmenge und aktuell abgegebenes Motor-Drehmoment.

Motordrehzahl

Der Drehzahlgeber sitzt direkt an der Kurbelwelle und informiert über Motordrehzahl, genaue Stellung der Kurbelwelle und Stellung des Kolbens jedes einzelnen Zylinders. Er besteht aus einem Dauermagneten (1) und einer Induktionsspule (3) mit Weicheisenkern (2). Der Magnetische Fluss durch die Spule hängt davon ab, ob dem Sensor eine Lücke oder ein Zahn gegenüber steht. Durch die Änderung des Magnetfeldes wird in der Spule eine Induktionsspannung erzeugt. Die Anzahl der Impulse pro Zeiteinheit ist ein Maß für die Drehzahl des Schwungrades (Bild 4).

Nockenwellenstellung

Der Nockenwellenpositionssensor (Bild 5), ein »Hallgeber«, gibt die Stellung der Nockenwelle an, wodurch der Zünd-OT des ersten Zylinders erkannt wird. Motordrehzahl und Nockenwellenstellung sind wichtige Signale für Einspritz- und Zündzeitpunkte, für die für die sequenzielle Einspritzung und für die Klopfregelung jedes Zylinders.

E-Gas und Drosselklappe

Zwei Geber für Gaspedalstellung sind als gemeinsames Modul direkt am Gaspedal. Das elektronische Gaspedal (E-Gas) löst die mechanische Verbindung zwischen Pedal und Drosselklappe durch Seilzug ab. Jetzt erfassen die Geber den »Fahrerwunsch« als eine Haupteingangsgröße für das Motorsteuergerät.
Nach dieser Information wird von einem Stellmotor an der Drosselklappe deren Öffnungswinkel eingestellt. Die Drosselklappen-Steuereinheit mit dem Drosselklappensteller ist übrigens nicht zu öffnen, daran kann nichts repariert werden.
Die elektronische Steuerung passt die Drosselklappenstellung an den jeweiligen Betriebszustand an. Beim Beschleunigen kann die Klappe schon ganz geöffnet sein, obgleich das Gaspedal erst halb durchgetreten ist. So werden Drosselverluste an der Klappe vermieden. Das E-Gas greift ferner in die Antriebsschlupfregelung ASR und in das ESP ein. Falls der Fahrer zu viel Gas gibt, kann das Steuergerät so weit drosseln, bis kein Rad mehr durchdreht.

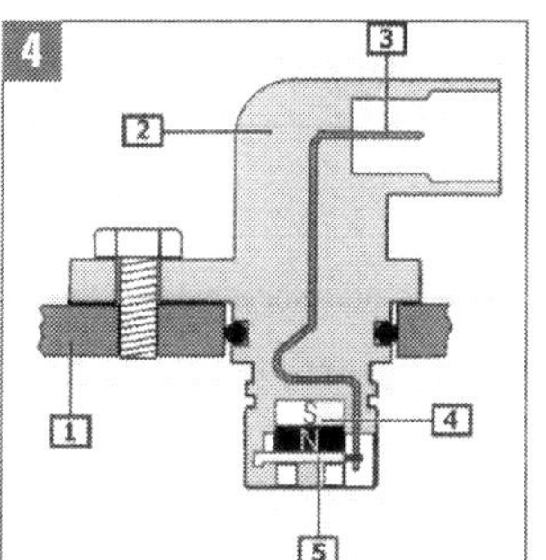

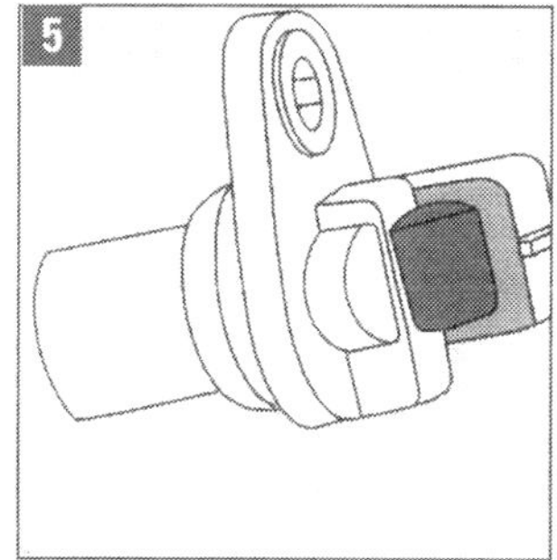

Bild 4 Drehzahlmesser: (1) Dauermagnet, (2) Weicheisenkern, (3) Induktionsspule, (4) Bezugsmarke(n).
Bild 5 Nockenwellensenso: Arbeitsprinzip Hallgeber.

Gemischzustand und Abgas

Lambda-Sonden vor und nach dem Katalysator messen anhand der Abgaszusammensetzung das Luft-Kraftstoff-Verhältnis des Frischgemisches. Werte über 1 bedeuten mageres Gemisch mit mehr Luft, Werte kleiner als 1 ein fettes Gemisch.
Bei Lambda = 1 (das bedeutet etwa 14,6 Teile Luft und 1 Teil Benzin) arbeitet der Motor optimal und kann sein volles Leistungspotenzial ausschöpfen.

Das CAN-Bus-System

Die gewaltige Zunahme des Datenaustauschs zwischen den elektronischen Komponenten fordert neue Kommunikationswege. Sie bestehen im Wesentlichen aus so genannten Daten-Bus-Systemen, bei denen über einen Kabelstrang sehr viele Daten parallel eingespeist und übertragen werden
Für Kraftfahrzeuge wurde dafür das Bussystem CAN konzipiert und international genormt (ISO). Die elektronischen Steuergeräte brauchen eine serielle Schnittstelle CAN, dann sind sie über die entsprechende Datensammelschiene miteinander zu verbinden.

Der Luftfilter

Wichtig für Motormanagement und Einspritzsysteme ist saubere Luft zur Verbrennung. Die angesaugte Luft muss daher einen Filter passieren, in dessen feinporigem Einsatz sich Schmutzteilchen absetzen. Größere Staubteilchen fallen ins Filtergehäuse. Ist der Filter zugesetzt, wird das Gemisch fetter.

Kraftstoff, Einspritzung, Zündung

Aus dem Tank wird der Kraftstoff von einer elektrischen Pumpe ins Einspritzsystem befördert, wo ihn eine Hochdruckpumpe »reif« für die Einspritzventile macht. Für die Ottomotoren des A4 ist laut Herstellerinformation neuerdings Superbenzin mit 98 ROZ (»Research Oktan Zahl«) verlangt mit dem Hinweis, bei Super bleifrei 95 ROZ müsse mit Leistungsminderung gerechnet werden. Noch bis Frühsommer 2008 war laut Bedienungsanleitung und Werkstattliteratur Super bleifrei 95 ROZ vorgeschrieben. Sie müssen sich danach richten, was die konkrete Vorschrift für Ihr Fahrzeug ist (Aufkleber in der Tankklappe).

Wichtig für das System sind Sauberkeit des Kraftstoffs sowie die Ent- und Belüftung des Kraftstoffbehälters. Gegen Fremdstoffe im Benzin gibt es den Kraftstofffilter, der am Unterboden vor dem Tank in der Kraftstoff-Vorlaufleitung sitzt. Die Tankent- und -belüftung wird von speziellen Ventilen und der Aktivkohlebehälter-Anlage gewährleistet.

Die Einspritzanlage

Das integrierte System zur Steuerung der Einzelzylinder-Einspritzung und der Zündanlage heißt fachsprachlich »Motronik mit sequenzieller Einspritzung«. Jeder Zylinder hat sein Einspritzventil, das den Kraftstoff in den Brennraum spritzt.

Die Bezeichnungen der Einspritzsysteme wurden bereits im Zusammenhang mit dem Motorsteuergerät genann: Motronic von Bosch oder Simos von Siemens. Die Anlagen sind unterschiedlich für verschiedene Motorentypen, ihre Funktionsweise ist prinzipiell immer gleich. Abweichend sind die Konstruktion im Einzelnen, die Parameter und die Einbauorte.

Wie schon beschrieben, arbeiten die A4-Direkteinspritzer nach dem FSI-Prinzip (Bild 1). Dabei wird der Kraftstoff von den Einspritzventilen direkt in die Brennräume eingebracht. Die Einspritzventile sind modifizierte Magnetventile. Sie sind fest in den Zylinderkopf gepresst, werden mit einem Montagedorn eingebaut und von einem Stützring (6 in Bild 2) gehalten. Zur Prüfung der Einspritzventile sind Spezialwerkzeuge wie Messglas, Digitalpotenziometer, Multimeter und Diodenprüflampe erforderlich.

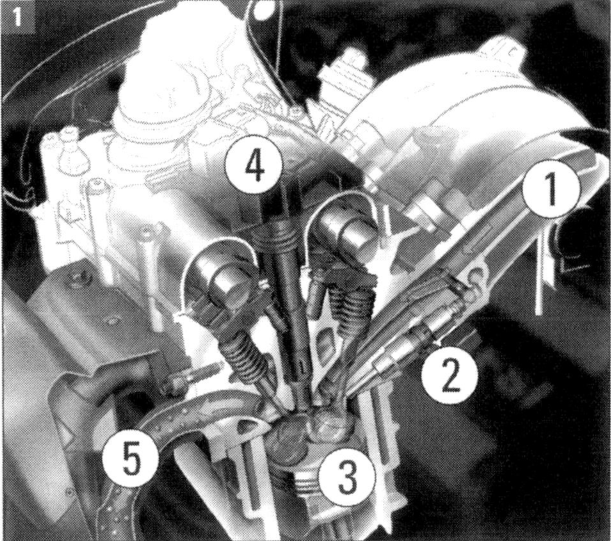

V6-FSI-Motor: Das Schema zeigt die relevanten Teile der Einspritz- und Zündanlage (1) Frischluftzufuhr über Tumbleklappe, (2) Einspritzventil, (3) Brennraum, (4) Zündkerze mit Zündspule, (5) Abgasabführung.

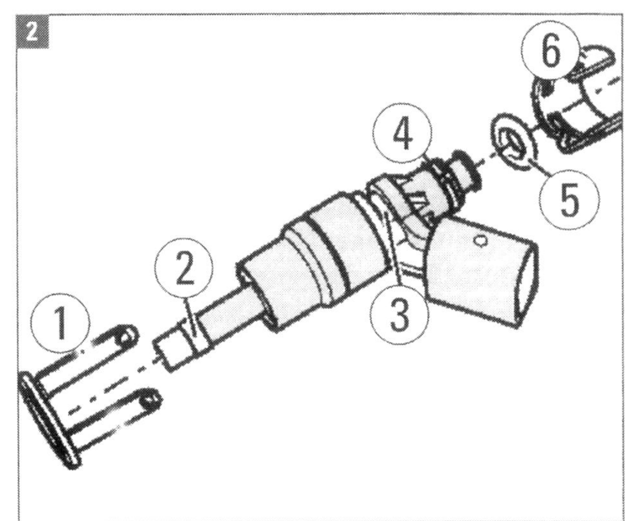

Einspritzventil: (1) Radialausgleich, (2) Brennraumdichtung aus Teflon, (3) Ventilrille, (4) Stützscheibe, (5) O-Ring, (6) Stützring.

Die Zündanlage

Beim Benzinmotor wird das Kraftstoff-Luft-Gemisch in den Brennräumen der Zylinder mit einem Zündfunken entflammt. Damit wird die Verbrennung eingeleitet. Der elektrische Funken ist eine kurzzeitige Lichtbogenentladung zwischen den Elektroden der Zündkerze.
Zur Zündanlage der FSI-Motoren gehören Zündkerzen, Zündspulen mit Leistungsendstufen und einige Sensoren (Klopfsensoren, Geber für Motordrehzahl, Hallgeber). Die Geber können an Steckverbindungen getrennt und zu Funktionsprüfungen entnommen werden.

Richtiger Zündzeitpunkt

Das Gemisch kann seine optimale Wirkung nur entwickeln, wenn es exakt zum richtigen Zeitpunkt gezündet wird. Eine sicher arbeitende Zündung ist die Voraussetzung für den einwandfreien Betrieb des Katalysators. Kommt es zu Zündaussetzern, kann der Katalysator wegen Überhitzung bei der Nachverbrennung geschädigt oder gar ganz zerstört werden.
Von der Gemischentflammung bis zur vollständigen Verbrennung vergehen zwei Millisekunden. Bei gleicher Gemischzusammensetzung bleibt diese Zeit konstant. Der Zündfunke muss so frühzeitig überspringen, dass der Verbrennungsdruck in jedem Betriebszustand des Motors optimal ist.

Für den genauen Zündzeitpunkt ist das Motorsteuergerät zuständig. Sein Prozessor ist mit den Zündzeitpunkten für die verschiedenen Lastzustände des Motors programmiert. Die besten Werte stellen sich ein, wenn das Kraftstoff-Luft-Gemisch im Moment der höchsten Verdichtung gezündet wird, beim Viertaktmotor also dann, wenn der Kolben von der Aufwärtsbewegung (Kompressionshub) in die Abwärtsbewegung (Arbeitstakt) übergehen will.

Zündung und Verbrennung

Allerdings liegt der Zündzeitpunkt nicht exakt auf diesem oberen Totpunkt (OT). Denn die Kraftstoffteilchen brauchen rund eine dreitausendstel Sekunde, bis sie sich entzünden. Der Startschuss für den Funken erfolgt deshalb noch während der Aufwärtsbewegung des Kolbens (Frühzündung). Der Verbrennungsdruck dagegen setzt ein, wenn der Kolben den OT gerade überschritten hat. Da das Kraftstoff-Luft-Gemisch stets die gleiche Zeit zum Entflammen benötigt, wird es mit steigender Motordrehzahl früher gezündet. Das Zündsystem arbeitet verschleiß- und wartungsfrei. Die Zündkerzen müssen regelmäßig, allerdings nur in sehr großen Intervallen erneuert werden. Audi schreibt dafür 90.000 km oder 6 Jahre vor.
Damit eine Zündkerze exakt arbeitet, muss sie nach dem Motorstart schnell ihre Selbstreinigungstemperatur von etwa 400 °C erreichen.

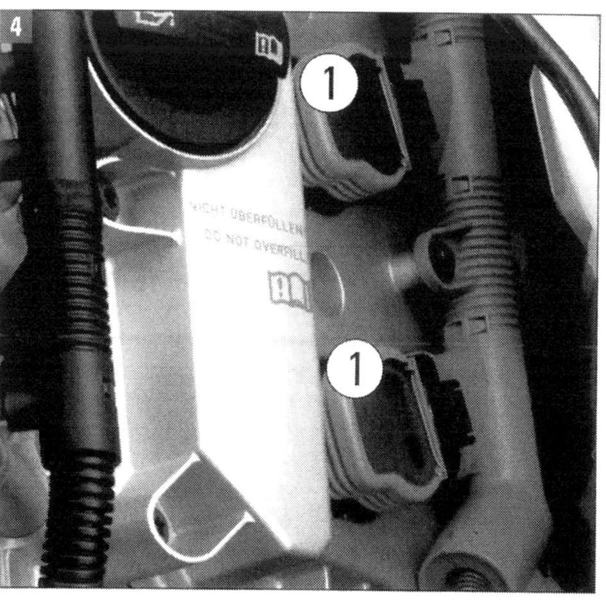

Zündanlagen: Bild 3 zeigt die Zündspulen (Pfeile) mit Zündkerzen bei den 4-Zylinder-TFSI-Motoren. Es handelt sich um einen Blick von der rechten Motorseite. Bild 4 zeigt zwei der bei den 6-Zylinder-FSI-Motoren pro Seite drei Zündspulen (1) mit Zündkerzen auf der linken Motorseite.

Sonst setzen sich Verbrennungsrückstände am Isolatorfuß fest. Bei Volllast darf die Temperatur etwa 800 °C nicht überschreiten. Der so genannte Wärmewert entscheidet, ob Zündkerze und Triebwerk zueinander passen.
Verwenden Sie eine Zündkerze mit zu hohem Wärmewert, kann sich der Isolatorfuß stark erhitzen. Das hätte unkontrollierte Glühzündungen zur Folge, die den Motor sogar zerstören können. Bei zu niedrigem Wärmewert erreicht die Kerze nicht die nötige Temperatur zur Selbstreinigung, der Isolatorfuß verschmutzt. Der richtige Zündkerzen-Wärmewert wird vom Automobilhersteller festgelegt.
Zündkerzen müssen einen bestimmten Abstand zwischen den Elektroden aufweisen. Er beträgt bei den A4-Kerzen 0,9 bis 1,1 mm. Haben die verwendeten Kerzen nicht die geforderte Qualität, kann sich dieser Abstand mit zunehmender Laufzeit der Zündkerzen verändern. Durch die hohe Spannung beim Funkenüberschlag werden nämlich immer wieder kleine Metallpartikel von den Elektroden abgesprengt. Wird der Abstand zu groß, kann es zu Zündaussetzern kommen.

Die Zündspulen

Damit an der Zündkerze ein Funke überspringt, muss an den Zündkerzenelektroden eine Hochspannung anliegen. Sie beträgt bis zu 30.000 Volt. Auf diesen Wert wird die Bordspannung von 12 Volt durch die induktive Zündanlage mit dem Kernstück Zündspule transformiert.
Die Zündspannung muss an jeder einzelnen Zündkerze anliegen. Das geschieht bei den Motoren des A4 über eine Zündspule mit integrierter Leistungsendstufe, die auf jeder Zündkerze steckt. Bei dieser Kombination Kerze/Spule werden die Zündfunken per Direktzündung ohne Zündverteiler erzeugt.
Die Zündspule besteht aus Primärwicklung und Sekundärwicklung im typischen Windungsverhältnis 1:100. Vom Steuergerät über die Endstufe gesteuert, erhält die Primärwicklung über die Klemmen 15 und 1 Strom von der Batterie (Niederspannung). Dadurch baut sich ein Magnetfeld auf. Unterbricht das Steuergerät diesen Stromkreis, bricht das Magnetfeld schlagartig zusammen. Dabei entsteht eine Spannung bis zu 400 Volt. Diese erzeugt in der Sekundärwicklung einen Hochspannungs-Stromstoß (Induktion), der als Zündenergie auf die Zündkerze übertragen wird und sich in der Funkenstrecke entladen kann.

Die Zündkerzen

Die Zündkerzen entzünden das Kraftstoff-Luft-Gemisch im Brennraum. Dabei entstehen Temperaturen von rund 2.500 Grad und Drücke bis 60 bar. Damit der Funke trotzdem zuverlässig zwischen den Elektroden überspringt, ist der Anschlussbolzen der Kerze von einem keramischen Isolator umgeben. Mittelelektrode und Anschlussbolzen stecken außerdem in einer elektrisch leitenden Glasschmelze. Ist die erforderliche Zündspannung erreicht, springt der Funke von der Mittelelektrode zur Masseelektrode über und entzündet die Kraftstoffteilchen im Brennraum.

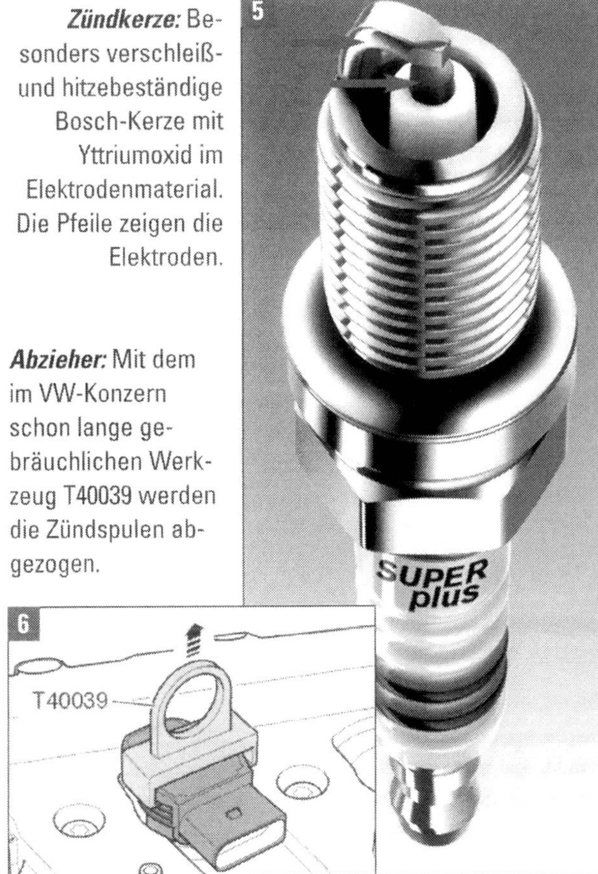

Zündkerze: Besonders verschleiß- und hitzebeständige Bosch-Kerze mit Yttriumoxid im Elektrodenmaterial. Die Pfeile zeigen die Elektroden.

Abzieher: Mit dem im VW-Konzern schon lange gebräuchlichen Werkzeug T40039 werden die Zündspulen abgezogen.

Das Abgassystem

Die Abgas- oder Auspuffanlage Ihres Audi muss Verbrennungsabgase ableiten und soll Schadstoffe möglichst gering halten. Außerdem reduziert sie die Geräusche, die bei der Verbrennung entstehen, auf ein Minimum.

Aufbau der Auspuffanlage

Der Aufbau hängt von der Motorisierung ab, er ist einzügig bei den Vierzylindern (Bild) und zweizügig bei den Sechszylindermotoren. Die Anlage beginnt mit dem

- Abgaskrümmer, in den bereits ein Vorkatalysator integriert ist. Ihm folgen der
- NOx-Speicherkatalysator, der ins
- vordere Abgasrohr integriert ist, sowie der
- Vor- (Mittel-) und der Nachschalldämpfer. Die Katalysatoren der Benzinmotoren arbeiten durch
- Lambda-Sonden geregelt mit Sonde 1 vor und Sonde 2 nach dem Katalysator.

Die Teile der Abgasanlage sind miteinander verschraubt oder mit Klemmschellen (Doppelschellen, Klemmhülsen) verbunden und lassen sich einzeln auswechseln. So können beim A4 vorderes Abgasrohr oder Vorschalldämpfer (1) und Mittelschalldämpfer (3) sowie Mittelschalldämpfer und Nachschalldämpfer (4) mit Doppelschellen (2) verbunden sein, deren Einbauort (Markierung auf dem Abgasrohr) und Einbaulage (Richtung der Verschraubung) eingehalten werden muss (Bild 1).

Trennstelle am Abgasrohr

In der Erstausstattung sind Vor- und Nachschalldämpfer mit einem durchgehenden, gebogenen Abgasrohr verbunden. Bei einer Reparatur können die Schalldämpfer aber einzeln ersetzt werden. Dazu muss man das Verbindungsrohr an der markierten Trennstelle teilen und mit dem neuen Rohr wieder verbinden. Diese Reparatur und das Ersetzen der Endrohre demonstrieren wir später unter »Arbeiten«.

Schadstoffausstoß reduziert

Nicht nur die leistungsfähige Abgasanlage des A4 mit ihrer hochwirksamen Lambda-Regelung bewirkt einen erneut reduzierten Schadstoffausstoß, der an den Anforderungen der neuen EU Norm 5 orientiert ist. Schon die Motortechnologie mit den Turboladern für mehr Ansaugluft und die optimierten Einspritzmengen des Kraftstoffs führen zu mehr Luftüberschuss bei der Verbrennung. Es werden weniger Abgas-Schadstoffe erzeugt, die Geräusche werden reduziert, Leistungsausbeute und Wirkungsgrad werden erhöht.

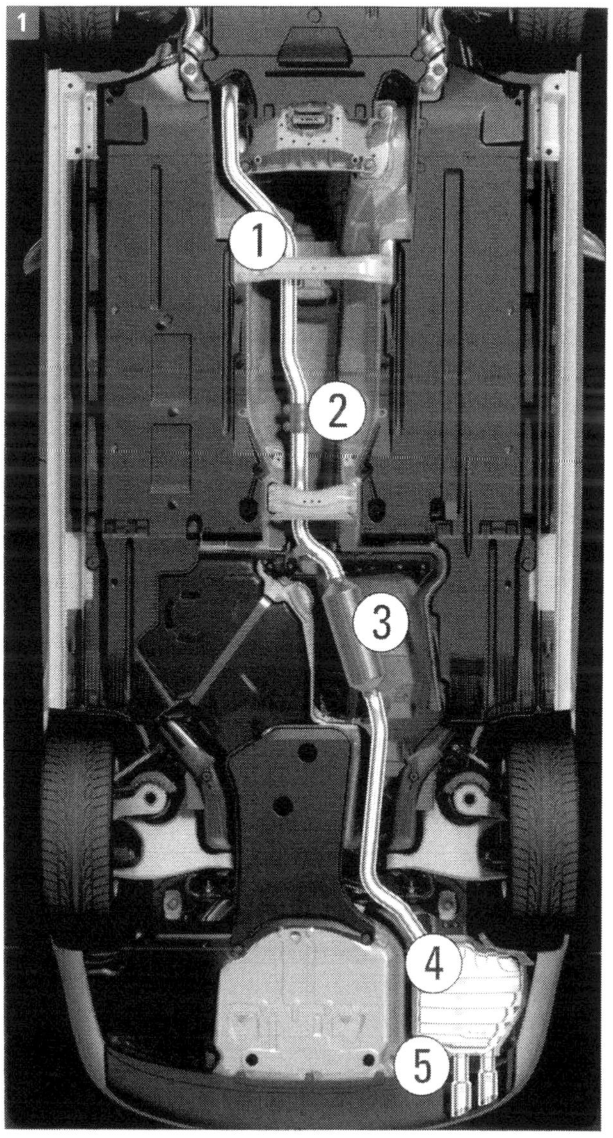

Abgasanlage der 4-Zylinder: (1) Vorrohr, (2) Klemmschelle, (3) Mittelschalldämpfer, (4) Nachschalldämpfer, (5) Endrohr.

Die Kraftübertragung

Die vom Motor produzierte Leistung gelangt zu den Rädern über ein System der Kraftübertragung aus Kupplung, Getriebe und Achsantrieb. Diese drei Akteure sind durch Gelenke, Wellen und Zahnräder miteinander verbunden. Bevor wir die entsprechende Ausstattung des Audi A4 vorstellen, möchten wir kurz dieses Zusammenspiel erläutern

Kupplung

Der Kraftfluss vom Motor zum Achsantrieb muss nach Wunsch hergestellt und unterbrochen werden können. Das übernimmt bei Fahrzeugen mit Schaltgetriebe die Kupplung. Sie ermöglicht ruckfreies Anfahren, indem sie die unterschiedlichen Drehzahlen von Kurbelwelle und Antriebswelle des Getriebes ausgleicht.
Audi A4 mit Schaltgetriebe haben eine hydraulisch betätigte Einscheiben-Trockenkupplung mit asbestfreien Belägen und Zweimassen-Schwungrad. Fahrzeuge mit Automatik-Getriebe arbeiten mit hydraulisch betätigten Lamellenkupplungen.

Vom Motor zu den Rädern: Motor und Getriebe bilden eine Einheit als Aggregat (Bild 1). Mit dem Schalthebel (Bild 2), hier für eine 6-Gang-Handschaltung, wird der jeweils passende Gang eingelegt.

Getriebe und Achsantrieb

Damit Ihr Auto immer die gewünschte Zugkraft entwickelt, ist das Getriebe nötig. Beim Anfahren wird an den Antriebsrädern ein großes Drehmoment gebraucht. Dazu übersetzt der erste Gang die Motordrehzahl für die Räder ins Langsamere. Bei der Autobahnfahrt im sechsten Gang verhält es sich genau umgekehrt, eine Übersetzung ins Schnellere wird wirksam. Beim automatischen Getriebe gewährleistet ein elektronisches Steuergerät für jeden Betriebszustand und für jeden Fahrerwunsch die sinnvollste Übersetzung.
Bei den Schaltgetrieben sitzen auf der Antriebswelle (Eingangswelle) sechs Zahnräder für die Vorwärtsgänge und eines für den Rückwärtsgang. Sie stehen mit passenden Zahnrädern auf der Abtriebswelle ständig im Eingriff. Alle Zahnräder sind auf stiftartigen Rollen (Nadeln) gelagert. Nadellager gewährleisten hohe Laufruhe.
Zwischen Welle und Rad besteht keine starre Verbindung. Die Zahnräder laufen frei um, bis eines von ihnen durchs Schalten in einen Gang mit seinem Gegenpart auf der anderen Welle gekuppelt wird. Dann wird durch Synchronringe eine starre Verbindung zwischen Zahnrad und Welle hergestellt.
Die ersten drei Gänge übersetzen ins Langsamere, der vierte Gang (direkter Gang) überträgt die Motordrehzahl etwa im Verhältnis 1:1. Im fünften und im sechsten Gang ist die Drehzahl der Abtriebswelle größer als die Motordrehzahl. Damit rückwärts gefahren werden kann, sitzt auf jeder Antriebswelle ein Zahnrad, das den Drehsinn der Antriebsräder umkehrt.

Im Getriebe- und Kupplungsgehäuse sitzt auf zwei Kegelrollenlagern das Ausgleichsgetriebe. Mit dessen Gehäuse ist das Zahnrad für den Achsantrieb fest vernietet und mit dem Zahnrad der Abtriebswelle gepaart.
Letzte Station ist der Achsantrieb. Er muss die vom Getriebe kommenden Drehzahlen ins Langsamere übersetzen, das Drehmoment vergrößern und gleichmäßig an die Antriebsräder übertragen. Seine wesentliche Baugruppe ist das Ausgleichsgetriebe.

Schalthebel

Oben am Schalthebel für den gewünschten Gang ist der Schaltknopf mit einer Manschette per Klemmschelle befestigt. Knopf und Manschette sind nicht voneinander zu trennen und müssen immer gemeinsam ersetzt werden. Der Hebel ist beim Audi A4 durch eine Geräuschdämmung geführt.
Schaltstange und Schubstange übertragen die Bewegung des Schalthebels über Seilzüge auf Getriebeschalthebel und Umlenkhebel am Getriebe. Die am Schalthebel eingeleitete Wählbewegung (rechts-links) wird über den Wählhebel auf das Gestänge in eine Vor-und-zurück-Bewegung übertragen. Diese schließlich wird von der äußeren Mechanik in eine Auf-und-ab-Bewegung der Schaltwelle umgesetzt.

Kraftübertragung beim A4

Die Handschaltgetriebe präsentieren sich von Grund auf neu konstruiert, die Sechsstufen-Automatik »tiptronic« und das stufenlose Automatikgetriebe »multitronic« erfuhren intensive Verbesserungen. Alle Getriebe folgen dem neuen Grundlayout des A4, bei dem das Differenzial gleich hinter dem Motor, also vor Kupplung oder Drehmomentwandler liegt.
Serienmäßig übertragen zwei neu entwickelte Sechsgang-Handschaltgetriebe die Motorleistung. Die Basis-Variante für Front- und quattro-Antrieb kann bis zu 350 Nm Drehmoment übertragen, eignet sich also schon für alle Benziner. Nur für den V6 TDI mit 500 Nm Drehmoment steht eine noch stärkere Ausführung bereit.
Die Sechsstufen-tiptronic, das klassische Automatikgetriebe mit Sportprogramm und zusätzlicher manueller Ebene, wurde im Bereich des Verteilergetriebes und beim Wandler intensiv überarbeitet. Der Drehmomentwandler ist mit einem neuen, zweistufigen Torsionsdämpfer bestückt, der es erlaubt, über weite Strecken mit geschlossener Überbrückungskupplung zu fahren, was den Wirkungsgrad erhöht und den Kraftstoffverbrauch senkt. Bei stehendem Fahrzeug trennt eine geregelte Anfahrkupplung das Getriebe vom Motor, auch wenn die Fahrstufe D noch eingelegt ist. Sobald der Fahrer die Bremse löst, schließt sich die Kupplung.

Extrem günstig: multitronic

Die multitronic kombiniert die Vorteile eines Schaltgetriebes und einer Wandlerautomatik. Hoher Wirkungsgrad und weite Spreizung der Übersetzungen machen dieses Getriebe, das den Motor stets im Bereich seines optimalen Wirkungsgrad arbeiten lässt, extrem verbrauchsgünstig. Neue Geometrie der Bauteile, Lagerung der Wellen und Aufbau der Ölpumpe vermindern radikal die Verlustleistung.
Der neue Variator der multitronic ermöglicht eine besonders große Spreizung. Das Verhältnis der größten zur kleinsten Übersetzung wurde von 6,25 auf 6,73 erweitert. Mit der größten Übersetzung beschleunigt der A4 kraftvoll, mit der kleinsten lässt sich das Sparpotenzial mittels niedriger Drehzahlen voll nutzen.
Dieses Getriebe bietet drei Schaltmodi:

- Modus D arbeitet stufenlos.
- Das Dynamische Sportprogramm schaltet »gestuft« in acht Gängen.
- Im Tipp-Modus kann der Fahrer von Hand zwischen den acht festen Gängen wechseln.

Anzeige gibt Gangempfehlung

Bei allen Varianten des A4, also auch bei Modellen mit Handschaltung, kann eine Schaltanzeige ins Display des Fahrerinformationssystems integriert werden, die eine wirtschaftliche Gangart unterstützt. Sie zeigt den eingelegten Gang an; falls bei konstanter Fahrt ein anderer Gang sinnvoller wäre, präsentiert sie ihn als Empfehlung. Beim 3.2 FSI ist diese nützliche Anzeige serienmäßig eingebaut.

Motor: Abdeckungen ausbauen, Sichtprüfung

Um am Motor und in seiner Umgebung zu arbeiten und auch um eine Sichtprüfung vorzunehmen, ist stets der Abbau der Motorabdeckungen (oben) und der Geräuschdämpfung (unten) nötig. Den Ausbau unten haben wir im Kapitel »Aufbau« ausführlich beschrieben (heben oder aufbocken, abschrauben). Wir beschreiben hier Aus- und Einbau oben:

■ Bei Vier- und Sechszylindern die Abdeckung vorsichtig an den von den Pfeilen in den Bildern 1 und 2 gezeigten Stellen von den Haltebolzen abziehen. Nicht ruckartig und nicht einseitig abziehen.

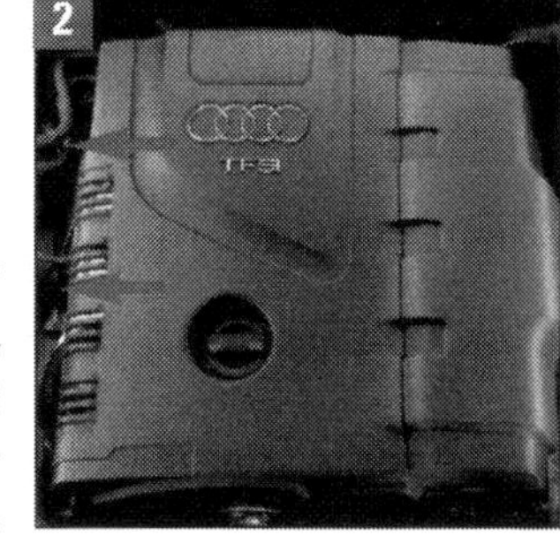

Motorabdeckungen:
Bild 1 zeigt den 3.2 V6 FSI, Bild 2 den 2.0 TFSI, dessen Abdeckung ähnlich aussieht wie beim 1.8 TFSI.

■ Beim Einbau nicht mit der Faust oder einem Werkzeug auf die Abdeckung schlagen, um Beschädigungen zu vermeiden. Abdeckung auf dem Motor positionieren (bei den 4-Zylindern den Öleinfüllstutzen beachten!) und mit beiden Händen in die Gummitüllen drücken.

■ **Sichtprüfung Motor/Motorraum:** Nach Ausbau der Abdeckung oben Motor und Umgebung auf Undichtigkeiten und Beschädigungen prüfen. Die Leitungen, Schläuche und Anschlüsse von Kraftstoffanlage, Kühl- und Heizsystem sowie Bremsanlage sorgfältig untersuchen. Schläuche auch leicht biegen oder kneten. Achten Sie auf alle Undichtigkeiten, auf Scheuerstellen, Porosität und Brüchigkeit.

■ Fahrzeug anheben (am besten Hebebühne), Geräuschdämmung abbauen und den Motorraum von unten nach den gleichen Gesichtspunkten untersuchen. Das Getriebe in die Kontrolle einbeziehen!

■ Diese Sichtprüfung ist sehr wichtig, sie ist auch die erste Handlung, wenn der Wagen in die Werkstatt gebracht wurde. Nehmen Sie alle entdeckten Schäden ernst, sie müssen unbedingt beseitig werden. Wenn das erforderlich wird: Werkstatt aufsuchen.

Keilrippenriemen prüfen, aus- und einbauen

■ **Prüfen:** Nach Abnehmen der Motorabdeckung gut sichtbare Stelle des Keilrippenriemens wählen und kontrollieren. Motor mehrmals zwischendurch drehen lassen, damit alle Flächen des Riemens ins Blickfeld kommen. Darauf achten, dass der Riemen einen einzigen, aber tiefen Riss haben könnte, der gerade genau auf einer Riemenscheibe liegt. Markieren Sie mit Kreide kontrollierte Abschnitte.

■ Achten Sie auf
-Unterbaurisse (Anrisse, Kern- und Querschnittbrüche)
-Lagentrennung (Deckschicht und Zugstränge)
-Ausbruch am Unterbau, Ausfransen der Zugstränge

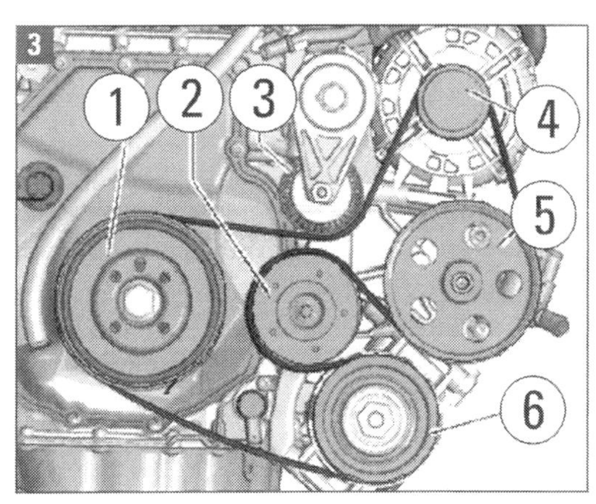

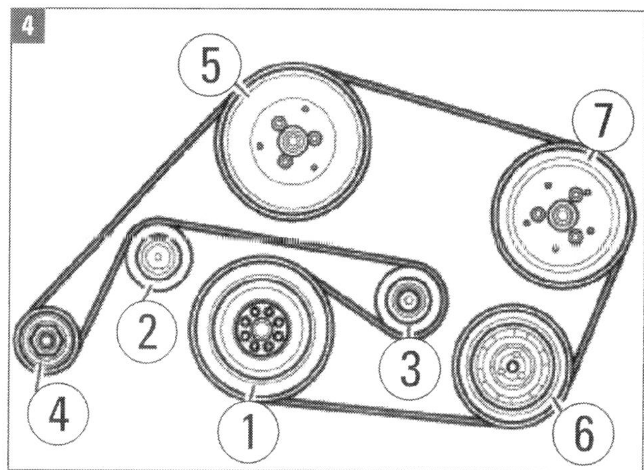

Verlauf des Keilrippenriemens: Bild 3 zeigt die 4-Zylinder, Bild 4 die 6-Zylinder. Die Nummerierung ist so gewählt, dass gleiche Riemenscheiben gleiche Nummern tragen. (1) Schwingungsdämpfer, (2) Umlenkrolle, (3) Spannelement, (4) Generator, (5) Kühlmittelpumpe, (6) Klimakompressor, (7) Servopumpe.

-Flankenverschleiß (Materialabtrag, Ausfransungen, Flankenverhärtung, Oberflächenrisse)
-Öl- und Fettspuren.

■ Prüfen Sie durch kräftigen Daumendruck die Riemenspannung und die Funktion des Spannelements. Der Riemen darf nicht lose durchhängen, sondern darf erst bei Druck nachgeben, wobei die Spannrolle ausschwenkt.

■ Bei Schäden oder/und Fehlfunktion den Riemen und ggf. die Spannrolle auswechseln. Bei Ausbau des Riemens zum Aggregatausbau (Generator) Laufrichtung kennzeichnen!

■ **Riemen aus-/einbauen 4-Zylinder:** Ringschlüssel am unteren Ende der Spannvorrichtung (3) in Bild 3 ansetzen und im Uhrzeigersinn drehen; damit den Riemen entlasten. Spannvorrichtung mit einem starken Dorn (Fachwerkstatt: Absteckwerkzeug T40098) arretieren. Wird oben in die Öffnung am Spannelement eingeführt. Riemen abnehmen.

■ Zum Einbau den Riemen entsprechend Verlauf in Bild 3 auflegen. Generator und Klimakompressor müssen fest montiert sein (falls ein Ausbau erfolgte). Spannvorrichtung kurz im Uhrzeigersinn drehen und Absteckwerkzeug herausziehen. Spannrolle entlasten und Riemenlage prüfen.

■ **Riemen aus-/einbauen 6-Zylinder:** Der Riemen ist zum Ausbau nur von unten zugänglich. Wagen heben, Geräuschdämmung vorn ausbauen. Ringschlüssel am Spannelement über der Spannrolle (3 in Bild 4) ansetzen und Vorrichtung im Uhrzeigersinn schwenken. Festhalten, Riemen abnehmen, Spannvorrichtung wieder entlasten.

■ **Einbau** im umgekehrten Sinne. Den Riemen entsprechend Laufbild (Bild 4) auflegen. Alle Aggregate, falls ein Ausbau erfolgte, müssen vorher wieder fest montiert sein!

■ **Prüfung:** Motor starten und Riemenlauf kontrollieren.

Ölstand prüfen, Öl / Filter wechseln, Öldruck prüfen

■ **Ölstand prüfen:** Das Vorgehen hängt von Motorisierung und Ausstattung ab. Der 3.2 V6 FSI hat keinen Ölpeilstab, die 4-Zylinder haben teils den bekannten Peilstab mit orange gefärbtem Griffring (rechts am Motor, Bild 6), teils wie der V6 auch einen schraubbaren Verschlussstopfen auf dem Rohr für Ölmessstab (Bild 5).

■ Gehen Sie nach der Betriebsanleitung Ihres Fahrzeugmodells vor. Laut Faustregel sollte nach jedem zweiten Tanken der Ölstand kontrolliert werden; das ist beim A4 aber kaum nötig. Bedenken Sie jedoch unbedingt: Die Ölstandsanzeige im Display ist nur eine Informationsanzeige. Bei zu niedrigem Ölstand erscheint eine Warnung im Kombiinstrument. Die Kontrolle mit Messstab oder Prüfgerät für Ölstandsanzeige (Werkstatt) ist also keinesfalls überflüssig für die sichere Ermittlung des Standes

Falls nachgefüllt werden muss: Mit kleinem Trichter in die Öleinfüllöffnung. Nur Motoröl nach Norm 504 00 / 507 00 verwenden (SAW 5W30; z. B. VAPSOIL 507 00).

■ **Öl und Filter wechseln:** Die Audi-LongLife-Motoren gestatten Intervalle von zwei Jahren oder 30.000 Fahrtkilometern, falls die Anzeige nicht früheren Service verlangt. Bei ausschließlichen Stadtfahrten macht früherer Wechsel in jedem Falle Sinn. Im Winterhalbjahr können schon diese sechs Monate (7.000 bis 10.000 km) ausreichend sein.

■ Ölwechsel in eigener Regie darf nicht dazu veranlassen, billiges Motoröl zu verwenden. Das ist für die hochentwickelten und damit auch sehr anspruchsvollen A4-Motoren nicht zu empfehlen. Das Altöl muss abgesaugt werden, man kann es nicht ablassen. Wenn ein Ölabsauggerät verfügbar ist

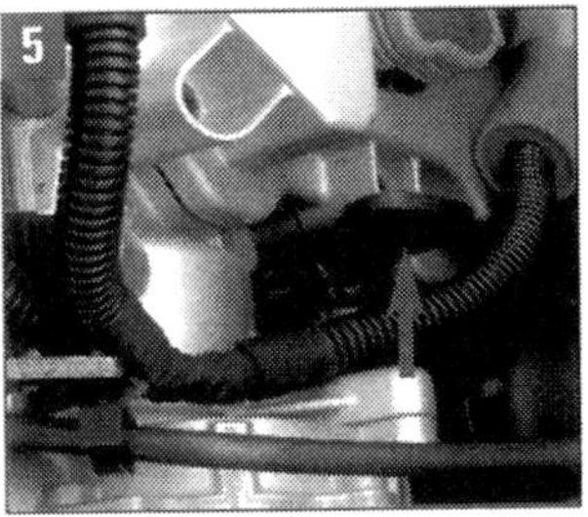
5

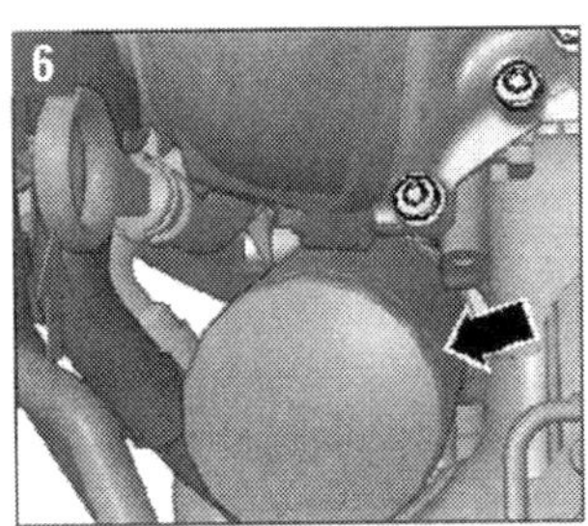
6

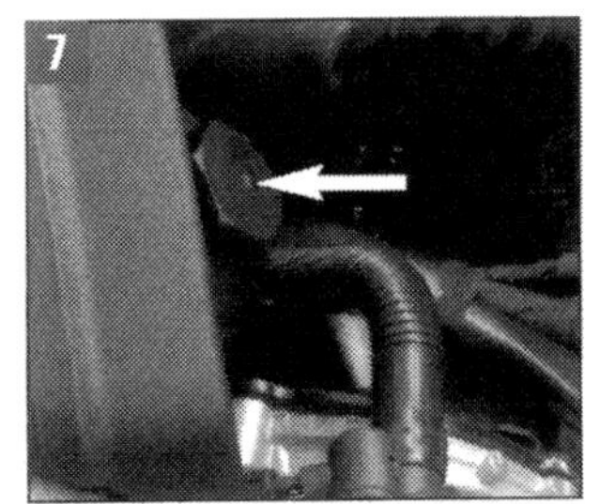
7

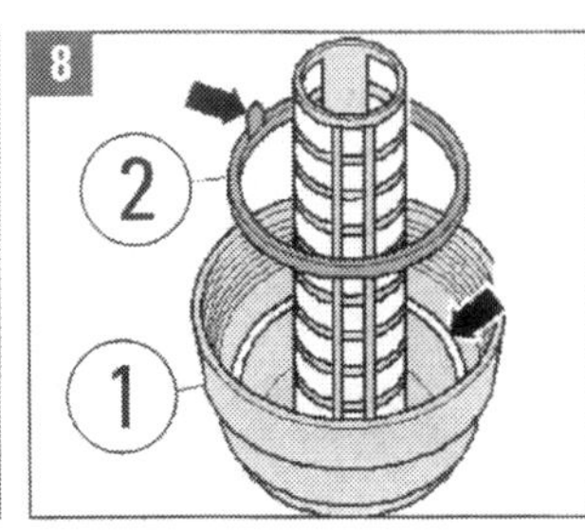

8

(V.A.G 1782; Mietwerkstatt), können Sie den Ölwechsel in eigener Regie vornehmen.

■ Mit dem Ölwechsel ist immer auch der Ölfilterwechsel verbunden. Der stehende Ölfilter befindet sich bei den 4-Zylindern vorn rechts (Bild 6), bei den 6-Zylindern hinten links (Bild 7) am Motor. Führen Sie den Ölwechsel am betriebswarmen Motor durch und beachten Sie die Entsorgungsvorschriften. Zuerst den Ölfiltereinsatz wechseln.

■ **Ölfilter** der 4-Zylinder (schwarzer Pfeil in Bild 6) mit einem Spannband, z. B. dem Hazet-Werkzeug 2171, oder mit einem speziellen Ölfilterschlüssel (Audi 3417) lösen und Filter ausbauen. Bei den 6-Zylindern wird mit einer Stecknuss SW 36 der Ölfilterdeckel (Bild 7) abgeschraubt und der Deckel mit Ölfiltereinsatz (Bild 8) abgenommen. Dichtfläche für Ölfilter am Motor (4-Zylinder) oder an Ölfilterdeckel und -gehäuse (6-Zylinder) reinigen.

■ Bei den 4-Zylindern Gummidichtung leicht einölen, neuen Filter eindrehen und mit 20 Nm festziehen. Bei den 6-Zylindern wird der Ölfiltereinsatz ersetzt: Dichtring an der Ausziehlasche (oberer Pfeil in Bild 8) aus dem Verschlussdeckel (1) ziehen. Neuen Dichtring (2) mit Halbrundprofil in die Nut (unterer Pfeil in Bild 8) am Verschlussdeckel einsetzen. Die Ausziehlasche muss nach oben, die glatte Seite des Dichtrings muss nach außen zeigen. Dann neuen O-Ring in die Nut am Ölfiltergehäuse einsetzen, neuen Ölfiltereinsatz im Ölfilterdeckel einrasten und den Deckel einbauen. Mit 25 Nm festziehen.

■ **Ölwechsel:** Das Altöl wird mit dem Gerät (evtl. 1782; Bedienungsanleitung beachten!) abgesaugt. Dann 4,6 Liter (1.8 TFSI) oder 7,2 Liter (3.2 V6 FSI) Öl der genannten Spezifikation einfüllen.

■ **Öldruck prüfen:** Öldruckschalter aus dem Ölfilterhalter oder dem Motorblock am Ölfilter ausschrauben und einen Öldruckprüfer (z. B. V.A.G 1342) einschrauben. Den ausgebauten Öldruckschalter an den Prüfer schrauben. Bei 80 °C Öltemperatur muss es folgende Werte geben:

Im Leerlauf	4-Zyl. 1,2 ... 2,1 bar und 6-Zyl. 2,5 bar
Bei 2000/min	4-Zyl. 1,6 ... 2,1 bar und 6-Zyl. min 2,5 bar
Bei 3700/min	4-Zyl. 3,0 ... 4,0 bar und 6-Zyl. min 2,5 bar

(Alle Druckangaben bar Überdruck)

Kühlsystem: Kühlmittel, Dichtheit, Thermostat

Über die Füllstandskontrolle des Kühlmittelausgleichsbehälters, die Kühlmittelzusammensetzung und den Frostschutz haben wir ausführlich auf den Seiten 47/48 sowie 181/182 informiert. Wir gehen im Folgenden nur noch auf das für manchen Fall nötige Ablassen des Kühlmittels ein:

■ **Kühlmittel ablassen:** Verschlussdeckel des Kühlmittelausgleichsbehälters öffnen. Vorsicht: Es könnte Dampf entweichen! Vorsichtig Druck ablassen, dann ganz öffnen.
Geräuschdämmung vorn wie beschrieben ausbauen. Geeignete flache Auffangwanne unter Kühler und Motorbereich stellen. Verschlussschraube unten am Kühler öffnen und das Kühlmittel abfließen lassen. Es kann dazu auch der Kühlmittelschlauch abgezogen werden.

■ **Kühlsystem auf Dichtheit prüfen:** Dichtheit aller Wasserschläuche an Kühler, Motor und Heizanlage prüfen. Schläuche kneten, harte und rissige Teile austauschen! Schlauchenden müssen satt auf den Stutzen sitzen, Schlauchschellen (Federband) müssen fest und unverschiebbar anliegen.

■ **Kühlmittelregler prüfen:** Der aus der Wasserpumpe ausgebaute Thermostat wird im Wasserbad erwärmt. Er muss von ca. 87 °C bis ca. 102 °C öffnen. Der Öffnungshub muss mindestens 8 mm betragen. (Ausbau: »Besser machen«)

Luftfiltereinsatz ersetzen

Wir hatten darauf hingewiesen, dass ein verschmutzter Filtereinsatz nicht mehr genügend Ansaugluft in den Motor gelangen lässt. Das Gemisch wird fetter, die Leistung sinkt und der Kraftstoffverbrauch steigt. Wenn Partikel aus stark verschmutzten Filtern den Luftmassenmesser am Ansaugschlauch (nur bei den 4-Zylinder-TFSI dort verbaut) verunreinigen, kann das den Luftmassen-Messwert verfälschen und ebenfalls die Motorleistung stark beeinträchtigen.
Das Filterelement sollten Sie daher mindestens einmal im Jahr reinigen, nach zwei Jahren wechseln. Filtereinsätze erhalten Sie bei Vertragshändler und Zubehörhandel. Die nötige Spezifikation ist auf den Filtergehäusen angegeben.

■ **Filterausbau:** Das große Kunststoffgehäuse des Luftfilters befindet sich bei V6 FSI und bei den 4-Zylinder-TFSI ganz rechts oben im Motorraum und füllt den Platz zwischen Federbeindom und Scheinwerfer aus. Beim 3.2 V6 FSI muss nach Öffnen der Federbandschelle (Zange V.A.G 1921) der Ansaugschlauch, bei den TFSI nach Öffnen der Schlauchschelle der Luftführungsschlauch zum Abgasturbolader vom Luftmassenmesser abgezogen werden.

■ Der Luftmassenmesser sitzt bei den TFSI direkt am Schlauchstutzen des Filtergehäuses. Bevor der Schlauch abgezogen wird, muss die elektrische Steckverbindung vom Luftmassenmesser abgezogen werden.

■ Alle Befestigungsschrauben von oben herausdrehen (beim 3.2 V6 FSI sind es sieben, bei den Vierzylindern sind es fünf).

■ Filtergehäuse-Oberteil anheben und nach oben herausnehmen. Bei den Vierzylindern lässt sich der alte Filtereinsatz jetzt direkt herausnehmen, beim Sechszylinder müssen noch zwei Schrauben seitlich am Filtereinsatz herausgedreht werden. Dann den Einsatz herausnehmen. Gehäuseunterteil und zugängliche Luftführungswege (vor allem bei den TFSI: Wasserablauf im Gehäuseunterteil, Reinluftseite des Luftführungsschlauchs, Luftführung vom Schlossträger zum Filtergehäuse) gründlich reinigen, den Wasserablauf mit Druckluft ausblasen.

■ Neuen Filtereinsatz einsetzen, beim Sechszylinder anschrauben. Gehäuseoberteil aufsetzen und anschrauben. Schlauch aufstecken und mit Schlauchschellen sichern. bei den TFSI den Stecker des Luftmassenmessers einrasten.

Zündspulen und Zündkerzen ausbauen

Benötigte spezielle Werkzeuge:
-Abzieher für Stabzündspulen (Audi: T40039; Bild 9)
-Zündkerzenschlüssel (Audi: 3122 B)

Arbeitsschritte

■ **1.8 TFSI, 2.0 TFSI:** Motorabdeckung ausbauen, die beiden Schrauben an der Steckerleiste rechts von den Zündspulen lösen.

■ Mit dem Abzieher (T40039, Bild 9) alle Zündspulen ca. 30 mm aus dem Kerzenschacht ziehen. (Bild 10). Abzieher an der ersten Rille von oben ansetzen (Bild 6, Seite 188).

■ Elektrische Steckverbindungen (rote Pfeile in Bild 10) entriegeln. Alle gleichzeitig von den Zündspulen abziehen. Zündkerzen mit dem Kerzenschlüssel aus dem jeweiligen Schacht (weißer Pfeil in Bild 10) herausschrauben.

■ **3.2 V6 FSI, Zylinderbank 1 (rechts):** Luftfiltergehäuse-Unterteil ausbauen. Schrauben an Steckerleiste rechts hinter den Zündspulen herausdrehen. Spulen mit dem Abzieher 30 mm aus dem Zündkerzenschacht ziehen.

■ Elektrische Steckverbindungen entriegeln. Alle gleichzeitig von den Zündspulen abziehen. Zündkerzen mit Schlüssel aus dem jeweiligen Schacht herausschrauben.

■ **3.2 V6 FSI, Zylinderbank 2 (links):** Kühlmittelausgleichsbehälter abschrauben und die Steckverbindung am Schalter für Kühlmittelmangelanzeige unten am Behälter trennen. Behälter mit Schläuchen zur Seite legen. Schrauben der Steckerleiste links hinter den drei Zündspulen herausdrehen. Zündspulen mit dem Abzieher etwa 30 mm aus dem Zündkerzenschacht ziehen.

■ Elektrische Steckverbindungen entriegeln. Alle gleichzeitig von den Zündspulen abziehen. Zündkerzen mit dem Kerzenschlüssel aus dem jeweiligen Schacht herausschrauben.

■ **Alle Motoren Zündkerzen wechseln:** Neue Zündkerzen einschrauben und mit dem Kerzenschlüssel mit 30 Nm in den Zylinderkopf schrauben.

■ Alle Zündspulen locker in die Kerzenschächte stecken. Zündspulen zu den Steckern ausrichten und alle Stecker gleichzeitig auf die Zündspulen aufstecken

■ Zündspulen gleichmäßig mit der Hand auf die Zündkerzen drücken. Kein Schlagwerkzeug benutzen!

Abgasrohr trennen, Abgasanlage einrichten

■ **Mittel- und Nachschalldämpfer trennen:** Zum einzelnen Ersetzen von Mittel- oder Nachschalldämpfer (auch der Doppelendrohre) ist am Verbindungsrohr die mit Eindrückungen markierte Trennstelle (Bild 11) vorgesehen.

■ Abgasrohr (Mittelschalldämpfer) an Trennstelle rechtwinklig mit Kettenrohrabschneider (Audi-Werkzeug VAS 6254) trennen, neues Teil ansetzen. Klemmhülsen (Doppelschelle) mittig zum Trennschnitt positionieren.

■ In diesem Fall wird die »Klemmhülse hinten« (Bild 14) eingebaut. Ihre Verschraubung zeigt nach links, die Schraubenenden dürfen nicht über die Hülsenunterkante hinausragen. Werden Vor- und Mittelschalldämpfer an der Trennstelle verbunden (Bild 12), wird die »Klemmhülse vorn« in der Winkelstellung 20° (Bild 13) eingebaut. Verschraubungen zeigen nach rechts, Muttern nach oben.

■ **Abgasanlage spannungsfrei einrichten:** Abgasanlage muss kalt sein. Verschraubungen der Klemmhülsen (je nach Fall nur vorn oder vorn und hinten) lösen.

■ Mittelschalldämpfer so weit nach vorn drücken, bis die Vorspannung (Maß »a«) an der Halteschlaufe (Bild 15) **am Mittelschalldämpfer a = 6 ... 10 mm** beträgt. Gesamte Abgasanlage (oder nur Nachschalldämpfer) so weit nach vorn drücken, bis die Vorspannung an der Halteschlaufe **am Nachschalldämpfer a = 11 ... 15 mm** beträgt. Den Nachschalldämpfer waagerecht ausrichten.

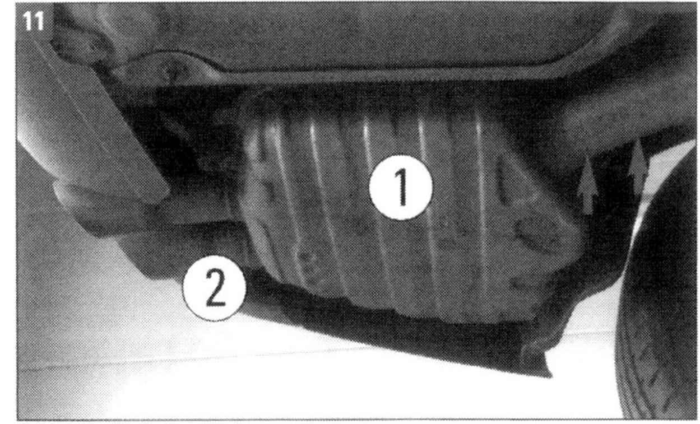

Abgasanlage: (1) Nachschalldämpfer, (2) Doppelendrohr. Pfeile: Die drei Eindrückungen an der Trennstelle.

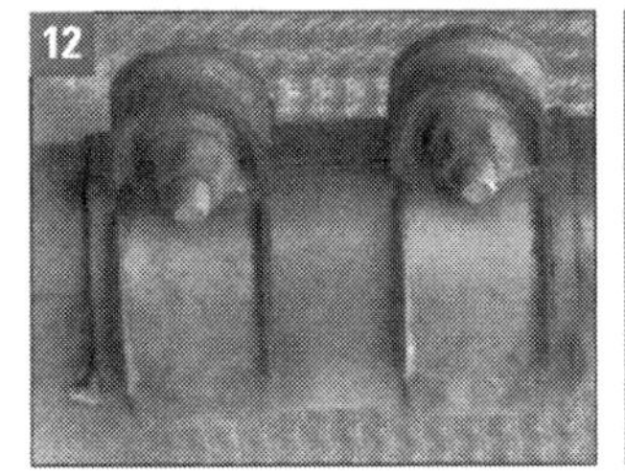

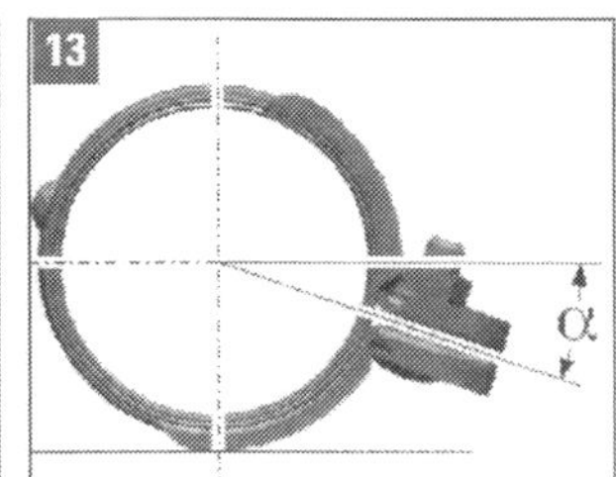

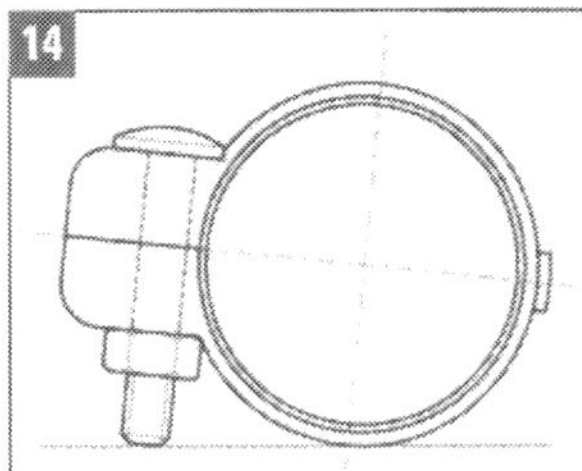

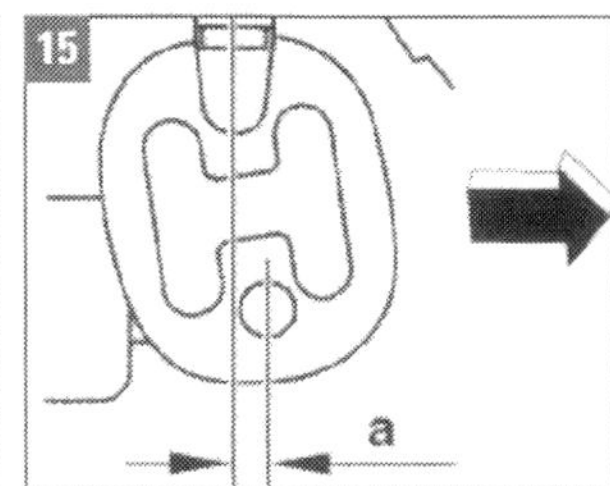

Ölstand-Prüfgerät verwenden

Audi weist nachdrücklich darauf hin, die Ölstandsanzeige im Display sei »nur eine Informationsanzeige«.

Da lohnt für die anspruchsvollen FSI-Motoren die präzise Ölstandskontrolle mit dem »Prüfgerät«. Bei diesem handelt es sich um nichts Aufwändiges, sondern um einen schlichten flexiblen Metallstab mit Griffring am oberen und Skala am unteren Ende (Bild).
Er hat allerdings noch einen auf dem Stab verschiebbaren Einstellring mit Rändelschraube zum Lösen und Feststellen. Das »Gerät« heißt bei Audi T40178. Man stellt für die 1.8 und 2.0 TFSI die Unterkante des Rings auf den Wert 39, und an der Skala ist dann die 24 der Maximalwert Für den 3.2 V6 FSI wird 132 eingestellt, dann liegt der maximale Ölstand bei 13 auf der Skala.
Der Stab wird bei ca. 60 °C Öltemperatur in das Rohr für Ölmessstab eingeführt (Verschlussstopfen abnehmen!). Bis zum Anschlag am Ring einschieben, herausziehen, ablesen. »0« ist natürlich der Minimalwert.

Motorsteuergerät auswechseln

Wenn das Gerät gewechselt werden muss, ist der Ausbau zunächst einfach: Deckel der E-Box im Wasserkasten Fahrerseite abschrauben, Verrastungen links und rechts entriegeln, Gerät herausziehen.

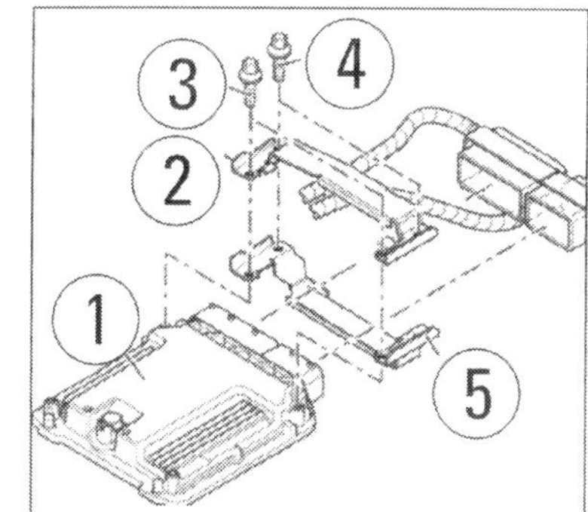

Aber so kommt man noch nicht an die beiden Stecker, um sie abzuziehen. Das Gerät (1) ist über eine Verriegelung (2) und Abreißschrauben (3 und 4) mit einem Blechgehäuse (5) verschraubt, um den Zugang zu erschweren. Was tun?
Die Gewinde der beiden Schrauben (4) sind mit einem Sicherungsmittel versehen, aber nicht mit dem Motorsteuergerät verschraubt. Man kann und muss sie mit einem Heißluftgebläse per Aufsatz zielgerichtet bei Maximalwärme und starkem Luftstrom 25 bis 30 Sekunden lang erwärmen. Vorsicht, es wird heiß! Die steckerseitigen Schrauben mit einer Gripzange herausdrehen. Die Schrauben (3) sind mit dem Steuergerät verschraubt und nicht gesichert. Auch herausdrehen, Blechverriegelung von den Steckern trennen, Stecker abziehen.
Das neue Gerät sollte wieder gesichert werden. Gewindebohrungen nachschneiden, Sicherungsmittel hinein, neue Abreißschrauben eindrehen.

Kraftstofffilter erneuern

Ist man an verunreinigtes Benzin geraten, sollte der Kraftstofffilter ausgewechselt werden. Das war bei den ersten der neuen A4 schwierig, weil das Filter mit der Benzinpumpe im Tank steckte. Neuerdings ist es zugänglich am Unterboden montiert. Verkleidungen rechts ausbauen, die Muttern abdrehen,

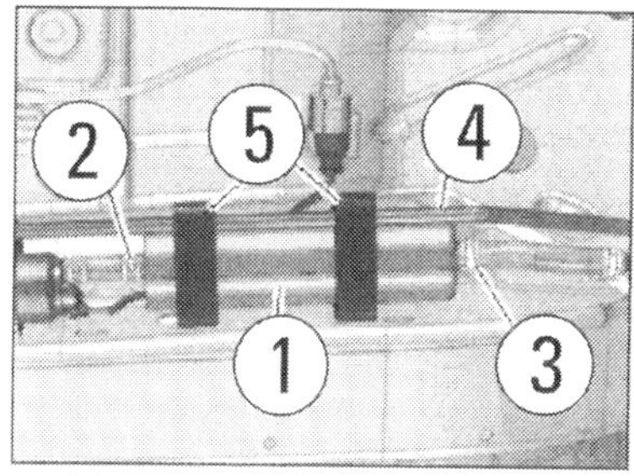

Halter nach unten schwenken, aushängen und abnehmen. Auffangbehälter unter Filter (1) stellen, Vorlaufschläuche (2 und 3) ausbauen, Rücklaufleitung (4) am Puffer (5) aushängen, Filter mit Puffer abnehmen. Beim Einbau die Pfeile am Filter für die Durchflussrichtung beachten!

Thermostat ausbauen

Wenn der Kühlmittelregler ausfällt, drohen Motorschäden. Überprüfen und eventuelles Auswechseln sind angesagt. Thermostat (1) sitzt in einem Stutzen (2), der an die Kühlmittelpumpe angeschraubt ist. Sie muss ausgebaut werden, was eine ziemliche Prozedur darstellt. Wir schlagen vor, diese Arbeit einem befreundeten Fachmann zu überlassen. Prüfen und Neuteil besorgen können dann Sie.

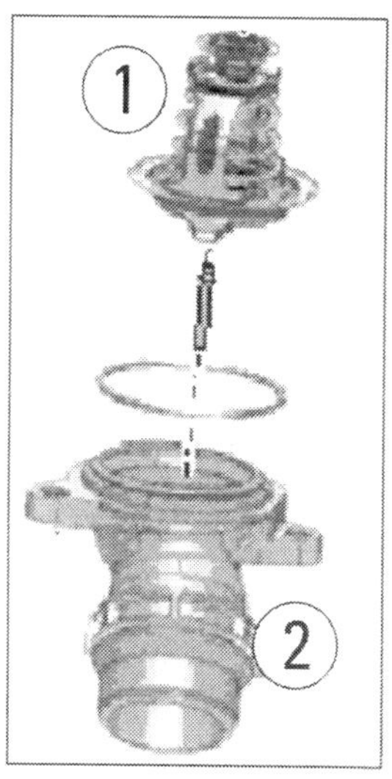

Motor

Störung	Was kann das sein?	Was muss ich tun?
A Motor startet nicht, Anlasser dreht nicht	**1** Die Wegfahrsperre bzw. die Anlasssicherung	Zu- und wieder aufschließen, Bremse getreten halten und Schalthebel auf Stellung N
	2 Batterie leer	Wenn die Scheinwerfer bei eingeschalteter Zündung nur schwach leuchten: Alle Verbraucher abschalten, Starthilfekabel benutzen und dann mindestens 20 Kilometer fahren
B Der Anlasser dreht, aber der Motor springt nicht an	**1** Die häufigsten Ursachen sind: Kein Sprit und/oder kein Zündfunke. Das kann leider an sehr vielen Bauteilen liegen	Zuerst prüfen ob noch Sprit und auch die richtige Sorte (Benzin oder Diesel) im Tank ist. Dann die Verkabelung im Motorraum auf Beschädigungen prüfen (Marderbiss?) Vorsicht! Zündung dabei unbedingt ausschalten!
C Motor läuft nach dem Start unrund	**1** Fehler in der Kraftstoffversorgung und/oder Zündanlage, Nebenluft durch undichte Schläuche	Zunächst eine Sichtkontrolle des Motorraums bei ausgeschalteter Zündung durchführen. Beschädigte Leitungen mit Isolierband notdürftig flicken. Mit einem Diagnosegerät den Fehlerspeicher auslesen lassen.
	2 Diesel: Falschbetankung oder defekte Glühkerzen	Vorsicht: Bei Falschbetankung nicht mehr weiterfahren, sonst kann die Hochdruckpumpe kollabieren
D Motor qualmt und stinkt aus dem Auspuff	**1** Turbolader (blauer Rauch) oder Zylinderkopfdichtung (weißer Rauch) defekt	Ist der Turbolader defekt besteht akute Gefahr: Bruchstücke wandern durch den Motor. Nicht mehr starten! Bei einer kaputten Kopfdichtung fehlt Wasser im Ausgleichsbehälter, auf jeden Fall auffüllen
E Motor zieht nicht mehr richtig	**1** Der Hauptverdächtige ist auch hier der Turbolader, besonders wenn der Motor im Leerlauf oder bei wenig Gas noch gut läuft	Beobachten Sie die Ladedruckanzeige und achten Sie auf ungewöhnliche Geräusche beim Beschleunigen. Eventuell entweicht Ladedruck. Ein blockierter Lader macht dagegen gar keine Geräusche mehr
	2 Luftmassenmesser defekt	Fehlerspeicher auslesen, ggf. ersetzen
F Hoher Verbrauch	**1** Wahrscheinlich ist der Luftfilter stark verschmutzt	Luftfilter austauschen, die Anleitung dazu finden Sie in diesem Kapitel
G Motor wird zu langsam warm	**1** Thermostat hängt	Sie können zunächst weiter fahren, der Thermostat sollte jedoch so bald wie möglich getauscht werden

Getriebe / Kraftübertragung

Störung	Was kann das sein?	Was muss ich tun?
A Kratzen beim Gangwechsel	**1** Kupplung trennt nicht richtig	Schadensursache feststellen und beheben. Wenn Sie diesen Fehler ignorieren, ruinieren Sie sonst sehr schnell das Getriebe.
	2 Synchronring verschlissen	Wenn das Kratzen nur in einem Gang auftritt, kann der entsprechende Synchronring ersetzt und das Getriebe gerettet werden. Bis dahin: langsam schalten!
B Rupfen, Ruckeln und Springen	**1** Die Kupplung ist verschlissen oder verölt	Die Kupplung ist ein Verschleißteil, das bei hohen Laufleistungen irgendwann abgenutzt ist. Tritt an Motor oder Getriebe Öl aus, rutscht die Kupplung. In beiden Fällen hilft nur der Ausbau des Getriebes
	2 Motorlager defekt	Kontrollieren Sie den Zustand der Lager und vermeiden sie bis zur Reparatur starke Lastwechsel und allzu rasantes Anfahren.
C Schläge, ungewöhnliche Geräusche oder Vibrationen	**1** Motorlager ausgeschlagen	Beobachten Sie von außen, wie stark der Motor beim Anfahren kippt. Bei verschlissenen Lagern kann das dazu führen, dass Teile irgendwo anschlagen
	2 Antriebswellen defekt	Fahren Sie enge Kurven (auch rückwärts) und versuchen, Sie den Schaden an den Wellen zu lokalisieren Äußere und Innere Gelenke können einzeln ausgetauscht werden.)
	3 Synchronringe oder Getriebelager im Getriebe verschlissen	Auch die Synchronringe unterliegen einem gewissen Verschleiß. Wenn es in mehreren Gängen kratzt ist ein Austauschgetriebe fällig, mahlende Getriebelager lassen sich einzeln ersetzen.
	4 Zu wenig Öl im Getriebe	Ölstand prüfen und nötigenfalls ergänzen
D Es lässt sich kein Gang mehr einlegen	**1** Seilzüge ausgehängt	Untersuchen Sie die Anschlüsse und Führungen der Schaltseilzüge. Manchmal lässt sich so ein Zug auch an Ort und Stelle wieder einhängen.

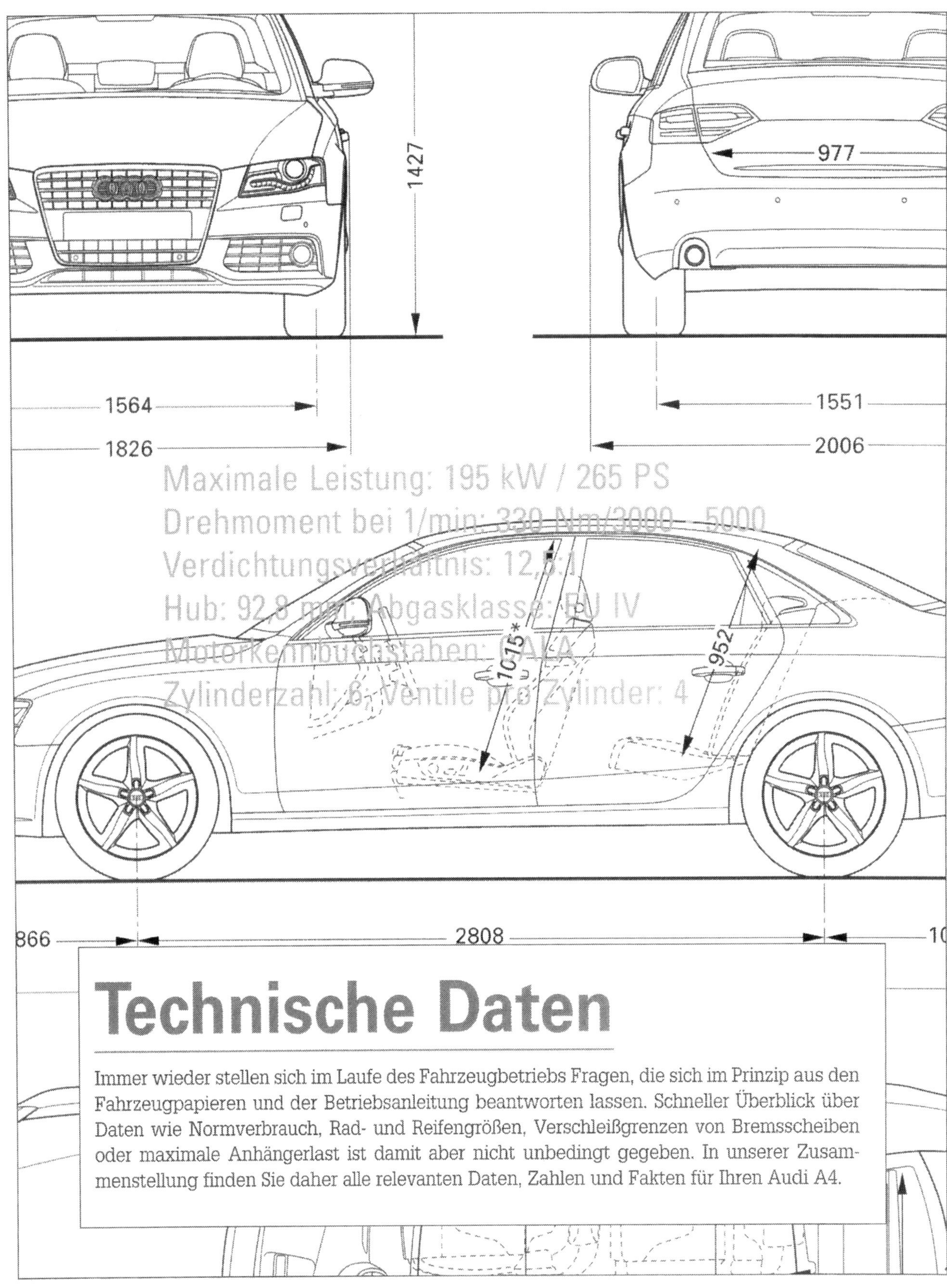

Technische Daten

Immer wieder stellen sich im Laufe des Fahrzeugbetriebs Fragen, die sich im Prinzip aus den Fahrzeugpapieren und der Betriebsanleitung beantworten lassen. Schneller Überblick über Daten wie Normverbrauch, Rad- und Reifengrößen, Verschleißgrenzen von Bremsscheiben oder maximale Anhängerlast ist damit aber nicht unbedingt gegeben. In unserer Zusammenstellung finden Sie daher alle relevanten Daten, Zahlen und Fakten für Ihren Audi A4.

Die Vielfalt im Detail

Wie die Kapitel »Modell« und »Antrieb« zeigten, verfügt der A4 der neuen Generation über eine beträchtliche Zahl an Motorisierungen, Getriebe- und Ausstattungsvarianten. Mit ihnen sind viele Kombinationsmöglichkeiten gegeben. Das Repertoire umfasst die drei in diesem Buch ausschließlich behandelten Benzinmotoren in fünf Leistungsstufen; 6-Gang Schaltgetriebe, 6-Gang Automatikgetriebe (tiptronic) und ein stufenloses Automatikgetriebe (multitronic); Vorder- und Allradantrieb (quattro); 5-türige Karosserien in den zwei Grundvarianten Limousine und Avant sowie ein Cabriolet.

Darüber hinaus werden drei Ausstattungslinien angeboten: Attraction, Ambition und Ambiente sowie die Sonderausführung »S Line«.

Die Auflistung aller Modelle und deren Ausstattungsumfänge würde den Rahmen dieses Werks sprengen, zählte man zudem noch sämtliche möglichen Farbkombinationen hinsichtlich Lackierung und Innenausstattungen auf. Einige Dutzend unterschiedliche Gestaltungsmöglichkeiten kommen da problemlos zustande.

Auf den folgenden Seiten berücksichtigen wir jedoch diese Vielfalt im Detail nicht, da dies dem Sinn und Zweck einer Übersichtstabelle nicht gerecht würde. Alle Motorisierungen mit den relevanten Daten bis hin zu den Angaben über die CO_2-Emissionen haben wir allerdings aufgeführt. Unsere Werte entsprechen den Werksangaben von Audi. Gravierende Abweichungen von diesen Messdaten, beispielsweise bei den Verbrauchsangaben oder den Beschleunigungswerten, haben wir in der einschlägigen Motorpresse nicht gefunden.

Zu erwähnen bleiben noch als zusätzliche Angaben zum Volumen des Kraftstoffbehälters die Reservemengen. Sie betragen beim 65-Liter-Tank (Frontantrieb) wie beim 64-Liter-Tank (quattro) 9 Liter. Die Bremsflüssigkeit (Bremsen plus Kupplungshydraulik plus Behälter = 1 Liter) entspricht der Norm FMVSS 571.116 DOT 4. Das Synthetiköl für die Schaltgetriebe muss der Norm G 51 – SAE75W90 genügen. Das ATF für die Automatikgetriebe folgt der Norm N 052 162, das entspricht der VW-Konzernnorm G 052 162.

Das Kühlsystem inkl. Heizung ist mit 7,0 Liter befüllt. Orientierung für die Motoröl-Füllmenge inkl Filter gibt der 1.8 TFSI mit 4,6 Liter.

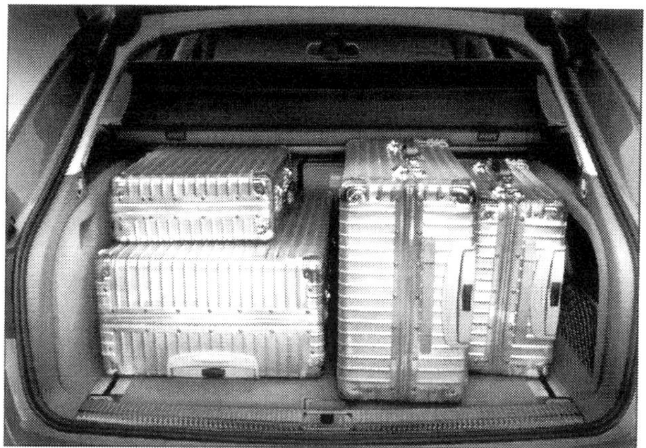

Kofferraumvolumen: Die Angaben in Liter gehören für so manchen Autofahrer zu den wichtigsten Daten.

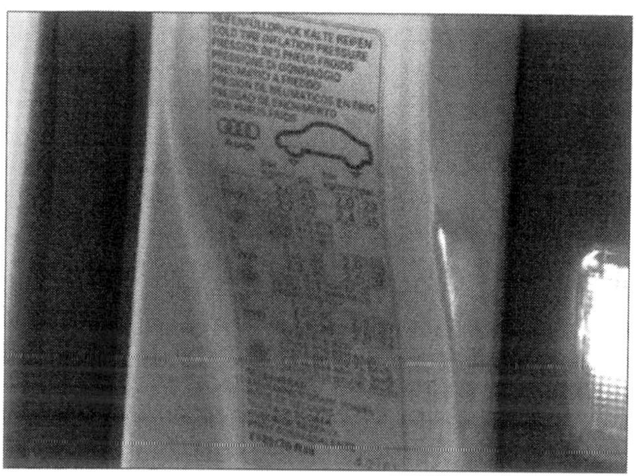

Tabelle im Fahrer-Türholm: Hier sind die Angaben zum nötigen Reifenfülldruck bei unterschiedlicher Beladung stets nachlesbar.

Motorraum: Die zahlreichen betriebsbestimmenden Parameter haben wir in unseren Listen erfasst.

Benzinmotoren

Reihen-4-Zylinder-Ottomotoren mit Benzindirekteinspritzung und Abgasturboaufladung

Modell	**1,8 Liter TFSI**	**1,8 Liter TFSI (Lim/Avant)**		**2,0 Liter TFSI (Limousine)**	
Motor-Kennbuchstaben	**CABA, CDHA**	**CABB, CDHB**		**CDNB**	
Produktion ab	11/07	08/07		05/07	
Entspricht Abgasnorm	EU 4	EU 4		EU 5	
Zylinder / Ventile	4 / 4	4 / 4		4 / 4	
Hubraum in cm³	1798	1798		1984	
Bohrung in mm	82,5	82,5		82,5	
Hub in mm	84,2	84,2		92,8	
Verdichtung	9,6:1	9,6:1		9,8:1	
Höchstleistung	88 kW / 120 PS	118 kW / 160 PS		132 kW / 180 PS	
bei Umdrehungen/min	3650 – 6200	4500 – 6200		4000 – 6000	
max. Drehmoment	230	250 Nm		320 Nm	
bei Umdrehungen/min	1500 – 3650	1500 – 4500		1500 – 3900	
Höchstgeschwindigkeit in km/h					
Limousine					
6-Gang manuell:	208	225		236	
Automatik multitronic:	---	218		226	
Avant					
6-Gang manuell	---	218			
Automatik multitronic	---	210			
Beschleunigung (s)					
0-100 km/h:	10,5	Lim 8,6 / 8,6 / Avant 8,9 / 8,9		man. 7,9 /multitronic 8,2	
Verbrauch		manuell:	multitronic:	manuell:	multitronic:
- innerstädtisch:	9,9 Liter	9,9	10,3	9,0	9,7
- außerstädtisch:	5,5 Liter	5,5	5,7	5,2	5,6
- kombiniert:	7,1 Liter	7,1	7,4	6,6	7,1
Emissionen CO_2 in g/km*:	236 / 131 / 169	236/131/169	241/136/179	207/122/154	226/132/167
Kraftstoff	Super bleifrei, 95 ROZ	Super bleifrei, 95 ROZ		Super bleifrei, 95 ROZ	

Zündung und Klopfregelung
Kennfeldzündung mit ruhender Hochspannungsverteilung über Einzelfunkenspulen. Zylinderselektive adaptive Klopfregelung.

Abgasbehandlung und Abgasrückführung
Luftmassenmessung, integrierte Ladedruckregelung. Motornaher Keramikkatalysator, Lambdasonde vor und nach Katalysator.

* = Stadt/außerhalb/kombiniert

Benzinmotoren	**Reihen-4-Zylinder Direkteinspritzung , Abgasturboaufladung**			**V6-Zylinder mit valvelift**
Modell	**2,0 Liter TFSI (Avant)**		**2,0 Liter TFSI (Lim/quattro)**	**3,2 Liter V6 FSI (Avant)**
Motor-Kennbuchstaben	**CDNB**		**CAEB, CDNC**	**CALA / (quattro mit Tiptronic)**
Produktion ab	05/07		05/07	09/07
Entspricht Abgasnorm	EU 5		EU 5	EU 4
Zylinder / Ventile	4 / 4		4 / 4	6 / 4
Hubraum in cm³	1984		1984	3197
Bohrung in mm	82,5		82,5	85,5
Hub in mm	92,8		92,8	92,8
Verdichtung	9,8:1		9,8:1	12,5:1
Höchstleistung	132 kW / 180 PS		155 kW / 211 PS	195 kW / 265 PS
bei Umdrehungen/min	4000 – 6000		4300 – 6000	6500
max. Drehmoment	320 Nm		350 Nm	330 Nm
bei Umdrehungen/min	1500 – 3900		1500 – 4200	3000 – 5000
Höchstgeschwindigkeit in km/h				
Limousine				
6-Gang manuell:			246	250 abgeregelt
Automatik multitronic:			---	250 abgeregelt
Avant				
6-Gang manuell	228		238	250 abgeregelt
Automatik multitronic	218		---	250 abgeregelt
Beschleunigung (s)				
0-100 km/h:	manuell 8,1 / multitronic 8,6		6,6	6,6
Verbrauch	manuell:	multitronic		
- innerstädtisch:	9,1 Liter	9,7	10,0	13,1
- außerstädtisch:	5,4 Liter	5,9	5,9	6,9
- kombiniert:	6,8 Liter	7,3	7,4	9,2
Emissionen CO_2 in g/km*:	212/128/160	229/140/172	232 / 139 / 173	312 / 165 / 219
Kraftstoff	Super bleifrei, 95 ROZ		Super bleifrei, 95 ROZ	Super bleifrei, 95 ROZ
Zündung und Klopfregelung	Kennfeldzündung mit ruhender Hochspannungsverteilung über Einzelfunkenspulen. Zylinderselektive adaptive Klopfregelung.			
Abgasbehandlung und Abgasrückführung	Luftmassenmessung, integrierte Ladedruckregelung (nicht bei 3.2 V6 FSI / Motor CALA). Motornaher Keramikkatalysator, Lambdasonde vor und nach Katalysator.			

* = Stadt/außerhalb/kombiniert

Gemischaufbereitung und Ventilsteuerung

FSI und TFSI: Vollelektronisches Motormanagement mit E-Gas. Sequenzielle Hochdruckdirekteinspritzung mit adaptiver Leerlauffüllungsregelung. Schubabschaltung, adaptive Lambdaregelung.

FSI: Ventilsteuerung mit Audi valvelift system.

TFSI: Einlassnockenwellenverstellung, Rollenschlepphebel.

Bremsanlage

Art der Bremsen: Hydraulik-Zweikreisbremssystem, diagonal mit Tandem-Bremskraftverstärker. Scheibenbremsen vorn innenbelüftet, hinten ebenfalls Scheibenbremsen. Mit ABS/EBV und ESP mit Bremsassistent. Schwimmsättel; beim 3.2 FSI V6 in Aluminium-Verbundbauweise.

Bremsentypen vorn/hinten: PR 1LT: FN3-57; PR 1 LA: FBC 57; PR 1LJ: FBC-57 / PR 1 KW: CII-43 EPB; PR 1 KE: CII-43 EPB.

Zuordnung zum Aggregat: 4-Zylinder-Motoren vorn: 1LT und 1 LA mit 16-Zoll-Sattel.
4-Zylinder-Motoren hinten: 1 KW mit 16-Zoll-Sattel.
6-Zylinder-Motoren vorn: 1 LJ mit 17-Zoll-Bremssattel.
6-Zylinder-Motoren hinten: 1 KE mit 17-Zoll-Sattel.

Bremse vorn:

Bremssattel Kolben: Alle Modelle 57 mm Durchmesser.
Bremsscheibe Durchmesser: 1 LT: 314 mm; 1 LA: 320 mm; 1 LJ: 345 mm.
Bremsscheibe Dicke: 1 LT: 25 mm; 1 LA: 30 mm; 1 LJ: 30 mm.
Verschleißgrenze: 1 LT: 23 mm; 1 LA: 28 mm; 1 LJ: 28 mm.
Bremsbelagdicke mit Rückenplatte und Blech: 1 LT: 20,3 mm; 1 LA: 18,8 mm; 1 LJ: 18,8 mm.
Verschleißgrenze mit Platte: 1 LT: 7 mm; 1 LA: 7 mm; 1 LJ: 7 mm.

Bremse hinten:

Bremsscheibe Durchmesser: 1 KW: 300 mm; 1 KE: 330 mm.
Bremsscheibe Dicke: 1 KW: 12 mm; 1 KE: 22 mm.
Verschleißgrenze: 1 KW: 10 mm; 1 KE: 20 mm.
Bremsbelagdicke mit Rückenplatte und Blech: 1 KW:17,5 mm; 1 KE: 17,5 mm.
Verschleißgrenze mit Platte: 1 KW: 7 mm; 1 KE: 7 mm.

Handbremse: Elektro-mechanische Feststellbremse wirkt auf die Hinterräder.
Bremsflüssigkeit: N 052 766 gemäß US-Norm FMVSS 571.116 DOT4. TL 766. Wechsel: alle zwei Jahre.

Fahrwerk

Vorderachse: Fünflenker-Vorderachse, Querlenker oben und unten, Rohr-Stabilisator.
Hinterachse: Einzelradaufhängung, Trapezlenker-Hinterachse mit elastisch gelagertem Achsträger.
Federung:
Lenkung: Wartungsfreie Zahnstangenlenkung mit Servounterstützung. Lenkübersetzung: 16,3.
Spurweite (mm): vorn 1564, hinten 1551
Radstand (mm): 2808
Wendekreis (m): 11,4
Räder: Aluminium-Schmiedeleichtbauräder 7,5 J x 16 und 17; Stahlräder 7 J x 16 mit Radvollblenden
Reifen: 225/55 R 16, 225/60 R 16, 225/50 R 17

Kraftübertragung

Antrieb: Frontantrieb oder permanenter Allradantrieb quattro. Elektronisches Stabilisierungsprogramm ESP.

Kupplung: Hydraulisch betätigte Einscheibentrockenkupplung mit Tellerfeder und asbest- sowie bleifreien Belägen. Bei Automatikgetriebe elektronisch geregelte Lamellenkupplung mit Ölkühlung.

Getriebe: Voll synchronisiertes 6-Gang-Handschaltgetriebe.
Automatikgetriebe mit Tiptronic-Funktion und stufenlose multitronic mit DRP.

Maße, Gewichte, Lasten; Tankinhalt; Getriebeübersetzungen (Auswahl)

Außenmaße

Länge (mm): 4703
Breite (mm): 1826 ohne Spiegel
Höhe (bei Leergewicht): 1427; Avant: 1436

Innenmaße

Ellenbogenbreite vorn: 1410 mm
Ellenbogenbreite hinten: 1380 mm
Komfortmaß vorn: 1015 mm
Komfortmaß hinten: 952 mm

Gepäckraumvolumen: 480 Liter
- Rücksitze umgeklappt: 962 Liter

Gewichte (kg)

Leergewicht 1.8 TFSI Basis: 1410 kg mit Schaltgetriebe, 1450 kg mit multitronic.
Effektive Zuladung (Basis): 550 kg bei Schaltgetriebe und bei stufenloser multitronic.
Zulässiges Gesamtgewicht: 1960 bzw. 2000 kg.
Maximale Dachlast: 90 kg, zulässige Stützlast 80 kg.
Maximale Anhängelast
- ungebremst: 740 kg (multitronic 750 kg)
- gebremst, 12% Steigung: 1300 kg
- gebremst, 8% Steigung: 1500 kg
Zulässige Achslast vorn: 1035 kg (multitronic 1060 kg)
Zulässige Achslast hinten: 1050 kg (multitronic 1060 kg)
Anhängerkupplung:

Weitere Daten

Tankinhalt: 65 Liter, quattro-Modelle ca. 64 Liter.
Karosserietyp: Selbsttragend, verzinkter Stahl, Verformungszonen vorn und hinten, 4 Türen mit zusätzlichem Flankenschutz.
Luftwiderstandsbeiwert c_w: 0,27 / Stirnfläche A in m^2: 2,20

6-Gang-Schaltgetriebe: 3,400 / 1,905 / 1,276 / 0,941 / 0,737 / 0,625 / R-Gang: 3,100 / Achsübersetzung 4,142
6-Gang-tiptronic: 3,400 / 1,905 / 1,276 / 0,941 / 0,737 / 0,625 / R-Gang: 3,100 / Achsübersetzung 4,142
Stufenlose multitronic 2,492 / 1,574 / 1,147 / 0,892 / 0,715 / 0,579 / 0,465 / 0,370 / R-Gang: 3,015 / Achsübers. 5,970

Wartungsplan

Ihr gerade gekaufter A4 hat den »Übergabeservice« hinter sich und dürfte Ihnen zunächst keine größeren Wartungsarbeiten abverlangen. Vom festen Sitz der Batteriekabel über sämtliche Flüssigkeitsstände oder auch die Vollständigkeit der Bordliteratur bis hin zur Zeituhr wurde alles geprüft und richtig gestellt.
Im späteren Fahrbetrieb werden dann in bestimmten Intervallen Ölwechsel und Inspektion fällig. Wie heute fast alle Hersteller, unterscheidet auch Audi schon seit knapp zehn Jahren nach

- Inspektionsservice in festen Intervallen und
- LongLife Service mit flexiblen Wartungsintervallen.

Wenn Wartung oder Ölwechsel erforderlich sind, erscheint eine entsprechende Anzeige auf dem Display. Das geschieht eine Minute lang nach Einschalten der Zündung und nach dem Anlassen des Motors.
Es gibt zwei verschiedene Anzeigen: »service OEL« für den Ölwechsel und »service INSP« für die fällige Inspektion. Nach dem Service muss die Intervallanzeige zurückgesetzt werden. Das ist nur in der Werkstatt möglich, weil das Diagnose- und Informationssystem VAS 5051 oder 5052 benötigt wird: Gerät am Diagnosesteckplatz unterm Lenkrad anschließen, die »Geführten Funktionen« einschalten, auf »Servicearbeiten« stellen und dem Programm folgen.

Feste Wartungsintervalle

Dabei setzt sich der Inspektionsservice aus Ölwechsel nach Service-Intervall-Anzeige bei maximaler Laufleistung von 15.000 km oder maximalem Zeitintervall von 12 Monaten sowie einer Inspektion nach Service-Intervall-Anzeige bei maximaler Fahrt von 30.000 km oder maximalem Zeitintervall von 24 Monaten zusammen.
Bei erschwerten Betriebsbedingungen wie überwiegenden Kurzstreckenfahrten oder staubigen Straßenverhältnissen soll der Ölwechsel öfter vorgenommen werden. Die Inspektion soll nach der Intervallanzeige stattfinden, davon unabhängig aber alle 30.000 km.

LongLife Service mit flexiblen Intervallen

Schon seit Modelljahr 2000 bietet Audi den LongLife-Service bezüglich Ölwechsel und Inspektion. Durch schonende Fahrweise und günstige Einsatzbedingungen kann seitdem die Intervalldauer auf das Doppelte vergrößert werden, also auf maximal 30.000 km oder 24 Monate (Inspektion sogar 36 Monate).
Bei extremer Fahrweise und beanspruchenden Einsatzbedingungen kann die Wartung allerdings auch bei Fahrzeugen mit LongLife-Service nach 15.000 km oder 12 Monaten fällig werden. Dazu erfolgen dann entsprechende Signale durch die Intervall-Anzeige der Instrumententafel (Display).
Lange Zeit galt für die LongLife-Service-Fahrzeuge, auch die mit Turbomotoren, der Motoröl-Standard nach Spezifikation VW 503 00. Damit befüllt wurden die Fahrzeuge ausgeliefert. Inzwischen ist als Weiterentwicklung das Öl VW 507 00 auf dem Markt. Wenn frühere, nicht dem LongLife-Standard entsprechende Öle verwendet werden (VW 500 00, 501 01 oder 502 00), gilt für das Fahrzeug der Service nach festen Intervallen. Die Serviceanzeige muss dann von der Werkstatt auf 15.000 Kilometer/12 Monate programmiert werden.

Der Ölwechsel-Service

Zum Ölwechsel-Service gehören das Absaugen des Motoröls, wie wir es im Kapitel »Antrieb« unter »Das

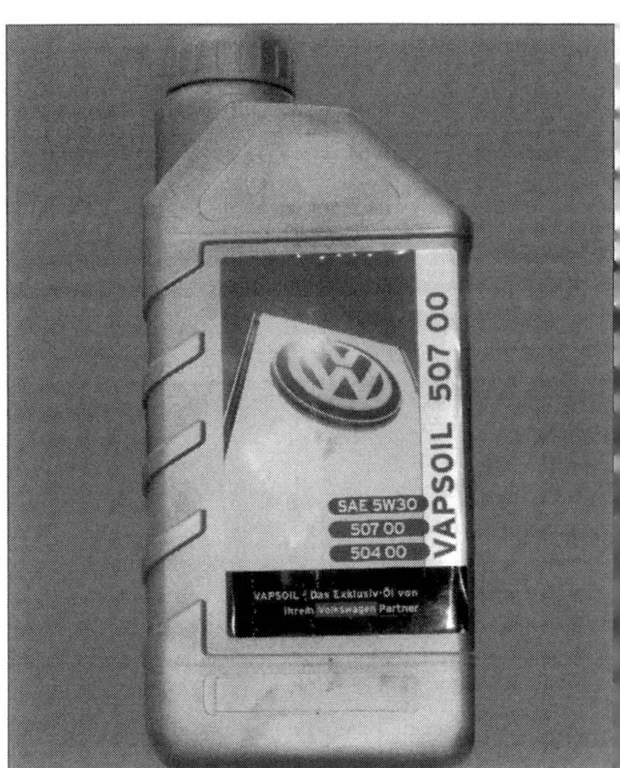

Eines für alle: Audi empfiehlt als universelles und für die modernen Motoren bestens geeignetes Motoröl das nach VW-Norm 507 00. Für die Dieselmotoren mit Partikelfilter ist dieses Öl sogar nachdrücklich vorgeschrieben.

Schmiersystem« beschrieben haben, das Ersetzen des Ölfilters, das Auffüllen des neuen Öls und das Zurücksetzen der Service-Intervall-Anzeige. Nach Audi-Anweisung gehört dazu auch stets das Prüfen der Bremsbelagdicke der Scheibenbremsen.

Umfang des Inspektionsservice

Wenn Sie die Wartungsarbeiten selbst erledigen, denken Sie bitte daran, in der Werkstatt die Abfrage des Fehlerspeichers der elektronischen Steuergeräte mit dem Werkstattsystem VAS 5051/5052 vornehmen zu lassen. Die Kontrolle der Fehlerspeicher ist sinnvoll, weil manche Defekte im elektronischen System während der Fahrt nicht unbedingt auffallen. Die Steuergeräte verfügen über Notlaufprogramme, die den Betrieb auch bei Ausfall beispielsweise eines Sensors garantieren sollen.
Manche dieser Programme funktionieren so gut, dass der Fahrer einen Fehler gar nicht bemerken kann. Natürlich muss dennoch unbedingt die Reparatur erfolgen. Richten Sie sich bei Wartungen und Kontrollen nach dem Plan, wie ihn Audi vorgibt:

Ständige Kontrollen

- Scheibenwaschwasser auffüllen. Scheibenwischer und Waschanlage prüfen
- Standlicht, Abblend- und Fernlicht prüfen
- Motorölstand prüfen
- Rücklichter und Nebelschlussleuchten prüfen
- Kühlflüssigkeit prüfen und nachfüllen
- Bremsen und Bremsflüssigkeit prüfen
- Bremsleuchten, Blinker und Warnblinker sowie das Signalhorn (auch Lichthupe) prüfen
- Reifendruck prüfen

Alle 30.000 Kilometer oder einmal in 36/24 Monaten

- Beleuchtung über Fahrerinformationssystem prüfen
- Zusätzlich Signalhorn und Kennzeichenbeleuchtung prüfen
- Flüssigkeitsstand der Batterie prüfen, ggf. destilliertes Wasser auffüllen
- Scheibenwisch- und Waschanlage auf Düseneinstellung und Funktion prüfen
- Scheibenwischerblätter auf Beschädigung prüfen
- Motorraum: Sichtprüfung auf Beschädigungen und Undichtigkeiten
- Von unten: Sichtprüfung von Motor, Getriebe, Achsantrieb und Lenkung. Alle Gelenkschutzhüllen auf Beschädigung und Undichtigkeiten kontrollieren und im Zweifel nochmals in der Werkstatt prüfen lassen
- Motoröl: Absaugen, Ölfilter ersetzen, neu befüllen
- Dicke der Bremsbeläge prüfen
- Bremsflüssigkeitsstand abhängig vom Belagverschleiß prüfen
- Reifen (und, falls vorhanden, Reserverad): Zustand, Reifenlaufbild, Fülldruck und Profiltiefe prüfen. Wenn damit ausgestattet: Haltbarkeitsdatum des Reifenreparatur-Sets prüfen
- Teile der Abgasregulierung in der Werkstatt kontrollieren lassen, besonders, falls das Fahrzeug wegen bestimmter Umstände (Arbeiten nach Unfall) dem TÜV vorgeführt werden muss

Zusätzlich alle 60.000 Kilometer oder 60/48 Monate

- Staub- und Pollenfilter ersetzen
- Innenraumbeleuchtung und Licht im Handschuhkasten prüfen
- Motorhaubenfanghaken schmieren
- Scheinwerfereinstellung prüfen
- Unterboden auf Beschädigungen und lose Befestigungsteile prüfen
- Gelenke an der Vorderachse: Dichtungsbälge, Spiel und Befestigung prüfen
- Bremsanlage auf Undichtigkeiten und Beschädigungen prüfen (Sichtprüfung)
- Frostschutz und Flüssigkeitsstand im Kühlsystem prüfen
- Flüssigkeitsstand der Hydraulik prüfen
- Wasserablauf im Wasserkasten prüfen

Folgende Wechselintervalle beachten und unbedingt einhalten

- Zündkerzen alle 90.000 km oder 6 Jahre
- Luftfilter alle 90.000 km oder 6 Jahre (bei Dieselmotoren übrigens schon alle 60.000 km; Intervall 6 Jahre bleibt)
- Staub- und Pollenfilter alle 30.000 km oder 2 Jahre
- Bremsflüssigkeit entsprechend der regelmäßigen Wartungen nach Service-Tabelle
- ATF (das Getriebeöl) der automatischen multitronic-Getriebe alle 60.000 km

Nach allen Wartungsarbeiten empfiehlt sich eine Probefahrt zur Kontrolle. Beim Auslesen des Fehlerspeichers (in der Werkstatt) die Service-Intervall-Anzeige zurücksetzen lassen.

Techniklexikon

Das folgende Stichwortverzeichnis soll keine Übersetzung vom »Fach-Chinesisch« ins Deutsche sein. Es soll Ihnen helfen, einige der häufig benutzten Ausdrücke zu verstehen, die Sie im Gespräch mit den Leuten in der Werkstatt, im privaten Kreis von »Experten« und auch in diesem Buch immer wieder hören oder lesen.

Abgasturbolader – von Abgasen angetriebenes Turbinenrad. Die Turbine nutzt die im Abgas enthaltene Energie und drückt zur Leistungssteigerung Frischluft und vorverdichtete Luft in die Zylinder.

ABS – Antiblockiersystem. Drehzahlsensoren an allen vier Rädern melden einem Steuergerät, wenn das jeweilige Rad kurz vor dem Blockieren ist. Der Bremsdruck am Rad wird abwechselnd verringert und erhöht und das Blockieren verhindert.

ACC – Adaptive Cruise Control (adaptive Geschwindigkeitsregelung); hält die gewünschte Fahrzeuggeschwindigkeit konstant.

Achsschenkel – Bauteil der Vorderradaufhängung, schwenkt beim Lenken um die Lenkdrehachse. Auf dem Achsschenkel ist das Vorderrad gelagert.

Achstrieb (Vorder, Hinterachstrieb) - Vorderachstrieb: Baugruppe, die ein Stirnradpaar und das Differenzial zum Antrieb der Gelenkwellen vom Getriebe aus enthält.
Bei Hinterradantrieb sind in einem eigenen Gehäuse ein Kegelradsatz (»Teller und Kegelrad«) und das Differenzial vereinigt.

Achswelle – Angetriebene Welle, starr oder mit Gelenken, an deren Nabe eines der Räder montiert ist.

Adaptives Kurvenlicht – Horizontal schwenkbare Scheinwerfer, die die Kurven optimal ausleuchten, sobald der Fahrer in sie einlenkt.
Sensoren erfassen den Lenkwinkel, die Gierrate (Drehgeschwindigkeit um die Hochachse) und die Fahrgeschwindigkeit. Die Xenon-Scheinwerfer werden elektromechanisch so gesteuert, dass die Kurve ihrem Verlauf entsprechend besser ausgeleuchtet wird.

Airbag – Aufblasbares Luftkissen, das bei Frontalaufprall des Autos auf ein Hindernis die Insassen vor Verletzung schützt. Gewöhnlich in die Lenkradnabe und die Schalttafel (evtl. auch in die Sitzlehnen = Seiten-Airbags) eingebaut

Aktivkohlefilter (EVAP) – System zur Verminderung der Emission schädlicher Benzindämpfe aus dem Tank. Die Dämpfe werden in einem Filter aus Holzkohle gespeichert und später im Motor verbrannt.

Anlasser – Elektromotor, der zum Anlassen des Motors dient. Sein längs verschiebbares Ritzel wird zuerst in den großen Zahnkranz des Schwungrads eingespurt und dreht dann die Kurbelwelle.

Antriebsriemen – Normalerweise aus Gummigewebe gefertigter Riemen, der über mindestens zwei Riemenscheiben läuft und von der Kurbelwelle aus Nebenaggregate oder die Nockenwelle(n) antreibt (als Keilriemen, Flachriemen oder Zahnriemen).

Antriebsstrang – Oberbegriff für den gesamten Antrieb eines Fahrzeugs mit Motor, Kupplung, Getriebe, Kardanwelle (soweit vorhanden), Achstrieb/ Differenzial und Antriebswellen.

Asphärischer Außenspiegel – Außenspiegel mit zweigeteilter, teilweise gebogener (konvexer) Spiegelfläche. Dadurch vergrößert sich die Sichtfläche des Rückspiegels.
Die korrekte Einstellung der Seitenspiegel auf die Sitzposition des Fahrers vermeidet beim asphärischen Außenspiegel den toten Winkel fast vollständig. Alle Modelle aus der Volkswagen-Pkw-Palette sind mit asphärischen Außenspiegeln auf der Fahrerseite ausgerüstet.

ASR – Antriebsschlupfregelung; verhindert Durchdrehen der Antriebsräder, hält den Wagen in den Spur.

ATF -Automatic Transmission Fluid (Getriebeöl für automatische Getriebe).

Aufbohren (Zylinder) - Verfahren zum Nacharbeiten der Zylinderbohrungen bei starkem Verschleiß. In die um ein geringes Maß vergrößerten Bohrungen werden entsprechend größere Kolben eingebaut. Nur nach langer Laufzeit erforderlich.

Ausdehnungsbehälter – Teil der modernen, unter Druck arbeitenden Kühlanlage. In diesen Behälter kann das infolge des Temperaturanstiegs sich ausdehnende Kühlmittel ausweichen.

Ausgleichsgetriebe – Siehe Differenzial.

Ausgleichscheibe – Stahlscheibe, zumeist in verschiedenen Dicken, zum Ausgleich des Axialspiels beweglicher Bauteile.

Ausgleichswelle – eine zur Kurbelwelle gegenläufig rotierende Welle für einen ruhigen Motorlauf.

Auspuffkrümmer – Sammelrohr, das die Abgase des Motors von jedem der Zylinder in die (gemeinsame) Abgasanlage leitet.

Ausrücklager (Kupplung) – Wälzlager, das axial gleitend auf einer Hülse vorn im Getriebegehäuse montiert ist, beim Auskuppeln vom KupplungsAusrückhebel gegen die rotierende Tellerfeder gedrückt oder gezogen wird und dabei die Kupplungsscheibe freigibt

Auswuchten (Räder) – Prüfen und Korrigieren eines Rades mit Reifen im Hinblick auf statische und dynamische »Unwucht«, d.h. auf Kräfte, die das Rad zu Flatter oder Zitterbewegungen veranlassen könnten.

Automatikgurt – Sicherheitsgurt, der den Fahrzeuginsassen bei normaler Fahrt Bewegungsfreiheit lässt, aber blockiert wird, wenn das Auto stark verzögert wird oder die angegurtete Person plötzliche Bewegungen macht.

AWD – All Wheel Drive (Allradantrieb).

Axialspiel – Bewegungsfreiheit eines Bauteils in Achsrichtung, z.B. die seitliche Bewegung eines Pleuels auf dem Lagerzapfen der Kurbelwelle.

Batterie – (Akkumulatorenbatterie) »Reservoir«, in dem elektrische Energie gespeichert wird. Sie liefert den Strom zum Anlassen des Motors und für die übrigen Verbraucher bei stehendem Motor. Sie wird bei laufendem Motor vom Generator aufgeladen.

Benzindirekteinspritzung – Bei der Benzindirekteinspritzung wird der Kraftstoff mit einem maximalen Druck von bis zu 150 bar direkt in den Brennraum eingespritzt. Eine besondere Brennraumgeometrie sorgt für eine optimale Verwirbelung des Kraftstoff-Luft-Gemischs.

Biodiesel – wird aus nachwachsenden Rohstoffen gewonnen. In Deutschland wird häufig Raps zur Gewinnung von Biodiesel genutzt. Daher haben sich auch die Bezeichnungen RME (Raps-Methyl-Ester) bzw. PME (Pflanzen-Methyl-Ester) durchgesetzt. Aus ökologischer Sicht stellt Biodiesel eine sinnvolle Alternative zu herkömmlichem Dieselkraftstoff dar, da man sich in einem geschlossenen CO_2-Kreislauf bewegt. Das bedeutet, dass die Pflanze während ihres Wachstums soviel an CO_2 aufnimmt, wie nachher bei der Verbrennung wieder abgegeben wird.
Da sich Biodiesel jedoch in seiner Zusammensetzung von herkömmlichem Dieselkraftstoff unterscheidet, kann er nicht uneingeschränkt als direkter Ersatz für Diesel genommen werden. Größtes Problem ist derzeit, dass es keine einheitliche Norm für Qualität und Zusammensetzung von Biodiesel gibt. Der Marktanteil von Pflanzen-Methyl-Ester liegt zur Zeit unter einem Prozent. Selbst bei Ausschöpfung aller Anbaupotenziale könnte Pflanzen-Methyl-Ester nur ein Zehntel des Dieselkraftstoffbedarfs decken.

Bi-Xenon – XenonScheinwerfer für Abblend und Fernlicht (siehe Xenonlicht).

Blattfeder – Lange, schmale, gekrümmte Feder, zumeist als Paket aus mehreren Blättern zusammengesetzt. Heute nur noch bei Lkws, schweren Geländewagen und alten Autos mit hinterer Starrachse zu finden.

Bord-Diagnosesystem – Elektronische Überwachungsanlage für das Motor-Managementsystem. Sie lässt über den Fehlercode Fehlfunktionen erkennbar werden, die sich negativ auf Abgasemissionen, Leistung und Verbrauch auswirken können.

Boxermotor – Motorbauform, bei welcher die Zylinder einander gegenüberliegen; im allgemeinen sind gleich viele Zylinder auf jeder Seite der Kurbelwelle.

Bremsankerplatte – Stahlblechplatte, am Radträger (zumeist nur noch der Hinterräder) befestigt. Daran sind die Bremsbacken der Trommelbremse montiert.

Bremsbacken – Gekrümmtes Bauteil in der Trommelbremse, mit Bremsbelägen bewehrt. Die Backen werden beim Bremsen von innen gegen die Bremstrommel gedrückt.

Bremsbelag – Trommelbremse: auf die Bremsbacken aufgebrachter Reibbelag aus hitzebeständigem Werkstoff; Scheibenbremse: Mit aufvulkanisiertem Reibbelag versehene Metallplatte. Die Bremsbeläge werden von den Hydraulikkolben von beiden Seiten her beim Bremsen an die Bremsscheibe angedrückt.

Bremse entlüften – Entfernen unerwünschter Luft aus einer geschlossenen hydraulischen Bremsanlage.

Bremsflüssigkeit – Spezielles, hitzebeständiges Hydrauliköl für Bremsanlage (ggf. auch für Kupplungsbetätigung).

Bremsscheibe – Mit dem Rad umlaufende, häufig hohl gegossene (»belüftete« Bremsscheibe) Metallscheibe. Beim Betätigen der Bremse werden von beiden Seiten her die Bremsbeläge an die Scheibe angedrückt und verzögern dadurch Scheibe und Rad.

Bremsservo (VakuumBremsverstärker) – Gerät, das die am Pedal aufgebrachte Kraft zum Betätigen des Hauptbremszylinders erhöht. Der Unterdruck, mit dem das Gerät arbeitet, kommt beim Benzinmotor vom Saugrohr, beim Dieselmotor von einer zusätzlichen Pumpe.

Bremstrommel – Mit dem Rad umlaufendes, schüsselförmiges Bauteil der Trommelbremse. Beim Betätigen der Bremse werden von innen her die beiden Bremsbacken an die Trommel angedrückt und verzögern dadurch Trommel und Rad.

Bremszange, -sattel – Bauteil, das am Radträger montiert ist und sattelförmig die Bremsscheibe übergreift. Enthält die Hydraulikkolben und Bremsbeläge.

Brennraum – Raum über dem Kolben, in dem dieser das Gemisch verdichtet, und in dem im Augenblick der Zündung die Verbrennung stattfindet. Der Brennraum kann auch zum Teil in den Kolbenboden eingelassen sein.

CAN – Control Area Network (KontrollNetzwerk); verknüpft elektronische Funktionen.

Carbon – Kohlenstoff; belastungsstarker und extrem leichter Werkstoff für Karosserieteile und Bremse von Supersportwagen und für die Formel 1.

Chip-Tuning – Leistungssteigerung durch Austausch eines elektronischen Speicherbausteins.

Choke (Vergaser) – Manuell oder automatisch betätigtes Klappenventil, das beim Kaltstart durch Drosselung der Luftzufuhr zum Motor das Gasgemisch anreichert.

CNG – Compressed Natural Gas (komprimiertes Naturgas); Erdgas für speziell ausgerüstete Personenwagen und Transporter.

CO-Gehalt – Anteil von Kohlenmonoxid im Abgas

Common Rail – (gemeinsame Schiene) Diesel-Direkteinspritzer, bei dem alle Zylinder über eine gemeinsame, unter Druck stehender Verteilerleitung mit Kraftstoff versorgt werden.

Comprex-Lader – Druckwellenlader, Mischung aus Turbolader und Kompressor. Wird von der Kurbelwelle über einen Zahnriemen angetrieben.

Crossover – Kreuzung verschiedener Fahrzeug-Gattungen zu neuem Typ.

CVT-Automatik – (Continuously Variable Transmission) Automatische, stufenlose Kraftübertragung mit je einer zweigeteilten, kegeligen Scheibe auf An und Abtriebswelle. Durch axiales Verschieben der Scheiben wird der wirksame Radius eines auf ihnen laufenden Keilriemens oder einer Lamellenkette stufenlos verändert – damit auch die jeweilige Übersetzung.

DB – Dezibel – Einheit für Lautstärke.

DBC – dynamische Bremskontrolle (siehe BAS).

Diagnosesystem – Siehe BordDiagnosesystem.

DiagnoseWarnleuchte – Warnleuchte an der Schalttafel. Zeigt an, dass eine Fehlfunktion vorliegt und als solche im Steuergerät gespeichert wurde.

Dichtung – Verformbares Material, das zwischen zwei Oberflächen eingefügt wird, um gas bzw. flüssigkeitsdichte Verbindungen zu schaffen.

Dieselmotor – Der »Selbstzünder« (Gegensatz: »Ottomotor« = Fremdzünder) arbeitet mit der durch Verdichtung reiner Luft im Zylinder entstehenden Temperatur, die ausreicht, um den zerstäubten Dieselkraftstoff zu entzünden. Hierfür ist freilich eine weit höhere Verdichtung erforderlich als beim Ottomotor.

Differenzial/Ausgleichgetriebe – Zumeist als Kegelrädertrieb ausgeführt, treibt es die beiden Räder einer Achse gemeinsam in gleicher Drehrichtung, erlaubt ihnen aber, sich bei Kurvenfahrt unterschiedlich schnell zu drehen.

Differenzialsperre – schafft starren Durchtrieb zwischen Rädern einer Achse oder beider Achsen für eine bessere Traktion des Fahrzeugs.

Direkteinspritzung – Spezielle Bauart von Motoren, bei denen der Kraftstoff durch Düsen unmittelbar in die Brennräume eingespritzt wird.

DOHC – (Double Overhead Camshaft) Bezeichnung für einen Motor mit zwei obenliegenden Nockenwellen, von denen eine die Ein und eine die Auslassventile betätigt. Dies erlaubt optimale Anordnung der Ventile in Bezug auf Leistung und Emissionen (strömungsgünstigere Kanalführung im Kopf).

DOT-Nummer – auf die Reifenflanke geprägt, verrät den Produktionszeitraum des Pneus.

Drehkolbenmotor – Siehe Wankelmotor.

Drehmoment – Die an einem Hebelarm wirkende Kraft, früher in mkp (MeterKilopond), heute in Nm (Newtonmeter) ausgedrückt (1 mkp = 9,81 Nm).

Drehmomentschlüssel – Werkzeug zum Anziehen von Schrauben und Muttern mit einem vorgegebenen Drehmoment.

Drehmomentwandler/»Wandler« – Eine Abart der Flüssigkeitskupplung, eingebaut anstelle einer mechanischen Kupplung zwischen Motor und Automatikgetriebe. Kann das Motordrehmoment nach Bedarf verändern.

Drehstabfederung/Torsionsfederung – Eine in manchen Automodellen angewandte Art der Federung, die auf der Verdrehung eines geraden Stabes (Drehstab) um seine eigene Achse beruht.

Drive-by-wire – (Fahren per Draht). Befehle des Fahrers werden nicht mechanisch übermittelt, sondern elektronisch.

Drosselklappe – Vom Gaspedal betätigte Ventilklappe vor dem Saugrohr, die mehr oder weniger Luft zu den Einlaßventilen strömen läßt.

Drosselklappenschalter – Bauteil des MotorManagementsystems, das dem Steuergerät die jeweilige Stellung der Drosselklappe signalisiert.

Druckfester Verschluss (Kühler) – Schraubkappe auf dem Ausdehnungsgefäß. Wirkt als Sicherheitsventil bei Über und Unterdruck im Kühlsystem, um dieses vor Beschädigungen zu schützen.

Dynamische Kopfstützen – auch aktive Kopfstützen, sollen vor allem bei Auffahrunfall vor Verletzungen der Halswirbelsäule (Schleudertrauma) schützen.

Dynamisches Energiemanagement – sorgt in Abhängigkeit von Batterieladezustand und Temperatur selbstständig dafür, dass stets genügend Energie für einen Motorstart zur Verfügung steht. Dies gilt auch dann, wenn das Fahrzeug einmal für einen längeren Zeitraum abgestellt ist.
Moderne Fahrzeuge entnehmen ihren Batterien selbst im Ruhezustand Energie: Verkehrsfunkspeicher, aber auch Diebstahlwarnanlage oder der Empfänger für die Funkfernbedienung verbrauchen konstant Strom. Wenn ein kritischer Ladezustand der Batterie droht, reduziert das Energiemanagement im Ruhezustand den Verbrauch durch stufenweises Abschalten der Verbraucher. Während der Fahrt kontrolliert das dynamische Energiemanagement laufend die Batteriespannung und die Ladeaktivität. Bei Bedarf erhöht das System die Leerlaufdrehzahl geringfügig, um die Leistung des Ladegenerators zu erhöhen. In extremen Fällen werden kurzzeitig besonders verbrauchsintensive Komponenten wie etwa die Sitz- oder Heckscheibenheizung deaktiviert. Im Fahrbetrieb erfolgt dieser Stopp so, dass der Fahrer ihn nicht bemerkt.

DynAPS – dynamisches Autopilot-System. Dabei berücksichtigt das Navigationssystem Staumeldungen bei der Routenberechnung.

EBD – Electronic Brake Distribution, sorgt für eine elektronische Bremskraftverteilung.

EBV – elektronische Bremskraftverteilung.

ECE – Economic Comission for Europe (Wirtschaftskommission für Europa), befasst sich mit der Harmonisierung von Vorschriften rund ums Auto.

EDS – elektronische Differentialsperre.

E-Gas – »E« steht für elektronisch. Das Gaspedal wirkt bei Fahrzeugen mit EGas wie ein Sensor. Dieser erkennt anhand der Pedalstellung unmittelbar den Leistungswunsch des Fahrers. Auf Basis dieses Ausgangssignals regelt die Motorelektronik Drosselklappe, Ladedruck und Zündung. Dieses elektronische System löst die bisherige Übertragungstechnik per Seilzug ab und bringt wesentliche Vorteile: EGas erleichtert die elektronische Motorsteuerung, reagiert schneller und ist eine technische Voraussetzung für das elektronische Stabilisierungsprogramm (ESP).

EGR – Exhaust Gas Recirculation. Verfahren zur Abgasentgiftung: Ein Teil der Abgase wird der Ansaugluft wieder zugeführt, um unverbrannte Kraftstoffanteile weiter zu verbrennen.

Einscheiben-Sicherheitsglas – Scheibe aus thermisch behandeltem Glas in nur einer Schicht. Wenn die Scheibe zerspringt, zerfällt sie in viele kleine Teile mit stumpfen Kanten. Zerspringt sie beim Auftreffen eines Körpers nicht, wird der Durchblick sehr stark behindert.

Einspritzdüse – Gerät, das den Kraftstoff direkt oder indirekt in den Brennraum eines Otto oder Dieselmotors einspritzt.

Einspritzpumpe (Diesel) – Gerät, das beim Dieselmotor für die Zumessung der Kraftstoffmenge und die Einspritzung unter hohem Druck zum genau festgelegten Zeitpunkt sorgt.

Einspritzzeitpunkt (Diesel) – Die kurz vor dem Erreichen des oberen Totpunkts (OT) liegende Stellung des Kolbens, in welcher der Kraftstoff eingespritzt wird.

Einzelradfederung – Federungssystem, bei welchem jedes Rad ohne gegenseitige Wirkung auf die übrigen Räder des Wagens Auf und Abbewegungen ausführt.

Elektrode – An der Zündkerze springt zwischen diesen Metallteilen der Zündfunke über; zwischen Verteilerfinger und Verteilerkappe sorgen Elektroden für die Übertragung des hochgespannten Stroms an die einzelnen Kerzen.

Elektrodenabstand (Kerze) – Einstellbare Distanz zwischen Plus und Masse-Elektrode der Zündkerze.

Elektrolyt – In der Batterie die Strom leitende Flüssigkeit aus Schwefelsäure und destilliertem Wasser.

Elektronische Einspritzung – Kraftstoffeinspritzung mit elektronischer Steuerung.

Elektronische Zündung – Zündanlage, die von einer Elektronik gesteuert wird, welche die Funktion des Verteilers und der Unterbrecherkontakte übernimmt.

Elektronisches Steuergerät – Elektronische Zentraleinheit, die Signale von diversen Sensoren empfängt, verarbeitet und entsprechende Befehle an Zünd-, Einspritz- und andere Systeme erteilt.

Emissionen/Abgasemissionen – Vom Auspuff und verschiedenen anderen Teilen des Autos (Tank, Kurbelgehäuse) in die Atmosphäre abgegebene Substanzen, die gasförmig oder als Partikel auftreten.

Emissionskontrolle – Oberbegriff für diverse Systeme zur Verminderung schädlicher Emissionen.

Endanschlag – Dämpfendes Gummiteil, das beim Durchfedern auf schlechter Fahrbahn das Anschlagen der Radaufhängung an die Karosserie verhindert.

Entkohlen – Entfernen von Verbrennungsrückständen in den Brennräumen, den Kanälen und auf den Kolbenböden bei einer Motorüberholung.

Entlüftung – Öffnung oder Ventil, aus dem Luft oder Gase aus einem Gehäuse (z.B. Kurbelgehäuse) austreten bzw. in ein System eintreten können.

Entlüftungsnippel – Hohlschraube, durch welche nach dem Lösen zur Entlüftung eines geschlossenen Systems (Bremse, Kupplungsbetätigung) Luft und Flüssigkeit austreten können.

Entstörgerät – Gerät zur Beseitigung oder Unterdrückung elektrischer Störeinflüsse von Zündung oder anderen Bauteilen der Elektrik.

ESP – elektronisches StabilitätsProgramm; hält durch das Bremsen einzelner Räder die Spur.

Euro-NCAP – New Car Assessment Programme = Programm zur Bewertung der passiven Sicherheit von Kfz. Gilt heute als einer der wichtigsten Maßstäbe für die passive Fahrzeugsicherheit. Es stellt beim Offsetcrash noch härtere Anforderungen als das seit Oktober 1998 geltende EU-Gesetz. Die Aufprallgeschwindigkeit wurde von 56 km/h (Gesetz) auf 64 km/h (Euro NCAP) erhöht, was einer um über 30% höheren Aufprallenergie entspricht. Organisiert wird das Euro-NCAP unter anderem von der englischen und der schwedischen Verkehrsbehörde, vom internationalen Automobilverband FIA, vom ADAC sowie von anderen europäischen Automobilclubs.

Fading (Bremse) – Vorübergehendes Nachlassen der Bremsenfunktion infolge Überhitzung des Reibmaterials (vor allem bei Trommelbremsen).

Federbein – Siehe McPherson.

Federung – Oberbegriff für die Bauteile eines Fahrzeugs, die der Isolierung der Karosserie von den Rädern dienen und dafür sorgen, dass alle vier Räder ständigen Fahrbahnkontakt halten.

Fehlercode – Elektronischer Code, den das Steuergerät eines Diagnosesystems beim Auftreten eines Funktionsfehlers speichert. Der verschlüsselte Code enthält Einzelheiten zur Fehlerquelle und veranlasst, dass eine Warnlampe am Schaltbrett aufleuchtet..

Fehlercode-Transmitter – Elektronisches Bauteil, das den verschlüsselten Code für die Werkstatt lesbar macht.

Festsattelbremse – Fest am Radträger montierter Bremssattel der Scheibenbremse. Der Festsattel besitzt (im Gegensatz zum Schwimmsattel) mindestens zwei einander gegenüberliegende Hydraulikkolben.

Fettes Gemisch – Ausdruck für ein Kraftstoff-Luft-Gemisch mit einem höheren als dem optimalen Kraftstoffanteil.

Fliehkraftregler (Zündung) – Vorrichtung im Zündverteiler, die auf der Fliehkraft von kleinen Gewichten beruht und entsprechend der Motordrehzahl laufend automatisch den Zündzeitpunkt verstellt.

Fluid – Häufig benutzter Ausdruck für Flüssigkeit, Kühlmittel, Bremsöl usw.

Flüssiggas – (LPG = Liquefied Petroleum Gas) Gemisch von aus Rohöl gewonnenen Brenngasen (Butan, Propan...), das in manchen Fällen statt anderer Kraftstoffe für entsprechend eingerichtete Ottomotoren eingesetzt wird.

Frostschutz – flüssiger Kühlwasser-Zusatz, um das Einfrieren der Motorkühlung im Winter zu unterbinden und vor Korrosion zu schützen.

Fühlerlehre – Einfaches Messgerät zum genauen Messen einer Spaltbreite (z.B. den Elektrodenabstand einer Zündkerze); besteht aus einem Satz verschieden dicker Stahlblech-»Fühler«.

Gasgemisch – Mischung aus bestimmten Gewichtsanteilen an Luft und Kraftstoff zur Verbrennung im Ottomotor. Das optimale Verhältnis für eine vollständige Verbrennung beträgt 14,7:1.

Gelenkwelle/Antriebswelle – Welle zum Antrieb eines (Vorder oder Hinter)Rads vom Differenzial aus. Gelenkwellen an derselben Achse können gleich oder auch verschieden lang sein und ein oder zwei Gelenke besitzen.

Generator (Wechselstromgenerator) – Stromerzeuger, vom Motor über Riemen getrieben. Er liefert bei laufendem Motor den Strom für die elektrische Anlage des Wagens und zum Aufladen der Batterie.

Getriebe/Schaltgetriebe – Aus Wellen und veränderlichen Zahnradübersetzungen aufgebautes Aggregat, angeordnet zwischen Kupplung und Achstrieb. Mit Hilfe der im Getriebe wählbaren Übersetzungen kann der Motor trotz veränderlicher Fahrgeschwindigkeiten in seinem günstigsten Arbeitsbereich gehalten werden.

Getriebeeingangswelle – Von der Kupplung (oder dem Drehmomentwandler) ins Getriebe (oder in die Automatik) führende Welle.

Gleichlaufgelenk – Variante des Kardangelenks für Gelenkwellen (Antriebswellen) frontangetriebener Wagen. Dieses Gelenk ermöglicht eine gleichförmige, ruckfreie Kraftübertragung trotz der Überlagerung von Federungs- und Lenkbewegungen.

Gleitlager – Metallische oder sonstige verschleißarme Oberfläche an einem Bauteil, gegen die sich ein anderes Bauteil frei bewegen (normal: rotieren) kann, und die zur Minderung von Reibung und Verschleiß ausgelegt ist. Gleitlager werden gewöhnlich geschmiert.

Gleitmittel gegen Fressen – Schmiermittel, das besonders temperatur und druckbeanspruchte Bauteile am »Fressen« (Festgehen bei Trockenlauf) hindert.

Glühkerze – Elektrisches Heizgerät, das in die Brennräume der (zumeist aller) Zylinder eines Dieselmotors hineinragt, um ihn beim Kaltstart vorzuwärmen und damit die Rauchentwicklung unmittelbar nach dem Anspringen zu verringern.

GPS – Global Positioning System. Satellitensystem zur Positionsbestimmung, wird von Navigationssystemen benutzt.

Gürtel-/Radialreifen – Reifen, bei dem die Kordfäden in der Karkasse (Grundstruktur des Reifens) im rechten Winkel zur Reifenflanke verlaufen.

Gurtstraffer – zieht bei einem Aufprallunfall den Gurt fest an den Körper.

Handling – Häufig benutzter Ausdruck für das Fahrverhalten eines Autos, schließt Kurvenverhalten, Geradeauslauf und gefühlsmäßige »Handhabung« ein.

Hauptzylinder (Geberzylinder) – Hydraulikzylinder mit Kolben, gefüllt mit Hydraulikfluid. Das Brems- oder Kupplungspedal wirkt direkt (oder über ein Bremsservo) auf den Kolben und gibt die eingeleitete Kraft über das Fluid an die Nehmerzylinder weiter.

Head-up-Display – Überkopf-Anzeige, spiegelt Armaturanzeigen in die Windschutzscheibe.

Heizungs-Wärmetauscher – Kleiner »Kühler«, der in den Kühlkreislauf des Motors eingefügt und für die Bereitstellung von Warmluft für die Wagenheizung zuständig ist. Die durch die Rippen strömende Kaltluft erwärmt sich am heißen Kühlwasser des Motors, das durch den Wärmetauscher fließt.

Hilfsrahmen – Kleiner Rahmen aus Stahlprofilen, der unter der Karosserie montiert ist und Radaufhängungen und/oder Antriebsaggregate aufnimmt.

Hochspannungskreis (Zündanlage) – Stromkreis mit hoher Voltzahl für die Erzeugung des Funkens an der Zündkerze.

Hub/Kolbenhub – Weg, den der Kolben eines Verbrennungsmotors im Zylinder vom oberen zum unteren Totpunkt zurücklegt.

Hubraum, -volumen – Gesamtes Volumen aller Zylinder eines Motors, gerechnet zwischen dem unteren und oberen Totpunkt der Kolben.

Hybridantrieb – Kombination von zwei verschiedenen Abtriebsquellen.

Hydraktives Fahrwerk – Hydropneumatik (siehe unten) mit elektronischer Steuerung.

Hydraulik – Bezeichnung für ein mit Drucköl arbeitendes Übertragungssystem.

Hydraulikstößel – Ventilstößel, in dem das Ventilspiel bei allen Betriebszuständen durch Drucköl ausgeglichen wird. Dadurch entfällt die Ventilspiel-Einstellung.

Hydropneumatik – Eine mit Gas und Öl gefüllte Kugel übernimmt die Funktion herkömmlicher Dämpfer. Erstmals von Citroën in den 50er Jahren bei ID/DS eingesetzt.

Hydropneumatische Federung – Fahrzeugfederung, bei welcher eine Kombination aus Hydraulik und Luftfederung die Stelle der üblichen Stahlfedern (zuweilen auch der Stoßdämpfer) übernimmt.

IDE – Benzindirekteinspritzer der französischen Hersteller (siehe Direkteinspritzung).

Indirekte Einspritzung – Dieselmotoren-Bauart, bei der der Kraftstoff nicht unmittelbar in den Brennraum, sondern in eine benachbarte Wirbelkammer eingespritzt wird.

IPS – Intelligent Protection System (intelligentes Sicherheitssystem); Kombination aller passiven Sicherheitssysteme im Auto.

Isofix – System zur Befestigung von Kindersitzen

Kardangelenk – Flexible, das Drehmoment übertragende Verbindung zwischen zwei Wellen, die ein mehr oder weniger starkes Abknicken der Wellen zu einander erlaubt. Wird in Kardanwellen und manchen Gelenkwellen verwendet, ergibt jedoch keine gleichförmige, ruckfreie Drehbewegung.

Kardanwelle – Welle, die die Kraft vom Schalt-/Automatikgetriebe zur Hinterachse (Motor vorn und Hinterradantrieb) und ggf. vom Verteilergetriebe zur Vorderachse (bei Vierradantrieb) überträgt.

Katalysator – In die Abgasanlage eines Autos eingebautes Gerät, das die in die Atmosphäre austretenden Schadstoffe auf chemischem Wege reduziert, ohne sich selbst zu verändern.

Kerzen – Siehe Zündkerzen.

Keyless Go – Schlüssel oder Chipkarte, die Signale mit dem Auto tauschen. Berührt der Fahrer den Türgriff, öffnet sich der Wagen. Starten per Knopfdruck, Schlüssel oder Karte bleibt in der Tasche.

Kickdown (Automatik) – Vorrichtung, die bei vollem Durchtreten des Gaspedals einen kleineren Gang einschaltet und starkes Beschleunigen erlaubt.

Kipphebel – Übertragungsteil im Ventiltrieb, in der Mitte gelagert, setzt die Aufwärtsbewegung des Nockens (bzw. der Stoßstange) in eine Abwärtsbewegung des Ventils um.

Klimaanlage (AC) – Anlage zur Kühlung und Entfeuchtung der in den Fahrgastraum von außen einströmenden Luft. Dient dem Fahrkomfort und der Freihaltung der Scheiben von Beschlag.

Klingeln – Siehe Klopfen/Klingeln.

Klopfen/Klingeln – Metallisches Motorgeräusch, das oft bei zu frühem Zündzeitpunkt, zu niedriger Oktanzahl des Kraftstoffs oder starken Ablagerungen im Brennraum auftritt. Es rührt von Druckwellen her, die die Zylinderwände in Schwingungen versetzen.

Klopfsensor – Signalgeber, der beim ersten Auftreten von Klopfgeräuschen einen Befehl ans Steuergerät im Motor-Managementsystem erteilt.

Kolben – Zylindrisches Bauteil, das sich in einer Bohrung linear bewegt. Beim Motor verdichtet der Kolben ein Kraftstoff-Luft-Gemisch, überträgt lineare Kraft durch das Pleuel auf die rotierende Kurbelwelle und schiebt verbranntes Gas durch Auslassventile aus dem Zylinder.

Kolbenring – Federnder Feingussring, der in einer um den Kolben laufenden Nut liegt und sich im Betrieb derart an die Zylinderwand anschmiegt, dass der Kolben im Zylinder praktisch gasdicht ist.

Kompakt-Van – Großraumlimousine auf Basis der Kompaktklasse.

Kompressor – mechanischer Lader, bläst Luft in den Ansaugtrakt; wird vom Keilriemen angetrieben.

Kondensator – Zündanlage: Gerät zur Unterdrückung zu starker Funkenbildung an den Zündkontakten; Klimaanlage: Gerät zur Umwandlung des Kühlmittels vom gasförmigen in den flüssigen Zustand.

Kontakte – Siehe Zündkontakte.

Kontermutter/Gegenmutter – Schraubenmutter, mit der eine Einstellmutter oder ein anderes Gewindeteil gegen Lösen gesichert wird.

Kopfdichtung – Siehe Zylinderkopfdichtung.

Kraftstoff – Bezeichnung für die verschiedenen in Verbrennungsmotoren verwendeten Treibstoffe wie Benzin, Diesel, Flüssiggas usw.

KraftstoffDruckregler (Systemdruckregler) – Regler in der Einspritzanlage, der für konstanten Kraftstoffdruck an den Einspritzdüsen sorgt. Arbeitet gewöhnlich mit dem Saugrohr-Unterdruck.

Kraftstoffeinspritzung – siehe Einspritzung.

Kraftstofffilter – Auswechselbarer Filter, der Fremdkörper und Wasser aus dem Kraftstoff abscheidet.

Kraftstoffpumpe/Benzinpumpe – Pumpe, heute meist elektrisch angetrieben, fördert den Kraftstoff vom Tank zur Vergaser- oder Einspritzanlage.

Kraftübertragung – Allgemeine Bezeichnung für die Baugruppen des Antriebsstrangs (Getriebe, Achsantrieb, Wellen) mit Ausnahme des Motors.

Kugelgelenk – Wartungsfreies, in mehreren Ebenen bewegliches Übertragungsteil, vor allem in Radaufhängungen und Lenksystemen verwendet. Es besteht aus Kugel und Kugelpfanne sowie einer Gummiabdichtung, die kein Fett austreten lässt.

Kugellager – Reibungsarme Wellenlagerung, besteht aus zwei gehärteten Stahlringen und zwischen ihnen abwälzenden Kugeln (»Wälzkörper«).

Kühler – Bauteil des Kühlsystems, durch dessen feine Röhren oder Waben das heiße Kühlmittel fließt. Er ist vorn im Motorraum so angeordnet, daß er vom Fahrtwind durchströmt und dabei das Kühlmittel abgekühlt wird.

Kühlmittel – Mischung aus Wasser und Frostschutzmittel für die Motorkühlung.

Kühlmittel (Klimaanlage) – Flüssigkeit, die beim Betrieb der Klimaanlage wechselweise gasförmig und wieder verflüssigt wird.

Kühlmittelpumpe – Siehe »Wasserpumpe«.

Kühlmittelsensor – Sensor, der im Motor-Managementsystem Informationen über die momentane Temperatur des Kühlmittels an das Steuergerät gibt.

Kühlerventilator – Siehe Ventilator.

Kupplung – Auf Reibung beruhende Einrichtung zur Übertragung und zur weichen Einleitung (Einkuppeln) des Drehmoments vom Motor ins Getriebe, ohne dass hierzu eine der beiden Komponenten zum Stillstand kommen muss.

Kupplungs-Ausrückhebel – Überträgt die Pedalkraft auf das Kupplungs- Ausrücklager..

Kupplungsscheibe – Metallscheibe mit verzahnter Nabe, trägt auf beiden Seiten Reibbeläge; gewöhnlich abgefedert zur weichen Einleitung der Kräfte.

Kurbelgehäuse – Der unterhalb der Zylinder liegende Teil des Motorblocks, in welchem die Kurbelwelle gelagert ist.

Kurbelwelle – Welle mit außermittigen (exzentrischen) Kurbelzapfen, durch die die geradlinige Bewegung der Kolben über die Pleuel in Drehbewegung umgewandelt wird.

Kurbelwellensensor – Sensor, der im Motor-Managementsystem Informationen über die momentane Kurbelwellenstellung (und evtl. -drehzahl) an das Steuergerät gibt.

kW/PS – Siehe PS/kW.

Ladeluftkühler – kühlt die vom Turbolader komprimierte Luft.

Lader/Kompressor – Luftverdichter, der Frischluft unter Druck zu den Einlassventilen des Motors fördert, um einen höheren Zylinderfüllungsgrad und damit erhöhte Leistung zu erzielen. Laderantrieb erfolgt entweder mechanisch von der Kurbelwelle oder beim Abgasturbolader über den Abgasdruck und eine Turbine.

Lambda-Regelung (Geregelter Katalysator) – Geschlossener Regelkreis mit Lambda-Sonde und Katalysator zur optimalen Abgasentgiftung. Die von der Lambda-Sonde ans Steuergerät geleiteten Signale sorgen in der Einspritzanlage für eine genaue Kraftstoffzumessung, um die bestmögliche Funktion des Katalysators zu erzielen.

Lambdasonde – Bauteil in der Abgasleitung eines Ottomotors mit geschlossenem Regelkreis (Lambda-Regelung), das den Sauerstoffgehalt der Abgase überwacht. Von L. ans Steuergerät geleitete Signale sorgen in der Einspritzanlage für genaue Kraftstoffzumessung und bestmögliche Katalysator-Funktion.

Längslenker – Parallel zur Fahrtrichtung auf und ab schwenkender Tragarm, an dessen Ende das Rad montiert ist. Seine Schwenkachse liegt im rechten Winkel zur Fahrzeuglängsachse.

LCD-Display/Info Display – Der bedarfsorientierte Aufbau des Info Displays erlaubt sowohl das Reduzieren fester Anzeigen auf den gesetzlichen Minimalumfang als auch eine umfangreiche Informationsauswahl. Möglich wird diese Vielfalt durch die Koppelung von mechanischen Zeigern mit LCD-Displays. Ob Navigationshinweise oder Tempomat-Einstellungen – der Fahrer hat alles stets im Blick.
Über das Info Display kann er z.B. den Stufentempomat ab ca. 30 km/h aktivieren. Dieser kann bis zu sechs Wunschgeschwindigkeiten speichern und bei Bedarf aufrufen. Über die Navigationshinweise werden die Routenführung zu einem gewünschten Zielpunkt und aktuelle Staumeldungen angezeigt.
Weiterhin befinden sich insgesamt 14 Kontroll- und Warnleuchten im LCD-Display. Die Palette reicht von »Klassikern« wie »Bitte angurten« über Fahrassistenten wie die Dynamische Stabilitäts Control (DSC) bis hin zur Parkbremse mit Automatic-Hold-Funktion.

LED-Technologie – Die LED (Light Emitting Diode) ist ein Licht emittierender Halbleiter, der eine wesentlich längere Lebensdauer und einen geringeren Stromverbrauch als konventionelle Glühlampen aufweist. Die Vorzüge der LED-Technologie liegen in ihrem niedrigeren Energieverbrauch, kürzeren Ansprechzeiten, geringerem Raumbedarf sowie einer höheren Lebensdauer (Fahrzeuglebensdauer).
Die hohe Betriebssicherheit und Lebensdauer von LEDs erhöhen die Sicherheit durch die verringerte Ausfallwahrscheinlichkeit von Rückleuchten und Bremslichtern.

Leerlaufdrehzahl – Drehzahl des Motors bei geschlossener Drosselklappe.

Leerweg/Spiel – Freie Beweglichkeit eines Bauteils (z.B. eines Pedals), ehe eine Wirkung oder Funktion einsetzt.

Lenkgetriebe – Siehe Zahnstangenlenkung.

Lenkung – Oberbegriff für die Bauteile der Lenkanlage. Das eigentliche Lenkgetriebe ist heute in der Regel eine Zahnstangenlenkung.

LHM-Fluid (Citroën) – Spezielle Hydraulikflüssigkeit auf Mineralölbasis für die Hydraulik von Citroën-Modellen.

LongLife-Öl – Je nach Motor- und Modellvariante sind Intervalle für Service oder Ölwechsel von bis zu 30.000 Kilometern oder maximal zwei Jahren bei Benzinmotoren und bis zu 50.000 Kilometern oder maximal zwei Jahren bei bestimmten Dieselmotoren möglich.

Lufteinblasung – Maßnahme zur Schadstoffreduktion mit Katalysator. In den Auspuffkrümmer wird Frischluft eingeblasen, um die Abgastemperatur zu erhöhen. Dies hilft dem Kat, seine Betriebstemperatur rascher zu erreichen.

Luftfilter – Ein auswechselbarer Einsatz aus Papier oder Schaumstoff in einem Gehäuse. Hält Fremdkörper aus der zum Motor strömenden Luft zurück.

Luftmengenmesser – Messvorrichtung im Motor-Managementsystem, die die durchfließende Luftmenge zu den Zylindern misst und diese Information an das Steuergerät weitergibt.

Mageres Gemisch – Ausdruck für ein Kraftstoff-Luft-Gemisch mit geringerem als dem optimalen Kraftstoffanteil.

Massekabel – Flexibles Kabel, das den Minuspol der Batterie mit der Karosserie bzw. die Karosserie mit dem Motor/Getriebe-Aggregat verbindet. Die Metallteile dienen der elektrischen Anlage als Rückleitung.

McPherson-Federbein – Einzelradfederung. Kombinierte Einheit aus Schraubenfeder und Stoßdämpfer, bildet bei Einbau an der Vorderachse gleichzeitig die Lenkdrehachse der Vorderräder.

Mehrventiler – Motor mit mehr als zwei Ventilen pro Zylinder, nämlich zumeist vier (2 Einlass-, 2 Auslassventile), seltener drei (2 Einlass-, 1 Auslassventil).

Membrane – Scheibe aus flexiblem, luftundurchlässigem Werkstoff, z.B. im Bremsservo verwendet, wo die Membrane vom Unterdruck gesteuert wird.

Minivan – auf Kleinwagen basierender Van (siehe Van).

Motor-Managementsystem – Anlage in modernen Fahrzeugen, die mit Hilfe eines elektronischen Steuergeräts die Motorfunktionen (Zündung, Einspritzung, Abgasemission) regelt und überwacht.

Motornachlauf – Neigung eines Motors zum Weiterlaufen nach dem Ausschalten der Zündung. Zumeist verursacht durch zu geringe Oktanzahl des Benzins, zu frühe Zündeinstellung, starke Ablagerungen im Brennraum oder schlechte Wartung des Motors.

Motronik – Motorsteuerung von Bosch.

MP3 – Komprimierte digitale Audiodaten. Das MP3-Format ist ein weit verbreiteter Standard zur Komprimierung digitaler Audiodateien. Bei gleicher Klangqualität belegen MP3-Dateien in etwa nur ein Zehntel des Speicherplatzes einer Audio-CD. »MP3« steht für MPEG 1 Audio Layer 3. MPEG ist ein von der »Motion Picture Experts Group« entwickeltes Verfahren zur Komprimierung digitaler Video- und Audiodaten. Um MP3-Daten wiedergeben zu können, wird ein MP3-fähiges Wiedergabegerät benötigt.

MPV – Multi Purpose Vehicle (Mehrzweckfahrzeug) - andere Ausdruck für Van (siehe Van).

Multi-Point-Einspritzung – Einspritzanlage bei Ottomotoren mit je einer Einspritzdüse pro Zylinder.

Nachlauf – Winkel zwischen der Lenkdrehachse der Vorderräder und einer Senkrechten durch den Berührpunkt des Rades mit dem Boden.

Nachschleifen (Kurbelwelle) – Verfahren zum Nacharbeiten der Lagerzapfen der Kurbelwelle bei starkem Verschleiß. Die um ein geringes Maß verkleinerten Zapfen werden mit Lagerschalen mit entsprechend kleinerem Durchmesser montiert. Nur nach langer Laufzeit erforderlich.

Navigationssystem – elektronisches Gerät, das zur geographischen Positionsbestimmung dient und gegebenenfalls bei der Erreichung eines gewünschten Zieles behilflich ist.
Das System besteht aus den drei wesentlichen Elementen GPS-Antenne, Navigationsrechner und Display. Mit Hilfe der Antenne für das Global Positioning System (GPS) peilt das Navigationssystem Satelliten an, die sich in einer geostationären Umlaufbahn um die Erde befinden. Diese Peilung ermöglicht es, den exakten Standort des Fahrzeuges auf der Erdoberfläche auf wenige Meter genau zu bestimmen..

NCAP – New Car Assessment Program (Neuwagen-Sicherheitsprogramm). Stellt die Crashtest-Definition für Europa dar.

NEFZ – Neuer europäischer Fahrzyklus; Messverfahren für Durchschnittsverbrauch und Abgas.

Nehmerzylinder (Radbremszylinder) - Hydraulikzylinder mit Kolben unmittelbar an der Radbremse, gefüllt mit Hydraulikfluid. Er erhält den hydraulischen Druck über Rohrleitungen vom Hauptbremszylinder. Seine Kolbenbewegung wirkt auf die Bremsbacken bzw. Bremsbeläge.

NOx (Stickoxide) – Einer der Schadstoffe in den Abgasen von Otto- und Dieselmotoren.

Nocken – Exzentrische Erhebungen an der Nockenwelle zur Betätigung der Ventile.

Nockenwelle – Umlaufende, von der Kurbelwelle angetriebene Welle mit Nocken. Sie betätigt die Ein- und Auslassventile über diverse Zwischenglieder

Nockenwellen-Antriebsriemen/Zahnriemen – Alternative zur Steuerkette. Verstärkter, verzahnter Flachriemen aus Gummi-Gewebe-Material, der über Riemenscheiben mit flachen Zähnen die Nockenwelle(n) von der Kurbelwelle aus antreibt.

Nockenwellensensor – Sensor, der im Motor-Managementsystem Informationen über die momentane Stellung der Nockenwelle(n) ans Steuergerät gibt.

Oberer Totpunkt (OT) – Höchste Position in der Kolbenbewegung. Im OT bleibt der Kolben für Sekundenbruchteile stehen, ehe er abwärts geht.

OHC – (Overhead Camshaft) Obenliegende Nockenwelle(n). Bezeichnet die Motorbauart, bei welcher die Nockenwelle(n) über den Zylindern im Kopf angeordnet ist (angetrieben über Zahnriemen, Kette oder Zahnräder). Infolge der direkteren Betätigung der Ventile für Motoren höherer Leistung vorteilhaft.

OHV – (Overhead Valves) Stoßstangenmotor. Die Ventile sind im Zylinderkopf, werden jedoch von einer unten im Gehäuse liegenden Nockenwelle über Stoßstangen betätigt.

Oktanzahl – Vergleichszahl, die die Klopffestigkeit eines Otto-Kraftstoffs angibt (siehe Klopfen/Klingeln).

Ölfilter – Auswechselbares Filter, das Fremdkörper und Kondenswasser aus dem Motorenöl abscheidet.

Ölkühler – Kleiner Kühler, der mit Hilfe des Fahrtwinds hauptsächlich bei Diesel- und Hochleistungsmotoren das Motorenöl zusätzlich kühlen soll.

Ölpeilstab – Metall- oder Kunststoffstab mit mehreren Markierungen zum Prüfen des Ölstands.

Ölsumpf/Ölwanne – Auffangschale und Reservoir unter dem Kurbelgehäuse für das im Motor umlaufende Öl.

O-Ring – Gummi-Dichtring mit kreisrundem Querschnitt. Wird oft zur Abdichtung zylindrischer Flächen in eine Nut eingesetzt.

Oxidations-Katalysator – Die Abgase von Dieselmotoren können, da sie mit Luftüberschuss arbeiten, mit dem Dreiwege-Katalysator nicht nachbehandelt werden. Der Einsatz einer Lambdaregelung ist hier technisch ausgeschlossen. Es kommt zur Reduzierung von Kohlenwasserstoff (HC) und Kohlenmonoxid (CO) in Kohlendioxid (CO_2) der Oxidationskatalysator zur Anwendung. Er eignet sich jedoch nicht zum Abbau von Stickoxiden.

Pleuel – Bauteil im Motor, das den Kolben (auf- und abgehend) mit der Kurbelwelle (rotierend) verbindet.

Pleuellager – Unteres Gleitlager des Pleuels, das dessen Bewegung auf den zugehörigen Zapfen der Kurbelwelle überträgt.

PME/Pflanzen-Methyl-Ester – Pflanzen-Methyl-Ester, oder auch Biodiesel, wird aus nachwachsenden Rohstoffen (Pflanzen) gewonnen. In Deutschland wird häufig Raps zur Gewinnung von Biodiesel genutzt. Daher hat sich auch die Bezeichnungen Raps-Methyl-Ester (RME) durchgesetzt. Aus ökologischer Sicht stellt PME eine sinnvolle Alternative zu herkömmlichem Dieselkraftstoff dar, da man sich in einem geschlossenen CO_2-Kreislauf bewegt. Das bedeutet, dass die Pflanze während ihres Wachstums soviel an CO_2 aufnimmt, wie nachher bei der Verbrennung wieder abgegeben wird. Da sich Biodiesel jedoch in seiner Zusammensetzung von herkömmlichem Dieselkraftstoff unterscheidet, kann er nicht uneingeschränkt als direkter Ersatz für Diesel genommen werden. Größtes Problem ist derzeit, dass es keine einheitliche Norm für die Qualität und Zusammensetzung von Biodiesel gibt. Daher gibt es auch keine bedingungslose Freigabe für die Verwendung von Biodiesel in Volkswagen Fahrzeugen.

PS/kW (Leistung) – Ausdruck für die pro Zeiteinheit von einem Motor (Verbrennungs-, Elektromotor) aufgebrachte Arbeit. Die jahrzehntelang nur in PS (Pferdestärken) angegebene Leistung mißt man heute in kW (Kilowatt; 1 kW entspricht 1,36 PS).

Querstabilisator – Federstahl-Drehstab, an Vorderachse und/oder Hinterachse montiert, um die Neigung der Karosserie zum "Rollen" (Wankbewegungen um die Fahrzeug-Längsachse) zu reduzieren. Wird nicht in jedem Auto verwendet.

Radbremszylinder – Siehe »Nehmerzylinder«.

Rad(muttern)schlüssel – Werkzeug, mit dem die Radschrauben oder -muttern eines Autos gelöst oder festgezogen werden.

Radträger – Teil der Vorder- oder Hinterradaufhängung, in dem die Radlagerung und der feste Teil der Bremsanlage untergebracht sind.

RDS/Radio Data System – ist ein Service der Rundfunkanstalten. Neben dem hörbaren Sendeprogramm werden Zusatzinformationen in Form verschlüsselter Digitalsignale ausgesendet. Durch die Übermittlung des Sendernamens (Program Service) wird nicht die Sendefrequenz, sondern der Name des jeweiligen Senders im Radio angezeigt. Die Angabe von alternativen Frequenzen ermöglicht den Empfang der am jeweiligen Ort am besten zu empfangenden Frequenz des gehörten Programms.

Regensensor/Lichtsensor – Der Regensensor sorgt für mehr Fahrkomfort und -sicherheit. Mittels optischer Messung erkennt er automatisch die Regenstärke. Einmal eingeschaltet, aktiviert der Regensensor automatisch die Scheibenwischer und regelt selbsttätig die Wischfrequenz. Mit der integrierten Fahrtlichtautomatik wird das Fahren noch sicherer und praktischer. Über zwei Lichtsensoren in der Frontscheibe werden die Lichtverhältnisse, etwa Dämmerung, Dunkelheit oder Tunnelfahrten, erkannt und das Abblendlicht wird selbsttätig eingeschaltet.

Reihenmotor – Verbrennungsmotor, bei welchem alle Zylinder in einer Reihe angeordnet sind.

Ritzel – Bezeichnung für ein Zahnrad mit kleiner Zähnezahl, das in eines mit größerer Zähnezahl oder in eine Zahnstange eingreift.

Rußpartikelfilter – Mit dem Diesel-Partikelfilter werden Rußpartikel zu mehr als 95 Prozent aus dem Abgas entfernt. Der Grenzwert für die EU4-Norm wird dabei deutlich unterschritten.

Sattel – Siehe Bremssattel.

Saugrohr/Ansaugrohr – Bauteil des Motors, in dem je nach Art der Gemischaufbereitung entweder reine Luft oder Kraftstoff-Luft-Gemisch zu den Einlassventilen befördert wird.

Saugrohrdrucksensor – Gerät, das den Innendruck im Saugrohr eines Ottomotors misst und Signale an das Steuergerät im Motor-Management gibt.

Schaltsaugrohr – in der Länge variabler Ansaugtrakt.
Scheibenwaschmittel – Wasser mit handelsüblichen Zusätzen (Frostschutz- und Reinigungsmittel) zum Befüllen der Scheibenwaschanlage.

Schräglenker – Auf und ab schwenkender Tragarm, an dessen Ende eines der Hinterräder montiert ist. Seine Schwenkachse liegt nicht im rechten Winkel zur Fahrzeuglängsachse.

Schrägverzahnte Räder – Zahnradpaar, dessen Verzahnung unter einem Winkel zur Radachse steht. Sorgt für besseren Zahneingriff und ruhigeren Lauf.

Schraubenfeder – Für Personenwagen-Federungen heute meistverwendete, gewindeförmige Stahlfeder.

Schwimmsattelbremse – Am Radträger seitlich verschiebbar montierter Bremssattel der Scheibenbremse. Besitzt (im Gegensatz zum Festsattel) nur auf einer Seite einen (oder mehrere) Hydraulikkolben.

Schwungrad – Schwere metallene Scheibe am Abtriebsende der Kurbelwelle. Soll die von den Kolbenkräften herrührende Ungleichförmigkeit teilweise ausgleichen.

Selbstbeteiligung – Der vom Versicherten selbst zu übernehmende Kostenanteil im Schadensfall.

Sequenzielles Manuelles Getriebe – Das Sequenzielle Manuelle Getriebe (SMG) basiert auf dem bewährten Schaltgetriebe. Die Gangreihenfolge verläuft immer sequenziell und nicht wie bei konventionellen Schaltungen durch die direkte Ganganwahl.

Service-Heft – Nachweis (wichtig beim Wiederverkauf), dass das Fahrzeug von Anbeginn und lückenlos in Fachwerkstätten gewartet wurde.

Servolenkung – System, das hydraulische Hilfskraft (Servokraft) zur Verfügung stellt, sobald der Fahrer am Lenkrad dreht.

Servo-Unterstützung – Anlage, die mit Hilfskräften (Hydraulik, Pneumatik) die vom Fahrer aufgewendete Kraft (am Lenkrad, am Pedal usw.) unterstützt.

Sicherungsblech – Blechscheibe mit einer oder mehreren Laschen, mit denen eine Mutter oder ein Schraubenkopf gegen Lösen gesichert wird.

Sidebag – Seitenairbag (in der Tür oder im Sitz untergebracht).

Single-Point-Einspritzung – Einspritzanlage mit nur einer Einspritzdüse für alle Zylinder.

SLS – Self Leveling Suspension (automatische Fahrwerk-Höhenverstellung).

SOHC – (Single Overhead Camshaft) Bezeichnung für einen Motor mit nur einer obenliegenden Nockenwelle, die Ein- und Auslassventile betätigt.

Spannungsregler – Elektrischer Regler, der die Spannung des Generators konstant hält.

Speedster – sportliches Cabrio mit extrem flacher Frontscheibe.

Sprengring – Ringförmigige Sicherung in einer Bohrung oder auf einer Welle, eingelassen in eine Innen- oder Außennut. Der Ring stoppt die ungewollte axiale Bewegung von Bauteilen.

Spurstange – Teil des Lenkgestänges, das die Lenkbewegungen vom Lenkgetriebe zum Vorderradträger überträgt.

SRS – Supplemental Restraint System (Rückhaltesystem); Abkürzung für das Airbag-System.

Starrachse – Aufhängung der Hinterräder an einem starren, sie verbindenden Achskörper. Federbewegung des einen Rades wirkt sich direkt auf das andere aus.

Starthilfekabel – Siehe Überbrückungskabel.

Steuerkette – Metallgliederkette, treibt über Kettenräder die Nockenwelle(n) von der Kurbelwelle aus an.

STC – Stability Traction Control (stabile Traktionskontrolle); anderer Ausdruck für ASR (siehe oben).

Stoß-/Schwingungsdämpfer – Bauteil der Radaufhängung, welches das Auf- und Abschwingen der Federung eines Wagens beim Überfahren schlechter Wegstrecken absorbiert.

Stößel – Siehe Ventilstößel, Tassenstößel.

Sturz, Radsturz – Der Winkel, unter dem sich die Räder von der Senkrechten nach außen neigen. Negativer Sturz bedeutet, dass die Räder nach innen gekippt sind.

SUV – (Sport Utility Vehicle) Sportliches Nutzfahrzeug.

Synchronisierung – Vorrichtung im Schaltgetriebe. Sie gleicht zum Schalten eines Ganges die Drehzahlen der beiden in Eingriff zu bringenden Teile einander an, um geräuschloses Schalten zu ermöglichen.

Tagfahrlicht – 50 Prozent aller Unfälle an Kreuzungen tagsüber werden durch das nicht rechtzeitige Erkennen anderer Verkehrsteilnehmer verursacht. Als Abhilfe gilt unter Experten das Einschalten des Abblendlichtes am Tag oder der Einsatz von zusätzlichen Tagfahrlichtern.

Tassenstößel – Topfförmiges Zwischenglied, geführt in einer zylindrischen Bohrung, das zwischen den Ventilen des Motors und der (obenliegenden) Nockenwelle eingebaut ist (zuweilen mit einer spielausgleichenden Hydraulik versehen).

Telematik – Verbindung aus Telekommunikation, Informatik und Satelliten-Ortung zur Verkehrsleitung.

Thermostat – Temperaturabhängige Regelanlage im Kühlkreislauf, die das Erwärmen des Kühlmittels beschleunigt, indem sie ihm erst ab einer bestimmten Temperatur den Weg zum Kühler freigibt.

Tire Mobility Set – Reifenreparaturset, mit dem leichte Reifenleckagen behoben werden können. Das Set enthält Dichtmittel und einen Luftkompressor (12 Volt) zum Befüllen des Reifens.

Totpunktmarke/Einstellmarke – Kerben oder Markierungen an der vorderen Riemenscheibe der Kurbelwelle oder am Schwungrad und an den Antriebsteilen der Nockenwelle(n); sie dienen zum exakten Einstellen des Zünd- bzw. Einspritzzeitpunkts eines bestimmten Zylinders.

Transaxle – Kombination von Getriebe und Achstrieb in einem Gehäuse.

Turbolader/Abgasturbolader – Lader (s.d.), dessen Antrieb über den Druck der Abgase des Motors erfolgt, die auf eine Turbine wirken. Der Lader fördert zusätzliche Luft in die Zylinder und erreicht damit einen höheren Füllungsgrad und höhere Leistung.

Überbrückungs-/Starthilfekabel – Kabelsatz (1 rotes, 1 schwarzes) mit großem Querschnitt und kräftigen Klemmen an den Enden. Bei leerer Batterie kann mit Hilfe der Kabel und einer vollen »Spenderbatterie« der Motor angelassen werden.

Ungeregelter Katalysator – »Offenes« System, das die Schadstoffe im Abgas mit Hilfe eines von der Gemischbildung unabhängig arbeitenden (ungeregelten) Katalysators nur teilweise reduzieren kann.

Unterdruckpumpe – Dieselmotor: Für die Servobremse erforderlicher Unterdruck wird von einer vom Motor angetriebenen Pumpe geliefert (»Bremsservo«).

Unterer Totpunkt (UT) - Tiefste Position in der Kolbenbewegung. Im UT bleibt der Kolben für Sekundenbruchteile stehen, ehe er aufwärts geht.
Unverbleites Benzin (Bleifrei) – Benzin, das außer dem im Rohöl enthaltenen Bleianteil bei der Herstellung nicht zusätzlich verbleit wird. Keine Schädigung des Katalysators.

Van – Großraumlimousine.

Variomatic – einfaches CVT-Getriebe (siehe oben) von DAF, erstmals 1958 im DAF 33 eingesetzt.

VDC – (Vehicle Dynamics Control) Fahrzeugdynamische Kontrolle; Fahrdynamik-Regelung für allradgetriebene Autos.

Ventil – Allgemein eine Vorrichtung, die geöffnet und geschlossen werden kann, um den Durchfluss von Gasen oder Flüssigkeiten zu ermöglichen bzw. zu stoppen.

Ventilator – Heute meist elektrisch, früher vom Motor angetriebener, vorn im Motorraum hinter dem Kühler angeordneter Lüfter (Ventilatorflügel). Soll die Kühlung unterstützen.

Ventilatorriemen – Keilriemen, der bei mechanischem Antrieb des Ventilators von der Kurbelwelle aus verwendet wird.

Ventileinstellung – Siehe Ventilspiel.

Ventilspiel – Gesamter Leerweg zwischen dem Ende des Ventilschafts und dem Nocken der Nockenwelle. Das Spiel ist erforderlich, um das völlige Schließen des Ventils trotz Wärmedehnung der Bauteile zu gewährleisten. Es wird entweder an einer Stellschraube manuell eingestellt oder von einem Hydraulikstößel (s.d.) automatisch ausgeglichen.

Ventilsteuerung – Oberbegriff für die Bauteile, die das Öffnen und Schließen der Ein- und Auslasskanäle des Motors bewirken: Nockenwelle(n), Stößel, Stoßstangen, Kipphebel, Ventile usw.

Ventilstößel – Bauteil im Motor, das die Drehbewegung der Nockenwelle in die Auf- und Abbewegung der Ventile umwandelt. Siehe auch »Tassenstößel«.
Verbleites Benzin (Bleibenzin) – Benzin, das außer dem im Rohöl enthaltenen Bleianteil bei der Herstellung zusätzlich verbleit wird. Nicht für Katalysatorbetrieb geeignet, da Blei dem Kat schadet.

Verbundglas – Sicherheitsglas für Autoscheiben. Besteht aus zwei dünnen Schichten aus gehärtetem Glas mit einer dünnen Schicht aus Spezial-Kunststoff dazwischen. Bei einem Aufprall zerbröselt das Glas nicht, und die Sicht bleibt weitgehend erhalten.

Verdichtung (-sverhältnis) – Gibt an, auf welches Volumen die Zylinderfüllung zwischen unterem und oberem Totpunkt des Kolbens verdichtet wird (Volumen eines Zylinders plus Brennraumvolumen im Verhältnis zum Brennraumvolumen allein, z.B. 10:1).

Vergaser – Vorrichtung, mit der (bei älteren Autos) das Kraftstoff-Luft-Gemisch in dem zur Verbrennung nötigen Verhältnis gebildet wird.

Verteilerfinger – Im Zündverteiler umlaufendes Teil, dessen Elektrode über weitere Elektroden in der Verteilerkappe den Zündstrom an die Kerzen befördert.

Verteilerkappe – Kunststoffkappe, die auf den Verteiler aufgesetzt wird und von welcher die Zündkabel (Hochspannungskabel) zu den Kerzen führen.

4 T 4 – Allradantrieb.

Viertaktmotor – Bezeichnet einen Otto- oder Dieselmotor, der nach dem Viertaktverfahren arbeitet, d.h. für jeden vollständigen Arbeitszyklus zwei Auf- und zwei Abwärtshübe des Kolbens benötigt

Vierventiler/16-Ventiler – Bezeichnung für einen Verbrennungsmotor mit zwei Einlass- und zwei Auslassventilen pro Zylinder. Der Ausdruck 16-Ventiler wird für den weit verbreiteten Vierzylindermotor mit je vier Ventilen pro Zylinder verwendet.

V-Motor – Motorbauweise, bei welcher die Zylinder in zwei Reihen angeordnet sind, die von vorn oder hinten gesehen ein »V« bilden. Zum Beispiel hat ein V8-Motor zwei Reihen zu vier Zylindern.

Vorderachseinstellung – Prüfung und Berichtigung gemäß der werksseitig vorgeschriebenen Einstellung von Vorspur, Sturz und Nachlauf. Einstellbar sind an den meisten Autos nur die Vorspurwerte. Fehlerhafte Einstellung kann hohen Reifenverschleiß und schlechtes »Handling« zur Folge haben.

Vorkammer-Diesel (Wirbelkammer-Diesel) – traditioneller Dieselmotor. Der Kraftstoff wird vor der eigentlichen Verbrennung im Brennraum in einer Vor- oder Wirbelkammer gezündet.

Vorspur/Nachspur – Der Winkel oder der Betrag, um den die Stellung der Vorderräder bei Geradeausfahrt von einer Geraden parallel zur Fahrzeuglängsachse abweicht. Vorspur bedeutet, dass die Räder vorn leicht einwärts gerichtet sind.

VSA – (Vehicle Stability Assistent) Fahrzeug-Stabilitätshelfer; entspricht ESP (siehe ESP).

VTC – (Variable Timing Camshaft) Variable Nockensteuerung, steuert Öffnungszeiten der Einlassventile.

VTG – (Variable Turbine) Variable Turbolader-Geometrie.

Wankel-/Drehkolben-/Kreiskolbenmotor – Verbrennungsmotor, der im wesentlichen nur rotierende Teile besitzt. Der Kolben (Rotor) ist etwa dreiecksförmig und rotiert in einem Gehäuse mit spezieller, langovaler Innenform (Epitrochoide). Nur wenige Automodelle sind mit einem solchen Motor ausgerüstet.

Wasserpumpe/Kühlmittelpumpe – Vom Motor angetriebene Flügelpumpe, die das Kühlmittel durch alle Teile des Kühlkreislaufs pumpt.

Wertminderung – Mit dem Altern eines Autos (gefahrene Kilometer, Unfallschäden usw.) verbundene Minderung des möglichen Wiederverkaufserlöses.

Windowbag – Airbag vor dem Seitenfenster.

Wirbelkammer (Diesel) – Hohlraum im Zylinderkopf von Dieselmotoren. Bei Indirekteinspritzung wird Kraftstoff, statt direkt in den Brennraum, in die Wirbelkammer eingespritzt und dort mit der Luft »verwirbelt«.

Xenonlicht – Modernes Autolicht ohne Glühdraht. In der Glühlampe befindet sich unter anderem das Edelgas Xenon. Bringt mehr als die doppelte Lichtleistung gegenüber Halogenlicht.

Zahnriemen – Siehe Nockenwellen-Antriebsriemen.
Zahnstangenlenkung – Heute weit verbreitete Ausführung des Lenkgetriebes, bestehend aus einem Ritzel und einer Zahnstange, welche die Räder über Spurstangen einschlägt.

Zündanlage – Elektrisches System, das beim Ottomotor für das Zünden des Gasgemisches im Zylinder verantwortlich ist.

Zündfolge – Reihenfolge, in der die Zylinder eines Motors gezündet werden.

Zündkabel – Besonders stark isolierte Kabel für die Übertragung des hochgespannten Stroms vom Zündverteiler zu den Kerzen.

Zündkerze – Bauteil des Ottomotors. Die Kerze ragt mit zwei Elektroden in den Brennraum hinein, zwischen denen zum Zünden des Kraftstoff-Luft-Gemisches ein Funken erzeugt wird.

Zündkontakte – In der Zündanlage älterer Autos dient ein Kontaktpaar zum Unterbrechen des Niederspannungsstroms und erzeugt dadurch in der Zündspule eine Hochspannung, die an der Kerze Zündfunken überspringen lässt.

Zündspule – Elektrisches Bauteil, das beim Ottomotor die eingeleitete Batteriespannung in Hochspannung (12 Volt) für den Zündfunken umsetzt.

Zündverteiler – Bauteil der Zündanlage, zuständig für die Verteilung der Hochspannungsenergie an die einzelnen Zündkerzen des Motors.

Zündzeitpunkt – Die kurz vor dem Erreichen des oberen Totpunkts (OT) liegende Stellung des Kolbens, in welcher der Zündfunken überspringt.

Zylinder – Hohlraum, in welchem der Kolben eines Motors auf und ab geht. Die Zylinder können entweder direkt in den Motorblock gebohrt sein, oder es werden Laufbüchsen in den Block eingesetzt.

Zylinderblock/Motorblock- Haupt-Bauteil (Gussteil) eines Motors, der im oberen Teil zumeist die Zylinder und im unteren die Lagerung der Kurbelwelle (Kurbelgehäuse) umfasst.

Zylinderbohrung – Innendurchmesser eines Motorzylinders.

Zylinderkopf – Gussteil unmittelbar über dem Motorblock, in dem die Brennräume und die Ein-/Auslasskanäle sowie der Ventiltrieb untergebracht sind. Der Zylinderkopf ist mit dem Block verschraubt.

Zylinderkopfdichtung/Kopfdichtung – Dichtung, die zwischen Zylinderblock und Zylinderkopf liegt und für Abdichtung unter hohem Arbeitsdruck sorgt.

Zylinder-Laufbüchsen – Metallhülsen, die in entsprechende Bohrungen im Zylinderblock eingeschoben werden und in denen die Kolben auf und ab gehen. Wenn verschlissen, können Laufbüchsen und Kolben miteinander ausgetauscht werden.

Audi-spezifische Begriffe beim A4

Avant – Der Premium-Kombi bei Audi.

CDC-Dämpfer – (Continuous Damping Control) hydraulische Gasdruckdämpfer nach dem Zwei-Rohr-Prinzip. Sie haben ein zusätzliches externes Ventil samt Verbindungsrohr. Ihre Arbeitsweise lässt sich kontinuierlich beeinflussen.

Drive select – integriert alle Technik-Komponenten, die das Fahrerlebnis bestimmen. Motor, Automatikgetriebe, Lenkung und adaptive Stoßdämpfer-Regelung sind in das System eingebunden. Über Tasten kann der Fahrer die Arbeitsweise in drei Hauptmodi von komfortabel bis sportlich beeinflussen. In der Vollversion kann er sich darüber hinaus ein spezielles Profil komponieren.

Drosselverluste – Sie sind bei konventionellen Ottomotoren unvermeidlich, weil die Motorlast über die Menge der angesaugten Luft geregelt wird. Der Motor saugt gegen den Widerstand der Drosselklappe im Saugrohr an, die bei Teillast nur zu einem kleinen Teil geöffnet ist. Diese Drosselung verschlechtert den Wirkungsgrad. Beim Audi valvelift system bleibt die Drosselklappe erhalten, sie spielt jedoch nur eine untergeordnete Rolle. In verschiedenen Teillastbereichen läuft der Motor sogar völlig ungedrosselt.

Dynamiklenkung – verändert mittels Überlagerungsgetriebe die Lenkübersetzung je nach gefahrener Geschwindigkeit.

Quattro – Bezeichnung für den permanenten Allradantrieb von Audi-Modellen. Sein Herzstück ist ein Mittendifferenzial, ein selbstsperrendes Schneckenradgetriebe.

Servotronic – Eine geschwindigkeitsabhängige Lenkung. Sie passt die Servo-Unterstützung an die gefahrene Geschwindigkeit an. Beim Einparken sorgt sie für komfortables Lenken mit geringem Kraftaufwand, bei hohem Tempo vermittelt sie ein Höchstmaß an Präzision.

Single Frame – Bezeichnung für den besonders großen Audi-Kühlergrill.

TFSI – Benzin-Direkteinspritzung mit Turboaufladung. Audi war der weltweit erste Hersteller, der solche Motoren in der Großserie anbot. Der 2.0 TFSI startete im Sommer 2004 im Audi A3 Sportback. Inzwischen vierfacher »International Engine of the Year«-Preisträger.

Travolution – Ein Audi-System, bei dem durch die Ampel-Fahrzeug-Kommunikation dem Fahrer die Zeit bis zur nächsten Grünphase exakt angezeigt wird.

Valvelift System – (AVS) Variable Steuerung des Ventilhubs der Motoren in zwei Stufen. Diese Technologie kommt derzeit bei den zwei V6-Motoren 3.2 FSI und 2.8 FSI zum Einsatz. Exemplarisch demonstriert die AVS-Technologie ihre Stärken im großen Audi A8. Der 2,8-Liter-V6 verbraucht bei 154 kW (210 PS) Leistung nur 8,3 Liter Kraftstoff pro 100 km. Die damit verbundene Kohlendioxid-Emission beträgt lediglich 199 Gramm CO_2/km.

Zeitfracht Medien GmbH
Ferdinand-Jühlke-Straße 7
99095 Erfurt, Deutschland
produktsicherheit@kolibri360.de